核武器物理基础

主　编　王金涛
副主编　余文力　王　涛
编　者　王金涛　杭贵云
　　　　高云亮　蔡星会

西北工業大學出版社
西　安

【内容简介】 本书分为8章，系统介绍了关于核武器物理的基本知识，内容包括原子核的基本性质、核力、核模型、核衰变和核反应（第1～4章），中子物理（第5章），等离子体物理基础（第6章），辐射流体动力学基础（第7章），以及核武器毁伤效应基础（第8章）。全书内容丰富，概念清楚，从事实出发，注重理论联系实际。

本书可作为高等院校核科学与技术专业以及其他核物理有关专业本科生的专业基础课教材，也可供相关专业学生或科技人员阅读参考。

图书在版编目(CIP)数据

核武器物理基础/王金涛主编．—西安：西北工业大学出版社，2020.10(2022.12重印)
ISBN 978-7-5612-7300-5

Ⅰ.①核… Ⅱ.①王… Ⅲ.①核武器-核物理学
Ⅳ.①O571

中国版本图书馆CIP数据核字(2020)第190431号

HEWUQI WULI JICHU
核武器物理基础

责任编辑：胡莉巾	**策划编辑：**张 晖
责任校对：王玉玲	**装帧设计：**李 飞
出版发行：西北工业大学出版社	
通信地址：西安市友谊西路127号	邮编：710072
电　　话：(029)88491757，88493844	
网　　址：www.nwpup.com	
印 刷 者：西安五星印刷有限公司	
开　　本：710 mm×1 000 mm	1/16
印　　张：18.125	
字　　数：355千字	
版　　次：2020年10月第1版	2022年12月第3次印刷
定　　价：68.00元	

如有印装问题请与出版社联系调换

前 言

本书是为高等学校核工程与技术专业本科学员编写的专业基础课程教材。

核武器的出现，是20世纪40年代前后科学技术重大发展的结果。1938年，德国化学家O. 哈恩和F. 斯特拉斯曼发现了铀原子核裂变现象，并于1939年初发表了相关论文。几个星期内，许多国家的科学家验证了这一发现，并进一步提出有可能创造的使这种裂变反应自持进行的条件，从而开辟了利用核能这一新能源为人类创造财富的广阔前景。但是，同历史上许多科学技术的新发现一样，核能开发也被首先用于军事目的，即制造威力巨大的原子弹。核武器是近代物理发展的辉煌成果，是多学科交叉融合的结果。本书介绍核武器涉及的原子核物理学、等离子体物理学、辐射流体动力学、核武器毁伤效应等基础知识，为学员后续学习核武器结构原理奠定良好的基础。

本书共8章。第1章至第5章的主要内容是原子核物理学相关知识，是学员认识微观领域的开始。第6章介绍等离子体物理基础知识。等离子体是物质的第四态，是由电子、离子等带电粒子及中性粒子组成的混合气体，学习本章的目的是认识等离子体的基本物理性质以及等离子体在核武器中的应用。第7章介绍辐射流体动力学基础知识，包括辐射与物质的相互作用机理、辐射流体动力学方程等内容，使学员了解核武器工作过程中的基本物理图像。第8章介绍核武器毁伤效应基础知识，包括光辐射效应、冲击波效应和早期核辐射等，使学员了解核武器杀伤机理和防护措施。

在编写本书的过程中，注重从实验事实出发，按照由现象到本质、由实验到理论的过程，结合一些近代物理学史的介绍，使学员了解在原子核领域中经典物理遇到的主要困难，以及为克服这些困难而引入的一些全新的分析方法和推理方法，帮助学员建立起量子物理的基本概念，以使学员对原子核层次上的微观结构、特性和变化有较为清楚的认识，引导学员勇于思考、乐于探索发现，培养其良好的科学素养和创新能力。

本书由王金涛任主编。具体编写分工如下：王金涛编写了第 1 章至第 4 章，杭贵云编写了第 5 章，高云亮编写了第 6 章和第 7 章，蔡星会编写了第 8 章。全书由余文力教授主审，并对本书进行了全面、认真的审修，提出了许多宝贵的意见，王涛教授进行了校对，在此一并表示感谢！

编写本书曾参阅了相关文献、资料，在此谨向其作者深表谢意。

由于水平有限，书中难免会有缺点和不足之处，恳请广大读者批评、指正。

编　者

二〇二〇年六月

目　录

第1章 原子核的基本性质及结构

原子核的基本性质通常是指原子核作为整体所具有的静态性质。它包括原子核的电荷、质量、半径、自旋、磁矩、电四极矩、宇称、统计性质和同位旋等。这些性质和原子核结构及其变化有密切关系。本章内容不仅能使我们对原子核的静态性质有概括的了解，而且能为学习后续各章准备必要的知识。

1.1 原子核静态性质

1.1.1 核的电荷

1911年，卢瑟福(E. Rutherford)做了如下实验：用一束α粒子去轰击金属薄膜，发现有大角度的α粒子散射。分析实验结果得出：原子中存在一个带正电的核心，叫做原子核。它的大小是 10^{-12} cm 的数量级，只有原子大小的万分之一，但其质量却占整个原子质量的 99.9% 以上。从此建立了有核心的原子模型。由于原子是电中性的，因而原子核带的电量必定等于核外电子的总电量，但两者符号相反。任何原子的核外电子数就是该原子的原子序数 Z，因此原子序数为 Z 的原子核的电量是 Ze，此处 e 是元电荷，即一个电子电量的绝对值。当用 e 作电荷单位时，原子核的电荷是 Z，所以 Z 也叫做核的电荷数。

不同的原子核由不同数目的中子和质子所组成。中子和质子统称为核子，它们的质量差不多相等，但中子不带电，质子带正电，其电量为 e。因此，电荷数为 Z 的原子核含有 Z 个质子。可见，原子序数 Z 同时表示了核外电子数、核内质子数以及核的电荷数。

测量原子核电荷的方法有很多。比较精确的方法是在 1913 年由莫塞莱(H. G. J. Moseley) 提出的。他发现元素所放出的特征 X 射线的频率与原子序数 Z 之间有下列关系：

$$\sqrt{\nu} = AZ - B \tag{1.1-1}$$

式中，A，B 是常量，对于一定范围内的元素，它们不随 Z 改变。因此，只要测量元素的特征 X 射线频率 ν，利用式(1.1-1) 即可定出原子序数 Z。例如，根据由元素钇($_{39}$Y) 到银($_{47}$Ag) 的 K_α 线的频率，可定出 $A \approx 5.2 \times 10^7\ s^{-1/2}$，$B \approx 1.5 \times$

$10^8\ s^{-1/2}$。历史上，曾测量当时未知元素锝(Tc)的 K_α 线 $\nu_\alpha = 4.4 \times 10^{18}\ s^{-1}$。由式(1.1-1)求得 Tc 的 $Z=43$。除 Tc 以外，元素钷($_{61}$Pm)、砹($_{85}$At)和钫($_{87}$Fr)都是利用莫塞莱方法发现的。

除 Z 为 43，61，93 的元素是人工制造的以外，从 $Z=1 \sim Z=94$ 的元素，自然界中均存在。此后，用人工方法还获得了从 $Z=95 \sim Z=112$ 的元素。不过，$Z>103$ 的元素寿命都不足 1 h，有的只有毫秒数量级。20 世纪 60 年代末，理论上预测有可能在 $Z=114$ 附近存在一批寿命较长的超重元素，它们形成所谓"稳定岛"。几十年来人们一直试图用人工合成法，或在自然界中发现这些元素。最近已得到一些初步结果。

1.1.2 核的质量

原子核的质量是原子质量与核外电子质量之差(当忽略核外电子的结合能时)。由于核的质量不便于直接测量，通常都是通过测定原子质量(确切地说是离子质量)来推知核的质量的。其实，一般不必推算核的质量，而只需利用原子质量，因为对于核的变化过程，变化前、后的电子数目不变，电子质量可以自动相消。但对有些核变化过程，就必须考虑核外电子结合能的影响。

由于 1 摩尔原子的任何元素包含有 $6.022\ 142 \times 10^{23}$ 个原子[此即阿伏加德罗(Avogadro)常量 N_A]，因而一个原子的质量是很微小的，通常不是以克(g)或千克(kg)作单位，而是采用原子质量单位，记作 u(是 unit 的缩写)。一个原子质量单位定义如下：

$$1\ \text{u} = {}^{12}\text{C 原子质量的}\frac{1}{12} \tag{1.1-2}$$

这种原子质量单位叫做碳单位，是 1960 年物理学国际会议通过采用的，现在被定为我国的法定计量单位。需要指出，在这以前，采用的是氧单位，记作 amu(是 atomic mass unit 的缩写)。1 amu 定义为 ^{16}O 原子质量的$\frac{1}{16}$。碳单位和氧单位的换算关系如下：

$$1\ \text{u} = 1.000\ 318\ \text{amu} \tag{1.1-3}$$

根据定义，原子质量单位与 g 或 kg 单位间的关系为

$$1\text{u} = \frac{12}{N_A} \cdot \frac{1}{12} = \frac{1}{6.022\ 142 \times 10^{23}}\ \text{g} = 1.660\ 538\ 7 \times 10^{-24}\ \text{g} = 1.660\ 538\ 7 \times 10^{-27}\ \text{kg} \tag{1.1-4}$$

由此可见，阿伏加德罗常量 N_A 本质上是宏观质量单位 g 与微观质量单位 u 的比值。如果采用氧单位，则 N_A 是 g 与 amu 的比值。由于 amu 与 u 略有差异，因而氧单位的 N_A 与碳单位 N_A 也稍有不同。

显然，在碳单位中，一个^{12}C原子的质量为 12.000 000 u；在氧单位中，一个^{16}O原子的质量为 16.000 000 amu。这是区分两种单位制的明显标志。

测量原子质量常用的仪器是质谱仪。它的基本原理如下：首先让原子电离，然后在电场中加速以获得一定动能，接着在磁场中偏转，由偏转的曲率半径的大小可求得离子的质量。

图 1-1 是早期所用的一种质谱仪的原理图。D 为一扁平的真空盒，它放在一磁铁间隙内。磁铁产生均匀磁场，其磁感应强度 **B** 垂直于真空盒平面。真空盒内主要有离子源 K、加速电极 E_1，E_2 和接收电极 A。由离子源产生的被测离子，通过加速电极的狭缝 S_1 后，获得动能 qV，q 是离子的电荷，V 是加速电极 E_1 和 E_2 之间的电势差。于是，质量为 M 的离子通过加速电极后所具有的速度 v 满足关系式：

$$\frac{1}{2}Mv^2 = qV \tag{1.1-5}$$

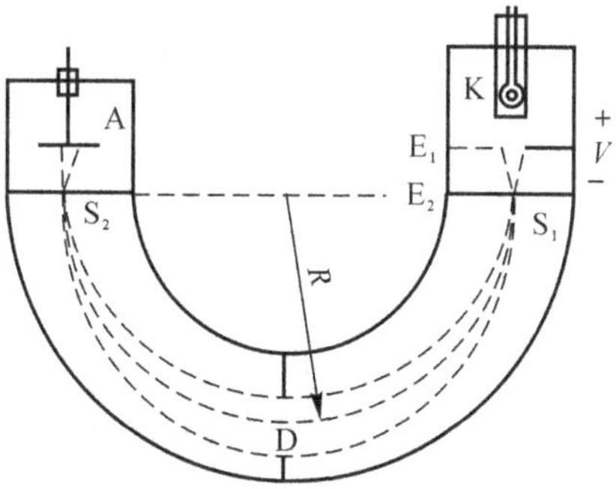

图 1-1　质谱仪原理图

被加速的离子在磁场 **B** 的作用下，将在垂直磁场的平面内以半径 R 作圆弧运动，最后通过狭缝 S_2 到达接收电极。于是有

$$qvB = \frac{Mv^2}{R} \tag{1.1-6}$$

由式(1.1-5) 和式(1.1-6) 两式消去 v，可得

$$\frac{q}{M} = \frac{2V}{B^2R^2} \tag{1.1-7}$$

或

$$M = \frac{qB^2R^2}{2V} \tag{1.1-8}$$

因此，实验测得 q，B，R 和 V 的数值后，即可由式(1.1-8) 求出离子的质量 M。实际仪器中，B 和 R 都已固定，q 也已知，于是只要改变加速电势差 V，就可

测得不同的离子质量 M。例如，设离子的电量为一个电子电荷的数值，$B=0.3580\ \mathrm{T}$，$R=0.05\ \mathrm{m}$，实验测得 $V=672\ \mathrm{V}$ 时，离子电流有一极大值，则由式(1.1-8)可以算出所测离子质量为

$$M=\frac{1.6\times10^{-19}\times(0.358)^2\times(0.05)^2}{2\times672}\ \mathrm{kg}=3.81\times10^{-26}\ \mathrm{kg} \tag{1.1-9}$$

所以被测原子的质量数为

$$A=\frac{M}{1.66\times10^{-27}}=\frac{3.81\times10^{-26}}{1.66\times10^{-27}}=23 \tag{1.1-10}$$

实际测量中常以高分辨的质谱仪上一些质量双线得到的测量结果作为标准质量谱。质量双线是两个荷质比$\left(\frac{q_1}{M_1}\text{和}\frac{q_2}{M_2}\right)$很接近的离子在质谱仪上所产生的谱线。由于它们的荷质比很接近，在测量它们的质量差时，系统误差可以抵消，因而这种测量的精度比绝对测量要高得多。标准的双线有以下几种：

$({}^1H_2)^+-({}^2H)^+$，$({}^2H_3)^+-({}^{12}C)^{++}$，$({}^{12}C^1H_4)^+-({}^{16}O)^+$，设它们的质量差分别为 a,b,c，则有

$$\left.\begin{aligned}&2M({}^1H)-M({}^2H)=a\\&3M({}^2H)-\frac{1}{2}M({}^{12}C)=b\\&M({}^{12}C)+4M({}^1H)-M({}^{16}O)=c\end{aligned}\right\} \tag{1.1-11}$$

其中，$M(X)$ 表示原子X的质量。当质量的单位用u时，则由式(1.1-11)可解得如下结果：

$$\left.\begin{aligned}&M({}^1H)=1+\frac{1}{6}(3a+b)\\&M({}^2H)=2+\frac{1}{3}b\\&M({}^{16}O)=16+\frac{2}{3}(3a+b)-c\end{aligned}\right\} \tag{1.1-12}$$

这样，${}^1H$，${}^2H$ 和 ${}^{16}O$ 的质量就可以通过质量差 a,b,c 的测量精确地得到。

表1-1列出了一些原子质量的测量值。由表可见，原子质量都接近于一个整数，此整数叫做原子核的质量数 A。例如，${}^4He$，${}^{12}C$，${}^{16}O$，${}^{235}U$ 的质量数分别是4，12，16，235。由于质子和中子的质量都十分接近于1，而原子核是由质子和中子组成的，因而核的质量数 A 也就是核内质子数 Z 和中子数 N 之和，即质量数等于核子数。

表 1－1　一些原子的质量

原子名称	原子质量/u	原子名称	原子质量/u
^{1}H	1.007 825	^{7}Li	7.016 005
^{2}H	2.014 102	^{12}C	12.000 000
^{3}H	3.016 050	^{16}O	15.994 915
^{4}He	4.002 603	^{235}U	235.043 944
^{6}Li	6.015 123	^{238}U	238.050 816

具有相同质子数 Z 和中子数 N 的一类原子核，称为一种核素。有时也把具有相同原子序数 Z 和质量数 A 的一类原子，称为一种核素。核素用符号表示为：$^{A}_{Z}X_{N}$。其中 X 是元素符号，A 是质量数，Z 是质子数(或叫核电荷数)，N 是中子数。例如，$^{7}_{3}Li_{4}$ 是元素锂的一种核素，它的质量数是 7，质子数是 3，中子数是 4。在实际工作中，往往只写出元素符号和质量数，省写了质子数和中子数。这是因为有了元素符号，也就知道了质子数；知道了质量数 A 和质子数 Z，也就知道了中子数 $N=A-Z$。

质子数相同、中子数不同的核素称为同位素。例如 $^{1}_{1}H$，$^{2}_{1}H$，$^{3}_{1}H$ 是氢的三种同位素，$^{235}_{92}U$ 和 $^{238}_{92}U$ 是铀的两种同位素。以前在习惯上往往用同位素的术语来代替核素使用。

中子数相同、质子数不同的核素称为同中子素或称同中异位素，例如 $^{2}_{1}H$ 和 $^{3}_{2}He$。

质量数相同、质子数不同的核素称为同量异位素，例如 $^{40}_{18}Ar$，$^{40}_{19}K$，$^{40}_{20}Ca$。

质量数和质子数均相同(当然中子数也相等)，而能量状态不同的核素称为同核异能素。表示同核异能素的方法是在质量数后面加写 m，它表示这种核素的能量状态比较高。例如 ^{60m}Co 是 ^{60}Co 的同核异能素，前者的能量状态比后者高。

质子数和中子数互换的一对原子核，称为镜像核，例如 $^{7}_{3}Li_{4}$ 和 $^{7}_{4}Be_{3}$。

1.1.3　核的半径

实验表明，原子核是接近于球形的。因此，通常用核半径来表示原子核的大小。核半径用宏观尺度来衡量是很小的量，为($10^{-12}\sim10^{-13}$) cm 数量级，无法直接测量，而是通过原子核与其他粒子相互作用间接测得。根据这种相互作用的不同，核半径一般有两种定义。

1. 核力作用半径

由 α 粒子散射实验发现，在 α 粒子能量足够高的情况下，当距离接近时，它与原子核的作用不仅有库仑斥力作用，还有很强的吸力作用，这种作用力叫做核力。核力有一作用半径，在半径之外，核力为零。这种半径叫做核半径，这样定义的核半径是核力作用的半径。

实验中，通过中子、质子或其他原子核与核的作用所测得的核半径就是核力作用半径。实验表明，核半径与质量数 A 有关。它们之间的关系可近似地表示为下面的经验公式：

$$R \approx r_0 A^{\frac{1}{3}} \tag{1.1-13}$$

式中，$r_0 = (1.4 \sim 1.5) \times 10^{-13}\ \mathrm{cm} = 1.4 \sim 1.5\ \mathrm{fm}$。

2. 电荷分布半径

核内电荷分布半径就是质子分布的半径。利用高能电子在原子核上的散射测量电荷分布半径是比较准确的。电子与原子核的作用实际上就是电子与质子的作用。为了准确地测量质子分布半径，电子的波长必须小于核半径，因此电子的能量必须足够高。事实上，电子的波长 λ 与电子的动能 E_k 之间有以下关系：

$$\lambda = \frac{hc}{[E_k(E_k + 2E_0)]^{1/2}} \tag{1.1-14}$$

式中，E_0 是电子的静止能量；h 为普朗克常量；c 为光速。当 $E_k \gg E_0$ 时，式(1.1-14)成为

$$\lambda = \frac{hc}{E_k} \tag{1.1-15}$$

可见，电子的动能越高，波长越短。

高能电子在核上散射的角分布是核内电荷分布的函数，而且电子能量越大，角分布曲线对电荷分布越敏感。用这种方法测得的核半径为

$$R \approx 1.1 \times A^{\frac{1}{3}}\ \mathrm{fm} \tag{1.1-16}$$

利用高能电子在核上的散射，不仅可以测得核内电荷的分布范围，而且可以获知电荷的分布状况。图 1-2 表示核内电荷分布的大致情况。纵坐标 ρ 表示电荷密度，横坐标 r 表示离原子核中心的距离。由图可见，在原子核中央部分，电荷密度是一常量，到边界附近逐渐下降。电荷密度从 90% 下降到 10% 所对应的厚度，称为边界厚度 t。

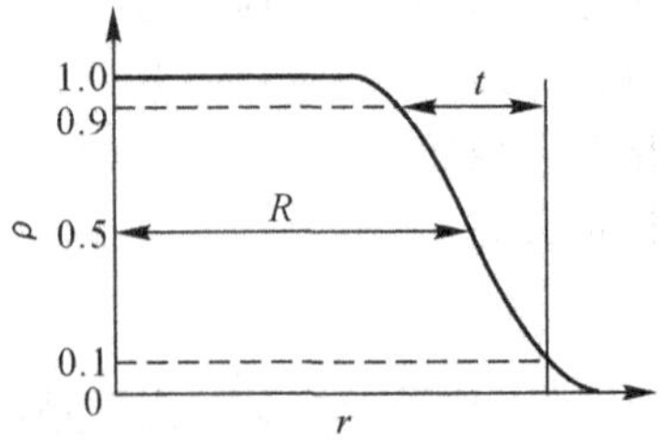

图 1-2　核内电荷分布状况

实验表明，对各种核都具有相同的 t 值，即

$$t=(2.4\pm0.3)\ \text{fm}$$

图 1-2 中的曲线可用下式表示：

$$\rho=\frac{1}{1+e^{(r-R)/d}} \tag{1.1-17}$$

式中，d 为表示核表面厚度的一个参量，它与 t 的关系如下：

$$t=4d\ln3 \tag{1.1-18}$$

此外，近年来人们还对核物质分布半径产生了兴趣。核物质主要由质子和中子组成，因质子带电，中子不带电，从而可以设想核物质分布半径可能会不同于电荷分布半径。实验表明，对于具有较大中质比（中子数与质子数之比）的原子核，中子分布半径要略大于质子分布半径，即存在所谓“中子皮”，其厚度一般为 0.2 fm 左右，而对于中质比很大的一些不稳定核（例如 ^{6}He，^{8}Be 和 ^{11}Li 等，其中质比分别为 2，2 和 2.7），可以出现很厚的中子皮（^{6}He 和 ^{8}Be 的皮厚达 0.9 fm 左右），甚至出现所谓的“中子晕”。中子晕是指远离核芯的外围中子形成晕。这种核称为中子晕核，其中子分布半径比中子皮核的中子分布半径还要大。^{11}Li 是人们研究得最多的中子晕核，其晕厚达 1.7 fm 左右。中子皮核和中子晕核很难严格划分，一般将中子密度分布尾巴拖得很长的划为中子晕核。中子皮中可含多个中子，而中子晕中最多含两个中子。对中子晕核和中子皮核的研究有助于核结构理论的发展，是近年来的一个热点研究领域。

比较式(1.1-13)和式(1.1-16)可知，核的电荷分布半径比核力作用半径要小一些。但是，不管怎样，重要的结论是核半径近似地正比于 $A^{1/3}$，也就是说，原子核的体积近似地与 A 成正比。事实上，核的体积为

$$V=\frac{4}{3}\pi R^3\approx\frac{4}{3}\pi r_0^3A\propto A \tag{1.1-19}$$

即每个核子所占的体积近似地为一常量，或者说各种核的核子密度（单位体积的核子数）n 大致相同，即

$$n=\frac{A}{V}\approx\frac{A}{\frac{4}{3}\pi r_0^3A}\approx10^{38}\ \text{cm}^{-3} \tag{1.1-20}$$

取一个核子的质量 m_N 为 1.66×10^{-24} g 计算，则核物质的密度为

$$\rho=nm_N\approx1.66\times10^{14}\ \text{g}\cdot\text{cm}^{-3} \tag{1.1-21}$$

即每立方厘米的核物质有亿吨重，可见核物质的密度是大得惊人的。

1.1.4　原子核的自旋

原子核的角动量，通常称为核的自旋，是原子核的最重要的特性之一。产生

原子核角动量的原因不难理解。事实上，由于原子核由中子和质子所组成，中子和质子是具有自旋为$\frac{1}{2}$的粒子，它们除有自旋外，还在核内作复杂的相对运动，因而具有相应的轨道角动量。所有这些角动量的矢量和就是原子核的自旋。它是核的内部运动所具有的，与整个核的外部运动无关。

原子核自旋角动量$\boldsymbol{P}_I$的大小为

$$P_I = I(I+1)\hbar \tag{1.1-22}$$

式中，I为核的自旋量子数，是整数或半整数；$\hbar$为约化普朗克常量，$\hbar = h/(2\pi)$。核自旋角动量$\boldsymbol{P}_I$在空间给定z方向的投影P_{Iz}为

$$P_{Iz} = m_I \hbar \tag{1.1-23}$$

式中，m_I称为磁量子数，它可以取$2I+1$个值，即

$$m_I = I, I-1, \cdots, -I+1, -I$$

实际上，自旋量子数I是自旋角动量P_I在z方向投影的最大值（用$\hbar$来衡量）。通常用这个投影的最大值，即自旋量子数I来表示核的自旋的大小，正如核子的自旋量子数$\frac{1}{2}$用来表示核子的自旋一样。例如平常说^{14}N的自旋为1，是指它的$I=1$；^{9}Be的自旋为$\frac{3}{2}$，是指它的$I=\frac{3}{2}$。

原子核的自旋可以通过原子光谱的超精细结构来测得。为了了解超精细结构的成因，先从光谱的精细结构谈起。原子处于激发态时，要通过处于高能级的电子跃迁到低能级来退激，此时可以放出光子，这叫原子发光。例如，早期发现的钠的D线（其波长$\lambda_D = 589.3$ nm）是钠原子的价电子从3P能级跃迁到3S能级时发出的谱线，如图1-3(a)所示。后经进一步研究，发现D线是由波长相差0.6 nm的$\lambda_1 = 589.6$ nm和$\lambda_2 = 589.0$ nm两条谱线构成的。这叫钠D线的精细结构。精细结构是由于电子的自旋与轨道运动相互作用而产生的。

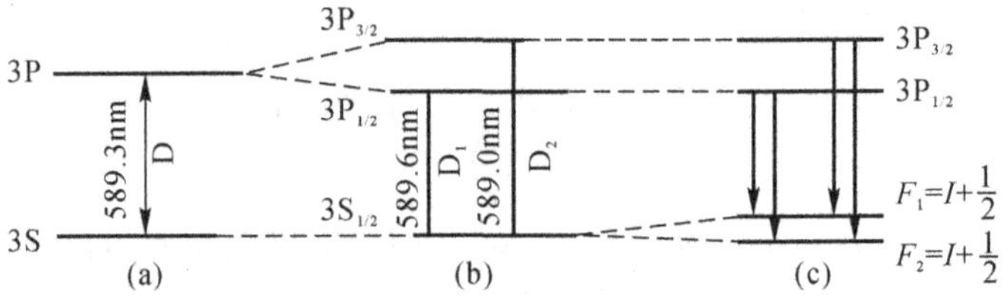

图1-3　钠D线的精细结构和超精细结构

电子的轨道角动量$\boldsymbol{P}_l$与自旋$\boldsymbol{P}_s$耦合成总角动量$\boldsymbol{P}_j$，则有

$$\boldsymbol{P}_j = \boldsymbol{P}_l + \boldsymbol{P}_s \tag{1.1-24}$$

$P_j=\sqrt{j(j+1)}\hbar$，$P_l=\sqrt{l(l+1)}\hbar$，$P_s=\sqrt{s(s+1)}\hbar$；j，l 和 s 分别是电子的总角动量、轨道角动量和自旋角动量量子数。根据角动量耦合理论，j 取下列一系列值：

$$j=l+s,l+s-1,\cdots,|l-s|$$

j 不同的能级具有不同的能量。因电子的 $s=\frac{1}{2}$，所以 j 只取 $l+\frac{1}{2}$，$l-\frac{1}{2}$ 两个值。这就使原来 l 为定值的一个能级分裂成两个具有不同 j 值的子能级，从而产生了光谱的精细结构。例如钠的 3P 能级，因 $l=1$，$s=\frac{1}{2}$，则分裂成 $j=\frac{3}{2}$ 和 $j=\frac{1}{2}$ 的两个能级：$3P_{3/2}$ 和 $3P_{1/2}$。原来的 3S 能级，因 $l=0$，j 只能取 $\frac{1}{2}$ 值，则此能级不发生分裂。于是电子从子能级 $3P_{3/2}$ 和 $3P_{1/2}$ 跃迁到 $3S_{1/2}$ 能级时，就产生了 D 线的精细结构，如图 1-3(b) 所示。

当光谱仪的分辨能力进一步提高后，发现 D_1 线由相距 0.002 3 nm 的两条线组成，D_2 线由相距 0.002 1 nm 的两条线组成。这种分裂大约为 D_1 和 D_2 线之间距离的 $\frac{1}{300}$。这就是原子光谱的超精细结构。

为什么会产生超精细结构？正如电子的自旋与轨道运动相互作用产生精细结构一样，超精细结构是核的自旋与电子的总角动量相互作用的结果。因为核自旋比电子自旋的影响小很多，所以这种能级分裂比精细结构情形小很多。

核的自旋 $\boldsymbol{P}_I$ 与电子的总角动量 $\boldsymbol{P}_j$ 耦合而成的原子的总角动量 $\boldsymbol{P}_F$ 为

$$\boldsymbol{P}_F=\boldsymbol{P}_I+\boldsymbol{P}_j \tag{1.1-25}$$

$\boldsymbol{P}_F$ 的大小为 $P_F=\sqrt{F(F+1)}\hbar$，F 可取下列数值：

$$F=I+j,I+j-1,\cdots,|I-j| \tag{1.1-26}$$

如果 $j\geqslant 1$，F 有 $2I+1$ 个值；如果 $I\geqslant 1$，F 有 $2j+1$ 个值。不同 F 的能级具有不同的能量。于是原来 F 为定值的能级又分裂成 $2I+1$ 或 $2j+1$ 个具有不同 F 值的子能级。当然，这种子能级之间的距离，比由不同 j 值的能级之间的距离要小很多，从而造成了原子光谱的超精细结构。例如钠的 $3S_{1/2}$ 能级，它最靠近原子核，受核自旋影响最大，其电子的 $j=\frac{1}{2}$，则 F 可取两个值：$I+\frac{1}{2}$，$I-\frac{1}{2}$。因此 $3S_{1/2}$ 能级分裂成具有不同 F 值的两个能级。$3P_{3/2}$ 和 $3P_{1/2}$ 能级也将分裂，但它们的分裂非常小，可暂不考虑。由于 $3S_{1/2}$ 能级一分为二，则由 $3P_{1/2}$ 跃迁到 $3S_{1/2}$ 的 D_1 线变成了双线，由 $3P_{3/2}$ 跃迁到 $3S_{1/2}$ 的 D_2 线也变成了双线，如图 1-3(c) 所示。这就是超精细结构的成因。

以下讨论如何利用光谱线的超精细结构来确定核的自旋。

(1) 当 $I \leqslant j$ 时，由于 F 可取 $2I+1$ 个值，则能级分裂成 $2I+1$ 个子能级，所以，只要定出子能级的数目就可求出 I。这种方法对 I 小的核比较适用，尤其是当能级不分裂时，就可定出 $I=0$。

(2) 当 $I \geqslant j$ 时，由于 F 取 $2j+1$ 个值，能级分裂为 $2j+1$ 个，则无法利用子能级数目来确定 I。此时可采用所谓间距法则来求得 I。

由量子力学知道，$\boldsymbol{P}_I$ 与 $\boldsymbol{P}_j$ 的相互作用能量 E 正比于 $\boldsymbol{P}_I \cdot \boldsymbol{P}_j$，即

$$E = A\boldsymbol{P}_I \cdot \boldsymbol{P}_j \tag{1.1-27}$$

式中，A 是常量。将式(1.1-25)两边取平方，得

$$\boldsymbol{P}_F^2 = \boldsymbol{P}_I^2 + \boldsymbol{P}_j^2 + 2\boldsymbol{P}_I \cdot \boldsymbol{P}_j \tag{1.1-28}$$

则

$$\boldsymbol{P}_I \cdot \boldsymbol{P}_j = \frac{1}{2}(P_F^2 - P_I^2 - P_j^2) = \frac{1}{2}[F(F+1) - I(I+1) - j(j+1)]\hbar^2 \tag{1.1-29}$$

把式(1.1-29)代入式(1.1-27)，得

$$E = \frac{1}{2}A[F(F+1) - I(I+1) - j(j+1)]\hbar^2 \tag{1.1-30}$$

由于 F 可取 $2I+1$ 或 $2j+1$ 个值，则 E 也可取 $2I+1$ 或 $2j+1$ 个值。这就是能级分裂的原因。

设 $F=I+j, I+j-1\cdots$ 时的相互作用能 E 分别为 $E_1, E_2\cdots$，由式(1.1-30)就容易算得两相邻能级的间距 ΔE 为

$$\left.\begin{aligned} \Delta E_1 &= E_1 - E_2 = A\hbar^2(I+j) \\ \Delta E_2 &= E_2 - E_3 = A\hbar^2(I+j-1) \\ \Delta E_3 &= E_3 - E_4 = A\hbar^2(I+j-2) \end{aligned}\right\} \tag{1.1-31}$$

则有

$$\Delta E_1 : \Delta E_2 : \Delta E_3 : \cdots = (I+j) : (I+j-1) : (I+j-2) : \cdots \tag{1.1-32}$$

这种相邻能级间距的关系称为间距法则。

实验测得这些能级间距的比值后，即可由式(1.1-32)定出核的自旋 I 的值。显然，只有当 $I > \frac{1}{2}$ 和 $j > \frac{1}{2}$ 时，即能级分裂不止两个时，此法才能应用。例如，实验发现铋的 $\lambda = 472.2\ \mathrm{nm}$ 谱线分裂成 6 条。$\lambda = 472.2\ \mathrm{nm}$ 对应于 $\mathrm{D}_{3/2}$ 与 $\mathrm{S}_{1/2}$ 之间的跃迁，发现能级分裂数分别为 4 和 2，即分裂为 $2j+1$ 个子能级，则 $I \geqslant j$。此时，第一种方法不能用，但可利用间距法则，测得 $\mathrm{D}_{3/2}$ 的 4 个子能级的间距比是 6∶5∶4，由式(1.1-32)知 $I+j=6$，则由 $j=\frac{3}{2}$，得 $I=\frac{9}{2}$。

(3) 利用超精细结构谱线的相对强度测定 I。由于超精细结构谱线的相对强度正比于 $2F+1$,因而从相对强度之比可定出 I。事实上,设 R_1 和 R_2 分别是谱线 $F=I+j$ 和 $F_2=I+j-1$ 的相对强度,则有

$$\frac{R_1}{R_2}=\frac{2F_1+1}{2F_2+1}=\frac{2(I+j)+1}{2(I+j-1)+1}=\frac{2(I+j)+1}{2(I+j)-1} \qquad (1.1-33)$$

当上述两种方法都不适用时,可利用此种方法定出 I。例如对于钠 D 线的超精细结构,由于 $I\geqslant j$,则第一种方法不适用。另外,由于 $3S_{1/2}$ 能级只可能分裂为两个子能级,即只有一个能量间距,所以第二种方法也不行。但可利用超精细谱线的相对强度之比来求得核的自旋 I。例如实验测得 D_1 线(或 D_2 线)的两超精细谱线的相对强度之比为 5∶3。由式(1.1-33)得

$$\frac{2(I+j)+1}{2(I+j)-1}=\frac{5}{3} \qquad (1.1-34)$$

则 $I+j=2$。已知 $j=\frac{1}{2}$,所以得 $I=\frac{3}{2}$。

上述三种方法都是通过测量原子光谱来确定核的自旋的。此外,通过测量分子光谱等方法也可定出核的自旋,这里不再一一叙述。

分析核自旋的实验数据,得出以下两条规律:

(1) 偶 A 核的自旋为整数。其中偶偶核(即质子数 Z 和中子数 N 均为偶数的核)的 $I=0$。

(2) 奇 A 核的自旋为半整数。

对这两条规律将在核结构的壳模型理论中进行讨论。

1.1.5　原子核的磁矩

原子核是一个带电的系统,而且具有自旋,因此可以推测它具有磁矩。实验证实确是如此。在量子力学中,我们知道原子中电子的磁矩有两部分:自旋的磁矩和轨道运动的磁矩。其中,自旋的磁矩表达式为

$$\boldsymbol{\mu}_s=-\frac{e}{m_e}\boldsymbol{P}_s=g_s\left(\frac{e}{2m_e}\right)\boldsymbol{P}_s \qquad (1.1-35)$$

轨道运动的磁矩表达式为

$$\boldsymbol{\mu}_l=-\frac{e}{2m_e}\boldsymbol{P}_l=g_l\left(\frac{e}{2m_e}\right)\boldsymbol{P}_l \qquad (1.1-36)$$

式中,m_e 是电子的质量;$\boldsymbol{P}_s$ 和 $\boldsymbol{P}_l$ 是电子的自旋和轨道角动量;因子 g_s 和 g_l 称为电子的 g 因数,其值 $g_s=-2$,$g_l=-1$。若 $\boldsymbol{P}_s$ 和 $\boldsymbol{P}_l$ 的单位取 $\hbar$,则式(1.1-35)和式(1.1-36)可写为

$$\boldsymbol{\mu}_s=g_s\mu_B\boldsymbol{P}_s \qquad (1.1-37)$$

和

$$\boldsymbol{\mu}_l = g_l \mu_B \boldsymbol{P}_l \tag{1.1-38}$$

式中，$\mu_B = \dfrac{e\hbar}{2m_e} = 9.274\,0 \times 10^{-24}\ \mathrm{A \cdot m^2}$，称为玻尔磁子。通常电子的磁矩 $\boldsymbol{\mu}$ 用 μ_B 衡量，则 $\boldsymbol{\mu}$ 可写为

$$\boldsymbol{\mu} = \boldsymbol{\mu}_s + \boldsymbol{\mu}_l = g_s \boldsymbol{P}_s + g_l \boldsymbol{P}_l \tag{1.1-39}$$

实验表明，核子也有磁矩，与质子和中子自旋相应的磁矩分别为

$$\boldsymbol{\mu}_p = g_p \left(\frac{e}{2m_N}\right) \boldsymbol{P}_s, \quad \boldsymbol{\mu}_n = g_n \left(\frac{e}{2m_N}\right) \boldsymbol{P}_s \tag{1.1-40}$$

其中，g_p 和 g_n 分别为质子和中子的 g 因数；m_N 为核子质量。如果与电子自旋磁矩情形相比较，对于质子应该有 $g_p = +2$；对于中子，因它不带电，应该有 $g_n = 0$。但实验证明，$g_p = +5.586$，$g_n = -3.826$。因此，通常称质子和中子具有反常磁矩。

与原子核的自旋 $\boldsymbol{P}_I$ 相联系，类似于式(1.1-35)，核的磁矩 $\boldsymbol{\mu}_I$ 为

$$\boldsymbol{\mu}_I = g_I \left(\frac{e}{2m_p}\right) \boldsymbol{P}_I \tag{1.1-41}$$

式中，g_I 称为核的 g 因数；m_p 是质子的质量。

由于 $\boldsymbol{P}_I$ 在空间给定 z 方向的投影 $P_{Iz} = m_I \hbar$ 有 $2I+1$ 个值，即

$$m_I = I, I-1, \cdots, -I+1, -I \tag{1.1-42}$$

所以 μ_I 在给定方向的投影 μ_{Iz} 也有 $2I+1$ 个值：

$$\mu_{Iz} = g_I \left(\frac{e\hbar}{2m_p}\right) m_I \tag{1.1-43}$$

其最大投影(记作 μ'_I) 为

$$\mu'_I = g_I \left(\frac{e\hbar}{2m_p}\right) I = g_I \mu_N I \tag{1.1-44}$$

式中，$\mu_N = \dfrac{e\hbar}{2m_p} = 5.050\,8 \times 10^{-27}\ \mathrm{A \cdot m^2}$，称为核磁子。因为 m_p 比 m_e 大 1 836 倍，所以核磁子 μ_N 只有玻尔磁子 μ_B 的$\dfrac{1}{1\,836}$。可见，核的磁矩比原子中的电子磁矩要小得多，这就是超精细谱线的间距比精细结构谱线的间距要小得多的原因。

需要指出，通常是用核磁矩在给定 z 方向投影的最大值 μ'_I 来衡量核磁矩的大小，并且常以核磁子 μ_N 来衡量。一般文献和书籍中所列核磁矩 $\boldsymbol{\mu}$ 的大小就是指以 μ_N 来衡量的 μ'_I 值。例如根据式(1.1-44)，质子和中子的磁矩分别为 $+2.793$ 和 -1.913。

测量磁矩的方法有许多种，下面仅介绍比较重要的核磁共振法。

由式(1.1-44)知，若核的自旋 I 已知，测量磁矩的实质在于测量 g_I 因数。利用核磁共振法测量 g_I 因数的原理如下：将被测样品放在一个均匀的强磁场 $\boldsymbol{B}$ 中($\approx 1\ \mathrm{T}$)，由于核具有磁矩 $\boldsymbol{\mu}_I$，它在磁场中与 $\boldsymbol{B}$ 作用获得附加能量 E，则有

$$E = -\boldsymbol{\mu}_I \cdot \boldsymbol{B} = -\mu_{Iz} B \tag{1.1-45}$$

式中，μ_{Iz} 是磁矩 $\boldsymbol{\mu}_I$ 在磁场方向 z 上的投影。

由式(1.1-43)知，μ_{Iz} 有 $2I+1$ 个值，所以 E 也有 $2I+1$ 个值，即

$$E = -g_I \mu_N m_I B \tag{1.1-46}$$

这就是说，能量随核在磁场中的取向不同而不同。按核的取向不同，原来的能级分裂成 $2I+1$ 个子能级。$m_I=1$ 时，子能级的能量最低；$m_I=I-1$ 时，能量次之，……，$m_I=-I$ 的能量最高。根据选择定则 $\Delta m_I=0, \pm 1$，两相邻子能级间可以进行跃迁。跃迁能量 ΔE 由式(1.1-46)得

$$\Delta E = g_I \mu_N B \tag{1.1-47}$$

可见，只要测得 ΔE，即可求出 g_I，从而就可获得核的磁矩。如果我们在垂直于均匀磁场 $\boldsymbol{B}$ 的方向再加上一个强度较弱的高频磁场，当其频率 v 满足以下条件时

$$hv = \Delta E \tag{1.1-48}$$

则样品的原子核将会吸收高频磁场的能量而使核的取向发生改变，从而实现由较低的子能级向相邻较高子能级的跃迁。此时，高频磁场的能量将被原子强烈吸收，称为共振吸收。此时的频率 ν 称为共振频率。由式(1.1-47)和式(1.1-48)得

$$g_I = \frac{h\nu}{\mu_N B} \tag{1.1-49}$$

因此，只要测得了 ν 和 B，利用式(1.1-49)即可求出 g_I。

图 1-4 是核磁共振法的原理图。一个 30 MHz 振荡器直接与一平衡线路的两臂相连。高频信号在 A 处分两路进行。两路线路基本相同，但其一路中置有被测样品，使其共处于均匀磁场 $\boldsymbol{B}$ 中。样品上绕有高频线圈，它产生与 $\boldsymbol{B}$ 垂直的一个高频磁场，在此分路中还有一个延迟电路，其作用是使高频信号的位相延迟 180°。因此不发生共振时，两路信号在两臂会合点 B 相互抵消。改变磁场 $\boldsymbol{B}$ 的大小，当其满足式(1.1-48)的条件时，样品发生共振吸收，有样品的一路信号强度减弱，此时在 B 点，信号不能完全抵消，就有输出。将此信号放大后加到示波器进行观测。为了显示共振，另有一 30 Hz 低频振荡器接入均匀磁场的附加线圈，使磁场在共振值附近变动，所以每秒只发生 30 次共振。同时将此低频电压输入示波器，作为示波器的扫描电压。于是，发生共振时，示波器上将稳定地显示出共振曲线。实验结果表明，磁矩有正有负，正号表示其方向与自旋同向，负

号表示与自旋反向。

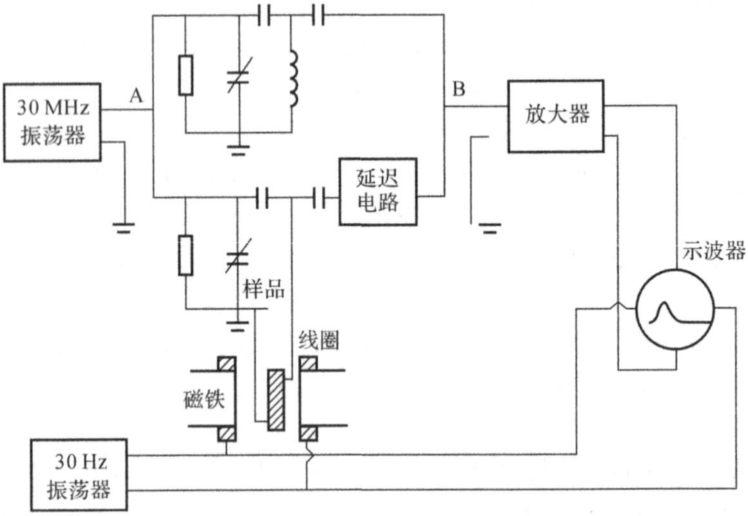

图 1-4　核磁共振法的原理图

核磁共振有很多重要应用。例如，如果已知核的磁矩，实验上可改变共振频率 v 来测得未知磁场 $\boldsymbol{B}$ 的大小，而且测量精度相当高。此外，核磁共振在物质结构的研究中有广泛的应用。

1.2　原子核液滴模型

原子核是由中子、质子(统称核子)组成的。由于核子之间的相互作用还不是很清楚，在数学方法上也有困难，对原子核的研究常用一种唯象的方法——模型法，就是以实验事实为根据，用人们所熟悉的某种事物来比喻，进而提出原子核结构或原子核反应机制的某种模型，通过将理论和更多的实验结果进行比较，以检验模型的正确性，并确定其适用范围。模型法是研究原子核性质的一种重要方法，在本课程中将广为应用。

1.2.1　液滴模型的实验根据

液滴模型是早期的一种原子核模型，它将原子核比作一个液滴，将核子比作液体中的分子，主要的实验根据有两个。一是从比结合能曲线看出，原子核平均每个核子的结合能几乎是常量，即 $B \propto A$(B 为原子核结合能，A 为核子数)，说明核子间的相互作用力具有饱和性，否则 B 将近似地与 A^2 成正比。这种饱和性与液体中分子力的饱和性类似。二是从原子核的体积近似地正比于核子数的事实知道，核物质密度几乎是常量，表示原子核是不可压缩的，这与液体的不可压缩性类似。由于质子带正电，原子核的液滴模型中把原子核当作荷电的液滴。

1.2.2　体积能、表面能和库仑能

根据液滴模型，原子核的结合能 B 主要包含体积能 B_v、表面能 B_s 和库仑能 B_C 三项，即

$$B = B_v + B_s + B_C \tag{1.2-1}$$

现在对式(1.2-1)逐项进行讨论。

作为液滴的原子核，具有体积 V。对于最简单的球形核，$V=\frac{4}{3}\pi r_0^3 A$，其中 A 是核子数。原子核的体积能 B_v 是结合能 B 的主要项，它与原子核的体积 V 成正比，也就是与组成原子核的核子数 A 成正比，则有

$$B_v = a_v A \tag{1.2-2}$$

式中，a_v 是正的常量。

原子核作为液滴，有它的表面，在表面的核子只受到内部核子的作用，比原子核内部的核子所受的作用要小些。在结合能中应该考虑表面核子与内部核子的差别，以进行修正。可以把表面核子的结合能与液体的表面张力作用相比。表面核子不同于内部核子，对结合能的修正项，称为表面能 B_s，它与原子核的表面积 S 成正比。球形核的表面积 $S=4\pi R^2=4\pi r_0^2 A^{2/3}$，则

$$B_s = -\sigma 4\pi r_0^2 A^{2/3} \tag{1.2-3}$$

式中，σ 称为原子核的表面张力系数。式(1.2-3)可以写成

$$B_s = -a_s A^{2/3} \tag{1.2-4}$$

其中，$a_s=\sigma 4\pi r_0^2$，是一个正的常量；负号表示表面能的作用与体积能的作用相反。

表面能的作用是使原子核有尽可能小的表面积。体积一定，有最小表面积的几何体是球体。因此，常把原子核近似地当作球形。

质子间的静电相互作用对于结合能的贡献，称为库仑能 B_C。对于球形核，如果质子在核内是均匀分布的，电荷密度写作

$$\rho=\begin{cases} Ze\Big/\left(\dfrac{4}{3}\pi R^3\right), & r \leqslant R \\ 0, & r > R \end{cases} \tag{1.2-5}$$

可以算得

$$B_C = -\frac{1}{4\pi\varepsilon_0}\frac{3e^2}{5r_0}Z^2 A^{-1/3} \tag{1.2-6}$$

或者写成

$$B_C = -a_C Z^2 A^{-1/3} \qquad (1.2-7)$$

式中，$a_C = \frac{1}{4\pi\varepsilon_0}\frac{3e^2}{5r_0}$ 是个常量；负号表示质子间的库仑作用是相斥的，使原子核的结合能减小。

如果原子核中的质子均匀地分布在核的表面，库仑能的绝对值要小些。但是，实验数据表明，原子核内的质子不是集中在球面，而是近似均匀地分布在球体内。

如果核的结合能仅有上面三项，我们将得出这样的结论：对于确定的 A 值，最稳定的原子核几乎全由中子组成。理由很明显，式(1.2-1) 的前两项对于质子或中子是相同的，第三项是负的。对于给定的 A，Z 越小结合能就越大。这个结论与实际情形不符。这表明式(1.2-1) 所代表的经典荷电液滴还不能正确地反映出原子核结合能的特性。

在结合能公式中，还应该包含原子核稳定性的经验规律中所反映出的特点：核子间有中子、质子对称相处的趋势，有一项对称能 B_a；同类核子有配对相处的趋势，还有一项对能 B_p。

1.2.3 原子核结合能的半经验公式

1. 对称能和对能

从 β 稳定线的讨论知道，原子核内的中子和质子有对称相处的趋势。稳定的轻核都是中子数和质子数相等的，即 $N=Z$。当中子数和质子数不等时，也就是中子、质子非对称相处时，$N \neq Z$，结合能要降低，在结合能公式中应该附加一项非对称能 B_a，习惯上也称为对称能。对称能依赖于 N/Z，并且与 A 有关。当 $N=Z$，即 $\frac{A}{2}=Z$ 时，对称能为零，是最大值。对于给定的组成，即确定的 N/Z，对称能可以写成

$$B_a = -a_a\left(\frac{A}{2}-Z\right)^2 A^{-1} \qquad (1.2-8)$$

式中，$A=N+Z$；a_a 是正的常量；负号表示使结合能减少。

对称能是一项量子效应。根据泡利不相容原理，在中子、质子对称相处的情形下，能填充的单粒子能级更低些。但是，在重核中，库仑作用的效应增大。两者竞争的结果是，在稳定的核素中，中质比随 A 增大。

从稳定核素的奇偶分类还知道，在原子核的组成中，有中子、质子各自成对相处的趋势。同类核子成对相处时结合能大；不成对时，结合能就小些。在结合

能公式中还应附加一项对能 B_p，或者称为奇偶能，即

$$B_p = \delta a_p A^{-1/2} \tag{1.2-9}$$

其中

$$\delta = 1(\text{偶合数}); \delta = 0(\text{奇}\ A\ \text{核}); \delta = -1(\text{奇奇核}) \tag{1.2-10}$$

式中，$a_p > 0$，是个常量。奇 A 核（包括奇偶核和偶奇核）的对能为零，作为对能的能量参考点。核素对能项的效应随着核子数 A 的增大而减弱。

对能也是一种量子效应。全同费米子的波函数是交换反对称的。当成对的同类核子相距很近，它们的空间波函数对称而自旋波函数反对称时，这样的成对核子有很强的吸引作用。所以，成对核子的总自旋为零时，附加的对能使结合能增大。

2. 结合能半经验公式

基于液滴模型，并考虑了对称能和对能，球形原子核的结合能半经验公式为

$$B(Z,A) = B_v + B_s + B_C + B_a + B_p = a_v A - a_s A^{2/3} - a_C Z^2 A^{-1/3} - a_a \left(\frac{A}{2} - Z\right)^2 A^{-1} + a_p \delta A^{-1/2} \tag{1.2-11}$$

其中的各个常量 a，是由此公式与很多原子核基态的结合能数据作最佳拟合定出的参量。虽然液滴模型给出的式(1.2-11)中各项有明确的物理意义，但是系数 a 一般不能由理论本身导出，而依赖于实验数据。这样得到的公式是半经验公式，首先由魏茨泽克(Weizsäcker)在 1935 年提出。有一组参量是

$$\left.\begin{aligned} a_v &= 15.835\ \text{MeV}, & a_v &= 0.017\ 000\ \text{u} \\ a_s &= 18.33\ \text{MeV}, & a_s &= 0.019\ 68\ \text{u} \\ a_C &= 0.714\ \text{MeV}, & a_C &= 0.000\ 767\ \text{u} \\ a_a &= 92.80\ \text{MeV}, & a_a &= 0.099\ 622\ \text{u} \\ a_p &= 11.2\ \text{MeV}, & a_p &= 0.012\ \text{u} \end{aligned}\right\} \tag{1.2-12}$$

再利用式(1.2-11)和式(1.2-12)计算一些核的结合能，其结果列在表 1-2 中。

表 1-2　结合能的计算结果　　单位：MeV

核　素	^{40}Ca	^{107}Ag	^{238}U
B_v	633.4	1 694.4	3 768.7
B_s	−214.4	−413.1	−704.0
B_C	−83.5	− 332.2	−975.2

续表

核　素	^{40}Ca	^{107}Ag	^{238}U
B_a	0	−36.6	−284.3
B_p	1.8	0	0.7
B	337.3	912.5	1805.9
B'	342.1	915.2	1801.6

表中还列出了式(1.2-11)中各项的值以及由核素的原子质量定出的结合能数值。后者以 B' 表示，以区别于半经验公式的计算结果 B。可以从表中看出，公式中各项对于结合能贡献的大小，也能看到液滴模型的结合能半经验公式和实验结果是吻合得很好的，在 A 的很大范围内都能够适用。式(1.2-11)中可调节的参量有5个，在和实验数据拟合时也可选取不同的值。各组参量之间可以不同，甚至有较大的差别，但是，作为整个公式的结果，与实验数据的差别是很小的。

3. 应用举例

现在对于结合能半经验公式的应用举一些例子。

(1) 核素的质量。由核素的结合能 $B(Z,A)$ 和质量 $m(Z,A)$ 的关系：

$$m(Z,A)=Zm_p+(A-Z)m_n-B(Z,A)/c^2 \tag{1.2-13}$$

可以得到核素的原子质量为

$$M(Z,A)=ZM(^1H)+(A-Z)m_n-B(Z,A)/c^2 \tag{1.2-14}$$

将式(1.2-11)代入式(1.2-14)，可以得到核素原子的质量半经验公式为

$$M(Z,A)=ZM(^1H)+(A-Z)m_n-a_v'A+a_s'A^{2/3}+a_c'Z^2A^{-1/3}+a_a'\left(\frac{A}{2}-Z\right)^2A^{-1}-\delta a_p'A^{-1/2} \tag{1.2-15}$$

式中，参量 $a'=a/c^2$。给出的一组参量见式(1.2-12)。

计算结果与实验值的比较表明，在总体上两者是符合得很好的。但是，对于很轻的核以及在某些区域，如 Z 或 N 为50，82等“幻数”附近，计算结果与实验值的差别较大。这是由于液滴模型只能给出统计结果，因而对于很轻的原子核，此公式不适用。它只能给出平均结果，不能精细地反映核素个体的特性。这表明，液滴模型有它的局限性。

(2) 比结合能曲线。利用结合能半经验公式可以计算稳定核的结合能 $B(Z,A)$，从而得到比结合能 $\varepsilon(Z,A)$，并能作出 $\varepsilon-A$ 曲线，如图1-5(a)所示。图中最下面的曲线是净的比结合能曲线。它的形状和实验得到的曲线[见图1-

5(b)］形状很相像，曲线中间高，两端低，变化平稳。定量上也吻合得很好，在很大范围内 $\varepsilon \approx 8$ MeV。图中的另几条曲线形象地表示了结合能公式中各项随核子数 A 变化时比结合能的变化趋势。比结合能中的体积能项($\varepsilon_v = B_v/A$) 是常量，这是液滴模型的主要特征。表面能项($\varepsilon_s = B_s/A$) 的数值随 A 减小，这是由于球体越大，表面核子所占的比例就越小的缘故。库仑能项的数值随 A 增大，这是因为 β 稳定线上的核素粗略地有 $Z \propto A$，则有 $\varepsilon_C = B_C/A$ 近似与 $A^{2/3}$ 成正比。由于 β 稳定线上核素的中质比 N/Z 随 A 增加由 1 上升到 1.5 以上，因而非对称能项($\varepsilon_a = B_a/A$) 的数值也随 A 增大。图中没有标出对能的贡献。

(3)β 稳定线。由质量半经验公式，可以讨论稳定核素的 Z 和 A 的关系。对于有确定 A 的同量异位素，具有怎样电荷数 Z 的核素是稳定的呢？β 稳定线上的核素是这一问题的解答。如果把 Z 处理成连续变量，并且暂先略去对能项，那么，满足

$$\frac{\partial M(Z,A)}{\partial Z} = 0 \tag{1.2-16}$$

的核素是 β 稳定的。β 稳定的核素其电荷数用 Z_s 表示，由式(1.2－16) 及式(1.2－15) 可得

$$Z_s = \frac{[a_a + m_n - M(^1\mathrm{H})]A}{2(a_a + a_C A^{2/3})} \tag{1.2-17}$$

这与 β 稳定线的经验方程

$$Z = \frac{A}{1.98 + 0.0155\,A^{2/3}} \tag{1.2-18}$$

是一致的。由于 Z 是整数，同量异位素中稳定的核素就在 β 稳定线上或在 β 稳定线的近旁。这可以说明 $Z-N$ 平面上狭长的 β 稳定区，如图 1－5(b) 所示。

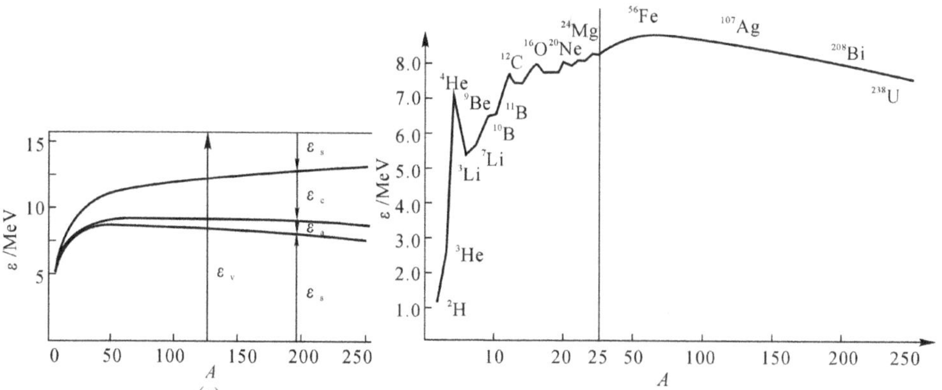

图 1－5　比结合能曲线及其中各项的贡献

(4) 同量异位素质能抛物线。β衰变是相邻的同量异位素之间的转变。核素原子质量 $M(Z,A)$ 是 $O-ZAM$ 直角坐标系中的曲面，称为核素的质能曲面。对于一定核子数 A 的同量异位素，平行于坐标面 $O-ZM$ 的平面与质能曲面的截口线是条抛物线。它可以由质量半经验公式得到阐明。式(1.2-15)可以改写成 Z 的二次多项式

$$M(Z,A)=K_1+K_2Z+K_3Z^2-K_\delta \tag{1.2-19}$$

其中

$$\left.\begin{aligned}K_1&=\left[m_n-\left(a_v-\frac{1}{4}a_a-a_sA^{-1/3}\right)\right]A\\K_2&=-\left[m_n-M(^1\mathrm{H})+a_a\right]\\K_3&=(a_a+a_CA^{2/3})A^{-1}\\K_\delta&=\delta a_pA^{-1/2}\end{aligned}\right\} \tag{1.2-20}$$

对于一定的 A，质量公式中的 M 与 Z 关系为一条顶点在下的抛物线。曲线上的核素可以经β或β衰变[包括电子俘获(EC)过程]趋向抛物线的顶点。

对于奇 A 核，通常只有一个β稳定的核素，其质子数 Z 最靠近抛物线的顶点 Z_s。抛物线上不稳定的核素具有β放射性。曲线左支上的核素是丰中子的，经β衰变逐步趋向β稳定；曲线右支上的核素是缺中子的，经 β^+ 衰变或EC过程趋向β稳定，如图1-6所示。图中纵坐标是静止质量所对应的能量，零点是任意取的。

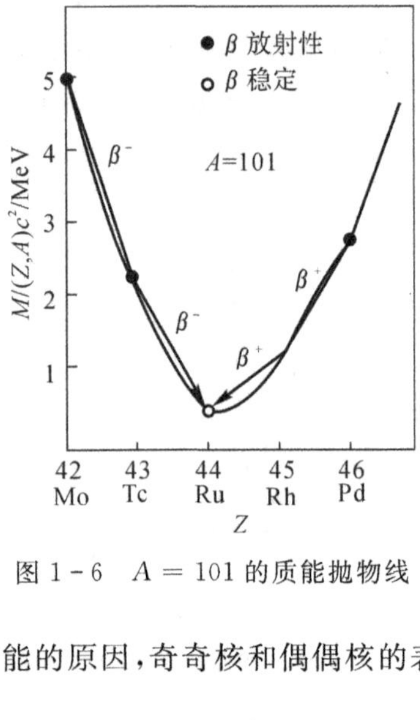

图1-6　$A=101$ 的质能抛物线

对于偶 A 核，由于对能的原因，奇奇核和偶偶核的表示式是不同的。考虑到

质量公式中的对能项，奇奇核的抛物线顶点要抬高 K_δ，偶偶核的抛物线顶点要降低 K_δ。奇奇核与偶偶核的抛物线形状相同，它们的顶点相差 $2K_\delta$，如图 1－7 所示。

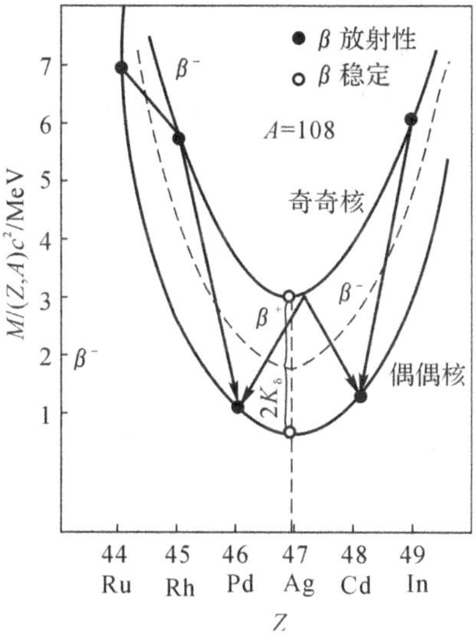

图 1－7　$A=108$ 的质能抛物线

β 衰变是两曲线之间核素的变化。母核是偶偶核的，子核就是奇奇核；母核是奇奇核的，子核就是偶偶核。稳定的核素可以有两个，而且常是偶偶核。从图中还可以看出，有的奇奇核能够同时具有 β^+ 和 β^- 放射性。

利用原子核液滴模型公式能够成功地计算原子核基态的结合能和质量，是现有计算公式中和实验结果符合得最好的。公式中的参量由实验数据的拟合分析确定。公式中各项的物理意义比较明确，物理图像比较清楚。

液滴模型是早期的核模型，至今已有了不少改进，并仍在发展之中。还可以将液滴考虑得更深入一些，例如核密度不是常量而是某种形式的分布，中子和质子的分布可以有差别，在形变中电荷分布可以产生极化，以及液滴并非完全不可压缩，等等。

1.3　原子核壳模型

鉴于幻数的存在，原子核中似乎应该存在类似原子的壳层结构。但是，原子核的结构比原子结构要复杂得多，原子核的许多特点是原子无法类比的。在讨论原子核的壳模型之前，让我们先回顾一下原子中的电子壳层是怎样形成的。

1.3.1 原子中电子的壳层结构

在原子中处于中心的原子核对于周围的电子来说可以看作是点电荷，它的库仑场是有心场。可以近似地认为，每个电子是在核和其他电子所组成的平均场中各自独立地运动，这个平均场是一种有心场。根据量子力学，它们的运动状态由4个量子数n,l,m_l,m_s来表示。此处n是主量子数，l为轨道角动量量子数，m_l,m_s分别为轨道磁量子数和自旋磁量子数。n可取下列正整数：

$$n=1,2,3,\cdots$$

对一定的n，

$$l=0,1,2,\cdots,n-1$$

共n个值。

对一定的l，

$$m_l=l,l-1,l-2,\cdots,-l$$

共$2l+1$个值。

对每一个m_l，

$$m_s=\pm 1/2$$

有两个值。

对于库仑场，在不考虑电子自旋与轨道运动相互作用的情况下，电子状态的能量由量子数n和l决定。对于某一确定的n,l相同的状态，能量都一样。因而某一给定l的$2l+1$个状态，能量都相同，即l一定的能级是$2l+1$度简并的。由泡利不相容原理(以下简称为“泡利原理”)知道，对于自旋$s=1/2$的粒子，在同一个状态中不能同时容纳两个同类粒子。电子的自旋是1/2，它应服从泡利原理。这样，在能量相同的同一个l能级上总共可以容纳$2(2l+1)$个电子。对于$l=0,1,2,3,4,5,6,7,\cdots$，分别用符号s,p,d,f,g,h,i,j,…来表示。对于s能级，最多能容纳的电子数目$N=2$；对于p能级，$N=6$；对于d能级，$N=10$；对于f能级，$N=14$；对于g能级，$N=18$；对于h能级，$N=22$；对于i能级，$N=26$；对于j能级，$N=30$。

由量子力学可以解得，在给定的有心场中电子处于各能级的能量，能量随量子数n和l的增大而提高。由于内层电子对外层电子的屏蔽效应，实际的有心场与库仑场有所不同。所得的能级次序见表1-3。能量最低的能级是1s，其后的次序是2s,2p,3s,3p,4s,3d…。能级符号中的数字表示主量子数n，如对3d能级，$n=3,l=2$。

电子处于最低能级最稳定，但由于泡利原理的限制，每一能级最多只能填充

$N=2(2l+1)$ 个电子。这样就可把电子按从低能级往高能级的次序逐个填充，从而形成所谓壳层结构。一些接近的能级组成一个壳层，各壳层之间则有较宽的能量差。最后得到原子中电子的壳层结构如表 1-3 所示。由表可见，满壳层时的电子总数是 2，10，18，36，54，86，它们正是惰性气体氦、氖、氩、氪、氙、氡的原子序数。

表 1-3　电子的壳层结构

壳层	能级次序	各能级的电子数	满壳层电子总数
一	1s	2	2
二	2s，2p	2，6	10
三	3s，3p	2，6	18
四	4s，3d，4p	2，10，6	36
五	5s，4d，5p	2，10，6	54
六	6s，4f，5d，6p	2，14，10，6	86
七	7s，5f，6d…	2，14，10…	

1.3.2　核内存在壳层结构的条件

由以上讨论可见，如果原子核中也存在类似于原子的壳层结构，则须满足下列条件：

(1)在每一个能级上，容纳核子的数目应当有一定的限制；

(2)核内存在一个平均场，对于接近于球形的原子核，这个平均场是一种有心场；

(3)每个核子在核内的运动应当是各自独立的。

第一个条件是满足的。因为中子和质子都是自旋为 1/2 的粒子，所以都服从泡利原理，从而每个中子和质子的能级容纳核子的数目受到一定的限制。中子和质子有可能各自组成自己的能级壳层。这一点与实验是符合的，因实验发现的幻数分别对中子和质子都存在。

后两个条件看来很难满足，这是由于原子核的情况与原子的情况有很大不同。首先，原子中的库仑作用力是一种长程力，而原子核中核子间的作用力主要是短程力，因而原子核中不像原子中那样存在一个明显的有心力。其次，核中的核子密度与原子中的电子密度相比，大得不可比拟，以至核子在核中的平均自由程可以比核半径小得多，于是可以想象核子间似应不断发生碰撞，因而很难理解核子在核中的运动可以是各自独立的。正是由于上述原因，核内存在壳层结构受到怀疑，以致在很长时期中壳层模型没有得到发展。尤其是只考虑核子间强相互作用的液滴模型能成功地解释许多现象，使得人们更加怀疑核内存在核子的独立运动的可能性。

1.3.3 核的壳模型的基本思想

如上所述，人们曾对核的壳层结构抱有怀疑。但后来越来越多的实验事实证实了幻数的存在，而液滴模型在解释幻数的问题上又完全无能为力，于是迫使人们重新考虑核内存在壳层结构的可能性。其中心思想有以下两条：

(1)原子核中虽然不存在与原子中相类似的不变的有心力场，但可以把原子核中的每个核子看作是在一个平均场中运动，这个平均场是所有其他核子对一个核子作用场的总和。对于接近球形的原子核，可以认为这个平均场是一个有心场。

(2)泡利原理不但限制了每一能级所能容纳核子的数目，也限制了原子核中核子与核子碰撞的概率。因为原子核处于基态时，它的低能态填满了核子。如果两个核子发生碰撞使核子状态改变，则根据泡利原理，这两个核子只能去占据未被核子所占有的状态，这种碰撞的概率是很小的。这就使得核子在核内有较大的平均自由程，即单个核子能被看做在核中独立运动。所以，壳模型也叫独立粒子模型。

1.3.4 单粒子能级

现在的任务就是选择有心场的具体形式，以使得出的满壳层的核子数与幻数符合。

最简单的有心场是直角势阱和谐振子势阱，它们在数学上是最容易处理的。对于直角势阱(见图 1-8)，它的数学表示式为

$$V(r)=\begin{cases}-V_0, & r\leqslant R\\0, & r>R\end{cases}\qquad(1.3-1)$$

谐振子势阱(见图 1-9) 的数学表示式为

$$V(r)=-V_0+\frac{1}{2}m\omega^2r^2\qquad(1.3-2)$$

式中，r 是有心场的径向参量，即力场中的某一点至场中心的距离；R 是原子核的半径；V_0 是势阱深度；m 是核子质量；$\omega=(2V_0/mR^2)^{1/2}$。

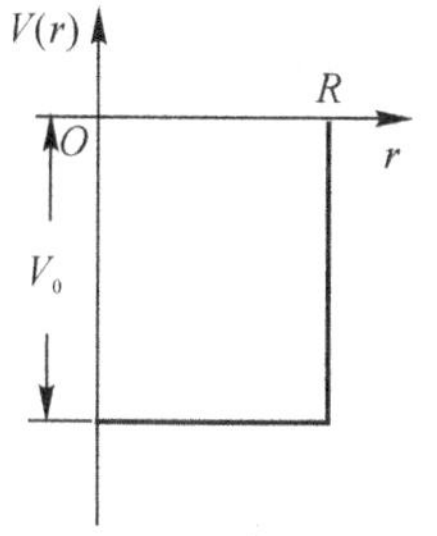

图 1-8　直角势阱

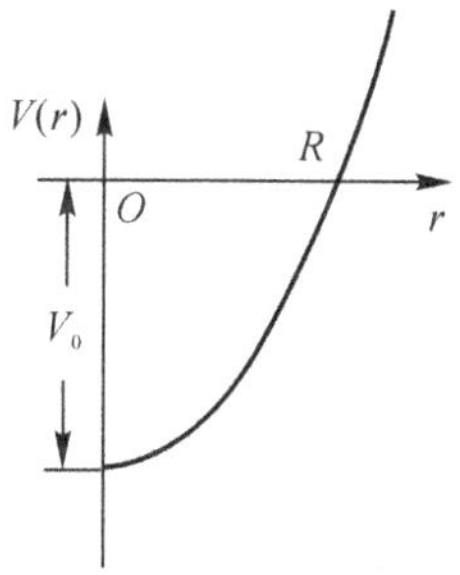

图 1-9　谐振子势阱

直角势阱的物理意义是核子在原子核内部和外部都不受力，只在核的边界上才受很强的向里的力。谐振子势阱则表示核子在原子核的中心附近不受力，当核子从核中心附近向外移动时，受到一个逐渐变强的向里的力。显然它们都有缺点，谐振子势阱没有把核力的作用范围局限于核内，直角势阱则认为核子从核的边界往外移动时所受的向里的力会发生从极大到零的突变，这些都与实际情况不符。

同时，直角势阱把核子从核的边界往里移动时所受向里的力的变化也描写成无限快，这只是一个极端的近似。而谐振子势阱则把这种变化又描写得太慢了。实际的变化情况，应介于直角势阱与谐振子势阱之间。平均场理论的研究及与实验的比较表明，比较合理的核场是伍兹一萨克森（Woods - Saxon）势阱（见图 1-10）为

$$V(r)=\frac{-V_0}{1+e^{\frac{r-R}{a}}} \tag{1.3-3}$$

式中，V_0，R，a 是参量。用这种势阱进行处理一般需要用计算机进行数值计算，同时理论计算表明，不同势阱的选择对推得能级的次序影响很小。因此，下面的讨论将先从直角势阱和谐振子势阱出发，尔后用内插法求得所需的能级。为了计算方便，假设直角势阱的壁是无限高的，可以证明这不会改变所推得的能级次序。

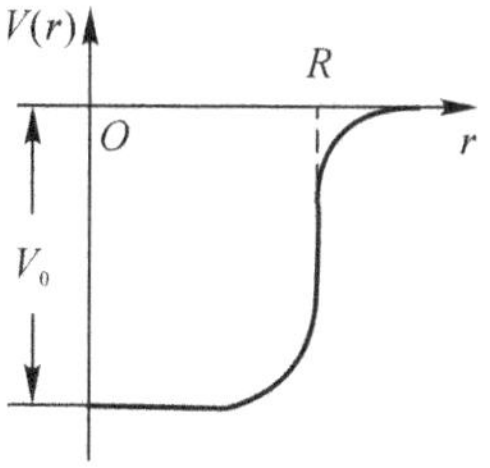

图 1-10　伍兹-萨克森势阱

利用量子力学,可以求得核子在谐振子势阱中运动时的能量为

$$\left.\begin{aligned}&E_{vl}=[2(v-1)+l]\hbar\omega+(3/2)\hbar\omega=n_0\hbar\omega+(3/2)\hbar\omega\\&n_0=2(v-1)+l\\&v=1,2,3\cdots\\&l=0,1,2\cdots\end{aligned}\right\}\qquad(1.3-4)$$

式中,n_0 是谐振子量子数;v 是径向量子数;l 是轨道量子数。第一式的最后一项 $(3/2)\hbar\omega$ 为零级振动的能量。因它是常量,所以在讨论能级结构时可以略去。

仍用原子光谱中的符号来表示核子的能级。$l=0,1,2,3\cdots$ 的能级分别用 s,p,d,f⋯ 字母来表示。字母前面的数字表示 v。

由式(1.3-4)可见,核子在谐振子势阱中运动时,其能级的能量决定于 n_0,n_0 又决定于 v 和 l。一般来讲,同一 n_0 可以有若干组 v 和 l 的值。具体讨论如下:最低能级的 $n_0=0$,此时只有一组值 $v=1,l=0$,即 $n_0=0$ 的能级只有 1s 一个状态。对 $n_0=1$ 的能级也只有一个状态 1p,即 $v=1,l=1$。对 $n_0=2$,有两组 v 和 l 的值,即 $v=2,l=0$,和 $v=1,l=2$。所以,$n_0=2$ 的能级包含有两种状态:2s 和 1d。同理可知,$n_0=3$ 的能级有两种状态:2p 和 1f;$n_0=4$ 的能级有三种状态:3s,2d,1g;等等(见表 1-4)。

根据泡利原理,同一 l 的状态最多能容纳 $2(2l+1)$ 个同类核子,从而可以得出谐振子势阱中同类核子填满相应能级时的总数,如表 1-4 所示。从表中可见,谐振子势阱只给出前面三个幻数:2,8,20,其他幻数没有出现。

利用量子力学,也可以求出核子在直角势阱中运动时的能量,即

$$E_{vl}=\hbar^2X_{vl}^2/(2mR^2)\qquad(1.3-5)$$

式中,X_{vl} 是贝塞尔函数 $j_{l+1/2}(kR)$ 的根,这里 k 是核子的波数。经计算,X_{vl} 的数值如表1-5所示,它决定了能级次序。表1-5中的第二栏列了能级的次序,它是由调 X_{vl} 的大小导出的,表中第三栏 $2(2l+1)$ 表示(vl)能级中最多能容纳的同类核子数;第四栏表示从最低能级到(vl)能级能容纳的同类核子总数。

表 1-4 谐振子势阱能级核子数

能级能量 $E_{vl}(\hbar\omega)$	谐振子量子数 n_0	能级包含的状态	能级的同类核子数	前面各能级的同类核子总数
0	0	1s	2	2
1	1	1p	6	8
2	2	2s, 1d	12	20
3	3	2p, 1f	20	40
4	4	3s, 2d, 1g	30	70
5	5	3p, 2f, 1h	42	112
6	6	4s, 3d, 2g, 1i	56	168

表 1-5　直角势阱能级核子数

X_{vl}	能级(vl)	$2(2l+1)$	同类核子总数
3.142	1s	2	2
4.493	1p	6	8
5.763	1d	10	18
6.283	2s	2	20
6.988	1f	14	34
7.725	2p	6	40
8.183	1g	18	58
9.095	2d	10	68
9.356	1h	22	90
9.425	3s	2	92
10.417	2f	14	106

由表 1-5 可见，在直角势阱中能级的简并得到部分消除，不同状态(vl)具有不同的能量，而且能级的次序也与谐振子情形不同。但它也只能给出三个幻数:2,8,20，其他幻数同样不能出现。

由前面的讨论可知，核子在真正核场中的能级应介于两者之间，这种能级可以对以上两种能级用内插法粗糙地求得。然而内插法获得的能级同样不能得出所有幻数，只是出现前面三个:2,8,20。看来问题的本质不仅在于势阱的形状，尚须考虑别的重要因素。

1.3.5　自旋-轨道耦合

以上的讨论都没有考虑核子的自旋-轨道耦合问题。实验表明，核子的自旋-轨道耦合不但存在，而且这种耦合作用是很强的。由于核子的自旋和轨道角动量的耦合，核子的能量不仅取决于轨道角动量 l 的大小，而且取决于轨道角动量 l 相对于自旋 s 的取向。s 与 l 平行时(即总角动量 j 的量子数 $j=l+1/2$ 时)的能量同 s 与 l 反平行时(即 $j=l-1/2$ 时)的能量是不同的。因此，考虑自旋轨道耦合后，同一条 l 能级将劈裂成两条。在讨论原子中电子能级的精细结构时已经遇到过由自旋轨道耦合引起的能级劈裂。但是，在原子中，由于电子的自旋轨道耦合较弱，$j=l\pm1/2$ 的两个能级的间隔与 l 不同的两相邻能级的距离相比是较小的，一般不会改变原来的能级次序。可是，原子核情况不同。核子的自旋轨道耦合是很强的，所劈裂的两个能级 $j=l\pm1/2$ 的间隔可以很大，而且与$(2l+1)$成正比，随 l 的增加而增大，以至改变原来的能级次序。另外 $j=l+1/2$ 的能级

低于 $j=l-1/2$ 的能级。这一点与原子的情形也不同。

考虑自旋-轨道耦合后，同一 l 的能级分成了两条（注意，对于 $l=0$ 的能级显然不存在自旋-轨道耦合问题，所以此能级仍是一条）。对于新的能级，应以（v，l，j）三个量子数来表征。由于 j 在空间可有 $2j+1$ 个不同的取向，所以这些新能级是 $2j+1$ 度退化的。根据泡利原理，它们各自可容纳 $2j+1$ 个同类核子。

考虑自旋-轨道耦合后的核子能级如图 1-11 所示。图中左边横线表示由谐振子势阱和直角势阱的能级内插而得的能级。新的能级图中在轨道角动量符号的右下角标出了 j 量子数，即 vl_j。由图可见，由于能级的劈裂，组成了新的原子核壳层。它们给出了全部幻数。两个幻数间的各能级形成一个主壳层。主壳层内的每一能级，叫做支壳层。主壳层之间能量间隔较大，支壳层之间的能量间隔较小。新的主壳层的形成，是由于有些能级劈裂得特别大。例如，50，82，126 三个幻数分别落在 1g，1h，1i 的分裂处。因此，同一个主壳层内可以有宇称不同的能级。当 l 为偶数时宇称为正，当 l 为奇数时宇称为负，而且相邻能级的 j 值可以相差很大。

质子和中子各有一套能级。由于质子间具有库仑斥力，质子的能级比相应中子的能级要高一些，能级间距要大一些，能级的排列次序也有些不同，特别是当核子数较多时更是这样，但主壳层的相对位置不变，即给出相同的幻数。

壳结构理论预言，82 以后的质子幻数可能是 114，126 以后的中子幻数是 184。因此，根据理论预言，质子数为 114 和中子数为 184 的原子核是双幻核。该核及其附近的一些核可能具有相当大的稳定性。它们比普通重核还重，所以称为超重核。实验发现，研究超重核，将对核结构理论的发展起重大作用，因而这一直是一个人们重视的研究方向。最近已得到一些初步结果，有待进一步重复和证实。

1.3.6 对关联

上面的讨论，主要是基于包括自旋-轨道耦合在内的平均场，以及核子可以独立地在这平均场中运动的假设。作为壳模型的改进，还应该考虑核子间存在的较小的“剩余”相互作用。核子间的相互作用除了平均场以外的部分，称为剩余相互作用。剩余相互作用的最重要的成分是同类核子间的短程吸引力。许多实验现象表明，两个同类核子间可以存在重要的相互关联，这叫对关联。例如，原子核质量公式中的奇偶质量差就是由对关联引起的。通常用来描述对关联的理论类似于超导性的 BCS(Bardeen - Cooper - Schripffer)理论。对关联主要对这样的核子对有重要作用，两者之间只有所处状态的磁量子数的符号相反，其余的量子数均相同。若用 k 表示状态的 4 个量子数，$-k$ 表示另一状态的 4 个量子数，而其中三个量子数均与 k 状态的相同，只是磁量子数 m 有相反的符号，则对关联主要发生在状态 k 和 $-k$ 的粒子之间。通常称状态的核子数为占有数。根据泡利不相容原理，占有数等于 1 或 0，用 v_k^2 表示状态 k 的平均占有数，显然它在 0 与 1 之间变化。

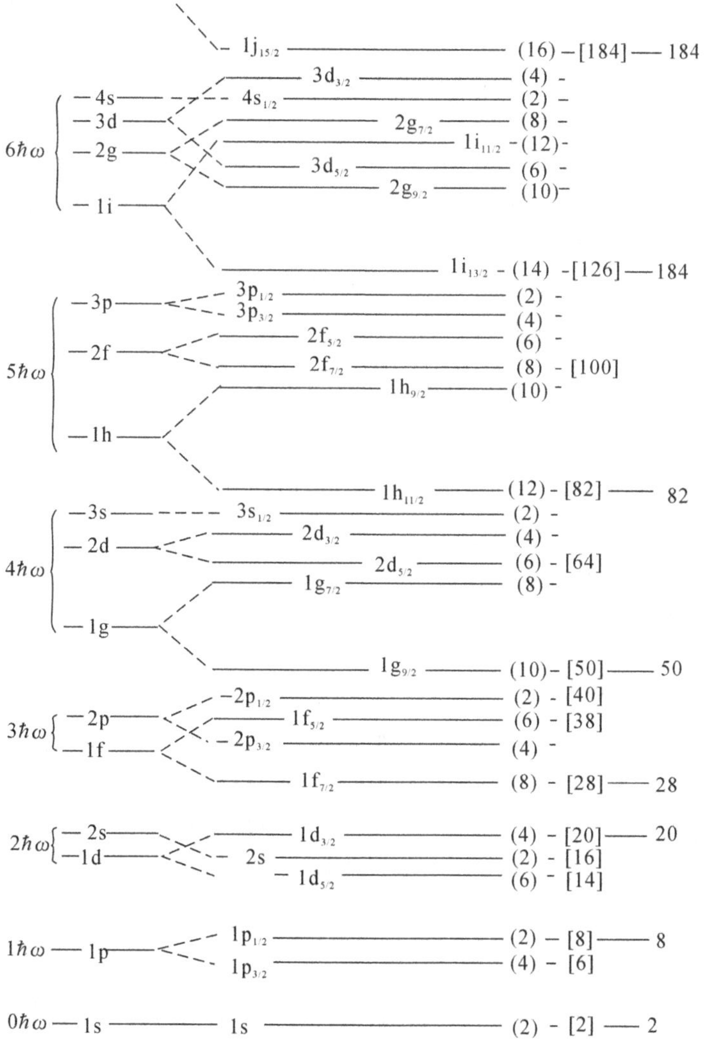

图 1-11　考虑自旋-轨道耦合后的核子能级

忽略对关联时，在某一能量以下的每一状态都被粒子占有，在此能量以上的状态没有被核子占据。这种区分占有能级和空缺(未占有)能级的能量，称为费米能量，并用 λ 表示。当考虑对关联时，由理论给出，平均占有数是单粒子状

态能量 ε_k 的函数，即

$$v_k^2=\frac{1}{2}\left\{1-\frac{\varepsilon_k-\lambda}{[(\varepsilon_k-\lambda)^2+\Delta^2]^{1/2}}\right\} \tag{1.3-6}$$

其中，Δ 称为能隙，它与相互作用有关。由式(1.3-6)可见，对于 $\lambda-\varepsilon_k\gg\Delta$，$v_k^2=1$；对于 $\varepsilon_k-\lambda\gg\Delta$，$v_k^2=0$；对于 $\lambda=\varepsilon_k$，$v_k^2=1/2$。可见，由于对关联，平均占有数在费米能处并不产生突变，而主要在 2Δ 的能量间隔内连续改变。这表示原子核的基态并不决定于单一的组态，而决定于许多组态的线性组合。

偶偶核的最低激发态，除了后面要讨论的集体运动态之外，都是由核子对的崩溃产生的，结果使核子对的一个粒子处于激发能级。因此，形成了一个“空穴”和一个非成对的粒子，通常称它们为准粒子。理论给出，准粒子的激发能为

$$E_k=[(\varepsilon_k-\lambda)^2+\Delta^2]^{-1/2} \tag{1.3-7}$$

由式(1.3-7)可见，当 $\varepsilon_k-\lambda\gg\Delta$ 时，$E_k\approx\varepsilon_k-\lambda$，当 $|\varepsilon_k-\lambda|\ll\Delta$ 时，$E_k\approx\Delta$。总之，$E_k>\Delta$。在偶偶核中，最低的内部激发态是两个准粒子态，其激发能是

$$E_{k1}+E_{k2}=[(\varepsilon_{k1}-\lambda)^2+\Delta^2]^{-1/2}+[(\varepsilon_{k2}-\lambda)^2+\Delta^2]^{-1/2}>2\Delta \tag{1.3-8}$$

对于最低激发态，虽然 $\varepsilon_{k1}-\lambda$ 和 $\varepsilon_{k2}-\lambda$ 均小于 Δ，但是最小的激发能仍大于 2Δ。通常称 2Δ 为对能隙(pairing gap)。

对关联在壳模型和集体模型中有重要应用，有些实验现象只有考虑对关联才能得到合理的解释。

1.3.7 壳模型的应用

壳模型虽能解释原子核的幻数，但从 1.3.5 节自旋-轨道耦合的讨论中不难看出，这种解释是带有任意性的。只要自旋-轨道耦合引起的能级劈裂的程度有所改变，能级排列的次序就会发生变化，从而填满壳层的核子数就会与幻数不符。因此，必须要用更多的实验事实与壳模型比较，才能检验它的正确程度。现在进一步讨论与壳模型有关的一些实验事实。

1. 原子核基态的角动量和宇称

当质子和中子都填满最低一些能级时，原子核的能量最低，即为基态。当有些核子处于较高能级而其下面的能级未填满时，原子核的能量就较高，此为激发态。这些处于较高能态的核子叫做被激发的核子。这种核子越多，或它们的能级越高，则原子核的激发能也越高。

现在来讨论原子核处于基态时的能级特性——自旋和宇称。

原子核的角动量，通常称为原子核的自旋，是核内所有核子的角动量(包括

自旋和轨道角动量)的矢量和。原子核的宇称是核内所有核子的宇称的乘积。

对于双幻数核，质子和中子都正好填满各自的主壳层，此时，每一角动量为 j 的能级上都充满了 $2j+1$ 个核子，它们的角动量朝向 $2j+1$ 个不同的方向。因此，其矢量和为零，则每一能级的角动量均为零，原子核的总角动量也为零，即双幻核的自旋为零。可以认为，填满一个主壳层时的核子是球对称分布的，所以双幻核为球形。至于宇称，由于每条填满核子数的能级的核子数总是偶数，同一能级的每个核子的宇称都相同，则不论每个核子的宇称是正还是负，同一能级中所有核子的宇称之乘积总是正的，即每个壳层具有正的宇称。所以，双幻核的宇称为正。壳模型对于双幻核性质的上述结论，已为实验所证实。

对于偶偶核，即质子数和中子数都为偶数的原子核，当偶数个核子处于最低的那些能级时，在每一能级上所占有的核子数都是偶数。由于同一能级中的偶数个核子具有同样大小的角动量 j，而且由于对力的作用，成对的两个核子的 j 的方向是相反的，因而同一能级的所有核子的角动量矢量之和为零，则质子壳层和中子壳层都具有等于零的角动量。所以，偶偶核的自旋为零。偶偶核中每一能级的核子数为偶数，因此它的宇称为正。有关偶偶核的自旋和宇称的结论已被实验很好地证实，至今尚未发现例外。

对于奇 A 核，即质量数 A 为奇数的原子核，根据壳模型，其自旋和宇称可由填充壳层的最后那个奇数的核子的状态所决定。这是因为其余偶数个核子的贡献，相当于一个偶偶核的贡献，即给出零的角动量和正的宇称。因此，原子核的自旋应与最后一个奇核子的角动量 j 相同。宇称应由那个奇核子的轨道量子数 l 来决定，当 l 为偶数时宇称为正，当 l 为奇数时宇称为负。可见奇 A 核的状态，由单个非成对的核子的状态所决定。这种模型也叫单粒子模型。例如，${}^{27}_{13}\mathrm{Al}$ 由 13 个质子和 14 个中子组成，其自旋和宇称应由第 13 个质子的状态来决定。由图 1 - 11 可知，该质子的状态是 $1\mathrm{d}_{5/2}$，所以 ${}^{27}_{13}\mathrm{Al}$ 的自旋为 5/2，宇称为正。再如 ${}^{67}_{30}\mathrm{Zn}$ 的 Z＝30，N＝37，其自旋和宇称应由第 37 个中子的状态 $1\mathrm{f}_{5/2}$ 来决定。所以，${}^{67}_{30}\mathrm{Zn}$ 的自旋为 5/2，宇称为负。更多的例子列于表 1 - 6 中，并将其与实验值作了比较。

根据单粒子模型来讨论奇 A 核的状态时，必须考虑对能效应对核子能级填充次序的影响。核子成对地填充能级时，要放出对能 δ。理论和实验表明：对能 δ 的大小与能级的角动量 j 有关，j 越大，δ 也越大，因此，当相邻两能级 1 和 2(假定能级 1 高于能级 2) 的对能之差($\delta_1-\delta_2$) 大于其能级间距 ΔE 时，核子填充能级的次序就会改变，即未考虑对能效应时的较低能级尚未填满，就去填入较高能级。显然，只有能级 1 的角动量 j_1 大于能级 2 的角动量 j_2 时，对能效应才有可能起作用。对能效应起作用时，最后一个奇核子不是处于角动量较大的能级，而是处于角动量较小的能级。

例如$^{75}_{33}As$,$^{79}_{35}Br$和$^{87}_{37}Rb$都是奇质子核,按图1-11的能级次序,它们的最后一个奇质子均应填在$1F_{5/2}$能级,所以自旋都是5/2,但实验值都是3/2。这可以用对能效应来解释。如果此时$2P_{3/2}$和$1F_{5/2}$两相邻能级满足以下条件

$$2\Delta E > \delta_1 - \delta_2 > \Delta E \tag{1.3-9}$$

则以上三个核的质子组态分别是$(2P_{3/2})^3(1F_{5/2})^2$,$(2P_{3/2})^3(1F_{5/2})^4$和$(2P_{3/2})^3(1F_{5/2})^6$,即最后一个单质子不是处在$1F_{5/2}$能级,而是处在$2P_{3/2}$能级,所以它们的自旋都应该是3/2,这与实验相符。当两相邻能级的对能之差

$$\delta_1 - \delta_2 > 2\Delta E \tag{1.3-10}$$

时,对能效应的作用对奇核子状态产生的结果与满足式(1.3-9)的情况相同,只是成对核子所处的状态有所不同罢了。

由表1-6可见,对于大多数奇A核的基态自旋和宇称,考虑对能效应后,壳模型能给出正确的值,但有少数情形例外。例如,在轻核范围内,$^{19}_{9}F_{10}$,$^{19}_{10}Ne_9$和$^{23}_{11}Na_{12}$的理论值与实验值不符,这是因为这几个核有较大的形变,而基于球形对称场的壳模型对形变核描写会遇到困难。其他一些情形的例外,一般都是自旋的实验值比理论值少1。

应该指出,奇A核的自旋总是半整数,这是因为每个核子的角动量均为半整数,奇数个半整数不论怎样耦合总是给出半整数。

表1-6 一些奇A核的基态自旋和宇称

核	奇核子状态	宇称 I^π		核	奇核子状态	宇称 I^π	
		理论值	实验值			理论值	实验值
$^{11}_{5}B_6$	$1p_{3/2}$	$\frac{3}{2}-$	$\frac{3}{2}-$	$^{35}_{17}Cl_{18}$	$1d_{3/2}$	$\frac{3}{2}+$	$\frac{3}{2}+$
$^{13}_{6}C_7$	$1p_{1/2}$	$\frac{1}{2}-$	$\frac{1}{2}-$	$^{37}_{18}Ar_{19}$	$1d_{3/2}$	$\frac{3}{2}+$	$\frac{3}{2}+$
$^{15}_{7}N_8$	$1p_{1/2}$	$\frac{1}{2}-$	$\frac{1}{2}-$	$^{39}_{19}K_{20}$	$1d_{3/2}$	$\frac{3}{2}+$	$\frac{3}{2}+$
$^{17}_{8}O_9$	$1d_{5/2}$	$\frac{5}{2}+$	$\frac{5}{2}+$	$^{55}_{25}Mn_{30}$	$1f_{7/2}$	$\frac{7}{2}-$	$\frac{5}{2}-$
$^{19}_{9}F_{10}$	$1d_{5/2}$	$\frac{5}{2}+$	$\frac{1}{2}+$	$^{67}_{30}Zn_{37}$	$1f_{5/2}$	$\frac{5}{2}-$	$\frac{5}{2}-$
$^{19}_{10}Ne_9$	$1d_{5/2}$	$\frac{5}{2}+$	$\frac{1}{2}+$	$^{87}_{38}Sr_{49}$	$1g_{9/2}$	$\frac{9}{2}+$	$\frac{9}{2}+$
$^{23}_{11}Na_{12}$	$1d_{5/2}$	$\frac{5}{2}+$	$\frac{3}{2}+$	$^{95}_{42}Mo_{53}$	$2d_{5/2}$	$\frac{5}{2}+$	$\frac{5}{2}+$
$^{25}_{12}Mg_{13}$	$1d_{5/2}$	$\frac{5}{2}+$	$\frac{5}{2}+$	$^{137}_{56}Ba_{81}$	$2d_{3/2}$	$\frac{3}{2}+$	$\frac{3}{2}+$

续表

核	奇核子状态	宇称 I^{π}		核	奇核子状态	宇称 I^{π}	
		理论值	实验值			理论值	实验值
${}^{27}_{13}Al_{14}$	$1d_{5/2}$	$\frac{5}{2}+$	$\frac{5}{2}+$	${}^{201}_{80}Hg_{121}$	$2f_{5/2}$	$\frac{5}{2}-$	$\frac{3}{2}-$
${}^{29}_{14}Si_{15}$	$2s_{1/2}$	$\frac{1}{2}+$	$\frac{1}{2}+$	${}^{207}_{82}Pb_{125}$	$3p_{1/2}$	$\frac{1}{2}-$	$\frac{1}{2}+$
${}^{81}_{15}P_{16}$	$2s_{1/2}$	$\frac{9}{2}+$	$\frac{9}{2}+$	${}^{209}_{82}Pb_{127}$	$2g_{9/2}$	$\frac{9}{2}+$	$\frac{9}{2}+$
${}^{33}_{16}S_{17}$	$1d_{3/2}$	$\frac{3}{2}+$	$\frac{3}{2}+$	${}^{209}_{83}Bi_{126}$	$1h_{9/2}$	$\frac{9}{2}-$	$\frac{9}{2}-$

对于奇奇核，即质子数和中子数都为奇数的原子核，壳模型的预言不如奇 A 核好。可以认为，奇奇核的自旋和宇称由最后两个奇核子决定。关于这两个奇核子的角动量如何耦合成核的自旋，有以下两个规则：

(1) 若最后两个奇核子的自旋与轨道角动量都是平行的，即

$$j_n = l_n + 1/2,\quad j_p = l_p + 1/2$$

或者都是反平行，即

$$j_n = l_n - 1/2,\quad j_p = l_p - 1/2$$

（其中，角标 n 表示中子；p 表示质子）则核的自旋 I 在多数情况下为

$$I = j_n + j_p \tag{1.3-11}$$

也有不少例外，如 ${}^{34}_{17}Cl$ 的自旋不是 3 而是 0；${}^{58}_{27}Co$ 自旋不是 5 而是 2。

(2) 若最后两个奇核子中的一个核子的自旋与轨道角动量是平行的，另一个核子的自旋与轨道角动量是反平行的，有

$$j_n = l_n + 1/2,\quad j_p = l_p - 1/2$$

或者

$$j_n = l_n - 1/2,\quad j_p = l_p + 1/2$$

则核的自旋

$$I = |j_n - j_p| \tag{1.3-12}$$

本规则也有例外，如 ${}^{40}K$ 的自旋不是 2 而是 4。

以上两个规则说明奇质子和奇中子间存在较强的自旋耦合。使这两个核子的自旋有平行的倾向。

奇奇核的宇称等于最后两个奇核子所处状态的宇称之积，即核的宇称为

$$\pi = (-1)^{l_n + l_p} \tag{1.3-13}$$

质子和中子各自形成自己的壳层。但实验表明，两者之间并非完全没有相

互干扰，这从分析奇 A 同位素的原子核的自旋可以证明。不少奇 Z 元素的各个奇 A 同位素的原子核，其自旋值不是完全相同的。例如，碘的六个奇 A 同位素的原子核：^{123}I，^{125}I，^{127}I，^{129}I，^{131}I 和 ^{133}I，虽然它们的质子数都是 53，然而最后一个质子所处的状态却有差别，前三者的自旋为 5/2，后三者的自旋为 7/2。这说明因中子数的不同，质子能级也会不同，前三个核中最后一个质子处于 $2d_{5/2}$ 能级，后三个核中最后一个质子则处于 $1g_{7/2}$ 能级。

综上所述，壳模型能正确地预言绝大多数核的基态自旋和宇称。这是它的最大成功之处。

2. 同核异能素岛的解释

同核异能态之所以具有较长的寿命，是因为该态与相邻较低能态的角动量之差 ΔI 比较大，从而相应的 γ 跃迁概率较小。当 $\Delta I \geqslant 3$ 时，同核异能态的寿命相当长($\tau \geqslant 1s$)。实验发现，这种长寿命同核异能态的分布随核子数的变化具有一定的规律性，它们几乎都集中在紧靠 Z 或 N 等于 50，82，126 等幻数前面的区域，形成所谓同核异能素岛。

壳模型能很好地解释同核异能素岛的出现。前面已指出，奇 A 核的基态自旋和宇称由最后奇核子的状态所决定。类似地，奇 A 核的单粒子激发态的能级特性可以被认为是由激发态时的奇核子的状态来决定的。这样，只要在激发态和基态，奇核子所处的能级的角动量 j 相差很大($\geqslant 3$)时，就会出现长寿命的同核异能态。

前文已指出，在 50，82，126 三个幻数附近由自旋-轨道耦合引起的能级劈裂特别大，以至 j 值相差很大的能级可以相邻排列在一起。而且，这种相邻的两能级具有不同的宇称。这是形成长寿命同核异能态的根本原因。

由图 1-11 可见，在 Z 或 N 等于 38 以前，相邻两能级的 j 值最多相差 2，因此不会出现长寿命的同核异能态。在 38 以后，核子填入 $2p_{1/2}$ 和 $1g_{9/2}$ 两个能级中，这两个能级的 j 值相差为 4，因此 Z 或 N 等于 $39 \sim 49$ 之间的原子核应该出现长寿命的同核异能态，即形成同核异能素岛。同样的道理，Z 或 N 在 $65 \sim 81$ 之间和 $101 \sim 125$ 之间也应该存在同核异能素岛。实验发现确是如此。对同核异能素岛的解释是壳模型的又一成功例子，并表明核内核子的运动的确存在很强的自旋-轨道耦合。

3. β 衰变与壳模型的关系

由实验测得的 $\lg fT_{1/2}$ 值可以判断 β 衰变的跃迁级次。判别的标准如下：

跃迁级次	选择定则	$\lg fT_{1/2}$
容许跃迁	$\Delta I = 0, \pm 1$；　$\Delta\pi = +1$	$3 \sim 6$

一级禁戒跃迁 $\Delta I=0,\pm1,\pm2;\quad \Delta\pi=-1$ 3 ～ 6

二级禁戒跃迁 $\Delta I=\pm2,\pm3;\quad \Delta\pi=+1$ 10 ～ 13

三级禁戒跃迁 $\Delta I=\pm3,\pm4;\quad \Delta\pi=-1$ 15 ～ 18

实验指出，奇 A 核的 β 衰变的 $\lg fT_{1/2}$ 值与壳模型预言的跃迁级次很符合。下面来讨论基态至基态间的 β 跃迁。

根据壳模型，对于奇 A 核的 β 衰变，母核与子核的自旋和宇称的变化，就是奇中子与奇质子所在能级的 j 和 l 值的变化。例如，对于 ${}^{37}_{16}S_{21}\xrightarrow{\beta_1}{}^{37}_{17}Cl_{20}$，母核具有偶数个质子和奇数个中子，而子核具有偶数个中子和奇数个质子。按壳模型，母核与子核的自旋和宇称的变化应由第 21 个中子与第 17 个质子所处状态的变化来决定。根据图 1-11，第 21 和第 17 个核子的能态分别为 $1f_{7/2}$ 和 $1d_{3/2}$，从而 j 的变化 $\Delta j=2$，l 的变化 $\Delta l=1$。所以，此跃迁 $\Delta I=\Delta j=2$，$\Delta\pi=(-1)^{\Delta l}=-1$，即为一级禁戒跃迁，其 $\lg fT_{1/2}$ 值应在 6 ～ 10 之间，这与 $\lg fT_{1/2}$ 的实验值7.1符合很好。表 1-7 中列举了奇 A 核 β 衰变的若干例子。

表 1-7 壳模型对 β 衰变的预言举例

β 衰变	奇核子能级	核自旋变化 $\Delta I=\Delta j$	核宇称变化 $\Delta\pi=(-1)^{\Delta l}$	$\lg fT_{1/2}$ 实验值
${}^{3}_{1}H\longrightarrow{}^{3}_{2}He_1$	$1s_{1/2}\longrightarrow1s_{1/2}$	0	$+1(\Delta l=0)$	3.1
${}^{35}_{18}S_{29}\longrightarrow{}^{35}_{11}Cl_{18}$	$1d_{3/2}\longrightarrow1d_{3/2}$	0	$+1(\Delta l=0)$	5.0
${}^{111}_{50}Sn_{61}\longrightarrow{}^{111}_{49}In_{62}$	$1g_{7/2}\longrightarrow1g_{9/2}$	1	$+1(\Delta l=0)$	4.7
${}^{111}_{47}Ag_{64}\longrightarrow{}^{111}_{48}Cd_{63}$	$2p_{1/2}\longrightarrow3s_{1/2}$	0	$-1(\Delta l=1)$	7.3
${}^{141}_{58}Ce_{83}\longrightarrow{}^{141}_{59}Pr_{82}$	$2f_{7/2}\longrightarrow2d_{5/2}$	1	$-1(\Delta l=1)$	7.7
${}^{89}_{38}Sr_{51}\longrightarrow{}^{89}_{39}Y_{50}$	$2d_{5/2}\longrightarrow2p_{1/2}$	2	$-1(\Delta l=1)$	8.6
${}^{99}_{43}Tc_{56}\longrightarrow{}^{99}_{44}Ru_{55}$	$1g_{9/2}\longrightarrow2d_{5/2}$	2	$+1(\Delta l=2)$	12.3
${}^{87}_{37}Rb_{50}\longrightarrow{}^{87}_{38}Sr_{49}$	$2p_{3/2}\longrightarrow1g_{9/2}$	3	$-1(\Delta l=3)$	17.6
${}^{15}_{49}In_{66}\longrightarrow{}^{115}_{50}Sn_{65}$	$1g_{9/2}\longrightarrow3s_{1/2}$	4	$+1(\Delta l=4)$	22.7

4. 核的磁矩

按照壳模型，偶偶核的自旋为零，因此偶偶核的磁矩也为零。这与实验完全符合。

对于奇 A 核，自旋一般等于最后一个非成对核子的角动量，因此可以推测，奇 A 核的磁矩也应该等于最后一个核子的磁矩。

核内单个核子的磁矩 μ_j 一般由核子轨道运动的磁矩 μ_l 和核子自旋磁矩 μ_s 组成，即

$$\boldsymbol{\mu}_j=\boldsymbol{\mu}_l+\boldsymbol{\mu}_s=g_l\boldsymbol{l}+g_s\boldsymbol{s}=g_j\boldsymbol{j} \tag{1.3-14}$$

式中，$\boldsymbol{l}$,$\boldsymbol{s}$ 和 $\boldsymbol{j}$ 分别为核子轨道运动角动量、自旋和总角动量；g_l，g_s 和 g_j 分别为相应的 g 因数；磁矩以核磁子 μ_{N} 来衡量，角动量以 $\hbar$ 来衡量。

用 j 点乘式(1.3－14)，得

$$g_j\boldsymbol{j}\cdot\boldsymbol{j}=g_l\boldsymbol{l}\cdot\boldsymbol{j}+g_s\boldsymbol{s}\cdot\boldsymbol{j} \tag{1.3-15}$$

由于 $\boldsymbol{j}\cdot\boldsymbol{j}=j(j+l)$

$$\boldsymbol{l}\cdot\boldsymbol{j}=(\boldsymbol{j}^2+\boldsymbol{l}^2-\boldsymbol{s}^2)/2=[j(j+1)+l(l+1)-s(s+1)]/2$$

$$\boldsymbol{s}\cdot\boldsymbol{j}=(\boldsymbol{j}^2+\boldsymbol{s}^2-\boldsymbol{l}^2)/2=[j(j+1)+s(s+1)-l(l+1)]/2$$

代入式(1.3－15)并用$(j+1)$除等式两端，得

$$g_jj=g_l\frac{j(j+1)+l(l+1)-s(s+1)}{2(j+1)}+g_s\frac{j(j+1)+s(s+1)-l(l+1)}{2(j+1)} \tag{1.3-16}$$

注意，此式左边 g_jj 是角动量为 j 的一个核子的磁矩 μ_j，所以奇 A 核的磁矩 μ_I 可用式(1.3－16)右边计算，得以下表达式：

$$\mu_I=\begin{cases}g_l=\left(1-\dfrac{1}{2}\right)+\dfrac{1}{2}g_s, & \text{当 } I=j=l+\dfrac{1}{2}\text{ 时}\\[2ex] \dfrac{I}{I+1}+\left[g_l\left(I+\dfrac{3}{2}\right)-\dfrac{1}{2}g_s\right], & \text{当 } I=j=l-\dfrac{1}{2}\text{ 时}\end{cases} \tag{1.3-17}$$

所以对于奇 N 偶 Z 核，因中子的 $g_l=0$，$g_s=-3.82$，则

$$\mu_I=\begin{cases}-1.91, & \text{当 } j=l+\dfrac{1}{2}\text{ 时}\\[2ex] 1.91\dfrac{I}{I+1}, & \text{当 } j=l-\dfrac{1}{2}\text{ 时}\end{cases} \tag{1.3-18}$$

对于奇 Z 偶 N 核，因质子的 $g_l=1$，$g_s=5.58$，则

$$\mu_I=\begin{cases}I+2.29, & \text{当 } j=l+\dfrac{1}{2}\text{ 时}\\[2ex] I-2.29\dfrac{I}{I+1}, & \text{当 } j=l-\dfrac{1}{2}\text{ 时}\end{cases} \tag{1.3-19}$$

式(1.3－18)和式(1.3－19)表示壳模型预言的奇 A 核的磁矩随自旋的变化关系。该关系也可用图 1－12 和图 1－13 表示。这 4 条线称为施密特(Schmidt)线，它是在壳层理论建立以前由施密特提出的。图中也画出了相应的实验点。空心点代表自旋与轨道角动量平行的核，打叉点代表自旋与轨道角动量反平行的核。

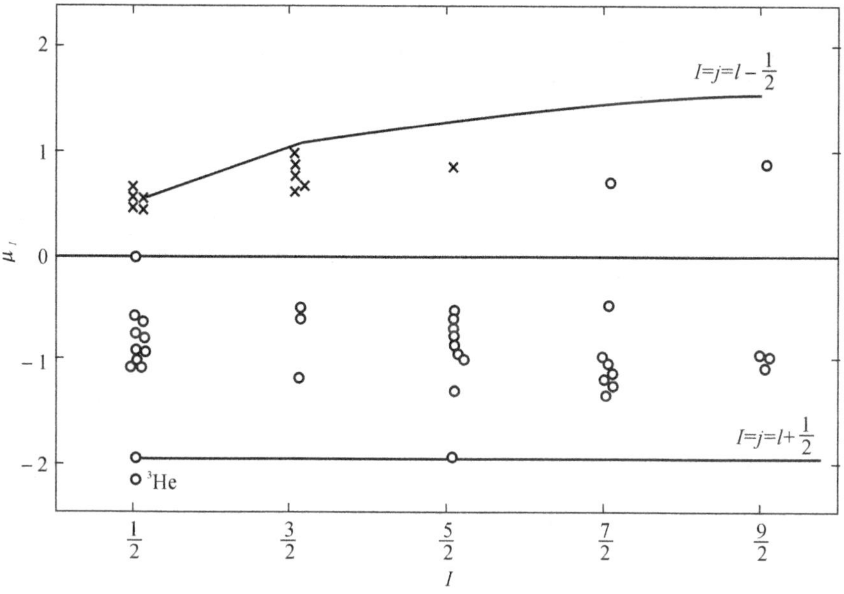

图 1-12　奇 N 核的磁矩随自旋的变化

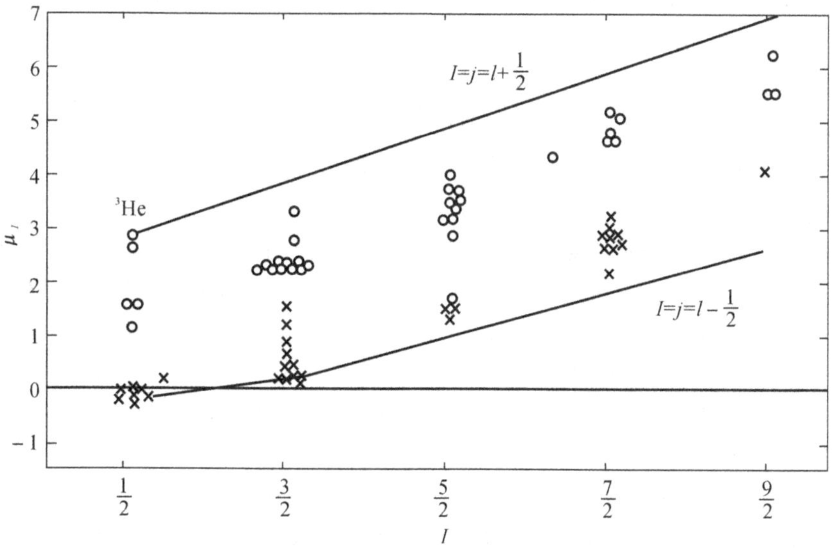

图 1-13　奇 Z 核的磁矩随自旋的变化

由图 1-12 和图 1-13 可见，大部分实验点并没有落在施密特线上，而是落在各自的两条施密特线之间。但对同一个 j 值，大致可分成两组，一组比较靠近

$j=l+1/2$ 的施密特线，另一组比较靠近 $j=l-1/2$ 的施密特线。所以，壳模型对奇 A 核磁矩的预言虽不准确，但可描写磁矩变化的趋势，在已知核的自旋的情况下，通过磁矩的测量往往可以求得 l，从而定出核的宇称。

5. γ 跃迁概率

基于壳模型得出的 γ 跃迁概率公式可以用来定性地判别跃迁的多极性，但在定量上一般不相符合。尤其是远离幻数的核，其 E_2 跃迁概率的实验值可以比理论值高 100 多倍。这也反映了壳模型的局限性。

与壳模型有关的实验事实还很多，此处不再一一介绍了。

总结上述讨论，可以得出以下两点结论：

(1)核内存在一个平均场，核子在这平均场中的独立运动有一定意义，且其运动有很强的自旋-轨道耦合。

(2)壳模型应用于幻数附近的原子核，相当成功；对远离幻数的原子核(也叫远离满壳层的原子核)的应用，遇到了不少困难，这是壳模型的最大缺陷。

1.4 核　　力

如果把原子核拆成自由核子，就要对体系做功。这表明核子之间有相互作用。具有正电荷的质子之间有库仑斥力，但如果仅仅有库仑力，中子、质子不会聚到一起构成原子核。存在着稳定的原子核这一事实表明，核子与核子之间有很强的作用力，称之为核力。核力的作用要比库仑力强，而且主要是吸引力，这样才能克服库仑斥力而组成原子核。核子间的磁力也比核力的作用小得多，万有引力比起核力更是微不足道。从 α 粒子被原子核的散射实验可知，直到 10^{-14} m这样短的距离，还是库仑散射，粒子间的作用力主要是库仑力。只有当碰撞参数更小时，α 粒子散射才发生突变。这种情形不同于库仑散射，是核力起作用了。核力作用距离很短，大约是 10^{-15} m。库仑力是长程力，它的大小与距离平方成反比。核力却是短程力，当核子之间距离超过某个很短的作用范围时，就没有核力作用了。粗略地说核力是短程的强相互作用，而且所起的作用主要是吸引的作用。

通常，假定两个核子之间的作用跟其近旁有无其他核子无关。这种两体相互作用的假设在原子核内并不很准确。从核力的介子场论，可以预期两核子之间的相互作用不仅可能受到其他核子的影响，而且还可能存在着和两体作用不同的三体、四体等多体力的作用。然而在核内核子间的相互作用还是以两体作用为主的，用两体作用的假设已可以解释大量的实验事实。因此，在本书中仅讨论两体相互作用，并以作用势 V 表示这种作用。

直到现在，对于两体核力的了解也还不完全。对于核力的研究，通常有两个途径。一方面是用唯象的方法，对氘核和核子-核子散射等进行实验研究和理论分析，以了解核力的性质和可能的形式。另一方面是用量子场论的方法来从根本上解释核力，比如认为核力是通过核子间交换介子而起作用，从而导出核子-核子相互作用势，这就是核力的介子场理论。用介子场论得到的介子交换势，其效果可以与唯象核力基本符合。现在对于核力的更深入的认识，是把核力看作是由胶子在夸克间交换的强相互作用在核子之外的剩余相互作用。但从强相互作用的基本理论——量子色动力学出发来定量描述核力还是十分困难的。

本节主要介绍唯象核力，即由研究两核子体系得到核子-核子作用势。两核子体系有中子-质子(n－p)、质子-质子(p－p)和中子-中子(n－n)三种，n－p体系有一个稳定的束缚态，即氘核基态。p－p，n－n体系没有束缚态，即实验上没有发现稳定的$^{2}_{2}$He和双中子态$^{2}_{0}$n。p－p体系除了有核力外，还有库仑斥力。本节将通过分析氘核基态、低能核子-核子散射和高能核子-核子散射，来讨论核力的性质。最后将简单地介绍核力的介子场论。

1.4.1 氘核基态

1. 实验数据

由一个质子和一个中子组成的氘核只有一个束缚态，就是它的基态。氘核是稳定的核素，氘核性质的实验测定有很高的精确度。关于氘核的结合能B(或氘核能量$E=-B$)，它的总角动量J，磁矩μ_d和电四极矩Q_d的数据见表1－8。

氘核是n－p二核子体系，核子之间没有库仑力，只有核力。但是，氘核又过于简单，只有一个束缚态，因此不能由它得到关于核力较多的知识。

表1－8 氘核的实验数据

结合能	B/MeV	2.224 573±0.000 002
总角动量量子数	J	1
磁矩	μ_d/μ_N	0.857 438 230±0.000 000 024
电四极矩	$Q_d/10^{-2}$ b	0.286 0±0.001 5

2. 中心$^{3}S_{1}$态

对于两体问题，量子力学中总可以分成质心运动和相对运动来处理。讨论核子之间的相互作用，只需讨论核子之间的相对运动(其与体系的质心运动无关)。核子-核子相互作用势只与核子间相对位置$\boldsymbol{r}$、相对动量$\boldsymbol{p}$以及两核子的自

旋 $\boldsymbol{\sigma}_1, \boldsymbol{\sigma}_2$ 有关。其中，$\boldsymbol{\sigma}$ 是泡利算符，核子自旋算符 $s=\hbar\boldsymbol{\sigma}/2$，量子数 $s=1/2$。核子-核子相互作用势函数可以写作 $V=V(\boldsymbol{r},\boldsymbol{p},\boldsymbol{\sigma}_1,\boldsymbol{\sigma}_2)$。

最简单的势函数是只与核子间距离 r 有关的中心势 $V(r)$。可以近似地将氘核内两核子的相对运动当作单粒子在中心势场中的运动。最简单的核子-核子作用中心势可取为球形直角势阱，即

$$V(r)=\begin{cases}-V_0, & r<r_N\\ 0, & r>r_N\end{cases} \tag{1.4-1}$$

图 1-14 中画出了球形直角势阱。当 $r>r_N$ 时 $V(r)$ 为零，这表示超过一定距离的两核子，没有相互作用。选取自由中子、质子的状态为势能的零点。球形直角势阱有两个参数：V_0 和 r_N。V_0 是势阱深度，$V_0>0$。式(1.4-1) 中的负号表示吸引力。r_N 是势阱的宽度，表示核力的力程。显然，球形直角势阱只是一种简单的近似，但它可以帮助我们理解核力的许多重要性质。

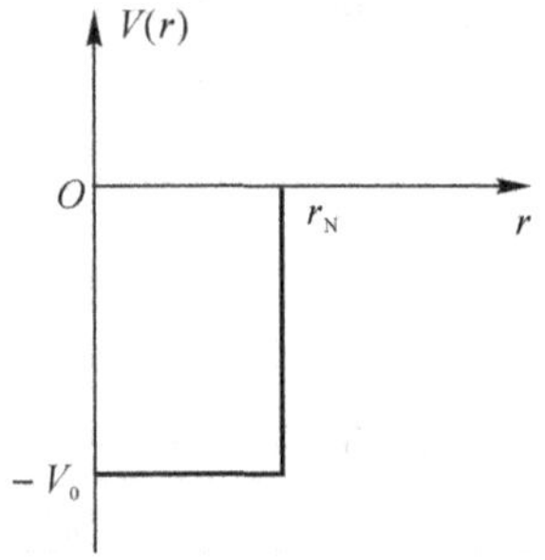

图 1-14　球形直角势阱

氘核只有一个束缚态，$E=-2.2246$ MeV。如果核子间相互作用取球形直角势阱这种形式，就可由薛定谔方程讨论参数 V_0 和 r_N 的关系，并得出波函数的一些性质。薛定谔方程为

$$\left[-\frac{\hbar^2}{2\mu}\nabla^2+V(r)\right]\psi(\boldsymbol{r})=E\psi(\boldsymbol{r}) \tag{1.4-2}$$

其中，$V(r)$ 是式(1.4-1) 表示的势阱。μ 是中子、质子的约化质量，有

$$\mu=\frac{m_n m_p}{m_n+m_p}\approx\frac{1}{2}m_p \tag{1.4-3}$$

中心势场的薛定谔方程可以分离出变量

$$\psi(\boldsymbol{r})=\frac{u_1(r)}{r}Y_{lm}(\theta,\varphi) \tag{1.4-4}$$

其中，$u_1(r)$ 称为径向波函数，满足径向方程

$$\left[-\frac{\hbar^2}{2\mu}\frac{d^2}{dr^2}+\frac{l(l+1)\hbar^2}{2\mu r^2}+V(r)\right]u(r)=Eu(r) \tag{1.4-5}$$

这是能量 E 的本征方程。基态的能量最低，是 $l=0$ 的态，即质子、中子相对运动轨道角动量为零，亦称 S 态。氘核的总角动量 $\boldsymbol{J}=\boldsymbol{L}+\boldsymbol{S}$。由于 $l=0$，所以 $J=S$。实验测定氘核的 $J=1$，所以，质子与中子的总自旋 $S=1$，质子和中子自旋平行。对于氘核的这种态，用类似原子光谱的符号 $^3\mathrm{S}_1$ 表示，S 表示 $l=0$ 的态。若 $l=0$，就是 P 态；$l=2$，就是 D 态。上标表示自旋多重数 2S+1。下标是总角动量量子数 J。

对于 $l=0$，径向方程式(1.4-5)可以写成

$$\frac{\mathrm{d}^2u(r)}{\mathrm{d}r^2}+\frac{2\mu}{\hbar^2}[E-V(r)]u(r)=0 \tag{1.4-6}$$

这里略去了径向波函数的下标，记作 $u(r)$。$^3\mathrm{S}_1$ 态的波函数

$$\psi(\boldsymbol{r})\propto u(r)/r \tag{1.4-7}$$

与角度无关，是球对称的。式(1.4-6)还可以简化成

$$\left.\begin{aligned}&\frac{\mathrm{d}^2u}{\mathrm{d}r^2}+k^2u=0,\quad r<r_{\mathrm{N}}\\&\frac{\mathrm{d}^2u}{\mathrm{d}r^2}-\gamma^2u=0,\quad r>r_{\mathrm{N}}\end{aligned}\right\} \tag{1.4-8}$$

其中

$$\left.\begin{aligned}&k=\sqrt{2\mu(V_0-B)}/\hbar\\&\gamma=\sqrt{2\mu B}/\hbar\end{aligned}\right\} \tag{1.4-9}$$

显然，当 $r=0$ 及 r 趋于无限大时，u 为零。即

$$u(0)=0,\quad \lim_{r\to\infty}u(r)=0 \tag{1.4-10}$$

径向方程有解

$$\left.\begin{aligned}&u=A_1\sin kr\qquad r<r_{\mathrm{N}}\\&u=A_2\mathrm{e}^{-\gamma(r-r_{\mathrm{N}})}\quad r>r_{\mathrm{N}}\end{aligned}\right\} \tag{1.4-11}$$

在 $r=r_{\mathrm{N}}$ 处，u 及其微商 $\dfrac{\mathrm{d}u}{\mathrm{d}r}$ 分别连续，由此可得

$$k\cot kr_{\mathrm{N}}=-\gamma \tag{1.4-12}$$

或者写成

$$\cot\left[\frac{2\mu(V_0-B)r_{\mathrm{N}}^2}{\hbar^2}\right]^{\frac{1}{2}}=-\left[\frac{B}{V_0-B}\right]^{\frac{1}{2}} \tag{1.4-13}$$

这是联系 V_0 与 r_{N} 的方程式。

对于 $r\ll k$，即 $B\ll V_0$ 的情形，式(1.4-13)右边近似为零，则左边近似为 $\cot\dfrac{\pi}{2}$（不可能为 $\cot\dfrac{3\pi}{2}$，否则就不止一个束缚态了），因此可得

$$V_0 r_N^2 \approx \frac{\pi^2 \hbar^2}{8\mu} \tag{1.4-14}$$

如果取核力力程 $r_N \approx 2$ fm，由此式可得势阱深度是 $V_0 \approx 26$ MeV，满足 $B \ll V_0$ 的条件。

利用在 $r = r_N$ 处 u 连续的条件，可知 $A_1 \sin kr_N = A_2$。为得到 A_1 或 A_2 的值，还要应用归一化条件

$$4\pi A_1^2 \int_0^{r_N} \sin^2 kr \, dr + 4\pi A_2^2 \int_{r_N}^{\infty} e^{-2\gamma(r-r_N)} \, dr = 1 \tag{1.4-15}$$

由式(1.4-15)还可以看出氘核波函数的性质，了解氘核的密度分布。运用上述一些参数 B，r_N 和 V_0，可知式(1.4-15)左边第二项约是第一项的两倍。这说明在氘核中，发现核子间距离比力程大的概率有三分之二，核子间距离在力程以内的概率只有三分之一。氘核是质子、中子结合得很松的体系。将 B 的数值代入式(1.4-9)，可以直接得出

$$\gamma = 2.32 \times 10^{14}\ \mathrm{m}^{-1} \tag{1.4-16}$$

通常定义

$$R_d = \frac{1}{\gamma} = 4.32\ \mathrm{fm} \tag{1.4-17}$$

为氘核的“半径”，表示氘核的大小。这个值与 $A \approx 30$ 的原子核的大小差不多。图1-15所示为氘核的波函数和势阱，也标出了半径 R_d 和氘核的能量 $E = -B$。

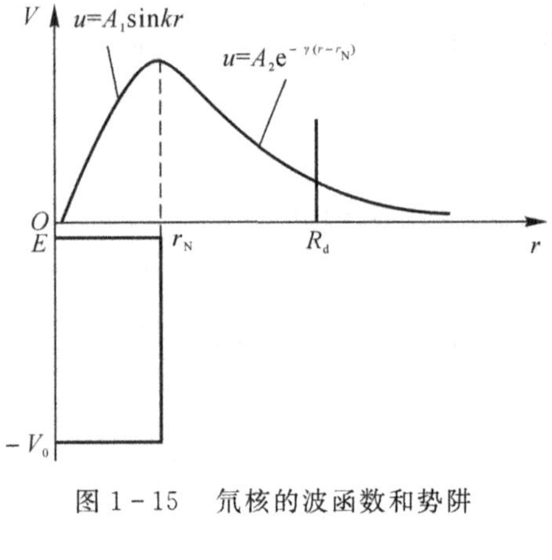

图 1-15　氘核的波函数和势阱

3. $^3S_1$ 和 $^3D_1$ 态的混合

对于总角动量为1的态，除 $^3S_1$ 之外，还有 $^3P_1$，$^1P_1$ 和 $^3D_1$。中子、质子磁矩之和为

$$\mu_s = \mu_n + \mu_p = 0.879\ \mu_N \tag{1.4-18}$$

如果氘是完全处在$^3S_1$态上，则按照自旋偶合关系，氘的磁矩应当正好等于μ_s。实验测得氘核矩$\mu_d = 0.875\ \mu_N$，与μ_s很相近，因此把氘核近似地当作$^3S_1$态。但是，由于

$$\mu_s - \mu_d = 0.022\ \mu_N \tag{1.4-19}$$

远远超过了实验误差，说明氘核不可能是纯$^3S_1$态，而是不同l态的组合。

对于氘核，如果是总自旋为S，轨道角动量为l的纯态，经计算可得到磁矩为

$$\mu_d = \frac{1}{2}\left\{\left(\frac{1}{2} + \mu_s\right) + \frac{1}{2}\left(\mu_s - \frac{1}{2}\right)\left[s(s+1) - l(l+1)\right]\right\} \tag{1.4-20}$$

它以μ_N来衡量。对于各个纯态，得到磁矩值是

$$^1P_1\quad \mu_d = \frac{1}{2};\qquad\qquad ^3S_1\quad \mu_d = \mu_s = 0.879;$$

$$^3P_1\quad \mu_d = \frac{1}{2}\left(\frac{1}{2} + \mu_s\right) = 0.689;\quad ^3D_1\quad \mu_d = \frac{1}{2}\left(\frac{3}{2} - \mu_s\right) = 0.310 \tag{1.4-21}$$

从以上结果看出，氘核不是纯$^3S_1$态，也不是其他的纯态，更不可能是$^3P_1$与$^1P_1$的混合态，只可能是$^3S_1$与$^3D_1$的混合态（P 态和 S 态宇称不同，不能混合）。这种混合态的波函数可以写作

$$\psi(\mathrm{SD}) = \cos\omega\psi(^3\mathrm{S}) + \sin\omega\psi(^3\mathrm{D}) \tag{1.4-22}$$

其中，$\psi(^3\mathrm{S})$，$\psi(^3\mathrm{D})$是归一化的波函数，ω是参数。显然，$\psi(\mathrm{SD})$也是归一化的。用式(1.4-22)混合态的波函数计算磁矩，可得

$$\mu_d = 0.879 - 0.569\sin^2\omega \tag{1.4-23}$$

与实验比较，可以定出$\sin^2\omega = 0.04$。氘核主要是$^3S_1$态，有96%的概率，另外有4%的$^3D_1$态，这两者混合在一起组成了氘核。氘核的轨道角动量L^2不再是守恒量，波函数也不再是球对称的。因此，核子之间的作用除了中心力以外，还应该有一定成分非中心力的贡献。

具有球对称电荷分布的原子核没有电四极矩。实验测定氘核电四极矩$Q_d > 0$，说明氘核的电荷分布是长椭球形。氘核电四极矩更直接地表明了核力有非中心力。需要知道波函数才能计算电四极矩。实际计算表明，4%左右的D波足以给出实验测定的Q_d值。磁矩和电四极矩的实验结果都表明氘核是$^3S_1$和$^3D_1$态的混合态。不过，为给出正确的Q_d值，采用不同的核子势得到混有^3D态概率的百分数略有差别。^3D态概率在4%～7%之间都能给出正确的Q_d值。

4. 非中心力

以上的讨论，说明了氘核的质子、中子相互作用除了有中心力以外，还有非

中心力。那么,两核子相互作用的非中心势应该具有怎样的形式呢? 非中心势的形式首先通过介子场论的计算得到。这里对非中心势作简要的介绍。

中心势 $V(r)$ 只与核子之间的相对距离 r 有关,非中心势还与核子间相对位置 $\boldsymbol{r}$ 的取向有关。要确定 $\boldsymbol{r}$ 的方向,必须有另外的方向作参考。两个自旋为 1/2 的核子,有三个矢量:$\boldsymbol{r}$,$\boldsymbol{\sigma}_1$ 和 $\boldsymbol{\sigma}_2$。与方向有关的量是 $\boldsymbol{\sigma}_1 \cdot \boldsymbol{r}$,$\boldsymbol{\sigma}_2 \cdot \boldsymbol{r}$ 和 $\boldsymbol{\sigma}_1 \cdot \boldsymbol{\sigma}_2$。作为哈密顿量中的势函数必须在空间反演变换下保持不变。$\boldsymbol{\sigma}_1 \cdot r$,$\boldsymbol{\sigma}_2 \cdot r$ 在空间反演变换下要变号。$\boldsymbol{\sigma}_1 \cdot \boldsymbol{\sigma}_2$ 在空间反演变换下不变号,$(\boldsymbol{\sigma}_1 \cdot r)(\boldsymbol{\sigma}_2 \cdot r)$ 也不变号。泡利算符 $\boldsymbol{\sigma}$ 有如下性质:

$$\sigma_x^2 = \alpha_y^2 = \sigma_z^2 = 1 \tag{1.4-24}$$

$$\sigma_x \sigma_y = i\sigma_z, \quad \sigma_y \sigma_z = i\sigma_x, \quad \sigma_z \sigma_x = \sigma_y \tag{1.4-25}$$

因此在任何代数式中,$\boldsymbol{\sigma}_1$,$\boldsymbol{\sigma}_2$ 只出现一次式,更高次方的式子不能给出新的形式。可以拼凑成如下形式:

$$S_{12} = 3\frac{(\boldsymbol{\sigma}_1 \cdot \boldsymbol{r})(\boldsymbol{\sigma}_2 \cdot \boldsymbol{r})}{r^2} - \boldsymbol{\sigma}_1 \cdot \boldsymbol{\sigma}_2 \tag{1.4-26}$$

这是一个标量,而且对标号为 1,2 的两个核子是对称的。用两核子的总自旋 $\boldsymbol{S} = \frac{1}{2}(\boldsymbol{\sigma}_1 + \boldsymbol{\sigma}_2)$,可以将式(1.4-26)改写成

$$S_{12} = \frac{6(\boldsymbol{S} \cdot \boldsymbol{r})^2}{r^2} - 2S^2 \tag{1.4-27}$$

按经典关系,对于普通矢量,有

$$\boldsymbol{S} \cdot \boldsymbol{r} = Sr\cos\theta \tag{1.4-28}$$

θ 是 $\boldsymbol{S}$ 与 $\boldsymbol{r}$ 的夹角,如果取 $\boldsymbol{S}$ 方向为 z 轴,θ 就是 $\boldsymbol{r}$ 的极角,则

$$S_{12} = 6S^2\cos^2\theta - 2S^2\left(\frac{3}{2}\cos^2\theta - \frac{1}{2}\right) = 4S^2 P_2\cos\theta \tag{1.4-29}$$

正是一个 D 波($l=2$)波函数的角度部分。

非中心力通常是张量力,势函数可以写成如下形式:

$$V_{\mathrm{T}} = V_{\mathrm{T}}(r)S_{12} \tag{1.4-30}$$

其中,$V_{\mathrm{T}}(r)$ 是 r 的函数。即

$$V_{\mathrm{T}} = V_{\mathrm{T}}(r)\left[\frac{6(\boldsymbol{S} \cdot \boldsymbol{r})^2}{r^2} - 2\boldsymbol{S}^2\right] \tag{1.4-31}$$

这里 $\boldsymbol{S}$ 是总自旋算符。

由于 S 作用于单态上恒等于零,因而在单态没有非中心力。非中心力只作用于三重态上。这说明非中心力是和核子的自旋有关的。

5. 自旋相关力

两个核子的自旋取向可以是平行的,$S=1$,或者是反平行的,$S=0$。由总自

旋确定的两核子的自旋波函数，有

$$\left.\begin{aligned}{}^{3}\chi_{1}&=\alpha_{1}\alpha_{2}\\ {}^{3}\chi_{0}&=\frac{1}{\sqrt{2}}(\alpha_{1}\beta_{2}+\alpha_{2}\beta_{1})\quad S=1,m_{s}=1,0,-1\end{aligned}\right\}\tag{1.4-32}$$

$$\left.\begin{aligned}{}^{3}\chi_{-1}&=\beta_{1}\beta_{2}\\ {}^{1}\chi_{0}&=\frac{1}{\sqrt{2}}(\alpha_{1}\beta_{2}+\alpha_{2}\beta_{1})\quad S=0,m_{s}=0\end{aligned}\right\}\tag{1.4-33}$$

其中，α_i 和 β_i 是核子 i 的自旋波函数，分别对应 $s_{zi}=\frac{\hbar}{2}$ 和 $s_{zi}=-\frac{\hbar}{2}$，$i=1,2$。

氘核是 $^3S_1$ 与 $^3D_1$ 的混合态，是自旋三重态，中子、质子的自旋平行。氘核只有一束缚态，也就是说不存在自旋单态的束缚态。这表明，即便只考虑中心力，两核子的自旋平行或者反平行，它们的相互作用是不同的。核力的这种性质称为核力的自旋相关性。两核子自旋三重态的作用势以 ^3V 表示，自旋单态的作用势以 ^1V 表示，两者是不同的（实际上是取决于两核子的自旋之间的关系 $s_1 \cdot s_2$）。中子、质子的自旋三重态中心力加上非中心力能形成一个束缚态，就是氘核基态。中子、质子自旋单态的中心力势阱不够强，不能形成束缚态。

氘核基态的研究使我们了解到：n－p 相互作用，对于自旋三重态，有中心力和非中心力；对于自旋单态，没有非中心力只有中心力；单态的中心力和三重态的中心力也有差别。讨论核子-核子散射，还可以了解 p－p 之间的核力和 n－n 之间的核力，并能得到关于核力的更多知识。

1.4.2　核子-核子散射

1. 低能核子-核子散射

核子-核子散射有 n－p 散射、p－p 散射和 n－n 散射。对 n－n 散射，没有直接实验；p－p 散射有核力，还有库仑力；n－p 散射只有核力，我们将先讨论它。n－p散射实验是通过用中子束轰击氢气或含氢物质来实现的。前者靶密度较小，后者要对靶中其他原子核（例如碳）的散射进行修正。中子打向质子主要是弹性散射，形成氘核的辐射俘获截面很小。

讨论核子-核子散射，是讨论两核子的相对运动。可按质心系中具有折合质量 μ 的单粒子在势场中的运动来处理。入射粒子在实验室系的动能 E_L 是质心系相对运动动能 E 的 2 倍，即

$$E_{L}=2E \tag{1.4-34}$$

动能为 E_L 的中子，其相对运动波长为

$$\lambda=\hbar/p=6.44/\sqrt{E_{L}/2} \tag{1.4-35}$$

其中，波长 λ 以 fm 为单位；E_L 的单位是 MeV。当中子能量大于 10 eV 时，$\lambda \ll 10^{-10}$ m。可以认为入射中子每次只和一个质子相碰，质子在介质中的化学束缚可以忽略。

中子 n 打向固定的质子 p 靶，如图 1－16 所示，ρ 是碰撞参数。如果核力的力程是 r_N，则 $\rho \leqslant r_N$ 才有核力作用。

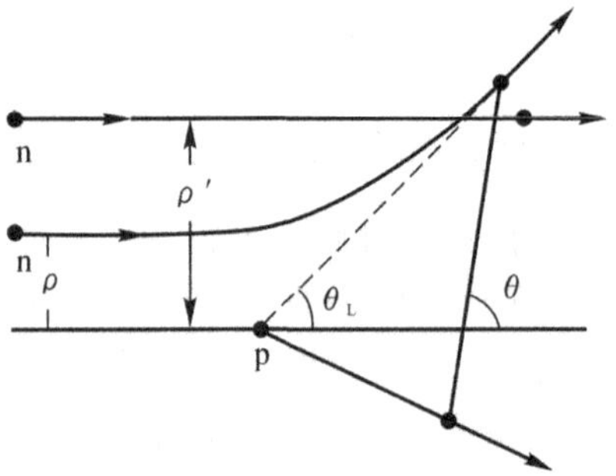

图 1－16　n－p 散射示意图

中子相对质子的轨道角动量 $L = p\rho = \frac{\hbar}{\lambda}\rho$，$p$ 是相对运动动量数值。由量子力学知道 $L^2 = l(l+1)\hbar^2$，可得

$$\sqrt{l(l+1)} \leqslant r_N/\hbar \tag{1.4-36}$$

如果 $r_N/\lambda < \sqrt{2}$，就只有 $l=0$ 的分波被散射，即 S 波散射。$E_L < 10$ MeV 的低能中子被质子的散射，$\lambda > r_N$，因此，只要考虑 S 波散射。下面简单介绍在 10 eV $< E_L <$ 10 MeV 的能量范围内适用的有效力程理论及其结果。

(1) n－p 散射有效力程理论简介。对于低能 S 波散射，径向波函数 $u(r)$ 满足径向方程

$$\left[\frac{\mathrm{d}^2}{\mathrm{d}r^2} + k^2 - \frac{2\mu}{\hbar^2}V\right]u(r) = 0 \tag{1.4-37}$$

其中，$k = \frac{1}{\lambda} = \sqrt{2\mu E}/h$，称为波数。若 r 较大，$V(r)$ 项可以忽略，这时

$$u(r) \rightarrow v(r) = \frac{\sin(kr+\delta)}{\sin\delta} = \cos kr + \frac{\sin kr}{k}(k\cot\delta) \tag{1.4-38}$$

其中，δ 称为相移。如果只有 S 波对散射有贡献，则散射是各向同性的，总截面为

$$\sigma = 4\pi\sin^2\delta/k^2 \tag{1.4-39}$$

从 $v(r)$ 的表达式式(1.4－38)可以看出，量 $k\cot\delta$ 完全由方程式(1.4－37)所决定。由于式(1.4－37)中只出现 k^2 项，把 k 换成 $-k$，方程式不变，$k\cot\delta$ 的值也

不变。因此，$k\cot\delta$ 应是 k 的偶函数。当 k 较小时，可将 $k\cot\delta$ 对 k^2 展开，取前两项，得

$$k\cot\delta = -\frac{1}{a} + \frac{1}{2}r_0 k^2 \tag{1.4-40}$$

其中，a 称为散射长度；r_0 称为有效力程。在低能时，用式(1.4-40)表示 δ 随 k 的变化关系，称为有效力程理论。经过一些数学运算，可得

$$r_0 = 2\int_0^\infty [v_0^2(r) - u_0^2(r)]\mathrm{d}r \tag{1.4-41}$$

其中，$u_0(r)$ 为零能($k=0$)时径向方程式(1.4-37)的解。当 r 较大，$V(r)\to 0$ 时

$$u_0(r) \to v_0(r) = 1 - \frac{r}{a} \tag{1.4-42}$$

如果核力只在 $r < r_N$ 处起作用，则当 $r > r_N$ 时，$v_0^2 - u_0^2 = 0$。而当 $r=0$ 时，$v_0^2 - u_0^2 = 1$。如果用一次式 $1-\frac{r}{r_N}$ 来代替式(1.4-41)中的被积函数，就得到

$$\int_0^\infty (v_0^2 - u_0^2)\mathrm{d}r \approx \int_0^\infty \left(1 - \frac{r}{r_N}\right)\mathrm{d}r = \frac{1}{2}r_N \tag{1.4-43}$$

这样就有 $r_0 = r_N$。实际上，$(v_0^2 - u_0^2)$ 和 $(1 - r/r_N)$ 有区别，因此 r_0 仅是核力力程的一种量度，所以称之为有效力程。

根据有效力程理论

$$\sigma = 4\pi\frac{\sin^2\delta}{k^2} = \frac{4\pi}{k^2(1+\cot^2\delta)} = \frac{4\pi}{k^2 + \left(-\frac{1}{a} + \frac{1}{2}r_0 k^2\right)^2} \tag{1.4-44}$$

由式(1.4-44)可见，当 $k\to 0$ 时，有 $\sigma = 4\pi a^2$。因此，a 称为散射长度。

当存在非中心力作用时，上述理论仍然适用。对于低能 n-p 散射，从实验得知，在 $10\ \mathrm{eV} < E < 10\ \mathrm{keV}$ 内，截面几乎是常数，$\sigma = 20.44\mathrm{b}$($1\mathrm{b} = 10^{-24}\ \mathrm{cm}^2$)。这可以作为零能的 n-p 散射截面。由氘核束缚态得到的直角势阱，按式(1.4-13)选取参数，如 $r_N = 2.8\ \mathrm{fm}$，$V_0 = 21\ \mathrm{MeV}$，可以从理论上算出零能的 n-p 散射截面，$\sigma = 4.4\mathrm{b}$。理论值和实验结果差得很远，也难以通过在合理范围内调整参量得到与实验值相符合的结果。这是因为氘核只有 n-p 自旋三重态的相互作用。n-p 散射还应有自旋单态($S=0$)的相互作用，正如前文已指出，这种作用与三重态的不同。考虑了所有的作用，n-p 散射截面为

$$\sigma = \frac{3}{4}\sigma_t + \frac{1}{4}\sigma_s \tag{1.4-45}$$

其中，σ_t 和 σ_s 分别是自旋三重态和自旋单态的 n-p 散射截面，系数表示了统计权重，假设 σ_t 为 4.4b，则由式(1.4-45)可以定出 $\sigma_s = 68\mathrm{b}$。两种截面大小不相

同，又一次表明核力是自旋相关的。

由低能 n－p 散射实验和氘核的数据，可以定出 n－p 相互作用中自旋三重态和自旋单态情形的散射长度与有效力程为

$$\left.\begin{aligned} a_t &= (5.425 \pm 0.0014)\ \text{fm} \\ r_{0t} &= (1.749 \pm 0.008)\ \text{fm} \\ a_s &= (-23.714 \pm 0.013)\ \text{fm} \\ r_{0s} &= (2.73 \pm 0.03)\ \text{fm} \end{aligned}\right\} \tag{1.4-46}$$

在确定 a_s 及 a_t 时，还用到了能量很低的冷中子为介质中质子相干散射的结果，这里不再详细讨论了。

低能 n－p 散射只能定出每种相互作用的两个参数 a 和 r_0，而与核子-核子作用势函数的详细形式无关。这称为低能散射的有效力程理论，或称低能散射势阱形状无关理论。这是容易理解的，低能入射粒子波长很长，不能细致地分辨势阱的形状。于是，任意的两参数势阱，只要参量选得合适，就能和所有的低能核子-核子散射实验很好地符合。

当然，势阱形状还能由高能核子-核子散射来定。但是，有些计算中，人们还往往用一些较为简单的势阱来表示核子之间的短程作用，如直角势阱、高斯势阱等。

(2)低能 p－p 散射和核力的电荷无关性。上面讨论了 n－p 的相互作用。我们需要通过低能 p－p 散射来研究 p－p 相互作用。这时既有核力作用，还有库仑力作用。而且 p－p 体系是全同粒子体系，波函数是交换两个粒子反对称的。对于低能 p－p 散射，核力只在 $l=0$ 的态起作用。其他 l 值的态只有库仑散射，不受核力的作用。对于 $l=0$ 的态，空间波函数是对称的，为了保持整个波函数对于交换两个质子是反对称的，两质子的自旋必须反平行。因此，对于两质子的 S 态，只能是 $^1S_0$ 态。只有单态核力起作用。

库仑力是长程力，p－p 散射在小角度主要是库仑散射。散射总截面是发散的，只能讨论微分散射截面。测定微分截面，可以定出在库仑力同时作用下，核力所引起的 $^1S_0$ 波相移。类似于低能 n－p 散射，对于低能 p－p 散射，也有有效力程理论。可以定出散射长度 a_p 和有效力程 r_{0p} 为

$$\left.\begin{aligned} a_p &= (-7.821 \pm 0.004)\ \text{fm} \\ r_{0p} &= (2.830 \pm 0.017)\ \text{fm} \end{aligned}\right\} \tag{1.4-47}$$

由上述结果也可以近似地得到仅仅是核力作用(没有库仑力)时的散射长度，即

$$a_N = (16.8 \sim 17.11)\ \text{fm} \tag{1.4-48}$$

有效力程大体上仍和有库仑作用时相同。与前面所定出的 n－p 作用在$^1S_0$态的散射长度 a_s 及有效力程 r_{0s}[见式(1.4－46)]相比，p－p 作用有效力程很接近，散射长度稍有差别。但是，由于散射长度对于势阱深度是很灵敏的函数，散射长度的这点差别引起势阱深度的差别不过为百分之几。因此，可以近似地认为，在$^1S_0$态，p－p 及 n－p 作用基本相同。低能 n－n 散射没有直接的实验，可以通过有两个中子产生的核反应来研究 n－n 相互作用。例如 $\pi + d \rightarrow n + n + \gamma$ 反应，对反应生成的三个粒子进行符合测量，可以得到 n－n 相互作用的知识。由实验间接定出的 n－n 作用散射长度和有效力程为

$$\left.\begin{aligned} a_n &= (-17.4 \pm 1.8)\ \text{fm} \\ r_{on} &= (2.4 \pm 1.5)\ \text{fm} \end{aligned}\right\} \tag{1.4-49}$$

上述结果与 p－p 散射所定出的值也很接近。

比较$^1S_0$态的核力，可以认为 n－p，p－p 和 n－n 的核力近似相同。这表明在相对运动状态和自旋态相同时，核子之间的作用与核子带电荷（质子）或不带电荷（中子）无关。这仅仅是一个近似正确的结论。这一结论也为高能核子-核子散射所证实，是核力的一个重要性质。

2. 高能核子-核子散射

低能核子-核子散射只有 S 波散射，入射粒子能量提高时，有 $l \neq 0$ 的高次分波起作用，可以从中得到关于核力的更多知识。把这种散射称为高能核子-核子散射。其实，入射粒子的能量不一定很高。

(1)n－p 散射交换力自旋-轨道耦合力。对于各种入射中子能量的 n－p 散射，将微分截面的实验结果画在图 1－17 中。图中所标的能量是实验室系入射中子的能量，以 MeV 为单位。从图中看出，入射中子能量在 20 MeV 以下，n－p 散射微分截面曲线比较平坦，可以当作各向同性。随着入射能量的增加，小角度的微分截面增大，这是 $l \neq 0$ 的分波在起作用。但是，奇怪的是在反方向的微分截面也增大。在 90°附近，曲线有越来越深的谷，0°和 180°的峰几乎是对称的。当入射中子能量提高到 300 MeV 以上时，向后散射的中子甚至比向前散射的中子还多。如果中子和质子对心碰撞，中子停住而将能量全交给质子，使质子向前运动，那么这样的对心碰撞在质心系就是中子向后的散射，此时将有很大的动量传递。但是，这种大动量传递的事件，可能性是很小的。如果认为在散射过程中，中子和质子发生核作用时交换了电荷，使质子变成中子，中子变成质子，那么有了这种交换电荷的核作用，就不需要大的动量传递，也就能够解释高能 n－p 散射实验中微分截面的向后峰。实验表明，在核子-核子作用中有交换力，或者

说核力有交换性。在具有交换性的核力作用下，中子与质子互换电荷态。更一般地，在 p－p 作用或 n－n 作用中也有交换作用。介子场论认为核力作用是通过交换介子实现的，这在本章最后将作介绍。如果交换力与寻常核力的强度相同，就可以解释当 $E_L<300$ MeV 时，n－p 散射微分截面有几乎对称的向前、向后峰的现象。

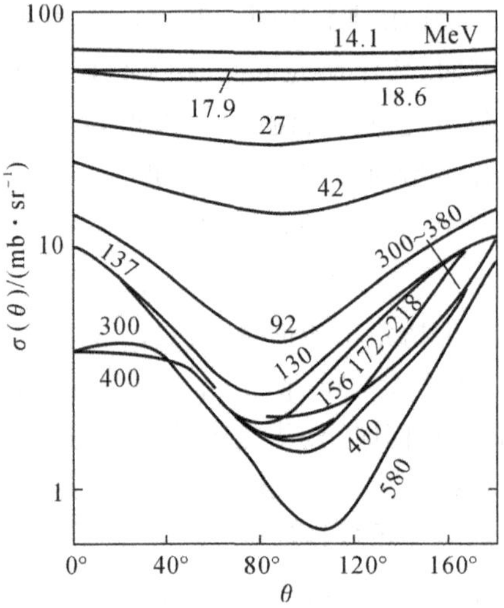

图 1－17　n－p 散射微分截面

实验表明，高能核子-核子散射还会引起散射束的极化。所谓极化，是指核子的自旋平均值不为零，即 $\overline{S}\neq 0$。通常从加速器得到的质子束或由核反应获得的中子束是未极化的，即对这种束 $\overline{S}\neq 0$，自旋没有一定的取向。

对于极化束，可以写成 $\overline{S}\neq\frac{1}{2}\hbar p\boldsymbol{n}$，$\boldsymbol{n}$ 表示极化方向的单位矢量，P 为极化度。$P=1$ 表示完全极化，相当于自旋完全沿 $\boldsymbol{n}$ 方向排列；$P=0$ 为未极化的情形；$0<P<1$ 称为部分极化。

核子-核子散射能使未极化的入射束经散射后成为部分极化的散射束。一束未极化的中子被质子散射，则散射后的中子束和反冲的质子束都变成部分极化的，其极化方向都垂直于散射平面（入射束与散射束所在的平面）。图 1－18 是 n－p 散射产生极化的示意图。

向左散射的中子束若是向上极化，则向右散射的中子束就向下极化。如果两束的偏转角相等，则两者的极化度 P 相同，但这两束散射核子的数目是相同的。

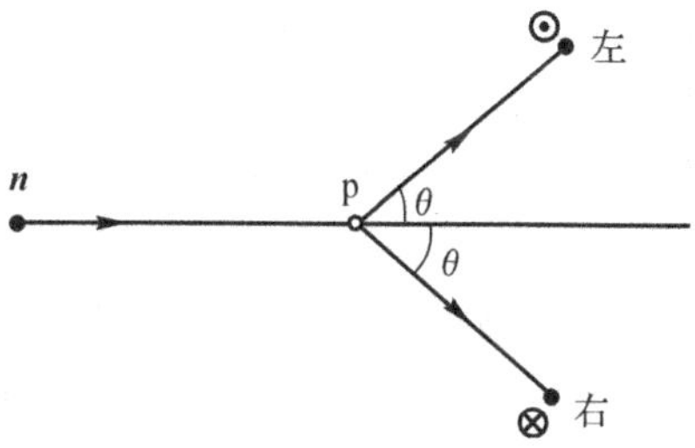

图 1-18　n-p 散射产生极化束

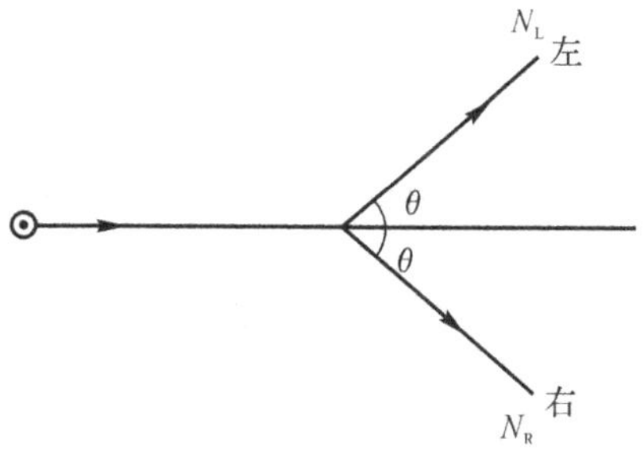

图 1-19　n-p 散射检验极化束

核子-核子散射也可以用来判断一个核子束是否极化。图 1-19 是说明极化束散射后出现左、右粒子数不同的示意图。如果入射束是极化的，极化方向垂直于散射平面，则经过同一偏转角 θ，向左、向右散射的粒子数 N_L，N_R 不等，由比值

$$\frac{N_L - N_R}{N_L + N_R}$$

可以计算入射束的极化度。因此，通过两次散射，可以获得核子-核子散射的极化度 $P(\theta)$。实验测定的 n-p 散射极化度 $P(\theta)$ 如图 1-20 所示。

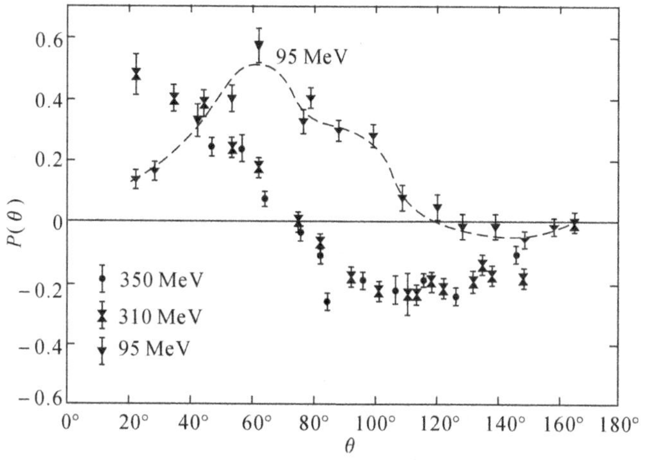

图 1-20　n-p 散射极化度实验结果

单纯中心力场的作用和自旋的取向完全无关，不能引起极化，非中心力由于与自旋的取向有关，因而可以引起极化。但是，理论计算表明，仅仅是非中心力不能给出与实验相符的极化度，还要引进自旋-轨道耦合力，才足以定量符合实验观测到的极化数据。自旋-轨道耦合力的形式为

$$V_{L,S}=V_{L,S}(r)\boldsymbol{L}\cdot\boldsymbol{S}$$

其中,$\boldsymbol{L}$ 为核子间相对运动角动量算符;$\boldsymbol{S}$ 为自旋算符。这种力也只作用在自旋三重态上。单态的自旋为零,没有自旋-轨道耦合力。

极化实验要经过二次或多次的散射,计数率很低,实验比较难做。

(2)p-p散射排斥芯。对于p-p散射,随着入射质子能量增高,库仑散射越来越限于较小的散射角。各种入射能量的p-p散射微分截面的实验结果如图1-21所示。p-p散射是全同粒子散射,质心系的角分布为90°对称,图中只画出0°~90°的角分布。实验室系入射质子的能量以MeV为单位,标在各曲线近旁。曲线平坦的部分是核力的作用,将核力作用外推到小角度,可以算出核作用总的散射截面。一般地,总截面随入射粒子能量的增大而下降,近似地服从$\frac{1}{E}$律。

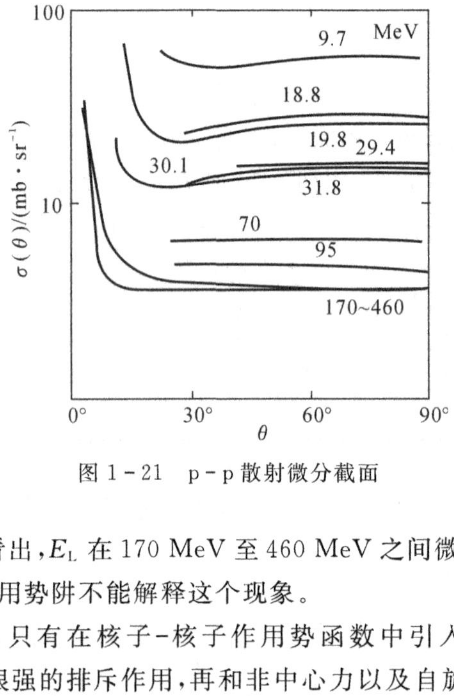

图1-21 p-p散射微分截面

从图1-21中看出,E_L 在170 MeV至460 MeV之间微分截面基本相同,用一般的核子-核子作用势阱不能解释这个现象。

详细分析表明,只有在核子-核子作用势函数中引入排斥芯,即在 $r_0\approx$ 0.4 fm处势函数有很强的排斥作用,再和非中心力以及自旋相关力作用联系起来,才能解释高能p-p散射实验,并且也能和低能p-p实验结果符合。具有排斥芯的中心势函数如图1-22所示。图中 $r=r_c$ 处有竖直线的势函数称为硬芯势;另一势函数的变化较为缓慢,称为软芯势。

高能核子-核子散射实验有 $l\neq0$ 分波的作用。又由于高能核子的波长很短,对势阱形状可分辨得较清楚,所以,高能核子-核子散射可以提供更多关于核子-核子作用势的知识。

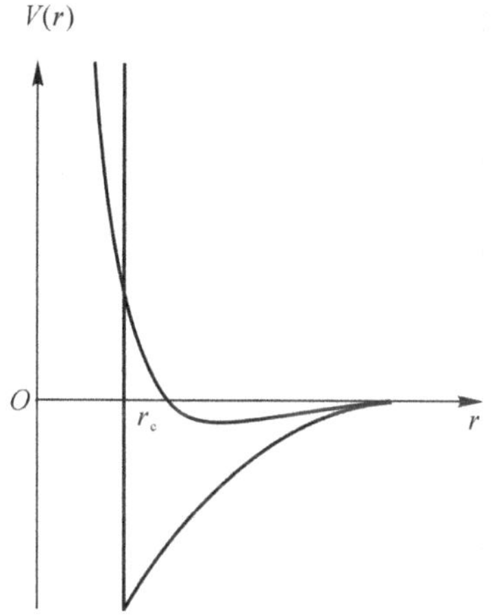

图 1-22　有排斥芯的中心势函数

实验研究和理论分析,除进一步肯定了核力有中心力和张量力、核力与自旋有关外,还通过实验了解到核力有交换力,核力有自旋-轨道耦合力以及核力势函数有排斥芯等重要性质。特别值得指出的是,尽管质子-质子散射和质子-中子散射的微分截面有显著差别,仍然可以用相同的核力得到与 n-p,p-p 实验(包括极化实验)相符的计算结果。可以认为,微分截面表现上的差别,主要是由 p-p 是两个全同粒子的体系引起的。

不能直接进行 n-n 散射实验,但是在高能时,有 n-d 散射和 n-p 散射,可以近似地认为

$$\sigma_{n,d}=\sigma_{n,n}+\sigma_{n,p}$$

因此,通过测定散射微分截面 $\sigma_{n,d}$ 及 $\sigma_{n,p}$ 可得到 n-n 散射的微分截面。可以直接将这样得到的 $\sigma_{n,n}$ 与 $\sigma_{p,p}$ 进行比较,图 1-23 是比较的结果。实验点 $\sigma_{n,n}$ 和曲线 $\sigma_{p,p}$ 是一致的,认为 n-n 相互作用与 p-p 相互作用相同也并不与实验矛盾。当然,这还不能被认为是一种严格的论证。

总之,可以认为,核力的电荷无关性质是能通过高能实验得到支持的。

1.4.3　核力的主要性质

现在,我们概括地说明一下,从氘核性质和 n-p,p-p 散射分析所获得的核力主要性质。

(1)核力是短程力,其有效力程小于 3 fm。

(2)核力和自旋有关,并且具有相当大的交换力成分。因此,核力作用可以

分成四种：$^3V^+$ 表示自旋平行偶宇称态的相互作用；$^3V^-$ 表示自旋平行奇宇称态的相互作用；$^1V^+$ 表示自旋反平行偶宇称态的相互作用；$^1V^-$ 表示自旋反平行奇宇称态的相互作用。

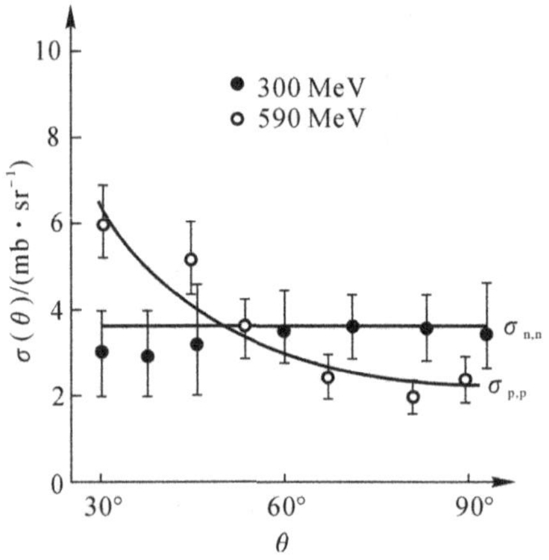

图 1-23　高能 n-n 和 p-p 散射截面

(3) 自旋平行的三重态相互作用中还包括非中心力和自旋-轨道耦合力的作用。

(4) 核力有排斥芯，即当两核子的距离小于 0.4 fm 时有很强的排斥势，阻止两核子继续接近。

(5) 核力近似地具有电荷无关性质，即当两核子处于相同的自旋和宇称态时，其核作用势相同，不管这两个核子是 n-p，p-p，还是 n-n。

(6) 可以求得具有上述性质的唯象核力，并且能够比较满意地定量地符合有关两体相互作用的各种实验数据。

(7) 这样推得的具有排斥芯和交换力的核力也满足关于核力饱和性的要求。

对于核子-核子作用，中心力部分势函数可以写成

$$V_c = -V_0[W(r) + B(r)P_\sigma + M(r)P_x + H(r)P_H] \tag{1.4-50}$$

式中，4 项分别称为维格纳(Wigner)力、巴特列特(Bartlett)力、玛约喇纳(Majorana)力和海森伯(Heisenberg)力。式中 $W(r)$，$B(r)$，$M(r)$，$H(r)$ 只是坐标 r 的函数。维格纳力就是寻常的中心力，其余的是些交换力。这些力是用提出或研究过这种力的人名来命名的。通过上述(2)(3)两条，对于自旋三重态，其势函数可以写成

$$V = V_C(r) + V_T(r)S_{12} + V_{L,S}(r)\boldsymbol{L}\cdot\boldsymbol{S} \tag{1.4-51}$$

对于自旋单态，只有中心势 $V_C(r)$ 一项，其余两项为零。图 1-24 给出了 4 种中心势函数 $V_C(r)$，两种张量势函数 $V_T(r)$ 和两种自旋-轨道耦合势函数

$V_{L.S}(r)$。图中横坐标为

$$x=\frac{m_\pi c}{\hbar}r \tag{1.4-52}$$

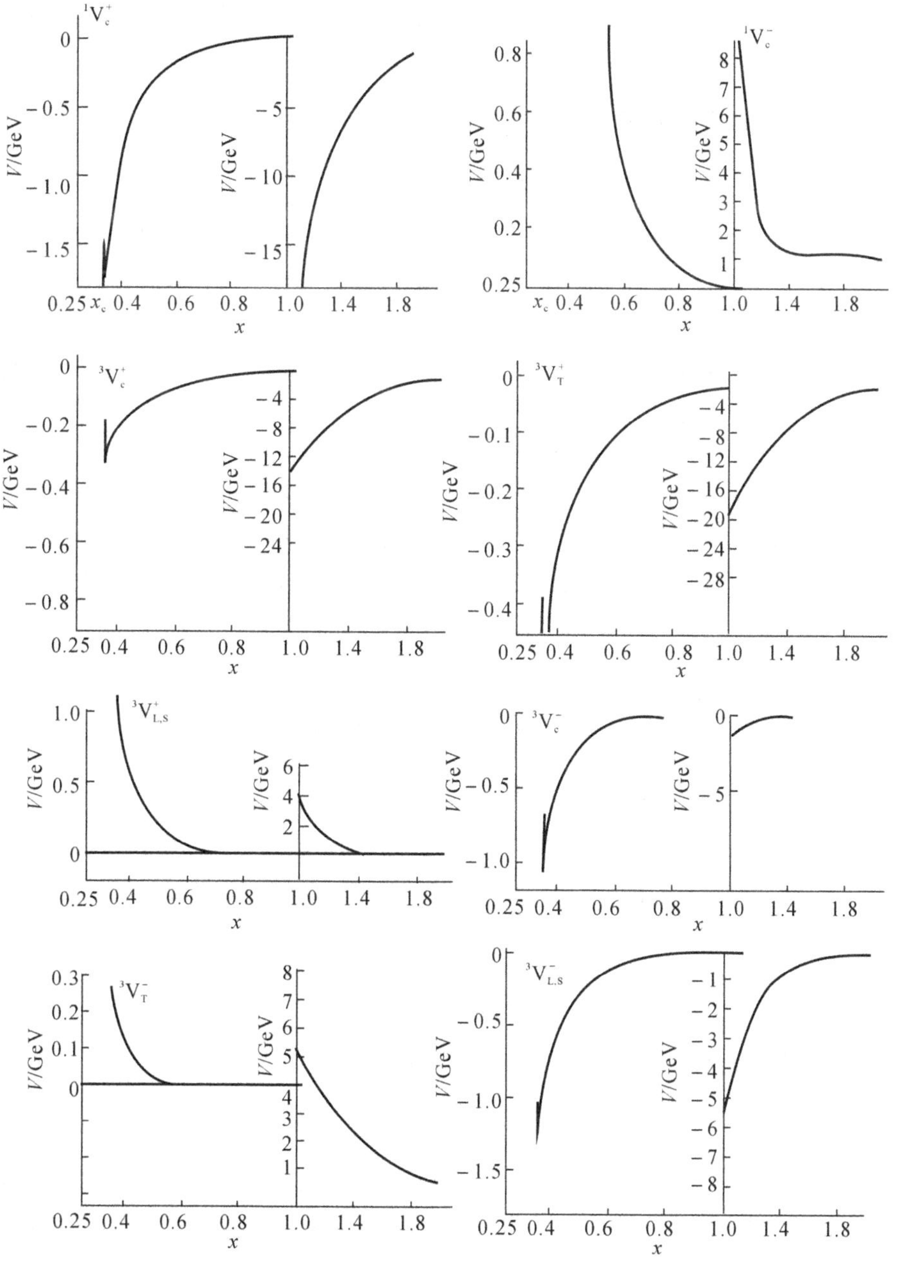

图 1-24　核子-核子势函数

在 $x \approx 0.35$ 处有竖直线，表示排斥硬芯。对于 $x < 1.0$ 及 $x > 1.0$ 用了不同的标度。图中核力大部分为吸引力，也有些势函数表示排斥力。核力和宇称态有关，偶宇称态的核力常常比奇宇称态的核力强。中心力与自旋的关系比较弱。中心力和张量力都在 $x = 0.35$ 附近有排斥芯，排斥芯外面的吸引力力程约 2 fm。自旋-轨道耦合力的力程更短些。

1.4.4 核力的介子场理论简介

1. 核力的介子场论

1935 年，汤川秀树研究核力时，依照电磁场量子理论中两个荷电粒子交换光子而产生库仑力，提出了核力的介子场论。他认为核子-核子间的相互作用是由交换介子而引起的，并且由力程预言介子的质量介乎电子质量和核子质量之间，是电子质量的 200 多倍。实验上，首先探测到的质量在电子和核子之间的粒子是 μ 子，其质量为

$$m_\mu = 2016.77 m_e = 105.66\ \mathrm{MeV/c^2} \tag{1.4-53}$$

但 μ 子与核子的作用很弱，不是核力这种强作用所交换的粒子。1947 年，泡威尔(Powell) 等从实验上发现了汤川预言的介子，称 π 介子。带有正、负电荷和不带电的三种 π 介子分别记作 π^+，π^- 和 π^0。π 介子的质量经实验测定为

$$\left.\begin{aligned} m_\pi^{\pm} &= 273.3 m_e = 139.6\ \mathrm{MeV/c^2} \\ m_\pi^0 &= 264.2 m_e = 135.0\ \mathrm{MeV/c^2} \end{aligned}\right\} \tag{1.4-54}$$

从电磁场理论知道，在原点的电荷 e 产生的静电场电势 $\phi = \dfrac{1}{4\pi\varepsilon_0}\dfrac{e}{r}$。相距 r 的两个电荷 e，它们的库仑作用势能为

$$V = e\phi = \frac{1}{4\pi\varepsilon_0}\frac{e^2}{r} \tag{1.4-55}$$

类似地，在原点有核子，产生静介子场，介子的静止质量不为零($m_\pi \neq 0$)，介子场的势 ϕ 为

$$\phi = \frac{g}{r}\exp\left(-\frac{m_\pi c}{\hbar}r\right) \tag{1.4-56}$$

相距为 r 的两个核子之间的核力作用势能即为

$$V = -g\phi = -\frac{g^2}{r}\exp\left(-\frac{m_\pi c}{\hbar}r\right) \tag{1.4-57}$$

其中，g 表示相互作用强度，相当于电磁相互作用中的电荷 e。式(1.4-57) 中的负号表示吸引力。这个势函数称为汤川势函数。将 π 介子的康普顿波长 λ_c 除以 2π 记作 λ_c，有

$$\lambda_c = \frac{\lambda_c}{2\pi} = \frac{\hbar}{m_\pi c} \approx 1.4\ \text{fm} \tag{1.4-58}$$

式(1.4-58)表示了核力的作用距离。势函数[式(1.4-57)]随 r 的增大很快地趋近于零，这表示了核力是短程力。λ_c 可以作为核力的力程。

电磁作用常数 $\frac{1}{4\pi\varepsilon_0}\frac{e^2}{\hbar c} \approx \frac{1}{137}$，由实验推得核子-介子场作用常数 $\frac{g^2}{\hbar c} \approx 15$。这说明核力比电磁力的作用强得多。

在考虑交换力时，需要建立虚粒子(virtual particle)的概念。核力作用在较低能量下(比介子质量小)也是可以发生的，此时怎么可以认为核子发射了很重的介子而本身质量不变？这里的交换粒子，实际上是虚粒子。虚粒子用于传递相互作用，因而总是局限在一定时空范围内的。由于测不准关系，它本身可以不遵从自由粒子的能量-动量关系 $E^2 = p^2c^2 + m^2c^4$。表现到作用过程中，就是交换粒子的质量不确定，或者能量守恒在作用时间内($\Delta t < \hbar/(m_\pi c^2)$)是破坏的，破坏的范围就是 $\Delta E = m_\pi c^2$。当然，在能量足够高时，虚粒子也可以被实际地产生出来，成为满足上述能量-动量-质量关系的实粒子，如上面测出的 π 介子。

核子与 π 介子场作用产生的 π 介子在极短的时间内被邻近的核子吸收或者又被核子自身吸收。核子与介子场作用产生的介子被邻近的核子所吸收就是核子间的碰撞。高能 n-p 散射所表现的交换力就可以理解为交换荷电 π 介子的作用，就是中子变为质子，质子变为中子的作用。可以把物理上的核子看作是裸核子态及裸核子外围绕有 π 介子云态的叠加。具体地说，质子可以看成是裸质子、π^+ 介子云围绕着裸中子，π^0 介子云围绕着裸质子以及裸核子外有多个 π 介子态的叠加。

2. 单 π 介子交换势(OPEP)

严格从介子场论推导核力超过了本书范围。可以指出的是，由于核子和 π 介子场的作用是强作用，当两核子相距很近时，可以交换许多介子，目前还难以处理这种问题。当两核子相距较远时，相互作用主要通过交换一个介子实现。这时推得的相互作用势称为单 π 介子交换势 OPEP(One Pion Exchange Potential)：

$$V_{\text{OPEP}} = g^2\, \frac{m_\pi c}{12M^2\hbar}\boldsymbol{\tau}(2)\left[\boldsymbol{\sigma}_1 \cdot \boldsymbol{\sigma}_2 + S_{12}\left(1 + \frac{3}{x} + \frac{3}{x^2}\right)\frac{\mathrm{e}^{-x}}{x}\right] \tag{1.4-59}$$

其中，$x = \frac{m_\pi c}{\hbar}r$；$M$ 是核子质量，$M = \frac{1}{2}(m_p + m_n)$；$\boldsymbol{\tau}$ 是同位旋算符，S_{12} 同式(1.4-27)。单 π 介子的交换势主要是交换力和张量力。核子-核子作用势函数的长程部分($r > 3$ fm)，主要是单 π 介子交换的贡献。

核力除了单 π 介子交换作用外，还有两 π 介子交换、三 π 介子交换等多个 π 介子交换的作用。要导出多个 π 介子交换势函数非常困难，甚至是不可能的。但是，实验表明，多个 π 介子往往有很强的关联，能形成亚稳态，可以当作短寿命的玻色子。于是，可以用这种玻色子的单玻色子交换势 OBEP(One Boson Exchange Potential)代替多个 π 介子交换势。

由交换质量较大的玻色子(400～700 MeV/c^2)，又称标量介子(π 介子称赝标量介子)，可以导出表示核子-核子势的中程(1～3 fm)作用的吸引力，如一般中心力和自旋-轨道耦合力。

由交换更大质量(770～1000 MeV/c^2)的矢量介子，还可以得到核心附近($r<1$ fm)核子势的性质。结果是在核心附近可能产生很强的排斥作用，即核子-核子势函数可能存在排斥芯。

单玻色子交换势函数中的耦合常数 g 要由核子-核子散射实验来确定，因此介子场论仍是半唯象的。现在，对于表示核子-核子势长程部分的 V_{OPEP} 已经比较肯定，由 V_{OPEP} 得到的结论能和大量的实验结果相符。目前应用的唯象核子-核子势函数的尾巴(长程部分)具有 V_{OPEP} 的形式。

核力的介子场论依然是一种唯象的理论，要从根本上理解核力，还离不开夸克-胶子间强相互作用的概念。

习　　题

1-1. 实验测得某元素的特征 K_α 线的能量为 7.88 keV，试求该元素的原子序数 Z。

1-2. 用均匀磁场质谱仪，测量某一单电荷正离子，先在电势差为 1000 V 的电场中加速。然后在 0.1 T 的磁场中偏转，测得离子轨道的曲率半径为 0.182 m。试求①离子速度，②离子质量，③离子质量数。

1-3. 质子通过 1.3×10^6 V 的电势差后，在 0.6 T 的均匀磁场中偏转，如果让 $^4\mathrm{He}$ 核通过 2.6×10^6 V 的电势差后，在均匀磁场中偏转与以上质子具有相同的轨道，问磁场强度应为多少？

1-4. 计算下列各核的半径：${}^4_2\mathrm{He}$，${}^{107}_{4}7\mathrm{Ag}$，${}^{238}_{92}\mathrm{U}$。设 $r_0=1.45$ fm。

1-5. 实验测得 $^{241}\mathrm{Am}$ 和 $^{243}\mathrm{Am}$ 的原子光谱的超精细结构由六条谱线组成，已知相应原子能级的电子总角动量大于核的自旋，试求 $^{241}\mathrm{Am}$ 和 $^{243}\mathrm{Am}$ 核的自旋。

1-6. 试求半径为 $^{180}\mathrm{Os}$ 核的 $\dfrac{1}{3}$ 的稳定核。

1-7. 若有半径为 R 的球带有电量 Q，分别对下列两种情形计算带电球的库仑能。

(1)电荷均匀分布于球体内；

(2)电荷均匀分布于球表面。

1-8. $^{87}_{39}Y$ 有一长寿命的同质异能态，其激发能为 381 keV，试根据壳模型判断此同质异能态的自旋和宇称，并估算其半衰期。已知同质异能跃迁的内转换系数 $a=0.28$，并取 $r_0=1.4$ fm。

1-9. 两质子相距 2 fm，分别计算它们的库仑能和万有引力势能。

1-10. 如果 $r_N=2$ fm，试定出球形直角势阱的深度 V_0。

1-11. ^3H 和 ^3He 的结合能之差是多少？如果用库仑能来解释这一差值，估算质子在 ^3He 中的平均距离是多大。

第2章　放射性衰变规律及其应用

放射性衰变，是不稳定原子核自发地放射出射线而转变为另一种原子核的过程。

能自发地放射各种射线的同位素称为放射性同位素。放射性同位素射出各种射线而发生核转变的过程称为放射性衰变。衰变前的放射性同位素称为母体，衰变过程中产生的新同位素称为放射成因同位素，或叫做子体。

在放射性衰变过程中，母体的原子数随时间不断减少，子体的原子数则不断增加。若放射性母体经过一次衰变就转变成一种稳定的子体，这种衰变称为单衰变。有时，放射性母体可经历若干次衰变，每次衰变所形成的中间子体都是不稳定的，本身又会发生衰变，一直持续到产生稳定的最终子体为止，这种衰变叫做连续衰变。由这样的一个放射性母体、若干个放射性中间子体和一个最终稳定子体所形成的衰变链称作衰变系列。大多数放射性同位素是按一种母体只转变成另一种子体的方式发生衰变。少数放射性同位素可以有两种或多种衰变方式，形成不同的子体，即一种母体能同时产生两种子体，这样的衰变称为分支衰变。自然界中这几种衰变类型都存在。

在放射性衰变过程中，放射性母体同位素的原子数衰减到原有数量的一半所需要的时间称为半衰期，记作 $T_{1/2}$。放射性母体同位素在衰变前所存在的平均时间称为平均寿命，记作 T。半衰期是放射性同位素衰变的一个主要特征常数，它不随外界条件、元素状态或质量变化而变化。放射性同位素的半衰期的长短差别很大，短的仅千万分之一秒，长的可达数百亿年。半衰期愈短的同位素，放射性愈强。

2.1　放射性衰变的基本规律

2.1.1　放射性的一般现象

1896 年，H. 贝可勒尔（H. Becquerel）在研究铀矿的荧光现象时，发现铀矿物能发射出穿透力很强并能使照相底片感光的不可见的射线。在磁场中研究这种射线的性质时，证明它是由三种成分组成的：第一个成分在磁场中的偏转方向与带正电的离子流的偏转方向相同；第二个成分的偏转方向与带负电的离子流的偏转方向相同；第三个成分则不发生任何偏转。这三种成分的射线分别叫做 α、β 和 γ 射线。它们的本性和贯穿本领如下：

(1)α 射线是由高速运动的氦原子核(又称 α 粒子)组成的，它在磁场中的偏转方向与正离子流的偏转方向相同。它的电离作用大，贯穿本领小。

(2)β 射线是高速运动的电子流。它的电离作用较小，贯穿本领较大。

(3)γ 射线是波长很短的电磁波。它的电离作用小，贯穿本领大。

我们现在知道，有许多天然的和人工生产的核素都能自发地放射各种射线。有的放射 α 射线，有的放射 β 射线，有的放射 α 或 β 射线的同时也放射 γ 射线，有的三种射线均有。此外，还有放射正电子、质子、中子等其他粒子的。原子核自发地放射各种射线的现象，称为放射性现象。能自发地放射各种射线的核素称为放射性核素，也叫不稳定的核素。实验表明，对放射性核素加温、加压或加磁场，都不能抑制或显著地改变射线的发射。原来，放射性现象是由原子核的变化引起的，与核外电子状态的改变关系很小，因此，对放射性的研究是了解原子核的重要手段。

放射性与原子核衰变密切相关。所谓原子核衰变是指原子核自发地放射出 α 或 β 等粒子而发生的转变。

α 放射性与 α 衰变相联系。原子核自发地放射出 α 粒子而发生的转变，叫做 α 衰变。在 α 衰变中，衰变后的剩余核(通常叫子核)与衰变前的原子核(通常叫母核)相比，电荷数减少 2，质量数减少 4。可以用下列式子来表示 α 衰变：

$$^{A}_{Z}X \rightarrow ^{A-4}_{Z-2}Y + ^{4}_{2}He \qquad (2.1-1)$$

式中，X 表示母核；Y 表示子核。例如 $^{210}_{84}Po$ 的 α 衰变可写为

$$^{210}_{84}Po \rightarrow ^{206}_{82}Pb + ^{4}_{2}He \qquad (2.1-2)$$

β 放射性与 β 衰变相联系。原子核自发地放射出电子、正电子或俘获一个轨道电子而发生的转变，统称为 β 衰变。细分之，放射电子的称为 β^- 衰变；放射正电子的称为 β^+ 衰变；俘获轨道电子的称为轨道电子俘获。与 α 衰变类似，β 衰变的三种类型可分别用下列各式表示：

$$^{A}_{Z}X \rightarrow ^{A}_{Z+1}Y + e^- \qquad (2.1-3)$$

$$^{A}_{Z}X \rightarrow ^{A}_{Z-1}Y + e^+ \qquad (2.1-4)$$

$$^{A}_{Z}X + e^- \rightarrow ^{A}_{Z-1}Y \qquad (2.1-5)$$

其中，e^- 和 e^+ 分别代表电子和正电子。由式(2.1-3)～式(2.1-5)可见，在 β 衰变中，子核与母核的质量数相同，只是电荷数相差 1。β^- 衰变相当于原子核的一个中子变成了质子；β^+ 衰变和轨道电子俘获相当于原子核的一个质子变成了中子。显然，子核和母核是相邻的同量异位素。例如 $^{32}_{15}P$ 的 β 衰变 $^{32}_{15}P \rightarrow ^{32}_{16}S +$

e^-，${}^{32}_{15}P$ 和 ${}^{32}_{16}S$ 是相邻的同量异位素。

γ 放射性既与 γ 跃迁相联系，也与 α 衰变或 β 衰变相联系。α 和 β 衰变的子核往往处于激发态。处于激发态的原子核要向基态跃迁，称这种跃迁为 γ 跃迁。在 γ 跃迁中通常要放出 γ 射线。因此，γ 射线的自发放射一般是伴随 α 或 β 射线产生的。例如，放射源 ${}^{60}Co$ 既具有 β 放射性，也具有 γ 放射性。这是由于放射性原子核 ${}^{60}Co$ 首先要 β 衰变至 ${}^{60}Ni$ 的激发态，然后当激发态跃迁到基态时才会放射出 γ 射线来。γ 跃迁与 α 或 β 衰变不同，不会导致核素的变化，而只改变原子核的内部状态，因此 γ 跃迁的子核和母核，其电荷数和质量数均相同，只是内部状态不同而已。

放射性有天然放射性和人工放射性之分。天然放射性是指天然存在的放射性核素所具有的放射性。它们大多属于由重元素组成的三个放射系(即钍系、铀系和锕系)。此外，还存在一些非系列的天然放射性核素，例如 ${}^{3}_{1}H$，${}^{14}_{6}C$，${}^{40}_{19}K$，${}^{50}_{23}V$，${}^{87}_{37}Rb$，${}^{115}_{49}In$，${}^{130}_{52}Te$，${}^{138}_{57}La$，${}^{142}_{58}Ge$，${}^{144}_{60}Nd$，${}^{147}_{62}Sm$，${}^{176}_{71}Lu$，${}^{187}_{75}Re$，${}^{198}_{78}Pt$，${}^{209}_{83}Bi$ 等。近几十年来，人们可以用人工方法(例如反应堆和加速器)来产生放射性，这种放射性叫人工放射性。目前，人工放射性核素远比天然放射性核素要多，它在科学研究和生产实践中发挥着更大的作用。

2.1.2 放射性衰变的指数衰减规律

由上述讨论可知，一种放射性原子核经 α 或 β 衰变成为另一种原子核。实践表明，即使对于同一核素的许多原子核来说，这种变化也不是同时发生的，而是有先有后。因此，对于任何放射性物质，其原有的放射性原子核的数量将随时间的推移变得越来越少。

以 ${}^{222}_{86}Rn$ 的 α 衰变为例，把一定量的氡单独存放，实验发现，在大约 4 天之后氡的数量减少了一半，经过 8 天减少到原来的 1/4，经过 12 天减到原来的 1/8，30 天后就不到原来的 1% 了。这一衰变情况如图 2-1(a)所示。

如果以氡的数量的自然对数为纵坐标，以时间为横坐标作图，则图 2-1(a)所示的曲线变成了直线[见图 2-1(b)]。这一直线的方程为

$$\ln N = \ln N_0 - \lambda t \tag{2.1-6}$$

其中，N_0 是时间 $t=0$ 时的氡的量；N 是 t 时刻的氡的量；$-\lambda$ 是直线的斜率。将式(2.1-6)化为指数形式，则有

$$N = N_0 e^{-\lambda t} \tag{2.1-7}$$

可见，氡的衰变服从指数衰减规律。实验表明，任何放射性物质在单独存在时都服从这样的规律。

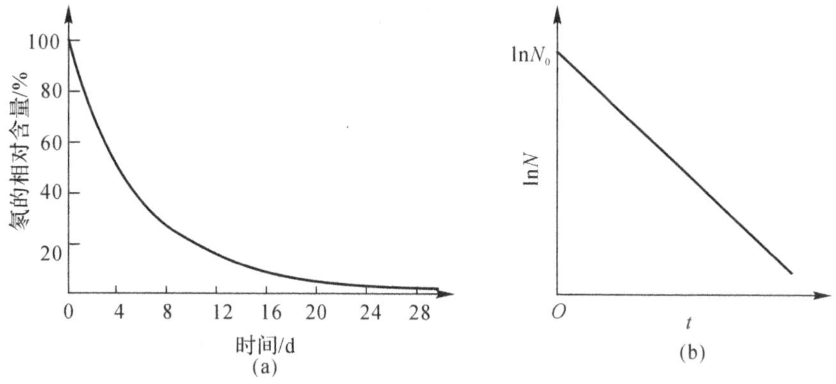

图 2-1　氡的衰变

式(2.1-7)中的 λ 是一个常量，称之为衰变常量。注意它的量纲是时间的倒数。显然，λ 的大小决定了衰变的快慢。它只与放射性核素的种类有关。因此，它是放射性原子核的特征量。下面来分析一下衰变常量 λ 对于个别放射性原子核而言有何物理意义。

对式(2.1-7)微分，得

$$-\mathrm{d}N=\lambda N\mathrm{d}t \tag{2.1-8}$$

其中，$-\mathrm{d}N$ 是原子核在 t 到 $t+\mathrm{d}t$ 时间间隔内的衰变数。由式(2.1-8)可见，此衰变数正比于时间间隔 $\mathrm{d}t$ 和 t 时刻的原子核数 N，其比例系数正好是衰变常量 λ。因此，λ 可以写为

$$\lambda=\frac{-\mathrm{d}N/N}{\mathrm{d}t} \tag{2.1-9}$$

显然，分子 $-\mathrm{d}N/N$ 表示每个原子核的衰变概率。式(2.1-9)表明，衰变常量 λ 是在单位时间内每个原子核的衰变概率，这就是衰变常量的物理意义。因为 λ 是常量，所以每个原子核不论何时衰变，其概率均相同。这意味着，各个原子核的衰变是独立的。我们不能说哪一个核应该先衰变，哪一个核应该后衰变。每一个核到底何时衰变，完全是偶然性事件。但是偶然性中具有必然性。就大量原子核作为整体来说，其衰变则表现为式(2.1-7)这样的必然规律。所以，通常也把指数衰减律式(2.1-7)叫作放射性衰变的统计规律。它只适用于大量原子核的衰变，对少数原子核的衰变行为只能给出概率描写。其实，在实际应用中，我们所遇到的往往都是大数量的原子核。

式(2.1-7)所描述的是放射性核的数目随时间的衰减。由于测量放射性核的数目很不方便，而且往往没有必要，我们所感兴趣的又便于测量的是：在单位

时间内有多少核发生衰变，亦即放射性核素的衰变率$\frac{-\mathrm{d}N}{\mathrm{d}t}$，或叫放射性活度$A$。这个量可以通过测量放射线的数目来决定。

由式(2.1-8)得

$$A=\frac{-\mathrm{d}N}{\mathrm{d}t}=\lambda N_0\mathrm{e}^{-\lambda t}=A_0\mathrm{e}^{-\lambda t} \tag{2.1-10}$$

式中，$A_0=\lambda N_0$，是$t=0$时的放射性活度。可见放射性活度和放射性核数具有同样的指数衰减规律。

描述衰变的快慢，除了用衰变常量λ以外，通常还用两个量——半衰期$T_{1/2}$和平均寿命τ。

半衰期$T_{1/2}$是放射性原子核数衰减到原来数目的一半所需的时间。它与λ的关系容易推得。按$T_{1/2}$的定义，当$t=T_{1/2}$时，有

$$N=\frac{1}{2}N_0=N_0\mathrm{e}^{-\lambda T_{1/2}} \tag{2.1-11}$$

可得

$$T_{1/2}=\frac{\ln 2}{\lambda}=\frac{0.693}{\lambda} \tag{2.1-12}$$

可见$T_{1/2}$与λ成反比。这是自然的，因为λ越大，表示放射性衰减得越快，自然它衰减到一半所需的时间就越短。

平均寿命τ是指放射性原子核平均生存的时间。对大量放射性原子核而言，有的核先衰变，有的核后衰变，各个核的寿命长短一般是不同的，从$t=0$到$t\to\infty$都有可能。但是，对某一核素而言，平均寿命只有一个。由式(2.1-8)可知，在t时刻的无穷小时间间隔$\mathrm{d}t$内有$-\mathrm{d}N$个核发生衰变，则可认为这$-\mathrm{d}N$个核的寿命是t，总寿命是$(-\mathrm{d}N)t=t\lambda N\mathrm{d}t$。设$t=0$时的原子核数是$N_0$，则这$N_0$个核的总寿命为$\int_0^\infty t\lambda N\mathrm{d}t$，平均寿命为

$$\tau=\frac{1}{N_0}\int_0^\infty t\lambda N\mathrm{d}t=\int_0^\infty \lambda t\mathrm{e}^{-\lambda t}\mathrm{d}t=\frac{1}{\lambda} \tag{2.1-13}$$

可见平均寿命和衰变常量互为倒数。

由式(2.1-12)和式(2.1-13)，可以得到$T_{1/2}$与τ的关系为

$$T_{1/2}=\frac{\ln 2}{\lambda}=\tau\ln 2=0.693\tau \tag{2.1-14}$$

可见，λ，$T_{1/2}$和τ这三个量，不是各自独立的，只要知道其中一个，即可求得其余两个。

当核素具有多种分支衰变时，各种分支衰变的规律如何？显然，按衰变常量的物理意义，总的λ应当等于各种衰变方式的部分衰变常量λ_i之和，即

$$\lambda = \sum_i \lambda_i$$

第 i 种分支衰变的部分放射性活度为

$$A_i = \lambda_i N = \lambda_i N_0 e^{-\lambda t} \tag{2.1-15}$$

总放射性活度为

$$A = \sum_i A_i = \lambda N_0 e^{-\lambda t} \tag{2.1-16}$$

可见部分放射性活度在任何时候都是与总放射性活度成正比的。这里需要注意，部分放射性活度随时间是按 $e^{-\lambda t}$ 衰减而不是按 $e^{-\lambda_i t}$ 衰减的。这是因为任何放射性活度随时间的衰减都是由于原子核数 N 减少，而 N 减少是所有分支衰变的总结果。

第 i 种分支衰变的部分放射性活度与总放射性活度之比，称为这种衰变的分支比，用 R_i 表示。由式(2.1－15)和式(2.1－16)，分支比 R_i 可表示为

$$R_i = \frac{A_i}{A} = \frac{\lambda_i}{\lambda} \tag{2.1-17}$$

最后顺便指出，有些文献还引用所谓部分半衰期 T_i，定义为 $T_i = \frac{\ln 2}{\lambda_i}$。但它只能通过式(2.1－17)计算得到，而不能通过测量部分放射性活度的衰减直接得出。

2.1.3　递次衰变规律

原子核的衰变往往是一代又一代地连续进行，直至最后达到稳定为止，这种衰变叫做递次衰变，或叫连续衰变。例如 ^{232}Th 经过 α 衰变至 ^{228}Ra，然后接连二次 β^- 衰变至 ^{228}Th，再通过若干次 α 和 β^- 衰变，最后到稳定核 ^{208}Pb 为止，即

$$^{232}\mathrm{Th} \xrightarrow[1.4\times10^{10}\mathrm{a}]{\alpha} {}^{228}\mathrm{Ra} \xrightarrow[5.76\mathrm{a}]{\beta^-} {}^{228}\mathrm{Ac} \xrightarrow[6.13\mathrm{h}]{\beta^-} {}^{228}\mathrm{Th} \xrightarrow[1.913\mathrm{a}]{\alpha} \cdots \longrightarrow {}^{208}\mathrm{Pb}$$

箭头下面的数字表示半衰期。在递次衰变中，任何一种放射性物质被分离出来单独存放时，它的衰变都满足式(2.1－7)的指数衰减规律。但是，它们混在一起的衰变情况却要复杂得多。下面讨论这种递次衰变的规律。

首先考虑母体 A 衰变为子体 B 然后衰变为第二代子体 C 的情况：

$$A \rightarrow B \rightarrow C$$

研究 A,B,C 的原子核数和放射性活度随时间的变化规律。

设 A,B,C 的衰变常量分别为 $\lambda_1, \lambda_2, \lambda_3$；在时刻 t，A,B,C 的原子核数分别为 N_1, N_2, N_3；在 $t=0$ 时，只有母体 A，即 $N_2(0)=N_3(0)=0$。

由于子体的衰变不会影响母体的衰变，N_1 随时间的变化仍然服从指数衰减规律，则有

$$N_1 = N_1(0)e^{-\lambda_1 t} \tag{2.1-18}$$

A 的放射性活度为

$$A_1(t) = \lambda_1 N_1 = \lambda_1 N_1(0)e^{-\lambda_1 t} = A_1(0)e^{-\lambda_1 t} \tag{2.1-19}$$

关于子体 B,单位时间核数目的变化$\frac{dN_2}{dt}$,一方面以速率 $\lambda_1 N_1$ 从 A 中产生,另一方面又以速率 $\lambda_2 N_2$ 衰变为 C,即

$$\frac{dN_2}{dt} = \lambda_1 N_1 - \lambda_2 N_2 \tag{2.1-20}$$

利用式(2.1-18)对此微分方程求解,易得

$$N_2(t) = \frac{\lambda_1 \lambda_2}{\lambda_2 - \lambda_1} N_1(0)(e^{-\lambda_1 t} - e^{-\lambda_2 t}) \tag{2.1-21}$$

这就是子体 B 的核数目随时间变化的规律。从而子体 B 的放射性活度为

$$A_2(t) = \lambda_2 N_2(t) = \frac{\lambda_1 \lambda_2}{\lambda_2 - \lambda_1} N_1(0)(e^{-\lambda_1 t} - e^{-\lambda_2 t}) \tag{2.1-22}$$

关于子体 C,如果它是稳定的,即 $\lambda_3 = 0$,则

$$\frac{dN_3}{dt} = \lambda_2 N_2 = \frac{\lambda_1 \lambda_2}{\lambda_2 - \lambda_1} N_1(0)(e^{-\lambda_1 t} - e^{-\lambda_2 t}) \tag{2.1-23}$$

对式(2.1-23)作积分并利用初始条件($t = 0, N_3 = 0$)得

$$N_3(t) = \frac{\lambda_1 \lambda_2}{\lambda_2 - \lambda_1} N_1(0)\left[\frac{1}{\lambda_1}(1 - e^{-\lambda_1 t}) - \frac{1}{\lambda_2}(1 - e^{-\lambda_2 t})\right] \tag{2.1-24}$$

由式(2.1-24)可见,$t \to \infty$ 时,$N_3 \to N_1(0)$,即此时母体 A 全部衰变成子体 C。显然,子体 C 的放射性活度 $A_3 = \lambda_3 N_3 = 0$,因为它是稳定的。

如果 C 也不稳定($\lambda_3 \neq 0$),则对 N_3 有微分方程:

$$\frac{dN_3}{dt} = \lambda_2 N_2 - \lambda_3 N_3 \tag{2.1-25}$$

将式(2.1-21)代入,得

$$\frac{dN_3}{dt} + \lambda_3 N_3 = \frac{\lambda_1 \lambda_2}{\lambda_2 - \lambda_1} N_1(0)(e^{-\lambda_1 t} - e^{-\lambda_2 t}) \tag{2.1-26}$$

最后可得

$$N_3(t) = N_1(0)(h_1 e^{-\lambda_1 t} + h_2 e^{-\lambda_2 t} - h_3 e^{-\lambda_3 t}) \tag{2.1-27}$$

式中,$h_1 = \frac{\lambda_1 \lambda_2}{(\lambda_2 - \lambda_1)(\lambda_3 \lambda_1)}$,$h_2 = \frac{\lambda_1 \lambda_2}{(\lambda_1 - \lambda_2)(\lambda_3 \lambda_2)}$,$h_3 = \frac{\lambda_1 \lambda_2}{(\lambda_1 - \lambda_3)(\lambda_2 \lambda_3)}$。此时 C 的放射性活度为

$$A_3(t) = \lambda_3 N_3 = \lambda_3 N_1(0)(h_1 e^{-\lambda_1 t} + h_2 e^{-\lambda_2 t} - h_3 e^{-\lambda_3 t}) \tag{2.1-28}$$

同理,对于递次衰变系列 $A_1 \to A_2 \to A_3 \to \cdots \to A_n \to \cdots$,当开始只有母体时,可得第 n 个放射体 A_n 的原子核数随时间的变化为

$$N_n(t)=N_1(0)(h_1e^{-\lambda_1 t}+h_2e^{-\lambda_2 t}+\cdots+h_ne^{-\lambda_n t}) \tag{2.1-29}$$

式中，

$$h_1=\frac{\lambda_1\lambda_2\cdots\lambda_{n-1}}{(\lambda_2-\lambda_1)(\lambda_3-\lambda_1)\cdots(\lambda_n-\lambda_1)}$$

$$h_2=\frac{\lambda_1\lambda_2\cdots\lambda_{n-1}}{(\lambda_1-\lambda_2)(\lambda_3-\lambda_2)\cdots(\lambda_n-\lambda_2)}$$

$$h_3=\frac{\lambda_1\lambda_2\cdots\lambda_{n-1}}{(\lambda_1-\lambda_n)(\lambda_2-\lambda_n)\cdots(\lambda_{n-1}-\lambda_n)}$$

λ_n 为 A_n 的衰变常量。A_n 的放射性活度为

$$A_n(t)=\lambda_nN_n(t)=\lambda_nN_1(0)(h_1e^{-\lambda_1 t}+h_2e^{-\lambda_2 t}+\cdots+h_ne^{-\lambda_n t}) \tag{2.1-30}$$

由上述结果可以看到，递次衰变规律不再是简单的指数衰减律，其中任一子体随时间的变化不仅和本身的衰变常量有关，而且和前面所有放射体的衰变常量都有关。只要各个放射体的衰变常量都已知，则利用式(2.1-29)和式(2.1-30)即可算出任一放射体随时间的变化。

2.2　放射性平衡

本节将进一步讨论只有两个放射体的递次衰变，即 $A\xrightarrow[T_1]{\lambda_1}B\xrightarrow[T_2]{\lambda_2}C$，其中 T_1 和 T_2 分别为母体 A 和子体 B 的半衰期。当时间足够长时，有可能出现放射性平衡。显然，在任何递次衰变中，母体 A 的变化情况总是服从指数衰减律。所以，我们感兴趣的是子体 B 的变化情况。在初始只有母体 A 的条件下，子体 B 的变化只决定于 λ_1 和 λ_2。现在分三种情况来讨论。

2.2.1　暂时平衡

当母体 A 的半衰期不是很长，但比子体 B 的半衰期还长，即 $T_1>T_2$ 或 $\lambda_1<\lambda_2$ 时，在观察时间内可以看出母体放射性的变化，以及子体 B 的核数目在时间足够长以后，将和母体的核数目建立一固定的比例关系，即此时子体 B 的变化将按母体的半衰期衰减。这叫暂时平衡。例如

$$^{200}_{78}Pt\xrightarrow[12.6\ h]{\beta^-}{}^{200}_{79}Au\xrightarrow[0.81\ h]{\beta^-}{}^{200}_{80}Hg$$

$T_1=12.6$ h，$T_2=0.81$ h，即有 $T_1>T_2$，而且 T_1 不是很长，在观察时间内可以看出母体 $^{200}_{78}Pt$ 放射性的变化。

根据式(2.1-21)，有

$$N_2(t)=\frac{\lambda_1}{\lambda_2-\lambda_1}N_1(0)(e^{-\lambda_1 t}-e^{-\lambda_2 t})=\frac{\lambda_1}{\lambda_2-\lambda_1}N_1(0)e^{-\lambda_1 t}[1-e^{-(\lambda_2-\lambda_1)t}]=$$

$$\frac{\lambda_1}{\lambda_2-\lambda_1}N_1(t)[1-e^{-(\lambda_2-\lambda_1)t}] \tag{2.2-1}$$

由于 $\lambda_1<\lambda_2$，当 t 足够大时，有 $e^{-(\lambda_2-\lambda_1)t}\leqslant 1$，则此时式(2.2-1)成为

$$N_2=\frac{\lambda_1}{\lambda_2-\lambda_1}N_1 \quad 或 \quad \frac{N_2}{N_1}=\frac{\lambda_1}{\lambda_2-\lambda_1} \tag{2.2-2}$$

子母体的放射性活度关系为

$$A_2=\frac{\lambda_2}{\lambda_2-\lambda_1}A_1 \quad 或 \quad \frac{A_2}{A_1}=\frac{\lambda_2}{\lambda_2-\lambda_1} \tag{2.2-3}$$

由式(2.2-2)和式(2.2-3)可见，当时间足够长时，子母体间出现暂时平衡，即它们的核数目(或放射性活度)之比为一固定值。由于 N_1 和 A_1 是按半衰期 T_1 衰减的，则当达到暂时平衡时，N_2 和 A_2 也按半衰期 T_1 衰减。

图 2-2 表示 $\lambda_1<\lambda_2$ 时子体的生长和衰减情况。其中曲线 a 表示子体的放射性活度 A_2 随时间的变化；曲线 b 表示母体($T_1=8$ h)的活度 A_1 随时间的变化；曲线 c 表示母子体的总放射性活度 A_1+A_2 随时间的变化；曲线 d 表示子体($T_2=0.8$ h)单独存在时的活度变化。

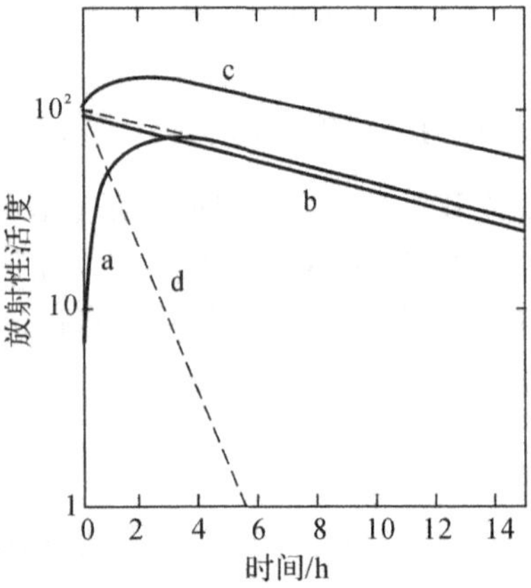

图 2-2　暂时平衡($\lambda_1<\lambda_2$)

由曲线 a 看到，子体的放射性活度最初随时间而增加，达到某一极大值后，按母体的半衰期而减少。此极大值的时间 t_m 可由下式求出：

$$\left.\frac{dA_2}{dt}\right|_{t=t_m}=0 \tag{2.2-4}$$

将式(2.1-22)代入，得

$$\lambda_1 e^{-\lambda_1 t_m}-\lambda_2 e^{-\lambda_2 t_m}=0 \tag{2.2-5}$$

即

$$e^{(\lambda_1-\lambda_2)t_m}=\frac{\lambda_1}{\lambda_2} \tag{2.2-6}$$

可得

$$t_m=\frac{1}{\lambda_1-\lambda_2}\ln\frac{\lambda_1}{\lambda_2} \tag{2.2-7}$$

另外,式(2.2-4)可写为

$$\left.\frac{dN_2}{dt}\right|_{t=t_m}=0 \tag{2.2-8}$$

即

$$\lambda_1 N_1(t_m)-\lambda_2 N_2(t_m)=0 \tag{2.2-9}$$

故

$$A_1(t_m)-A_2(t_m)=0 \tag{2.2-10}$$

式(2.2-10)表明 $t=t_m$ 时,母、子体的放射性活度相等。如图 2-2 所示,此时曲线 b 和曲线 a 相交;$t<t_m$ 时,$A_2<A_1$;$t>t_m$ 时,$A_2>A_1$。

在实际应用中,知道 t_m 是很重要的,因为这时分离出子体,可以获得最大的活度。

对于多代子体的递次衰变 $A_1\xrightarrow[\lambda_1]{}A_2\xrightarrow[\lambda_2]{}A_3\xrightarrow[\lambda_3]{}A_4\xrightarrow[\lambda_4]{}\cdots$,只要母体 A_1 的衰变常量 λ_1 比各代子体的衰变常量 $\lambda_2,\lambda_3,\lambda_4,\cdots$ 都小,则当时间足够长时,整个衰变系列也会达到暂时平衡,即各放射体的数量(活度)之比不随时间变化,各子体都按母体的半衰期而衰减。出现这种情况不难理解。因为只要 λ_1 最小,则当时间足够长时,A_2 必然会和 A_1 达到平衡,这时 A_2 的衰变常量变成了 λ_1,因而 A_3 也必然会和 A_2 达到平衡,如此类推,整个系列都会达到平衡。

2.2.2　长期平衡

当母体的半衰期比子体的长得多,即 $T_1\gg T_2$ 或 $\lambda_1\ll\lambda_2$ 时,而且在观察时间内,看不出母体放射性的变化,在相当长时间以后($t\geqslant 7T_2$),子体的核数目和放射性活度达到饱和,并且子母体的放射性活度相等。这叫长期平衡。例如

$${}^{226}_{88}\text{Ra}\xrightarrow[1600\text{ a}]{\alpha}{}^{222}_{86}\text{Rn}\xrightarrow[3.824\text{ d}]{\alpha}{}^{218}_{84}\text{Po}$$

$T_1=1600$ a,$T_2=3.824$ d,$T_1\gg T_2$,而且 T_1 很长,在观察时间内,例如几天或几十天不会看出 ${}^{226}_{88}\text{Ra}$ 放射性的变化。

根据式(2.1-21),有

$$N_2(t)=\frac{\lambda_1}{\lambda_2-\lambda_1}N_1(0)e^{-\lambda_1 t}\left[1-e^{-(\lambda_2-\lambda_1)t}\right]=\frac{\lambda_1}{\lambda_2}N_1(t)(1-e^{-\lambda_2 t}) \tag{2.2-11}$$

当 t 相当大时，式(2.2-7)成为

$$N_2=\frac{\lambda_1}{\lambda_2}N_1 \tag{2.2-12}$$

即

$$\lambda_2 N_2=\lambda_1 N_1 \text{ 或 } A_2=A_1 \tag{2.2-13}$$

这就出现了长期平衡。

图2-3表示 $\lambda_1 \ll \lambda_2$ 时出现长期平衡的情况，其中曲线a表示子体的活度，b表示母体($T_1 \to \infty$)的活度，c表示母、子体的总活度，d表示子体($T_2=8$ h)单独存在时的活度变化。由曲线a看到，子体的放射性活度最初随时间而增加，然后达到某一饱和值，此时子体与母体的活度相等，所以，饱和时的总活度为母体活度的两倍。

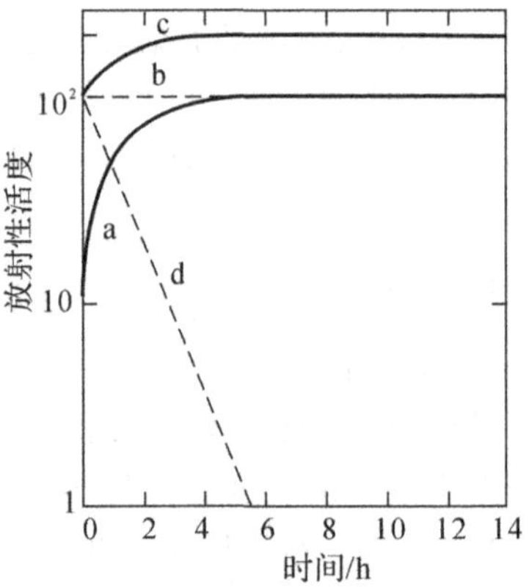

图2-3　长期平衡($\lambda_1 \ll \lambda_2$)

对于多代子体的递次衰变，只要母体的半衰期很长，在观察时间内看不出母体的变化，而且各代子体的半衰期都比它短得多，则不管各代子体的半衰期相差多么悬殊，在足够长时间以后，整个衰变系列必然会达到长期平衡，即各个放射体的活度彼此相等：

$$\lambda_1 N_1=\lambda_2 N_2=\lambda_3 N_3=\cdots \tag{2.2-14}$$

例如后面要讨论的三个天然放射系就是属于这种情形。

利用式(2.2-14)可以求出寿命很长的放射性核素的半衰期(只要其中一个放射体的半衰期及其与所求放射体的原子数之比已知)。例如，${}^{231}_{91}\mathrm{Pa}\xrightarrow{\alpha}{}^{227}_{89}\mathrm{Ac}$，已知${}^{227}_{89}\mathrm{Ac}$的半衰期为21.8 a，实验测得平衡时原子数之比$\frac{N({}^{231}\mathrm{Pa})}{N({}^{227}\mathrm{Ac})}=1505$，则可求得${}^{231}\mathrm{Pa}$的半衰期为

$$T(^{231}\mathrm{Pa}) = 1505 \times 21.8\mathrm{a} = 3.28 \times 10^4\mathrm{a}$$

2.2.3　不成平衡的情况

当母体的半衰期小于子体的半衰期，即 $T_1 < T_2$ 或 $\lambda_1 > \lambda_2$ 时，母体按指数规律较快衰减，而子体的原子数开始为零，随时间逐步增长，越过极大值后较慢衰减，当 t 足够大时，子体则按自身的半衰期 T_2 衰减。这种情况下，不可能出现子体与母体的任何平衡。

根据式(2.1-21)，有

$$N_2(t) = \frac{\lambda_1}{\lambda_2 - \lambda_1} N_1(0) \mathrm{e}^{-\lambda_2 t} \left[1 - \mathrm{e}^{-(\lambda_2 - \lambda_1)t}\right] \tag{2.2-15}$$

由于 $\lambda_1 > \lambda_2$，当 t 足够大时，有 $\mathrm{e}^{-(\lambda_2-\lambda_1)t} \ll 1$，方括号中变成 1，则此时式(2.2-15)成为

$$N_2 = \frac{\lambda_1}{\lambda_1 - \lambda_2} N_1(0) \mathrm{e}^{-\lambda_2 t} \tag{2.2-16}$$

此时子体的放射性活度为

$$A_2 = \lambda_2 N_2 = \frac{\lambda_1 \lambda_2}{\lambda_1 - \lambda_2} N_1(0) \mathrm{e}^{-\lambda_2 t} \tag{2.2-17}$$

可见当时间足够长时，母体将几乎全部转变为子体，子体则按自身的指数规律衰减。因此子、母体间根本不会出现任何平衡。

图 2-4 表示 $\lambda_1 > \lambda_2$ 时子体的生长和衰减情况。其中曲线 a 表示子体的活度变化，b 表示母体($T_1 = 0.8$ h)的活度衰减，c 表示母子体总活度的变化，d 表示子体($T_2 = 8$ h)单独存在时的活度变化。

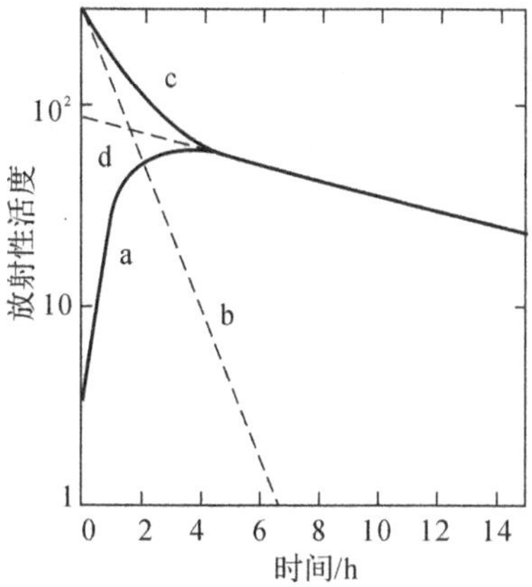

图 2-4　不成平衡($\lambda_1 > \lambda_2$)

对于不成平衡的递次衰变，为了得到单纯的子体，最简单的办法就是把放射体搁置足够长的时间，让母体几乎都衰变完，剩下就是单纯的较长寿命的子体。

由上面三种情形的讨论可以看到，对于任何递次衰变系列，不管各放射体的衰变常量之间相互关系如何，其中必有一最小者，即半衰期最长者，则在时间足够长以后，整个衰变系列只剩下半衰期最长的及其后面的放射体，它们均按最长半衰期的简单指数规律衰减。

2.2.4 放射系

下面讨论放射系作为递次衰变规律和放射性平衡的应用。

递次衰变系列通称放射系。地壳中存在的一些重的放射性核素形成三个天然放射系。它们的母体半衰期都很长，和地球年龄（约 10^9 a）相近或更长，因而经过漫长的地质年代后还能保存下来。它们的成员大多具有 α 放射性，少数具有 β 放射性，一般都伴随有 γ 辐射，但没有一个具有 β^+ 衰变或轨道电子俘获的。每个放射系从母体开始，都经过至少 10 次连续衰变，最后达到稳定的铅同位素。

(1)钍系。从 ^{232}Th 开始，经过 10 次连续衰变，最后到稳定核素 ^{208}Pb：

$$^{232}_{90}\mathrm{Th}\xrightarrow[1.405\times10^{10}\ \mathrm{a}]{\alpha}{}^{228}_{88}\mathrm{Ra}\xrightarrow[5.75\ \mathrm{a}]{\beta}{}^{228}_{89}\mathrm{Ac}\xrightarrow[6.15\ \mathrm{a}]{\beta}{}^{228}_{90}\mathrm{Th}\xrightarrow[1.9131\ \mathrm{a}]{\alpha}{}^{224}_{88}\mathrm{Ra}\xrightarrow[3.66\ \mathrm{d}]{\alpha}\cdots{}^{208}_{82}\mathrm{Pb}$$

这个系的成员，其质量数都是 4 的整倍数，即 $A=4n$，所以钍系也叫 $4n$ 系。母体 ^{232}Th 的半衰期为 1.405×10^{10} a。子体半衰期最长的是 ^{228}Ra，$T_{1/2}=5.75$ a。所以，钍系建立起长期平衡，需要几十年时间。

(2) 铀系。从 ^{238}U 开始，经过 14 次连续衰变，最后到稳定核素 ^{206}Pb：

$$^{238}_{92}\mathrm{U}\xrightarrow[4.468\times10^{9}\ \mathrm{a}]{\alpha}{}^{234}_{90}\mathrm{Tn}\xrightarrow[24.10\ \mathrm{d}]{\beta}$$

$$\left[\begin{array}{l}^{234\mathrm{m}}_{91}\mathrm{Pa}\xrightarrow[1.17\ \mathrm{min}]{\beta}\\ \\ ^{234}_{91}\mathrm{Pa}\xrightarrow[6.70\ \mathrm{h}]{\beta}\end{array}\right]{}^{234}_{92}\mathrm{U}\xrightarrow[2.455\times10^{5}\ \mathrm{a}]{\alpha}{}^{230}_{90}\mathrm{Th}\xrightarrow[7.538\times10^{4}\ \mathrm{a}]{\alpha}\cdots\longrightarrow{}^{206}_{82}\mathrm{Pb}$$

该系成员的质量数都是 4 的整倍数加 2，即 $A=4n+2$，所以铀系也叫 $4n+2$ 系。母体 ^{238}U 的半衰期为 4.468×10^9 a。子体半衰期最长的是 ^{234}U，$T_{1/2}=5.455\times10^5$ a。所以，铀系建立起长期平衡，需要几百万年的时间。

(3) 锕系。从^{235}U 开始，经过 11 次连续衰变，最后到稳定核素^{207}Pb：

$$^{235}_{92}\mathrm{U}\xrightarrow[7.038\times10^{8}\ \mathrm{a}]{\alpha}{}^{231}_{90}\mathrm{Tn}\xrightarrow[25.52\mathrm{h}]{\beta}$$

$$^{231}_{91}\mathrm{Pa}\xrightarrow[3.28\times10^{4}\mathrm{a}]{\alpha}{}^{227}_{89}\mathrm{Ac}\xrightarrow[21.773\mathrm{a}]{\beta}\begin{bmatrix}{}^{227}_{90}\mathrm{Th}\xrightarrow[18.72\ \mathrm{d}]{\alpha}\\ {}^{223}_{87}\mathrm{Fr}\xrightarrow[22.0\ \mathrm{min}]{\beta}\end{bmatrix}{}^{223}_{88}\mathrm{Ra}\xrightarrow[11.435\mathrm{d}]{\alpha}\cdots{}^{207}_{82}\mathrm{Pb}$$

由于^{235}U 俗称锕铀，因而该系叫做锕系。该系成员的质量数都是 4 的整倍数加 3，即 $A=4n+3$，所以锕系也叫 $4n+3$ 系。母体^{235}U 的半衰期为 7.038×10^{8} a。子体半衰期最长的是^{231}Pa，$T_{1/2}=3.28\times10^{4}$ a。所以，锕系建立起长期平衡需要数十万年的时间。

由上述讨论看到，在地壳中存在 $4n$，$4n+2$，$4n+3$ 三个天然放射系，但是缺少 $4n+1$ 这样一个放射系。后来用人工方法合成了 $4n+1$ 系，把^{238}U 放在反应堆中照射，连续俘获三个中子变成^{241}U，它经两次 β^- 衰变变成了具有较长寿命($T=14.4$ a) 的^{241}Pu。^{241}Pu 具有以下递次衰变：

$$^{241}_{94}\mathrm{Pu}\xrightarrow[14.4\mathrm{a}]{\beta}{}^{241}_{95}\mathrm{Am}\xrightarrow[432\mathrm{a}]{\alpha}{}^{237}_{93}\mathrm{Np}\xrightarrow[2.14\times10^{6}\mathrm{a}]{\alpha}{}^{233}_{91}\mathrm{Pa}\xrightarrow[17\mathrm{d}]{\beta}\cdots{}^{209}_{83}\mathrm{Bi}$$

在这个衰变系列中，^{237}Np 的半衰期最长，当时间足够长以后，^{241}Pu 和^{241}Am 几乎衰变完了，而^{237}Np 还会存在，并与其子体建立起平衡。所以这个系叫做镎系。该系成员的质量数都是 4 的整倍数加 1，即 $A=4n+1$，因而也称之为 $4n+1$ 系。由于^{237}Np 的半衰期比地球年龄小很多，地壳中原有的^{237}Np 早已变成为^{209}Bi，所以人们在地壳中没有发现 $4n+1$ 系。

上面各系的衰变过程，通常用图 2-5 ～ 图 2-8 来表示。

除了上述 4 个放射系外，裂变碎片也往往形成递次衰变的放射系，例如

$$^{140}_{54}\mathrm{Xe}\xrightarrow[14\ \mathrm{s}]{\beta^-}{}^{140}_{55}\mathrm{Cs}\xrightarrow[65\ \mathrm{s}]{\beta^-}{}^{140}_{56}\mathrm{Ba}\xrightarrow[12.8\ \mathrm{d}]{\beta^-}{}^{140}_{57}\mathrm{La}\xrightarrow[40.3\ \mathrm{h}]{\beta^-}{}^{140}_{58}\mathrm{Ce}(\text{稳定})$$

由于可利用的裂变碎片都是人工产生的，所以裂变碎片放射系(也叫裂变碎片链)都属于人工放射系。

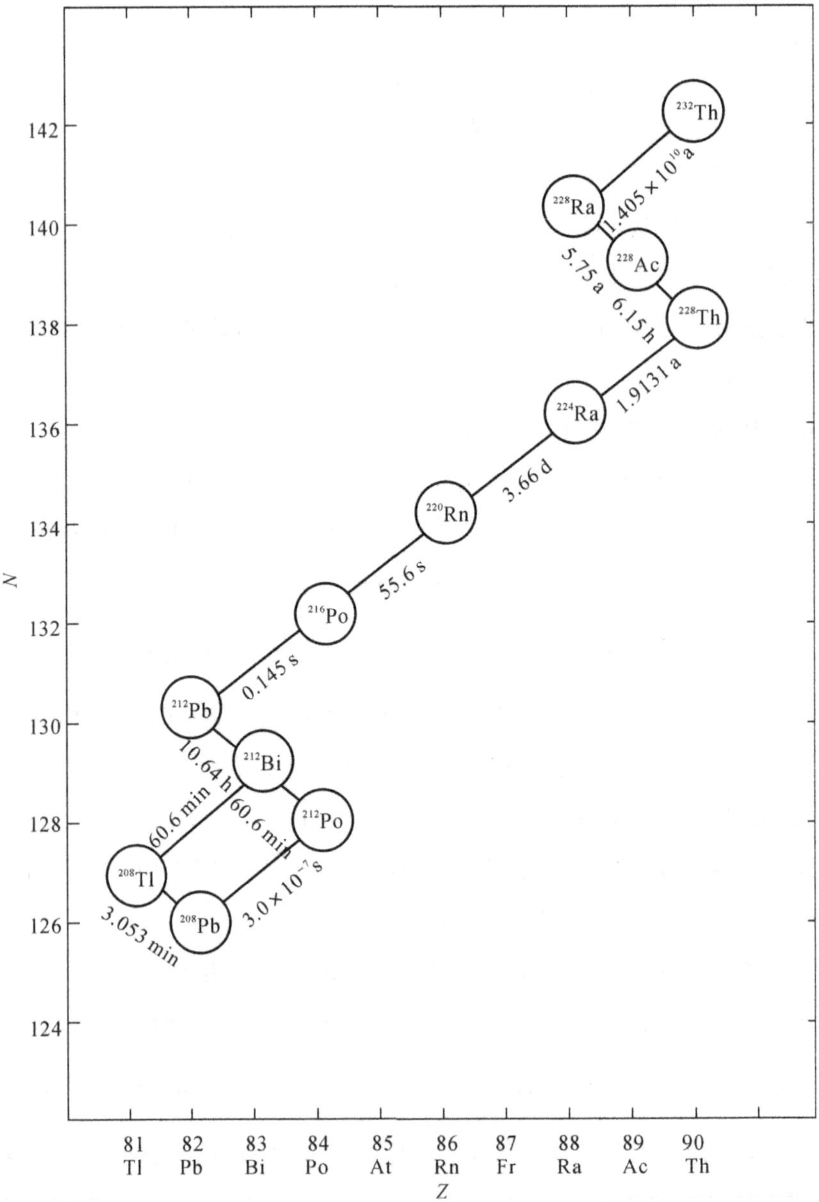
232Th
1.405×10^10 a
228Ra
5.75 a
228Ac
6.15 h
228Th
1.9131 a
224Ra
3.66 d
220Rn
55.6 s
216Po
0.145 s
212Pb
10.64 h
212Bi
60.6 min
60.6 min
212Po
3.0×10^-7 s
208Tl
3.053 min
208Pb
142
140
138
136
134
132
130
128
126
124
N
81 Tl
82 Pb
83 Bi
84 Po
85 At
86 Rn
87 Fr
88 Ra
89 Ac
90 Th
Z

图 2-5 钍系

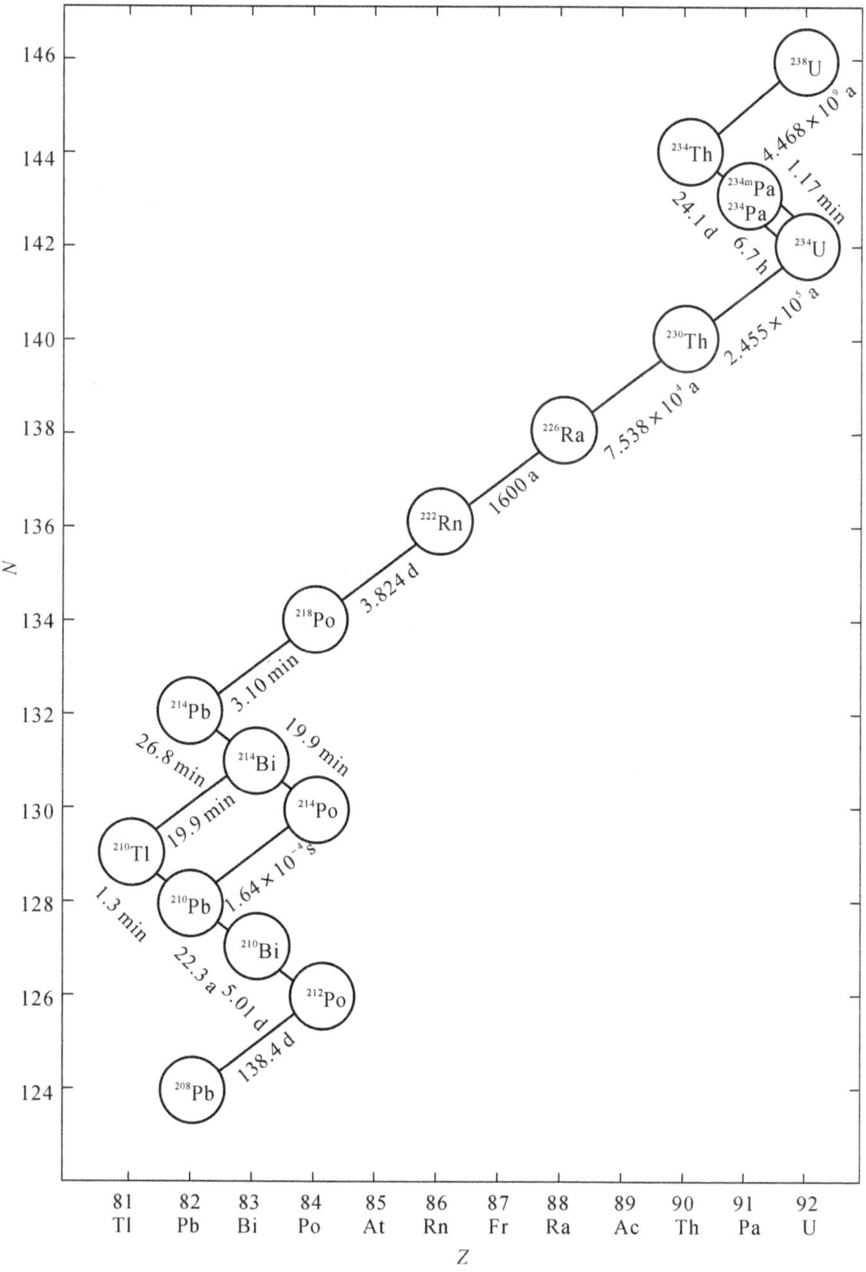
146
144
142
140
138
136
134
132
130
128
126
124
N
238U
234Th
234mPa
234Pa
234U
230Th
226Ra
222Rn
218Po
214Pb
214Bi
214Po
210Tl
210Pb
210Bi
212Po
208Pb
4.468×10^9 a
1.17 min
24.1 d
6.7 h
2.455×10^5 a
7.538×10^4 a
1600 a
3.824 d
3.10 min
26.8 min
19.9 min
19.9 min
1.64×10^-4 s
1.3 min
22.3 a
5.01 d
138.4 d
81 Tl
82 Pb
83 Bi
84 Po
85 At
86 Rn
87 Fr
88 Ra
89 Ac
90 Th
91 Pa
92 U
Z

图 2-6　铀系

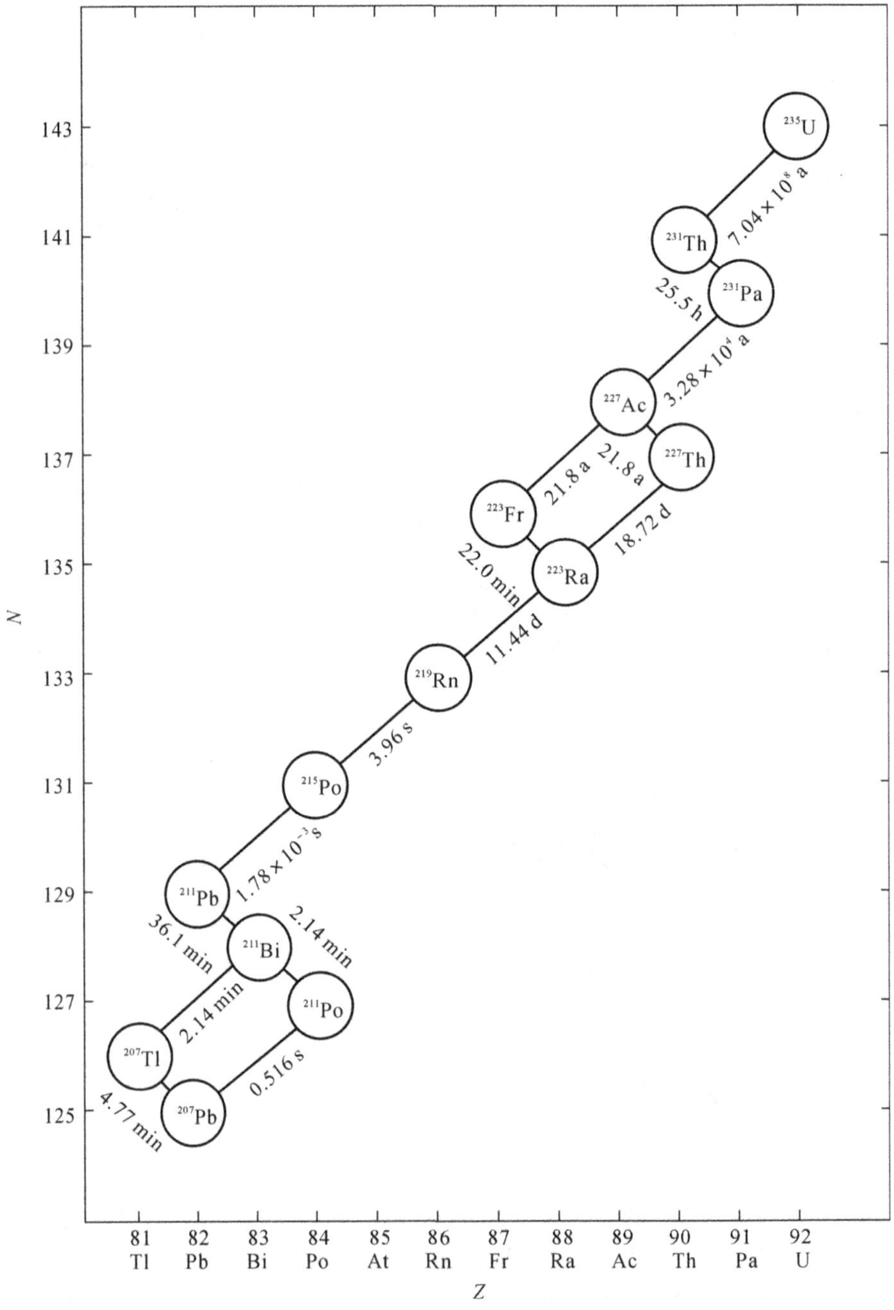
143
141
139
137
135
133
131
129
127
125
N
^{235}U
7.04×10^{8} a
^{231}Th
^{231}Pa
25.5 h
3.28×10^{4} a
^{227}Ac
^{227}Th
21.8 a
21.8 a
^{223}Fr
18.72 d
^{223}Ra
22.0 min
11.44 d
^{219}Rn
3.96 s
^{215}Po
1.78×10^{-3} s
^{211}Pb
36.1 min
^{211}Bi
2.14 min
^{211}Po
2.14 min
^{207}Tl
0.516 s
^{207}Pb
4.77 min
81 Tl
82 Pb
83 Bi
84 Po
85 At
86 Rn
87 Fr
88 Ra
89 Ac
90 Th
91 Pa
92 U
Z

图 2－7　锕系

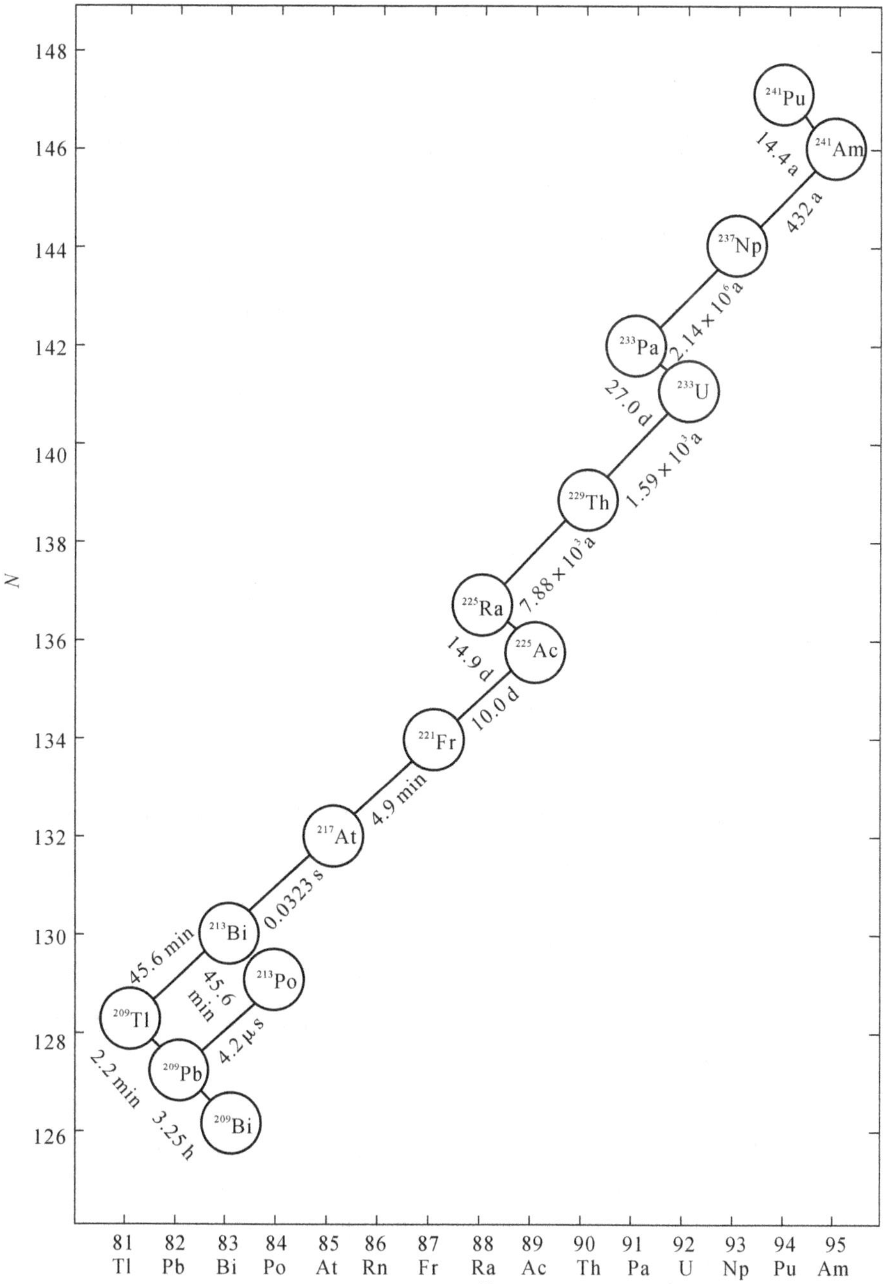
148
146
144
142
140
138
136
134
132
130
128
126
N
241Pu
241Am
14.4 a
432 a
237Np
2.14×10^6 a
233Pa
233U
27.0 d
1.59×10^5 a
229Th
7.88×10^3 a
225Ra
225Ac
14.9 d
10.0 d
221Fr
4.9 min
217At
0.0323 s
213Bi
45.6 min
213Po
45.6 min
209Tl
4.2 μs
209Pb
2.2 min
3.25 h
209Bi
81 Tl
82 Pb
83 Bi
84 Po
85 At
86 Rn
87 Fr
88 Ra
89 Ac
90 Th
91 Pa
92 U
93 Np
94 Pu
95 Am
Z

图 2-8　镎系(4n+1)

2.3 放射性活度单位

衡量放射性物质的多少通常不用质量单位。因为质量的多少不能反映出放射性的大小，有些放射性大的物质，其质量不一定多，有些放射性小的物质，其质量不一定少。人们关心的是放射性物质的放射性活度(即单位时间的衰变数)的大小。过去，放射性活度的常用单位是居里(Curie，简记为“Ci”)，及其分数单位毫居里($1\ \mathrm{mCi}=10^{-3}\ \mathrm{Ci}$)和微居里($1\ \mu\mathrm{Ci}=10^{-6}\ \mathrm{Ci}$)。居里的原本定义是：1 Ci 的氡等于和 1 g 镭处于平衡的氡的每秒衰变数，即 1 g 镭的每秒衰变数。在早期测得此衰变数为每秒 3.7×10^{10} 次。显然，这样的定义使用起来很不方便，因为它会随着测量的精度而改变。为了克服这一困难，1950 年以后规定：1 Ci 的放射源每秒产生 3.7×10^{10} 次衰变，即

$$1\ \mathrm{Ci}=3.7\times10^{10}\ \mathrm{s}^{-1}$$

$$1\ \mathrm{mCi}=3.7\times10^{7}\ \mathrm{s}^{-1}$$

$$1\ \mu\mathrm{Ci}=3.7\times10^{4}\ \mathrm{s}^{-1}$$

除单位“居里”外，早期有的文献上还用另一放射性活度的单位“卢瑟福”(简记为“Rd”)。它的定义如下：

$$1\ \mathrm{Rd}=1\times10^{6}\ \mathrm{s}^{-1}$$

它和 mCi 的关系为

$$1\ \mathrm{mCi}=37\ \mathrm{Rd}$$

1975 年国际计量大会(General Conference on Weights and Measures)通过决议，对放射性单位作了新的命名，规定国际单位制的“贝可勒尔”(Becquerel)为每秒一次衰变，符号为 Bq。因此，它与“居里”和“卢瑟福”的关系如下：

$$1\ \mathrm{Ci}=3.7\times10^{10}\ \mathrm{Bq}$$

$$1\ \mathrm{Rd}=1\times10^{6}\ \mathrm{Bq}$$

我国国家标准规定，放射性活度的法定计量单位是贝可勒尔，卢瑟福已废弃使用，居里也将淘汰。

知道了某放射源的放射性活度和半衰期，很容易推得该放射源所含该放射性物质的原子核数及其质量。事实上，放射性活度 A 等于衰变常量 λ 和原子核数 N 的乘积，于是原子核数为

$$N=A/\lambda=AT_{1/2}/\ln2 \tag{2.3-1}$$

放射性物质的质量为

$$m=(M/N_{\mathrm{A}})\cdot N=MAT_{1/2}/(N_{\mathrm{A}}\ln2) \tag{2.3-2}$$

式中，M 为原子质量；N_{A} 为阿伏加德罗常量。

例如，3.7×10^4 Bq 的 ^{60}Co 放射源(已知 $T_{1/2}=5.27$ a)，所含 ^{60}Co 的原子核数为

$$N=AT_{1/2}\ln2=3.7\times10^4\times5.27\times3.16\times10^7/0.693\ 个=8.89\times10^{12}\ 个$$

^{60}Co 的质量为

$$m=MAT_{1/2}/(N_A\ln2)=60\times8.89\times10^{12}/(6.022\times10^{23})\text{g}=8.86\times10^{-10}\text{g}$$

可见，一般放射源的质量是甚微的，然而却包含有大量的原子核，足以保证衰变规律具有良好的统计性。

在实际应用中，经常遇到“比活度”和“射线强度”这两个物理量。现对其分述如下：

比活度(有时叫放射性比度)是指放射源的放射性活度与其质量之比，即单位质量放射源的放射性活度。

比活度的重要性在于它的大小表明了放射源物质纯度的高低。实际上，所谓某一核素的放射源，不大可能全部是由该种核素组成的，一般还有其他物质。其他物质相对含量大的放射源，其比活度低，反之则高。例如，由上面计算的 ^{60}Co 源的放射性活度与质量之间的关系可以得出，如果该源全部由 ^{60}Co 组成，则其比活度为

$$3.7\times10^4\ \text{Bq}/8.86\times10^{-10}\ \text{g}=4.18\times10^{13}\ \text{Bq}\cdot\text{g}^{-1}$$

这是理想情况。而实际生产的 ^{60}Co 源的比活度一般只有 $(10^{11}\sim10^{12})\text{Bq}\cdot\text{g}^{-1}$。

射线强度是指放射源在单位时间内放出某种射线的个数。注意它是与放射性活度有区别的一个物理量，如果某放射源的一次衰变只放出一个粒子，例如 ^{32}P 的一次衰变只放出一个 β 粒子，则该源的射线强度和放射性活度相等。对大多数放射源，一次衰变往往放出若干个粒子，例如 ^{60}Co 源的一次衰变放出两个 γ 光子，所以 ^{60}Co 源的 γ 射线强度是放射性活度的两倍。

2.4　原子核的结合能

2.4.1　能量和质量的一般关系

能量和质量都是物质的属性。具有一定质量 m 的物体，它的相应的能量 E 由相对论公式

$$E=mc^2 \tag{2.4-1}$$

给出，其中 c 是真空中的光速。此式称为质能关系式或质能联系定律。

相对论还给出，以速度数值为 v 运动的粒子的质量为

$$m=m_0/\sqrt{1-(v/c)^2} \tag{2.4-2}$$

其中，m_0 是该粒子静止时($v=0$)的质量，称为粒子的静止质量。此式表明，当粒子的速度 v 增大时，它的质量 m 也随之增大。因而，由式(2.4-1)确定的粒子的能量也随速度 v 而增大。真空中的光速 c 是粒子运动速度的极限。

将式(2.4-2)的等号两边取二次方，以式(2.4-1)代入，并引进以速度 v 运动的粒子的动量数值

$$p=mv \tag{2.4-3}$$

可以得到

$$E^2=c^2p^2+m_0^2c^4 \tag{2.4-4}$$

此式表示了运动粒子的总能量 E、动量 p 和它的静止质量 m_0 之间的关系，是相对论中的一个重要公式。

至于粒子的动能 E_k，它是粒子总能量 E 与静止质量所对应的能量 m_0c^2 之差，即

$$E_k=E-m_0c^2 \tag{2.4-5}$$

对于运动速度远小于光速($v \ll c$)的经典粒子，有 $c^2p^2 \ll m_0^2c^4$。可以得到

$$E_k=E-m_0c^2=m_0c^2\left[\left(1+\frac{c^2p^2}{m_0^2c^4}\right)-1\right]\approx\frac{p^2}{2m_0} \tag{2.4-6}$$

这和经典力学的结论相同。

对于光子，它的静止质量为零，$m_0=0$，有

$$E_k=E=cp \tag{2.4-7}$$

光子的总能量就是它的动能。应当注意，虽然光子的静止质量为零，但是光子的质量 $m=E/c^2$ 并不为零，而是由光子的能量 E 所确定。

对于高速电子，$v\approx c$，它的能量很高，即 $E \gg m_0c^2$，有

$$E_k\approx E\approx cp \tag{2.4-8}$$

它的总能量 E 几乎完全由它的动能 E_k 所确定。

现在对式(2.4-1)的两边取差分，有

$$\Delta E=\Delta mc^2 \tag{2.4-9}$$

此式表示了体系能量的变化和质量的变化相联系。体系有质量的变化就一定有能量的变化，反之亦然。这表明，质量、能量这两个物质的属性是密切联系的。只有质量而没有能量或只有能量而没有质量的物质是不存在的。对于孤立体系，总能量守恒，也必然地有总质量守恒。

对应于 1 g 质量的能量是

$$E=mc^2=10^{-3}\ \text{kg}\times[2.997\,924\,58\times10^8\ \text{m}\cdot\text{s}^{-1}]^2= 8.987\,551\,79\times10^{13}\ \text{J} \tag{2.4-10}$$

从能量尺度看起来，这是个很大的量。

在第 1 章中已指出，原子核的质量通常以原子质量单位 u 为单位。质量为 1 u 的原子核的能量为

$$E = mc^2 = 1.660\ 538\ 7 \times 10^{-27}\ \text{kg} \times (2.997\ 924\ 58 \times 10^8\ \text{m} \cdot \text{s}^{-1})^2 = 1.492\ 418 \times 10^{-10}\ \text{J} \qquad (2.4-11)$$

在原子核物理学中，常用电子伏特(eV)作为能量单位。1 eV 是一个电子在真空中通过 1 V 电位差所获得的动能，即

$$1\ \text{eV} = 1.602\ 176\ 46 \times 10^{19}\ \text{J} \qquad (2.4-12)$$

相应地，千电子伏特(keV)、兆电子伏特(MeV)和吉电子伏特(GeV)等，也是常用的能量单位，有

$$\left.\begin{aligned} 1\ \text{keV} &= 10^3\ \text{eV} \\ 1\ \text{MeV} &= 10^6\ \text{eV} \\ 1\ \text{GeV} &= 10^9\ \text{eV} \end{aligned}\right\} \qquad (2.4-13)$$

可以推算出单位之间的换算关系为

$$1\ \text{u} = 931.494\ 0\ \text{MeV}/c^2 \qquad (2.4-14)$$

对于电子，它的静止质量为

$$m_e = 5.485\ 8 \times 10^{-4}\ \text{u} = 0.511\ 00\ \text{MeV}/c^2 \qquad (2.4-15)$$

或者

$$m_e c^2 = 511.00\ \text{keV} \qquad (2.4-16)$$

表 2-1 中列出了一些粒子的静止质量和相应能量的数值。

表 2-1　一些粒子的质量和能量

粒　子	静止质量 m_0/u	能量 $m_0 c^2$/MeV
电子 e	0.000 548 58	0.511 00
质子 p	1.007 276	938.272
中子 n	1.008 665	939.565
氘核 d	2.013 553	1 875.613
氚核 t	3.015 501	2 808.921
氦核 α	4.001 506	3 727.379

2.4.2　质量亏损

实验发现，原子核的质量总是小于组成它的核子的质量和。以 α 粒子，即氦核(^{4}He)为例，组成核子的质量和是 $2m_p + 2m_n$，氦核的质量是 $m(^4\text{He})$(用小写

字母 m 表示原子核的质量，括号中标以核素的名称)。它们的差为

$$\Delta m(^{4}\mathrm{He})=(2m_{\mathrm{p}}+2m_{\mathrm{n}})-m(^{4}\mathrm{He}) \tag{2.4-17}$$

在具体计算中所涉及的质量用的总是核素原子的质量。用大写字母 $M(Z,A)$ 或 $M(^{A}_{Z}\mathrm{X})$ 表示核素 $^{A}_{Z}\mathrm{X}$ 的原子质量，X 代表元素的化学符号，则有

$$M(Z,A)=m(Z,A)+Zm_{\mathrm{e}}-Be(Z)/c^{2} \tag{2.4-18}$$

其中，$Be(Z)$ 是电荷数为 Z 的元素的电子结合能。由托马斯-费米(Tomas-Fermi)原子模型得出，即

$$Be(Z)=15.73Z^{7/3}\ \mathrm{eV} \tag{2.4-19}$$

由于 $Be(Z)/c^{2}$ 比起核的质量来是很小的，又由于在计算 Δm 时算的是质量差，相应地也有电子结合能的差，这样，含有 Be 的项对于计算结果的影响就更小了。在实际计算中，总是略去电子结合能这一项。于是

$$\begin{aligned}\Delta(^{4}\mathrm{He})=\Delta M(^{4}\mathrm{He})&=2M(^{1}\mathrm{H})+2m_{\mathrm{n}}-M(^{4}\mathrm{He})=\\&[2\times(1.007\,825+1.008\,665)-4.002\,603]\mathrm{u}=\\&0.030\,377\ \mathrm{u}\end{aligned} \tag{2.4-20}$$

对应的能量差为

$$\Delta E(^{4}\mathrm{He})=\Delta M(^{4}\mathrm{He})c^{2}=28.30\ \mathrm{MeV} \tag{2.4-21}$$

组成某一原子核的核子质量和与该原子核质量之差称为原子核的质量亏损。即

$$\Delta M(Z,A)=ZM(^{1}\mathrm{H})+(A-Z)m_{\mathrm{n}}-M(Z,A) \tag{2.4-22}$$

实验发现，所有的原子核都有正的质量亏损，即

$$\Delta M(Z,A)>0 \tag{2.4-23}$$

质量亏损还可以有更广泛的意义。可以引入“广义质量亏损”概念，把它定义为体系变化前、后静止质量之差，即

$$\Delta M=\sum M_{i}-\sum M_{f} \tag{2.4-24}$$

式中，右边第一项是体系在变化前的静止质量，第二项是体系发生变化后的静止质量。在这种意义下，$\Delta M>0$ 表示体系变化以后静止质量减少了。相应地，体系动能的变化 $\Delta E>0$，即有能量释放。这种变化称为放能变化，这里 ΔE 是变化后体系动能与变化前体系动能之差，即

$$\Delta E=\sum_{f}E_{f}-\sum_{i}E_{i} \tag{2.4-25}$$

其中，$\sum\limits_{f}E_{f}$ 是体系变化后的动能；$\sum\limits_{i}E_{i}$ 是体系变化前的动能。事实上，由于孤立体系的总能量是守恒的，即

$$\sum_{i}M_{i}c^{2}+\sum_{i}E_{i}=\sum_{f}M_{f}c^{2}+\sum_{f}E_{f} \tag{2.4-26}$$

则有关系式

$$\Delta E = \Delta Mc^2 \tag{2.4-27}$$

对于 $\Delta M < 0$ 的情形，体系变化以后静止质量增大，相应地有 $\Delta E < 0$，即要对体系提供能量，这种变化称为吸能变化。由广义质量亏损计算吸能和放能的数值，在核衰变、核反应和核裂变等有关内容中有具体的应用。

在某些原子核质量数据表中，不是直接列出核素的原子质量 M，而是列出 $(M-A)$，称为核素的质量过剩。M 是核素的原子质量，以 u 为单位，A 是核素的核子数。实际上用的是 $(M-A)c^2$，是质量过剩所对应的能量，通常用符号 Δ 表示。即

$$\Delta(Z,A) = [M(Z,A) - A]c^2 \tag{2.4-28}$$

这样列表应用起来较为方便，用质量差计算能量变化时，就省去了单位之间的换算。表 2-2 列出了某些核素的原子质量。应当注意表 2-2 与表 2-1 之间的差别，不要将核素的原子质量 M 和原子核的质量 m 混淆。

表 2-2　一些核素的原子质量

元素符号	Z	A	M/u	Δ/MeV
n	0	1	1.008 665	8.071
H	1	1	1.007 825	7.289
	1	2	2.014 102	13.136
	1	3	3.016 049	14.950
He	2	3	3.016 029	14.931
	2	4	4.002 603	2.425
Li	3	6	6.015 122	14.086
	3	7	7.016 004	14.908
Be	4	9	9.012 183	11.348
C	6	12	12.000 000	0
	6	14	14.003 242	3.020
N	7	14	14.003 074	2.863
O	8	16	15.994 915	−4.737
Al	13	27	26.981 538	−17.197
Fe	26	56	55.934 942	−60.601
U	92	235	235.043 922	40.913
	92	238	238 .050 784	47.305

2.4.3 原子核的结合能和比结合能

原子核的质量比组成它的核子的总质量小，表明由自由核子结合而成原子核的时候，有能量释放出来。这种表示自由核子组成原子核所释放的能量称为原子核的结合能。核素的结合能用 $B(Z,A)$ 表示。根据相对论中的质能关系，它与核素的质量亏损 $\Delta M(Z,A)$ 的关系为

$$B(Z,A)=\Delta M(Z,A)c^2 \tag{2.4-29}$$

对于 ^{4}He，由式(2.4－21)知道

$$B(^4\text{He})=\Delta M(^4\text{He})c^2=28.30\ \text{MeV} \tag{2.4-30}$$

这就是说，两个质子、两个中子结合成一个氦核，要放出 28.30 MeV 的能量。相应地有质量的减少，这就是 ^{4}He 的质量亏损。或者说，若将 ^{4}He 核拆成自由的核子，为了克服核子之间的作用力，要用 28.30 MeV 的能量对体系做功。

利用式(2.4－29)及式(2.4－22)，可以由核素的原子质量来计算原子核的结合能，则有

$$B(Z,A)=[ZM(^1H)+(A-Z)m_n-M(Z,A)]c^2 \tag{2.4-31}$$

也可以写成

$$B(Z,A)=Z\Delta(^1\text{H})+(A-Z)\Delta(n)-\Delta(Z,A) \tag{2.4-32}$$

例如，对于 ^{56}Fe，$Z=26$，$A=56$，根据表 2－2 中的数据，可得其结合能 $B(^{56}\text{Fe})=492.3$ MeV。

表 2－3 列出了一些核素的结合能。从表中还可以看出，不同核素的结合能差别是很大的。一般地说，核子数 A 大的原子核结合能 B 也大。原子核平均每个核子的结合能又称为比结合能，用 ε 表示，即

$$\varepsilon=B/A \tag{2.4-33}$$

比结合能表示了若把原子核拆成自由核子，对于每个核子所要做的功的平均值。比结合能 ε 的大小可用以标志原子核结合得松紧的程度。ε 越大的原子核结合得越紧；ε 较小的原子核结合得较松。表 2－3 也列出了一些核素的比结合能，氘核 ^{2}H 的比结合能 ε 最小，只有 1.112 MeV，^{238}U 核的结合能 B 很大，但是它的比结合能 ε 并不大，比 ^{56}Fe，Xe 等的 ε 值小。

表 2－3　一些核素的结合能和比结合能

核　素	结合能 B/MeV	比结合能 ε/MeV
^{2}H	2.224	1.112
^{3}He	7.718	2.573
^{4}He	28.3	7.07

续表

核　素	结合能 B/MeV	比结合能 ε/MeV
^{6}Li	31.99	5.33
^{7}Li	39.24	5.61
^{12}C	92.16	7.68
^{14}N	104.66	7.48
^{15}N	115.49	7.70
^{15}O	111.95	7.46
^{16}O	127.61	7.98
^{17}O	131.76	7.75
^{17}F	128.22	7.54
^{19}F	147.8	7.78
^{40}Ca	342.05	8.55
^{56}Fe	492.3	8.79
^{107}Ag	915.2	8.55
^{129}Xe	1087.6	8.43
^{131}Xe	1103.5	8.42
^{132}Xe	1112.4	8.43
^{208}Pb	1636.4	7.87
^{235}U	1783.8	7.59
^{238}U	1801.6	7.57

2.4.4 比结合能曲线

对于稳定的核素$^{A}_{Z}X$，以 ε 为纵坐标，A 为横坐标作图，可以连成一条曲线，称为比结合能曲线，如图 2-9 所示。从图中可以看出一些特点，找到下述一些规律。

(1) 当 $A<30$ 时，曲线的趋势是上升的，但是有明显的起伏。为看清楚起见，对于 $A\leqslant 25$，加大了横轴的单位。在图中，峰的位置都在 A 为 4 的整数倍的地方，如^{4}He，^{12}C，^{16}O，^{20}Ne 和^{24}Mg 等，这些原子核的质子数 Z 和中子数 $N=A-$

Z 都是偶数，称为偶偶核。而且它们的 Z 和 N 还相等，这表明对于轻核可能存在 α 粒子的集团结构。

(2) 当 $A > 30$ 时，$\varepsilon \approx 8$ MeV，与 A 很小时曲线的明显起伏不同，近似地有 $\varepsilon = B/A \approx$ 常量，即 $B \propto A$。这表明原子核的结合能粗略地与核子数成正比。每个核子的结合能比原子中每个电子的结合能要大得多，说明在原子核中核子之间的结合是很紧的，而原子中电子被原子核的束缚要松得多。

(3) 曲线的形状是中间高，两端低。这说明 A 为 $50 \sim 150$ 的中等质量的核结合得比较紧，很轻的核和很重的核($A > 200$) 结合得比较松。正是根据这样的比结合能曲线，物理学家预言了原子能的利用。一种是重核的裂变，一个很重的原子核分裂成两个中等质量的原子核，ε 由小变大，有核能释放出来，俗称原子能。例如重核 ^{235}U，它吸收一个中子而成为 ^{236}U，随之可裂变成两个中等质量的碎片核。ε 由 7.6 MeV 增大到 8.5 MeV。一次裂变约有 210 MeV 的能量释放出来。这就是原子弹和裂变反应堆能够释放出巨大能量的道理。另一种是轻核的聚变，两个很轻的原子核聚合成一个重一些的核，ε 由小变大，也有核能释放出来。

例如，氘核和氚核聚合反应生成氦核，并有中子放出。其反应式为

$$^{2}H + {}^{3}H \rightarrow {}^{4}He + n$$

一次这样的聚变反应就有 20 MeV 以上的核能放出。这就是氢弹和热核反应释放大量能量的基本原理。

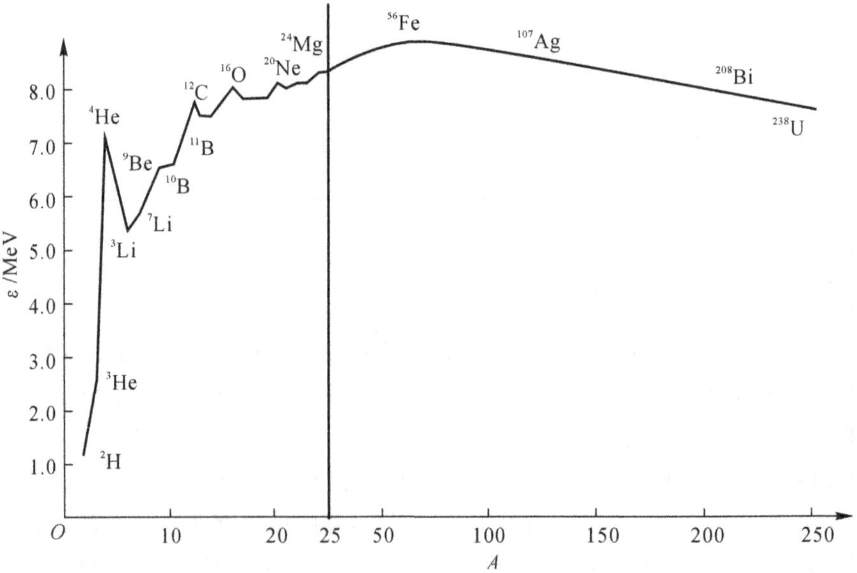

图 2-9　比结合能曲线

2.4.5 最后一个核子的结合能

原子核最后一个核子的结合能，是指一个自由核子与核的其余部分组成原子核时，所释放的能量。有时也讨论从原子核中分离出一个核子所要给予的能量，称之为原子核的一个核子分离能。这两者在数值上是相等的。

原子核最后一个核子结合能的大小，反映了这种原子核相对邻近的那些原子核的稳定程度。

核素最后一个中子的结合能，是核素${}^{A}_{Z}X_N$ 中第 N 个中子的结合能，即

$$S_n(Z,A)=[M(Z,A-1)+m_n-M(Z,A)]c^2= \Delta(Z,A-1)+\Delta(n)-\Delta(Z,A) \qquad (2.4-34)$$

也可以由两个同位素${}^{A}_{Z}X$ 与${}^{A-1}_{Z}X$ 的结合能之差算出，即

$$S_n(Z,A)=B(Z,A)-B(Z,A-1) \qquad (2.4-35)$$

核素最后一个质子的结合能，是核素${}^{A}_{Z}X_N$ 中第 Z 个质子的结合能，即

$$S_p(Z,A)=[M(Z-1,A-1)+M({}^1H)-M(Z,A)]c^2= \Delta(Z,A-1)+\Delta({}^1H)-\Delta(Z,A) \qquad (2.4-36)$$

同理，也可以得出

$$S_p(Z,A)=B(Z,A)-B(Z-1,A-1) \qquad (2.4-37)$$

例如，经计算得到

$$S_p({}^{17}H)=B(9,17)-B(8,16)=0.61\ \text{MeV}$$
$$S_p({}^{16}O)=B(8,16)-B(7,15)=12.12\ \text{MeV}$$
$$S_n({}^{16}O)=B(8,16)-B(8,15)=15.66\ \text{MeV}$$
$$S_n({}^{17}O)=B(8,17)-B(8,16)=4.15\ \text{MeV}$$

对于上述一些原子核，最后一个核子的结合能有巨大的差别，这表明，${}^{16}O$ 与邻近的原子核${}^{17}O$，${}^{17}F$ 等相比，稳定性要大得多。

习　题

2-1. 已知${}^{224}Ra$ 的半衰期为 3.66 d，问 1 天和 10 天中分别衰变了多少份额？若开始有 1 μg，问 1 天和 10 天中分别衰变掉多少原子？

2-2. 已知${}^{222}Rn$ 的半衰期为 3.824 d，问 1 μCi 和 10^3 Bq 的${}^{222}Rn$ 的质量分别是多少？

2-3. 已知${}^{210}Po$ 的半衰期为 138.4 d，问 1 μg 的${}^{210}Po$，其放射性活度为多少贝可？

2-4. 用加速氘轰击${}^{55}Mn$ 来生成${}^{56}Mn$，${}^{56}Mn$ 的产生率为 $5\times10^8\ s^{-1}$，已

知^{56}Mn的半衰期为2.579 h，试求轰击10 h后^{56}Mn的放射性活度。

2-5. 用中子束照射^{197}Au来生成^{198}Au，已知^{198}Au的半衰期2.696 d，问照射多久才能达到饱和放射性活度的95%？

2-6. 实验测得纯^{235}U样品的放射性比度为80.0 Ba·mg^{-1}，试求^{235}U的半衰期。

2-7. 试由质量亏损求出下列核素的结合能和比结合能：^{2}H，^{40}Ca，^{197}Au和^{252}Cf。

2-8. 试由质量亏损求出下列各组核素的结合能：^{3}H，^{3}He，^{12}B，^{12}C，^{12}N，^{13}C以及^{13}N。

2-9. 从^{13}C核中取出一个中子或质子，各需多少能量？试解释两者有很大差别的原因。

2-10. 试由结合能半经验公式计算下列核素的结合能，并与实验结果比较：^{40}Ca，^{56}Fe和^{206}Pb。

第3章 原子核衰变

自然界中存在一些不稳定的原子核,这些原子核能自发地放出一些射线,从一种状态转变为另一种状态,或从一种元素的原子核转变为另一种元素的原子核。人们在磁场中研究原子核自发放出的放射性射线的性质时,发现放射性射线主要是由 α,β,γ 三种射线组成。随着对原子核衰变现象研究的深入,人们发现,除了上述三种衰变射线外,还有放射正电子、质子、中子、中微子等粒子,以及自发裂变、β 缓发粒子,等等。

本章重点讨论 α,β,γ 三种衰变模式。

3.1 核衰变种类

放射性现象发现后,1897 年 E. 卢瑟福在测量铀矿物发射的射线时证明,此射线由两种穿透能力不同的射线组成,其中的软组分(很容易被薄层物质吸收)称为 α 射线,硬组分(不易被物质吸收)则称为 β 射线。1899 年 H. 贝可勒尔用磁场偏转法证明 α 射线带有正电荷,β 射线带有负电荷。1900 年法国科学家 P. 维拉尔又从放射性物质发射的射线中分辨出 γ 射线,其穿透力特别强,不受磁场偏转,类似于 X 射线。1903 年 E. 卢瑟福和 F. 索迪提出放射性衰变理论以后,特别是在 1913 年索迪等人阐明了位移定律和 H. G. J. 莫塞莱测定了元素的原子序数以后,放射性原子核衰变前、后的化学性质与发射粒子之间的联系就完全清楚了。人工放射性现象的发现及大量人工放射性核素的出现,增添了许多放射性衰变的类型。核反应研究、核探测技术以及核稳定性规律理论研究水平的提高,为探测和预言新的衰变类型提供了条件。

α 衰变:原子核放射 α 粒子的放射性衰变。一次 α 衰变后该原子核的原子序数减少 2,质量数减少 4。

β^- 衰变:原子核发射电子(e)和反中微子的放射性衰变。一次 β^- 衰变后,该原子核的原子序数增加 1,质量数不变。

β^+ 衰变:原子核发射正电子(e+)和中微子的放射性衰变。一次 β^+ 衰变后,该原子核的原子序数减少 1,质量数不变。

EC 衰变:电子俘获衰变。它是原子核俘获轨道电子并放射中微子的放射性衰变。一次 EC 衰变后，该原子核的原子序数减少 1，质量数不变。

IT 衰变：同质异能跃迁衰变。它是一种同质异能素变为另一个能量较低的同质异能素的放射性衰变。衰变后，原子核的原子序数、质量数不变，能量降低。

n 衰变：原子核发射中子(n)的放射性衰变。一次 n 衰变后，该原子核的原子序数不变，质量数减少 1。

p 衰变：质子衰变。原子核发射质子(^{1}H 或 p)的放射性衰变。一次 p 衰变后，该原子核的原子序数减少 1，质量数减少 1。

SF 衰变：自发裂变。它是处于基态或同质异能态的原子核在没有外加粒子或能量的情况下发生的裂变。

3.2 α 衰 变

α 衰变是原子核自发地放射出 α 粒子而发生的转变。它的半衰期随核素的不同变化甚大，短者可小于 10^{-7} s，长者可达约 10^{15} a。α 粒子的能量一般分布在 4～9 MeV 范围内。人们不禁要问："为什么 α 粒子能自发地从原子核中发射出来？""哪些核素具有 α 放射性？""α 粒子能量和半衰期有何关系？"等，本节将讨论与此有关的一些问题。

3.2.1 α 衰变的能量

1. α 粒子能量的测量——磁谱仪

1930 年以前，人们认为同一种原子核发射出来的 α 粒子的能量是单一的，没有发现所谓"精细结构"的现象。这是由于当时用来测量 α 粒子能量的方法是射程法，即是通过测量 α 粒子在空气中的射程来求得它的能量。这种方法的精度不高。随着射线探测技术的发展，出现了电离室、磁谱仪和半导体探测器，因而测量 α 粒子能量的精度大大提高。例如，利用磁谱仪来测量，精度可达万分之一。从而对 α 粒子的能量可以作到精确测定。下面对磁谱仪的工作原理作一简单介绍。

所谓磁谱仪是利用磁场来测定带电粒子能量的装置。图 3-1 所示为一种半圆谱仪的工作原理图。放射源 S、感光胶片 R 和限束光栏 A 都放在一个扁平的真空盒里。

从放射源发出的带电粒子被限束光栏控制在 2φ 的角度内。垂直于真空盒，即垂直于画面加一均匀磁场 $\boldsymbol{B}$，从放射源放出的带电粒子受到一洛仑兹力 $q\boldsymbol{v}\times\boldsymbol{B}$ 作用而发生偏转，q 是带电粒子的电荷，v 是它的速度。根据牛顿第二定律，有

$$\frac{mv^2}{\rho}=qv\boldsymbol{B} \tag{3.2-1}$$

式中，m 是带电粒子的质量；ρ 是粒子运动轨道的半径。

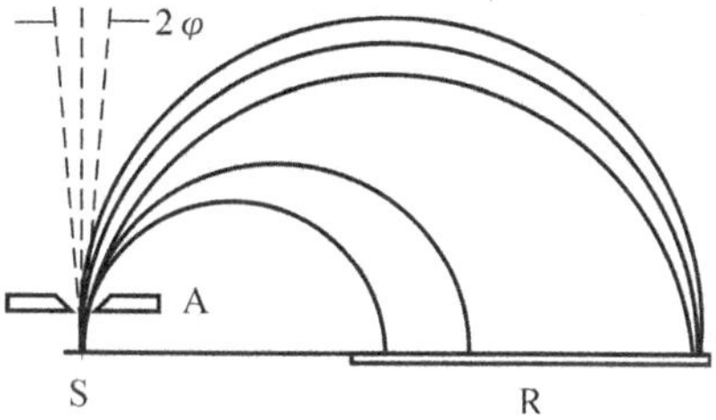

图 3-1　半圆谱仪的工作原理图

于是粒子的动量为

$$p=mv=q\boldsymbol{B}\rho \tag{3.2-2}$$

由式(3.2-2)可见，动量相同(从而能量相同)的 α 粒子具有同一轨道半径 ρ。如果源对光栏狭缝的张角 2φ 无限小，则具有相同能量的粒子经过 180° 的偏转后，将聚集在感光胶片上距放射源具有同一距离的地方，胶片上就形成一条谱线。另一种能量的粒子将聚集在胶片上的另一处，形成另一条谱线。显然，由谱线的位置就可测得轨道半径 ρ 的大小，因源至谱线的距离就是直径 2ρ。将 ρ 值代入式(3.2-2)，即得粒子的动量，从而求得粒子的能量。

实际上，源对光栏狭缝的张角 2φ 不可能无限小，此时具有相同能量的粒子经过 180° 的偏转后，聚集在感光胶片上所形成的谱线将有一定的宽度 Δx(见图 3-2)。由图可见，中央轨道正好是半个圆周时，粒子束具有最窄的宽度，这就是半圆聚焦的原理。

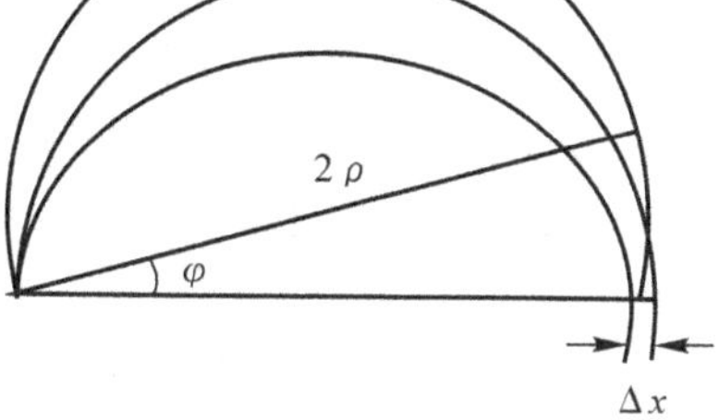

图 3-2　半圆谱仪的聚焦原理

显然，

$$\Delta x=2\rho(1-\cos\varphi) \tag{3.2-3}$$

由于 ρ 一般都很小,则有

$$\Delta x = \rho\varphi^2 \tag{3.2-4}$$

应该注意到,谱线的右边界是由通过狭缝中心的粒子所决定的。因此,这一边界位置与狭缝宽度无关,从而可利用谱线的边界位置精确地确定粒子的能量。这就是常用半圆谱仪来精确地测定带电粒子能量的原因。

利用式(3.2-2)和式(3.2-4),动量分辨率 R_p 可写为

$$R_p = \frac{\Delta p}{p} = \frac{\Delta x}{2\rho} = \frac{1}{2}\varphi^2 \tag{3.2-5}$$

例如,设 $\varphi = 2°$,则 $R_p = 6.2 \times 10^{-4}$。此即表示两组动量的相对值相差为 6.2×10^{-4} 时,两组谱线就可以区分开来。式(3.2-5)中的 Δp 是指动量分布的全宽度。

对于寿命很长的辐射体,利用磁谱仪来进行研究是很困难的。这是由于要保持磁谱仪的高分辨本领,就要对放射源的面积和谱仪的立体角都有一定的限制,因而计数效率太低。例如,设所研究核素的质量数 A 约为 240,源面积约为 0.1 cm^2,源厚约为 10 $\mu\mathrm{g}\cdot\mathrm{cm}^{-2}$,则源中放射性原子核数目为

$$N = (6.022 \times 10^{23} \times 0.1 \times 10 \times 10^{-6})/240 = 2.5 \times 10^{15}$$

设源对光栏所张的立体角为 10^{-3} sr,则每秒所记的衰变数为

$$n = (10^{-3}/4\pi)N\lambda = (10^{-3}/4\pi) \times 2.5 \times 10^{15}\lambda$$

这里 λ 是衰变常量。令 $n = 10^{-3}$(即每千秒记下一次衰变),此数一般已达记录下限。于是所测 λ 的下限 $\lambda_{\min} = 5 \times 10^{-15}\ \mathrm{s}^{-1}$,它所对应的半衰期 $T_{1/2} = 4.4 \times 10^6$ a。

对于长寿命的辐射体,使用半导体探测器或气体探测器较为适宜,因为这些探测器允许辐射体尽可能地靠近探测器的灵敏体积,因此可以有较大的立体角和用较大面积的源。

2. α 能谱的精细结构

用磁谱仪对 α 放射源的测量结果表明,一般来讲,α 粒子的能量并不单一,而是有不同的几组数值。图 3-3 是由磁谱仪测得的 ^{228}Th α 粒子的能量分布。由图可见,整个能谱是由 4 组单一谱线组成的复杂分布。这种复杂分布称为 α 能谱的精细结构。

在 α 谱的精细结构中,一般来讲,只有一种能量的 α 粒子的强度最大,其他几种能量的 α 粒子的强度都较弱,它们的能量也比较低,亦即射程比较短,这种 α 粒子称为短射程 α 粒子。另外,对于放射性核素 ThC′($^{212}_{84}$Po)和 RaC′($^{214}_{84}$Po),观察到了另一种现象,即除了最强的 α 粒子外,还发射出具有很大能量而强度很弱的 α 粒子,这种 α 粒子称为长射程 α 粒子。

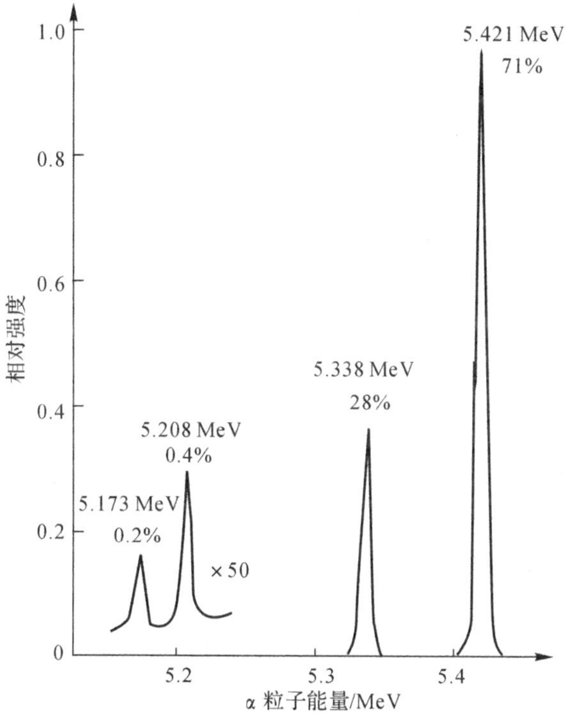

图 3-3 ^{228}Th 的 α 能谱

3. α 粒子能量与 α 衰变能的关系

α 衰变能是指 α 衰变时放出的能量。此能量以 α 粒子动能和子核动能的形式出现。由于子核的动能不可能为零，因此 α 粒子的动能(通常就叫 α 粒子能量)总是小于其衰变能。根据动量和能量守恒定律，容易推得 α 粒子能量与衰变能之间的定量关系。

我们知道，α 衰变可表示为

$$ {}_{Z}^{A}X \rightarrow {}_{Z-2}^{A-4}Y + {}_{2}^{4}He \tag{3.2-6}$$

其中，X 为母核，Y 为子核。今设 m_X，m_Y 和 m_α 分别为母核、子核和 α 粒子的质量，v_X，v_Y 和 v_α 为相应的速度。由动量守恒定律，且 $v_X=0$，得

$$m_Y v_Y = m_\alpha v_\alpha \tag{3.2-7}$$

则

$$v_Y = \frac{m_\alpha v_\alpha}{m_Y} \tag{3.2-8}$$

设 E_d，E_k 和 E_R 分别为衰变能、α 粒子动能和子核(也叫反冲核)的动能，由能量守恒定律，有

$$E_d = E_k + E_R = E_k + \frac{1}{2} m_Y v_Y^2 \tag{3.2-9}$$

将式(3.2-8)代入式(3.2-9)，有

$$E_d = E_k + \frac{1}{2} m_Y \left(\frac{m_\alpha v_\alpha}{m_Y}\right)^2 = E_k + \frac{m_\alpha}{m_Y} E_k = \left(1 + \frac{m_\alpha}{m_Y}\right) E_k \tag{3.2-10}$$

利用 $\frac{m_\alpha}{m_Y} \approx \frac{4}{A-4}$($A$ 为母核质量数)，式(3.2-10)可写成

$$E_d = \left(\frac{A}{A-4}\right) E_k \tag{3.2-11}$$

可得 α 粒子的动能为

$$E_k = \left(\frac{A}{A-4}\right) E_d \tag{3.2-12}$$

子核的反冲能为

$$E_Y = E_d - E_k = \left(\frac{A}{A-4}\right) E_k = \frac{4}{A} E_d \tag{3.2-13}$$

由于 α 衰变核的质量数大多在 200 以上，则由式(3.1-13)可见，子核的反冲能接近衰变能的 2%，其余的约 98% 则为 α 粒子的动能。

4. 短射程、长射程 α 粒子与核能级的关系

短射程 α 粒子和长射程 α 粒子的产生与原子核的不同能级结构有关。现在分别加以讨论。

(1) 短射程 α 粒子。与原子的情况类似，原子核的内部能量是量子化的，就是说原子核可以处于不同的分立的能级状态。能量最低的状态称为基态，高于基态的能级统称为激发态。处于激发态的原子核是不稳定的，一般要放出 γ 射线退激到基态，或者先退激到较低的激发态而后再退激到基态。不同的能级结构反映了不同的原子核结构情况。因此，对核能级的研究是认识原子核结构的重要途径。

当原子核 ${}_{Z}^{A}X$ 放出 α 粒子而衰变为原子核 ${}_{Z-2}^{A-4}Y$ 时，它可以直接衰变到 Y 的基态，也可以先衰变到 Y 的激发态，然后放出 γ 射线再到基态。显然，当母核 X 衰变到子核 Y 的基态时，所放出的 α 粒子的能量要高一些；当母核 X 衰变到子核 Y 的激发态时，由于一部分能量要留作子核 Y 的激发态的能量，则此时放出的 α 粒

子的能量要低一些。子核 Y 的激发能越高，α 粒子的能量就越低。这些能量较低的 α 粒子就是短射程 α 粒子。所以，短射程 α 粒子是从母核的基态衰变到子核的激发态时所发射的 α 粒子。

由此可见，测量母核放射出来的 α 粒子的能量就可以确定子核能级的能量。设母核放射出 $\alpha_0,\alpha_1,\alpha_2,\cdots$ 的能量分别为 $E_k(\alpha_0),E_k(\alpha_1),E_k(\alpha_2),\cdots$，其中 α_0 是从母核基态跃迁到子核基态时放出的 α 粒子，α_1 是由母核基态到子核第一激发态的，α_2 是由母核基态到子核第二激发态的……。于是 $E_k(\alpha_0)>E_k(\alpha_1)>E_k(\alpha_2)\cdots$。由 α 粒子的能量可以求得相应的 α 衰变能 $E_d(\alpha_0)$，$E_d(\alpha_1),E_d(\alpha_2)\cdots$。显然，$E_d(\alpha_0)>E_d(\alpha_1)>E_d(\alpha_2)\cdots$。按能量守恒定律，有

$$E_d(\alpha_0)=E_d(\alpha_1)+E_1^*,\quad E_d(\alpha_0)=E_d(\alpha_2)+E_2^*\cdots$$

其中，$E_1^*,E_2^*\cdots$ 分别为子核第一、第二……激发能级的能量。因此，各激发能级的能量为下列 α 衰变能之差：

$$E_1^*=E_d(\alpha_0)-E_d(\alpha_1),\quad E_2^*=E_d(\alpha_0)-E_d(\alpha_2)\cdots$$

例如 $^{226}_{90}Th$ 衰变成 $^{222}_{88}Ra$ 时共放出四组 α 粒子。它们的能量列在表 3－1 中。E_k 表示 α 粒子的动能。E_d 表示 α 衰变能，它由式(3.1－11)计算得到。表中第三列表示 α_0 组衰变能与各组衰变能之差。由上所述，按能量守恒定律，此差值应等于各激发能级的能量。另外，由实验测得的 γ 射线的能量(列于表中第四列)也可推知各激发能级的能量，如图 3－4 所示。由图可见，它的激发能值与表 3－1 中所给的值符合，这表明短射程 α 粒子的确是从母核基态跃迁到子核激发态时所产生的。

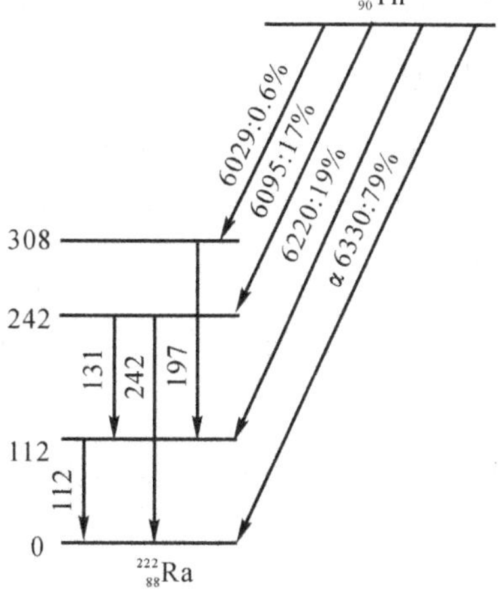

图 3－4　$^{226}_{90}Th$ 的衰变

表 3-1 $^{226}_{90}Th$ 的衰变数据

	E_k/MeV	E_d/MeV	$[E_d(\alpha_0)-E_d]$/MeV	E_γ/MeV	相对强度
α_0	6.330	6.444	0		79%
α_1	6.220	6.332	0.112	0.112	19 %
α_2	6.095	6.205	0.239	0.242	1.7%
α_3	6.029	6.137	0.307	0.197+0.112	0.6%

(2)长射程 α 粒子。以上讨论的 α 衰变，都是从母核的基态产生的。如果母核本身是一个衰变的产物，那么母核不仅可能处于基态，也可能处于激发态。处于激发态的母核可以通过 γ 射线的发射退激到基态，然后进行 α 衰变。但是也有可能从激发态进行 α 衰变。激发态究竟是发射 γ 射线还是发射 α 粒子，决定于相互竞争的这两个过程的概率。对一般的原子核，从激发态发射 γ 射线的概率要大得多，实际上观察不到 α 衰变。对少数几种原子核，从激发态进行 α 衰变占有一定的分支比(虽然所占的分支比很小)，因而在实验上就能观察到从激发态进行的 α 衰变。显然，这种 α 粒子的能量比基态发射的 α 粒子的能量要大一些。激发能越高，α 粒子的能量就越大。这种 α 粒子就是长射程 α 粒子。所以，长射程 α 粒子是从母核的激发态衰变到子核的基态时所发射的 α 粒子。由于 γ 发射概率要比 α 衰变的概率大几个数量级，因此长射程 α 粒子的强度是极低的，只有总强度的 $10^{-4}\sim10^{-7}$。

在天然放射性核素中只观察到两种原子核 $^{212}_{84}Po$ 和 $^{214}_{84}Po$ 有长射程 α 粒子。此处以 $^{212}_{84}Po$ 为例进一步来说明长射程 α 粒子的成因。$^{214}_{84}Po$ 的 α 粒子能量和衰变图如表 3-2 和图 3-5 所示。表中也列出了各组 α 粒子的衰变能与 α_0 组衰变能之差。此差值应等于 $^{214}_{84}Po$ 的激发能级的能量。另外，从实验测得的 γ 射线能量也可推知激发能值，如图 3-5 所示。由表 3-2 和图 3-5 可知，用两种方法推得的激发能值颇为一致。这就说明长射程 α 粒子的确是从母核的激发态产生的。

从以上讨论可以看到，由 α 粒子能谱可以获得原子核能级的知识，从而为研究原子核结构提供数据。

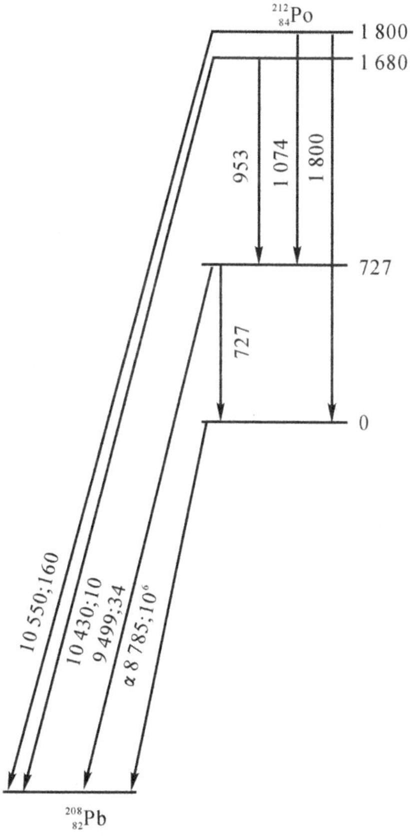

图 3-5 $^{212}_{84}Po$ 的衰变

表 3-2 $^{212}_{83}Po$ 的衰变数据

	E_k/MeV	E_d/MeV	$[E_d - E_d(\alpha_0)]$/MeV	E_γ/MeV	相对强度
α_0	8.785	8.954			10^6
α_1	9.499	9.682	0.728	0.727	34
α_2	10.432	10.633	1.679	0.953+ 0.727	10
α_3	10.550	10.753	1.799	1.800	160

3.2.2 α衰变的实验规律

1. 衰变能随原子序数 Z 和质量数 A 的变化

实验表明，不是所有的原子核都能产生 α 衰变。对于天然放射性核素而言，α 衰变主要发生在重核。确切地讲，$A>140$ 的原子核才能发生 α 衰变。其原因何在？要回答这个问题，需要从衰变能开始讨论。

原子核要自发地发射 α 粒子，显然，必要的条件是衰变能大于零。根据定义，衰变能 E_d 为衰变前、后诸粒子的静止质量之差所对应的能量，即为广义质量亏损所对应的能量：

$$E_d=(m_X-m_Y-m_\alpha)\times 931.5(\mathrm{MeV}) \qquad (3.2-14)$$

其中，m_X，m_Y，m_α 分别为母核、子核、α 粒子的质量，其单位为原子质量单位 u。

现在利用结合能的半经验公式从式(3.2－14)出发推导出 E_d 与 Z,A 的关系。

由质量亏损的表示式可得

$$m_X=Zm_p+(A-Z)m_n-\Delta m_X \qquad (3.2-15)$$

式中，m_p，m_n 分别表示质子、中子的质量；Δm_X 为母核的质量亏损。同理

$$\left.\begin{aligned}m_Y&=(Z-2)m_p+(A-Z-2)m_n-\Delta m_Y\\ m_\alpha&=2m_p+2m_n-\Delta m_\alpha\end{aligned}\right\} \qquad (3.2-16)$$

式中，Δm_Y，Δm_α 分别表示子核、α 粒子的质量亏损。

把式(3.2－15)和式(3.2－16)代入式(3.2－14)，得

$$E_d=(\Delta m_Y+\Delta m_\alpha-\Delta m_X)\times 931.5(\mathrm{MeV})=B_Y+B_\alpha-B_X \qquad (3.2-17)$$

式中，B_X，B_Y 和 B_α 分别表示母核、子核和 α 粒子的结合能，单位为 MeV。

如果结合能随 Z,A 的变化是平滑的。可以将式(3.2－17)中的(B_Y-B_X)近似地表示为 Z,A 的微分，即

$$E_d\approx\Delta B+B_\alpha=\frac{\partial B}{\partial Z}\Delta Z+\frac{\partial B}{\partial A}\Delta A+B_\alpha \qquad (3.2-18)$$

式中，$\Delta Z=-2$，$\Delta A=-4$。

根据结合能的半经验公式，有

$$B(Z,A)=B_v+B_s+B_C+B_a+B_p=$$
$$a_vA-a_sA^{2/3}-a_CZ^2A^{1/3}-a_a\left(\frac{A}{2}-Z\right)^2A^{-1}+a_p\delta A^{-1/2}$$

有

$$\left.\begin{array}{l} B=a_vA-a_sA^{2/3}-a_a\left(\dfrac{A}{2}-Z\right)^2/A-a_C\dfrac{Z^2}{A^{1/3}}+B_P \\ a_v=15.835,\quad a_s=18.33 \\ a_a=92.80,\quad a_C=0.714 \end{array}\right\} \tag{3.2-19}$$

在 α 衰变中，式(3.2-19)中的$\left(\dfrac{A}{2}-Z\right)$为常数；$B_P$ 在母核与子核间的变化很小，可以近似地看作常量。

将式(3.2-19)分别对 Z 和 A 求偏微分，然后代入式(3.2-18)可得

$$E_d=B_\alpha-4a_v+\frac{8a_s}{3}\frac{1}{A^{1/3}}-a_a\left(1-\frac{2Z}{A}\right)^2+4a_C\frac{Z}{A^{1/3}}\left(1-\frac{Z}{3A}\right) \tag{3.2-20}$$

将各系数值 a_v，a_s，a_a，a_C，以及 α 粒子的结合能 $B_\alpha=28.3$ 代入式(3.2-20)，最后得到 E_d 与 Z，A 的关系式为

$$\begin{aligned} E_d&=28.3-63.34+48.88\frac{1}{A^{1/3}}-92.80\left(1-\frac{2Z}{A}\right)^2+ \\ &\quad 2.856\frac{Z}{A^{1/3}}\left(1-\frac{Z}{3A}\right)=48.88\frac{1}{A^{1/3}}-92.80\left(1-\frac{2Z}{A}\right)^2+ \\ &\quad 2.856\frac{Z}{A^{1/3}}\left(1-\frac{Z}{3A}\right)-35.04 \end{aligned} \tag{3.2-21}$$

对于处于 β 稳定线的原子核，利用式(3.2-21)可以算出 E_d 随 A 的变化关系，此关系如图 3-6 中虚线所示。由图可见，对于 $A\geqslant150$ 的原子核，E_d 才大于零，而且 E_d 随 A 的增加而增大。这就解释了为什么主要是重核才观察到 α 放射性。

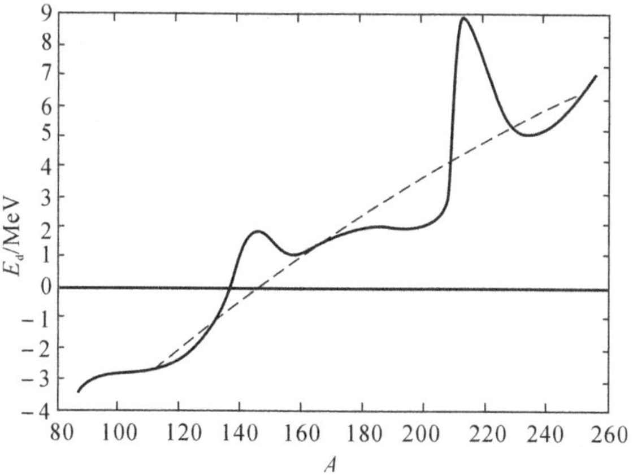

图 3-6　E_d 随 A 的变化

应该指出，由式(3.2-21)所算得的衰变能在定量上与实验并不符合。根据实验测得的原子质量，利用式(3.2-17)所得的衰变能如图3-6中的实线所示。由图可见，曲线在A为145和213附近出现了两个峰；同时曲线与$E_d=0$线的交点由原来的$A\approx150$附近移到了$A\approx140$附近。这表明$A\geqslant140$的原子核都有可能产生α衰变。实验上，在$A=145$附近，确实发现了天然存在的α衰变核，如${}^{147}_{62}Sm(T_{1/2}=1.06\times10^{11}\ a)$和${}^{144}_{60}Nd(T_{1/2}=2.29\times10^{15}\ a)$等。

式(3.2-21)与实验分歧的原因在于：它是根据比较粗糙的结合能半经验公式[式(3.2-19)]推得的。式(3.2-19)只能反映结合能随A,Z变化的平均趋势，反映不出变化的起伏现象。这是由于式(3.2-19)的基础是原子核的液滴模型，它只正确地反映了核结构的一个侧面，另一个重要侧面需要用核结构的壳模型来处理。

2. 衰变能随同位素的变化

实验发现，同一元素的各种同位素的α衰变能可以近似地连成一条直线，如图3-7所示。由图可见，不计$A=209\sim213$及$A=250\sim254$范围，同一元素的各种同位素几乎都在一条直线上，而且衰变能随着质量数A的增大而减小。

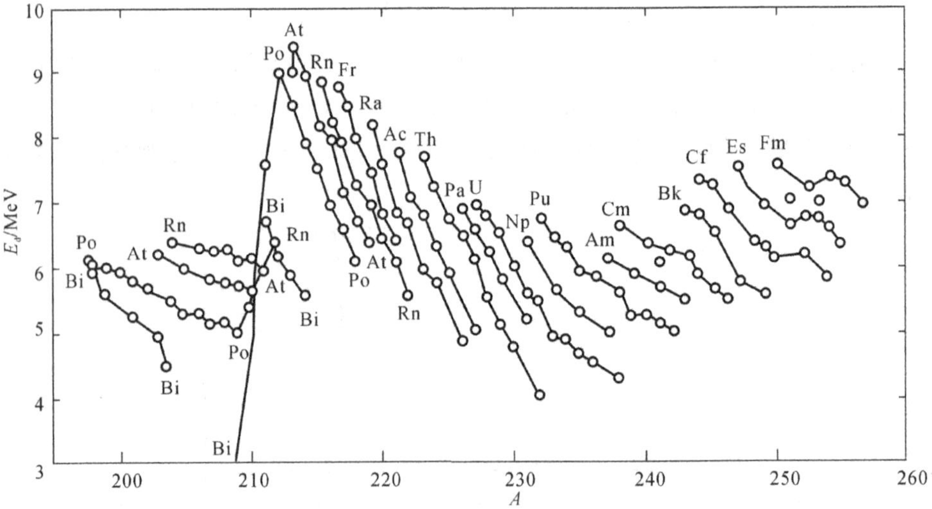

图3-7 E_d随同位素的变化

这种实验规律利用衰变能的表示式(3.2-21)容易说明。事实上，只要将式(3.2-21)对A求偏微商，即可求出E_d随A变化的斜率为

$$\frac{\partial E_{d}}{\partial A}=-16.29\frac{1}{A^{4/3}}-371.20\frac{Z}{A^{2}}\left(1-\frac{2Z}{A}\right)=0.952\frac{Z}{A^{4/3}}\left(1-\frac{4Z}{3A}\right) \tag{3.2-22}$$

由于式中每项都是负的，所以斜率为负值，即 E_d 随 A 的增大而变小。

由图可见，在 $A=209\sim213$ 的范围内，对于 Bi，Po，At 和 Rn 等同位素的规律与式(3.2-22)预言的规律相反，斜率出现了正值。这与前面讨论类似，这种分歧说明了液滴模型的局限性，需要考虑原子核的壳层结构才能解释。

3. 衰变能和衰变常量的关系

早在 20 世纪初，人们对天然 α 放射性作了大量的实验工作，测量了许多原子核放射出来的 α 粒子的能量和半衰期，发现衰变能和衰变常量之间存在着一定的相互依赖关系。1911 年，盖革(Geiger)和努塔尔(Nuttall)总结出如下式表示的经验定律(盖革-努塔尔定律)：

$$\lambda=aR^{57.5} \tag{3.2-23}$$

式中，λ 为衰变常量；R 是 α 粒子在空气中的射程；a 对同一个天然放射系而言是一常量。

由于射程和能量之间有以下经验关系：

$$R\propto E^{3/2} \tag{3.2-24}$$

所以式(3.2-23)可改写作如下形式

$$\lambda=a'E^{86.25} \tag{3.2-25}$$

或者写作

$$\lg\lambda=A+86.25\lg E \tag{3.2-26}$$

式中，a' 与 A 均为常量。

应该指出，盖革－努塔尔定律有很大近似性，这是由于当时实验技术的限制。但是，从式(3.2-25)可见，衰变常量 λ 随 α 粒子能量的改变而剧烈地变化，这一趋势是正确的。

表 3-3 中列出了某些天然 α 放射性原子核的数据。由表可见，衰变能越大，衰变常量也越大，而且衰变常量对衰变能的依赖非常剧烈，当衰变能从 4.27 MeV 变到 8.95 MeV 时，即变化了 2.1 倍，衰变常量则从 $4.9\times10^{-18}\ s^{-1}$ 变为 $2.3\times10^{6}\ s^{-1}$，即变化了 10^{24} 倍。这就是说，衰变能的微小改变却引起了衰变常量的巨大变化。

表 3-3　一些 α 放射核的数据

α 放射核	E_d/MeV	$T_{1/2}$	λ /s^{-1}
^{238}U	4.27	4.468×10^{9} a	4.9×10^{-18}

续表

α放射核	E_d/MeV	$T_{1/2}$	λ /s^{-1}
^{226}Ra	4.86	1.60×10^3 a	1.4×10^{-11}
^{210}Po	5.40	1.384×10^2 d	5.8×10^{-8}
^{222}Rn	5.58	3.824d	2.1×10^{-5}
^{214}Po	7.83	1.64×10^{-4} s	4.2×10^3
^{212}Po	8.95	3.0×10^{-7} s	2.3×10^6

后来，人们积累了更多更为精确的实验材料，说明衰变常量不仅与能量有关，而且与原子序数有关。当用半衰期的对数对α粒子的能量（或能量的平方根）作图时，对各种元素可以得到一系列有规则的曲线。图3-8表示了8种元素的偶偶核的实验结果，图中只画出了从基态至基态的α衰变的实验数据。

由图可见，除了Em(Rn)的两个同位素和Po的三个同位素外，同一元素的实验点都落在同一条直线上。它们所表示的半衰期和衰变能的关系可写成下面的经验公式：

$$\lg T_{1/2} = bE_d^{-1/2} - a \qquad (3.2-27)$$

利用半衰期和衰变常量之间的关系 $T_{1/2}=\dfrac{0.693}{\lambda}$，式(3.1-27)可改写为

$$\lg\lambda = A - BE_d^{-1/2} \qquad (3.2-28)$$

式中，a，b 或 A，B 对同一元素是常量，但对不同元素则不同。

对奇A核和奇奇核也可作类似于图3-8的图示，但实验点偏离直线的情况就更为严重。这种偏离与原子核结构的详情有关，是有待进一步研究的问题。

3.2.3 α衰变的基本理论

上述提到，衰变常量和衰变能之间有强烈的依赖关系。怎样解释这种现象？这牵涉到α衰变的机制问题，就是说，α粒子是怎样从原子核中发射出来的。

1. α粒子与原子核的相互作用

假设核内存在α粒子，而且在高速度地运动着。核内的α粒子与其他核子之间主要存在着两种作用力：核力和库仑力。前者为吸引力，后者为排斥力，而且核力大大超过库仑力。由于核力是短程力，因而可以认为，α粒子在核内所受的力近似地达到平衡，从而合力为零，于是想象粒子在核内可以自由地、高速度地运动。这是α粒子在核内的情形。当α粒子跑到核的边界时，在一般情况下，不会跑到核外去，而被子核的核力拉向核内，只有很小的概率能穿透库仑势垒跑

到核外。如果 α 粒子一旦脱离了原子核，它与子核之间的相互作用——核力就完全消失了，剩下的主要是库仑相互作用。

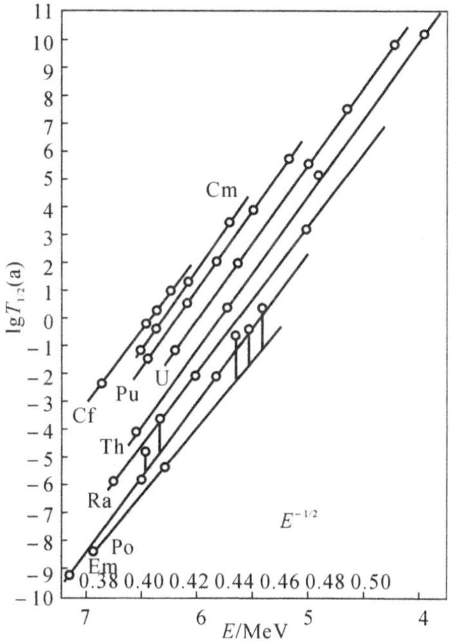

图 3－8　半衰期与 α 粒子能量的关系

当用势能来表示上述相互作用随距离的变化时，就得到如图 3－9 所示的势能曲线。

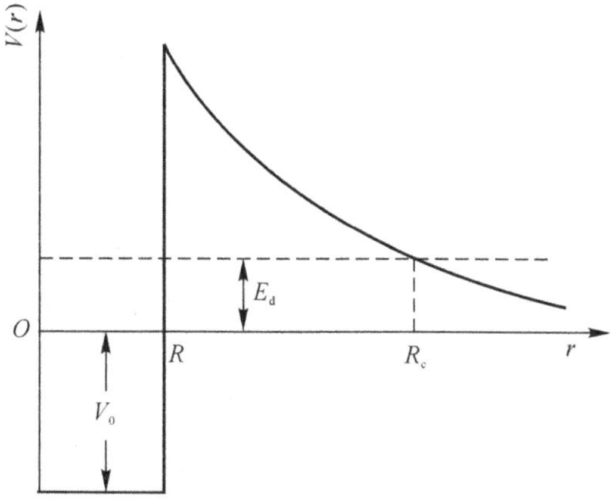

图 3－9　α 衰变的势能曲线

图 3-9 中，r 表示 α 粒子与子核之间的距离，R 为子核和 α 粒子的半径之和，α 粒子相对于子核的势能用 $V(r)$ 表示。衰变前，α 粒子在母核内运动，这时 r 的变化范围为 $r<R$。由于在此范围内，α 粒子所受的力达到平衡，因此势能曲线可用水平线表示，设此势能为一常量。当 $r=R$ 时，即 α 粒子处于核的边界时，α 粒子受一很强的向核心的吸引力，所以势能曲线很陡地上升。当 $r>R$ 时，由于 α 粒子与子核之间的作用力为库仑排斥力，因此势能遵从规律 $V(r)=\dfrac{Z_1Z_2e^2}{4\pi\varepsilon_0 r}$，$Z_1$ 和 Z_2 分别为 α 粒子和子核的电荷数，即 $Z_1=2$，$Z_2=Z-2$，Z 为母核电荷数。这样，α 粒子相对于子核的势能为

$$V(r)=\begin{cases}-V_0, & \text{当 } r<r \text{ 时}\\ \dfrac{2(Z-2)e^2}{4\pi\varepsilon_0 r}, & \text{当 } r>R \text{ 时}\end{cases} \tag{3.2-29}$$

2. 库仑势垒

由图 3-9 可见，α 粒子处于母核核内时，势能曲线像一个深井，称为势阱，V_0 叫做势阱的深度。势能曲线在母核的外围高高突起，像个壁垒，称为库仑势垒。在 $r=R$ 处，势垒最高，此值称为库仑势垒高度，或简称“库仑势垒”。根据式(3.2-29)，子核对于 α 粒子的库仑势垒高度为

$$V_C=V(R)=\frac{Z_1Z_2e^2}{4\pi\varepsilon_0 R}=\frac{Z_1Z_2e^2}{4\pi\varepsilon_0 r_0(A_1^{1/3}+A_2^{1/3})} \tag{3.2-30}$$

式中，A_1 和 A_2 分别表示子核和 α 粒子的质量数。显然，对于任何两个原子核，设其电荷数和质量数分别为 Z_1，A_1 和 Z_2，A_2，则两核相互作用的库仑势垒高度为

$$V_C=\frac{Z_1Z_2e^2}{4\pi\varepsilon_0 r_0(A_1^{1/3}+A_2^{1/3})} \tag{3.2-31}$$

式中，r_0 一般取值为 1.45×10^{-13} cm。用能量单位 MeV 表示库仑势垒高度时，式(3.2-31)可近似地简写为

$$V_C\approx\frac{Z_1Z_2}{A_1^{1/3}+A_2^{1/3}} \tag{3.2-32}$$

应该指出，根据式(3.2-29)，α 粒子相对于子核的势能曲线在 $r=R$ 的地方有突变。但是实际上，由于在原子核的边界上，α 粒子所受的吸引力不是突然产生和消失的，而是在边界附近存在着一个很窄的过渡区。在这过渡区内，α 粒子所受的吸引力从零变到最大，从最大再变到零。所以，在 R 附近的势能曲线应该与图 3-9 中所示的稍有不同。但这种改变对我们讨论的问题影响不大。

3. 经典理论的困难

前已指出，α 粒子的能量一般在 4～9 MeV 范围，例如 $^{212}_{84}Po(ThC')$ 的 α 衰变

能为 8.95 MeV。但是，利用式(3.2-30) 算出$^{212}_{84}$Po α 衰变时的库仑势垒高度为 22 MeV，比 α 衰变能 8.95 MeV 要大得多。从经典观点看，α 衰变能比库仑势垒低的现象是不能理解的。因为 α 粒子要从核内发射出来，就要求 α 衰变能大于势垒高度。这可以从衰变过程中能量守恒的角度来分析。只有当 α 粒子和子核分离为足够远(严格讲，应为无限远) 时，衰变能 E_d 才等于 α 粒子的动能与子核反冲能之和。当 α 粒子与子核分离得不够远时，衰变能并不完全以动能的形式出现，而一部分是以势能 $V(r)$ 的形式出现，即

$$E_d = E_k + E_Y + V(r)$$

其中，E_k，E_Y 分别表示 α 粒子和子核的动能。显然，只有在 $E_k + E_Y > 0$，即 $E_d > V(r)$ 的地方，α 粒子才有可能存在。从图 3-9 可见，由于衰变能小于势垒高度，在 r 从 R 到 R_c 这段范围内，$E_d \ll V(r)$，则 $E_k + E_Y < 0$，即 α 粒子和子核的动能之和为负值，这是不可思议的。于是从经典观点看，α 粒子在 $R < r < R_c$ 的范围内不可能存在，这意味着 α 粒子不能从核中跑出来。所以，根据经典力学，α 衰变不能发生。

既然 α 衰变是客观存在的现象，而经典力学与 α 衰变的存在相矛盾，这只能说明经典力学有它的局限性。实践表明，由 20 世纪 20 年代建立起来用来描述微观粒子运动的量子力学，能成功地描述 α 衰变的基本过程。

4. α 衰变的量子理论

由量子力学知道，微观粒子具有一定的概率能够穿透势垒，这种现象称为“隧道效应”。根据“隧道效应”，经典力学所不能解释的 α 衰变就成为可能了。

按量子力学的势垒穿透理论，α 粒子穿透势垒的概率为

$$P = \mathrm{e}^{-G} = \exp\left\{-\frac{2}{\hbar}\int_R^{R_c}\sqrt{2\mu[V(r) - E_d]}\,\mathrm{d}r\right\} = \exp\left\{-\frac{2}{\hbar}\int_R^{R_c}\left[2\mu\left(\frac{Z_1 Z_2 e^2}{4\pi\varepsilon_0 r} - E_d\right)\right]^{1/2}\mathrm{d}r\right\} \tag{3.2-33}$$

式中，μ 为 α 粒子与子核的折合质量，R_c 可由图 3-9 确定：$E_d = V(R_c) = \dfrac{Z_1 Z_2 e^2}{4\pi\varepsilon_0 R_c}$，于是

$$R_c = \frac{Z_1 Z_2 \mathrm{e}^2}{4\pi\varepsilon_0 E_d} \tag{3.2-34}$$

现在，我们从式(3.2-33) 出发，推导出衰变常量 λ 和能量 E_d 的关系。由式(3.2-33) 和式(3.2-34)，有

$$G = \frac{2}{\hbar}\int_R^{R_c}\left[2\mu\left(\frac{Z_1 Z_2 e^2}{4\pi\varepsilon_0 r} - E_d\right)\right]^{1/2}\mathrm{d}r = \frac{2\sqrt{2\mu E_d}}{\hbar}\int_R^{R_c}\left(\frac{R_c}{r} - 1\right)^{1/2}\mathrm{d}r \tag{3.2-35}$$

对积分号下作变量变换，令

$$x=\arccos\left(\frac{r}{R_c}\right)^{1/2} \tag{3.2-36}$$

则式(3.2－35)成为

$$G=\frac{2R_c\sqrt{2\mu E_d}}{\hbar}\left[x(r)-\frac{1}{2}\sin 2x(R)\right]=\frac{2R_c\sqrt{2\mu E_d}}{\hbar}\psi\left(\frac{R}{R_c}\right) \tag{3.2-37}$$

其中

$$\psi\left(\frac{R}{R_c}\right)=\arccos\left(\frac{R}{R_c}\right)^{1/2}-\left(\frac{R}{R_c}-\frac{R^2}{R_c^2}\right)^{1/2} \tag{3.2-38}$$

可见 G 是 $\left(\frac{R}{R_c}\right)$ 的函数，也就是 $\left(\frac{E_d}{V_c}\right)$ 的函数，使用时可查图、表(见图3－10)。

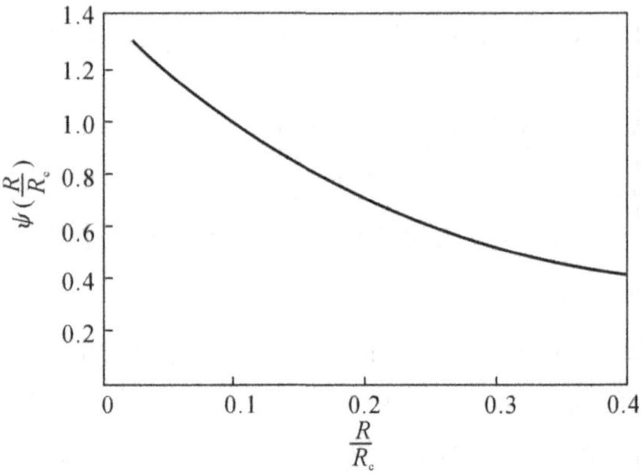

图 3－10 $\psi\left(\frac{R}{R_c}\right)$ 随 $\frac{R}{R_c}$ 的变化

式(3.2－37)在一级近似下可以简化。由于 $\frac{E_d}{V_c}\left(\text{或}\frac{R}{R_c}\right)$ 通常不大于 $\frac{1}{3}$，则在一级近似下，有

$$\psi\left(\frac{R}{R_c}\right)\approx\frac{\pi}{2}-2\left(\frac{R}{R_c}\right)^{1/2} \tag{3.2-39}$$

因而式(3.2－37)成为

$$G=\frac{2R_c\sqrt{2\mu E_d}}{\hbar}\left[\frac{\pi}{2}-2\left(\frac{R}{R_c}\right)\right]^{1/2} \tag{3.2-40}$$

当 $\frac{E_d}{V_c}\ll 1$ 时，式(3.2－40)进一步简化为

$$G=\frac{\pi R_c\sqrt{2\mu E_d}}{\hbar}=\frac{Z_1Z_2e^2}{2\varepsilon_0\hbar v} \tag{3.2-41}$$

其中，v 是 α 粒子的速度。

为了便于和实验作比较，式(3.1-40)可写为

$$G=\frac{\sqrt{2\mu}(Z-2)e^2}{2\varepsilon_0\hbar\sqrt{E_d}}-\frac{4e[\mu(Z-2)R]^{1/2}}{\sqrt{\pi\varepsilon_0}\hbar} \tag{3.2-42}$$

于是 α 粒子穿透势垒的概率成为

$$p=\exp\left\{-\frac{\sqrt{2\mu}(Z-2)e^2}{2\varepsilon_0\hbar\sqrt{E_d}}-\frac{4e[\mu(Z-2)R]^{1/2}}{\sqrt{\pi\varepsilon_0}\hbar}\right\} \tag{3.2-43}$$

因为衰变常量 λ 是单位时间内发生 α 衰变的概率，所以它应等于 α 粒子在单位时间内碰撞势垒的次数 n 与穿透概率 P 的乘积，即

$$\lambda=nP \tag{3.2-44}$$

令 R' 为母核半径，v 为 α 粒子在母核内运动的速度，则

$$n=\frac{v}{2R'} \tag{3.2-45}$$

把式(3.2-43)和式(3.2-45)代入式(3.2-44)，就得列衰变常量 λ 与能量 E_d 的关系式为

$$\lambda=\frac{v}{2R},\exp\left\{-\frac{\sqrt{2\mu}(Z-2)e^2}{2\varepsilon_0\hbar\sqrt{E_d}}+\frac{4e[\mu(Z-2)R]^{1/2}}{\sqrt{\pi\varepsilon_0}\hbar}\right\} \tag{3.2-46}$$

或写作对数形式，有

$$\lg\lambda=\lg\frac{v}{2R'}-\left\{\frac{\sqrt{2\mu}(Z-2)e^2}{2\varepsilon_0\hbar\sqrt{E_d}}-\frac{4e[\mu(Z-2)R]^{1/2}}{\sqrt{\pi\varepsilon_0}\hbar}\right\}\lg e=$$

$$\lg\frac{v}{2R'}-\frac{\sqrt{2\mu}(Z-2)e^2}{4.6\varepsilon_0\hbar\sqrt{E_d}}+\frac{4e[\mu(Z-2)R]^{1/2}}{2.3\sqrt{\pi\varepsilon_0}\hbar}=A-BE_d^{-1/2} \tag{3.2-47}$$

其中，

$$A=\lg\frac{v}{2R'}+\frac{4e[\mu(Z-2)R]^{1/2}}{2.3\sqrt{\pi\varepsilon_0}\hbar},\quad B=\frac{\sqrt{2\mu}(Z-2)e^2}{4.6\varepsilon_0\hbar}$$

由式(3.2-46)可见，$\frac{v}{2R'}$ 与 G 因子相比，可视为常量，从而 A，B 对同一元素可视为常量。这样，由 α 衰变理论得到的式(3.2-47)和对偶偶核得出的实验规律式(3.2-43)完全一样。

从式(3.2-46)还可看到，R 的变化对 λ 的影响很灵敏；反之，λ 的改变对 R 的影响很小。所以，一个粗略的 λ 值可以较准确地决定 R 值。这样，实验测得 α 衰

变的能量和衰变常量后，利用式(3.2－46)可以较准确地计算出 R。用这种方法得到的原子核半径在 10^{-12} cm 量级，和用其他方法得到的结果基本一致。

5. 禁戒因子

式(3.2－46)成功地解释了 α 衰变的一些规律，特别是对偶偶核基态之间的 α 衰变，定量上符合得相当好。但是，对其他情形，尤其是奇奇核的 α 衰变，理论和实验数据的比较在定量上出现了严重分歧。通常引入所谓禁戒因子 F 来描写这种分歧，它等于实验测得的半衰期 T_{exp} 与理论值 T_{th} 之比，即

$$F = T_{exp}/T_{th} \tag{3.2-48}$$

或以衰变常量 λA 的理论值 λ_{th} 与实验值 λ_{exp} 之比来表示，即

$$F = \lambda_{th}/\lambda_{exp} \tag{3.2-49}$$

对奇 A 核，F 一般在 100 ～ 1000 范围；奇奇核的 F 则更大，个别核的禁戒因子高达 10^{14}。现就理论与实验分歧的原因进行讨论：

(1) 角动量的影响。式(3.2－46)是在假设 α 粒子带走的轨道角动量 $l=0$ 时推导出来的。如果 $l \neq 0$，式(3.2－33)中的 $V(r)$ 应为库仑势能 $V_C(r)$ 与离心势能 $V_l(r)$ 之和，即

$$V(r) = V_C(r) + V_l(r) = \frac{2(Z-2)e^2}{4\pi\varepsilon_0 r} + \frac{l(l+1)\hbar^2}{2\mu r^2} \tag{3.2-50}$$

于是此时势垒高度要比 $l=0$ 时高，而且 l 越大势垒越高，从而 α 衰变概率越小。

但是离心势垒的影响不会很大。这是由于 $V_l(r) \ll V_c(r)$。事实上，

$$V_l(R) = \frac{l(l+1)\hbar^2}{2\mu R^2} \approx \frac{l(l+1)\times 10^{-68}}{8\times 1.66\times 10^{-27}\times 10^{-28}\times 1.6\times 10^{-13}} \approx \frac{l(l+1)}{20}(\text{MeV}) \tag{3.2-51}$$

$l=4$，$V_l(r) \approx 1$ MeV，而库仑势垒一般大于 20 MeV。计算表明，角动量对衰变概率的影响通常不会改变数量级的大小。表 3－4 中列了 $Z=90$，$E=4.5$ MeV 时的角动量对 α 衰变概率的影响。

表 3－4　角动量对 α 衰变概率的影响

l	0	1	2	3	4	5	6
λ_l/λ_0	1	0.84	0.60	0.36	0.18	0.078	0.028

(2) 形成因子的影响。推得式(3.2－46)的另一条件是假设 α 粒子在 α 衰变前就存在于核内。实际情况可能不是这样，而是 α 粒子在衰变过程中才形成的。若设形成 α 粒子的概率为 k，那么由式(3.2－44)有

$$\lambda = knP = k\frac{v}{2R'}P \tag{3.2-52}$$

式中，k 称为形成因子。由于 $k \leqslant 1$，于是依 k 值的不同，α 衰变就有可能出现不同程度的禁戒。而 k 值的大小与原子核结构有密切关系，两者之间的联系规律如何，至今还没有了解清楚，这是有待进一步研究的问题。

3.3 β 衰 变

β 衰变是指原子核自发地放射出 β 粒子或俘获一个轨道电子而发生的转变。β 粒子是电子和正电子的统称。电子和正电子，它们的质量相同，电荷的大小也相等，但电荷符号相反。原子核衰变时，放出电子的过程称为 β^- 衰变；放出正电子的过程称为 β^+ 衰变。另外，还有一种 β 衰变过程，即原子核从核外的电子壳层中俘获一个轨道电子，这叫做轨道电子俘获。俘获 K 层电子，叫做 K 俘获。俘获 L 层电子，叫做 L 俘获。其余类推。由于 K 层电子最靠近原子核，因而一般 K 俘获的概率最大。

β 衰变的半衰期大致分布在 10^{-2} s～10^{18} a 的范围内，发射出粒子的能量最大为几兆电子伏。β 衰变与 α 衰变不同，它不仅在重核范围内能发生，在全部周期表的范围内都存在 β 放射性核素。因此，对 β 衰变的研究比对 α 衰变的研究更为重要。

3.3.1 β 能谱的特点

1. β 能谱的连续性

前已指出，α 衰变时发射出来的 α 粒子的能谱是分立的，这正反映了原子核能级的量子特性，表明原子核的能量状态是分立的。但是，无数实验指出，β 粒子的能谱与 α 粒子能谱不同，不是分立的而是连续的，即 β 衰变时放射出来的 β 射线，其强度随能量的变化为一连续分布。

通常用来测量 β 能谱的实验装置是 β 磁谱仪。它的基本原理与上一节所述的 α 磁谱仪相同，即利用带电粒子在磁场中的偏转来测定它的能量。所不同的是，β 粒子的质量比 α 粒子的质量小得多，因而它的速度比相同能量的 α 粒子的速度要大得多。例如，同样为 4 MeV 的能量，α 粒子的速度约为光速 c 的 5%，而 β 粒子的速度却为光速 c 的 99.5%，可见 β 粒子的速度接近光速。因此，在处理 β 粒子的有关问题时，必须考虑相对论效应。

根据相对论，β 粒子的总能量 E 与动量 p 有如下关系：

$$E^2 = c^2p^2 + m_e^2c^4 \tag{3.3-1}$$

式中，m_e 为电子的静止质量，c 为光速。

于是，β 粒子的动能为

$$T = E - m_e c^2 = (c^2 p^2 + m_e^2 c^4)^{1/2} - m_e c^2 \tag{3.3-2}$$

由式(3.2-2)，有

$$p = eB\rho \tag{3.3-3}$$

式中，e 为 β 粒子的电荷。

将此式代入式(3.3-2)，则得

$$T = [c^2 e^2 (B\rho)^2 + m_e^2 c^4]^{1/2} - m_e c^2 \tag{3.3-4}$$

如果 T 用 keV 做单位，$B\rho$ 用 T·m 做单位，则式(3.2-4)可写成

$$T = 511.00\{[3\ 441.8 \times 10^2 (B\rho)^2 + 1]^{1/2} - 1\} \tag{3.3-5}$$

式中，511.00 是用 keV 做单位的电子静止能量。

由式(3.3-4)或式(3.3-5)可见，实验上测得 $B\rho$ 后，即可求得β粒子的动能 T。

图 3-11 是实验测得的 β 能谱的一般情形。由图可见：①β 粒子的能量是连续分布的；② 有一确定的最大能量 E_m；③ 曲线有一极大值，即在某一能量处，强度最大。

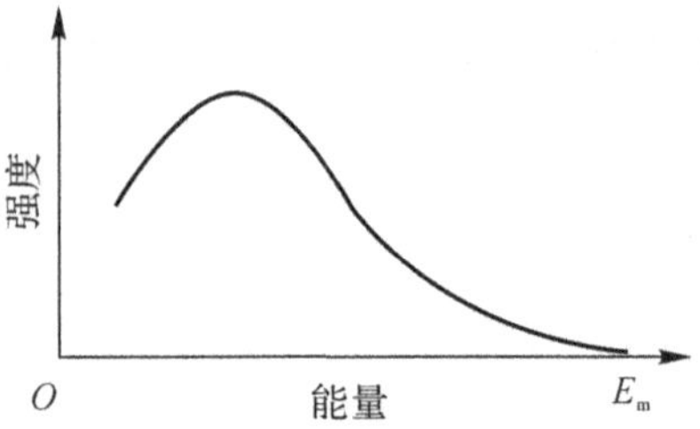

图 3-11　β 能谱

2. β 衰变与能量守恒定律的“矛盾”

β 粒子能量的连续分布，在早期是很难理解的。因为大量事实证明，核衰变过程中放出的 α 射线和 γ 射线的能量是分立的，它与原子核的分立的能量状态相适应。既然 β 粒子也是从原子核中射出的，那么它的能量好像也应该是分立的。但是，如上所述，实验上发现的 β 能谱是连续分布的，而且无数实验表明，最大能量 E_m 正好等于衰变能。ThC 分支衰变链的实验是一个很好的例子。ThC($^{212}_{83}$Bi)同时具有 β 和 α 衰变(见图 3-12)，β 衰变的子体为 ThC′($^{212}_{84}$Po)，α 衰变的子体为 ThC″($^{208}_{81}$Tl)。这两个分支分别通过 α 衰变、β 衰变及 γ 跃迁，汇合于同一个第二代子体 ThD($^{208}_{82}$Pb)。显然，这两个分支衰变链的能量释放应该是相

等的，即两个分支的总衰变能相等。如果取 β 谱的最大能量作为 β 衰变能，则以上条件可以满足。

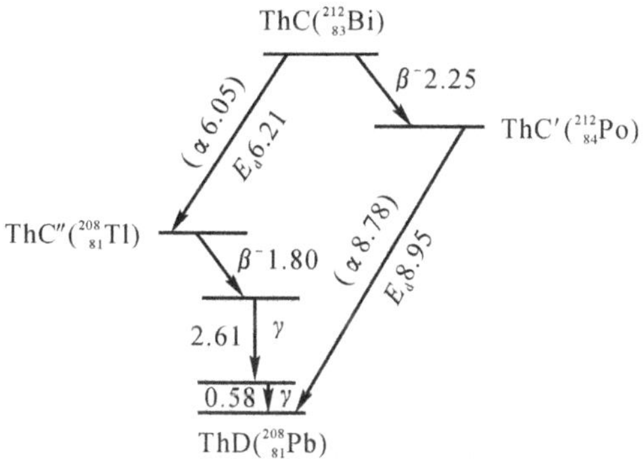

图 3-12　ThC 分支衰变链

事实上，经 ThC′分支的总衰变能为

$$2.25\ \text{MeV}+8.95\ \text{MeV}=11.20\ \text{MeV}$$

经 ThC″分支的总衰变能为

$$6.21\ \text{MeV}+1.80\ \text{MeV}+2.61\ \text{MeV}+0.58\ \text{MeV}=11.20\ \text{MeV}$$

两者正好相等。这就说明 β 谱的最大能量 E_m 正好等于衰变能，β 谱中的其他能量都比这个衰变能小。于是产生了一个严重的问题：小衰变中如何满足能量守恒定律?

为了解决上述困难，曾经提出过下述假说：

(1)在 β 衰变中，母核首先通过放出 β 粒子跃迁到子核的许多不同能级上，然后子核通过释放 γ 光子由激发能级跃迁到基态。如果子核的能级很多，那么就可得到连续的电子谱和 γ 射线谱。但是实验指出，伴随 β 衰变发射的 γ 射线不是连续谱，而是分立谱，而且有些 β 衰变根本不发射 γ 射线。

(2)设想 β 粒子刚从核中射出时具有相同的能量 E_m，但它在行进的路程中与放射源本身和周围介质的轨道电子相互作用的结果，把部分能量交给了轨道电子，即损失了部分能量。有的 β 粒子能量损失多，有的损失少。因此，出现了 β 粒子能量的连续分布。为了检验这个假说是否正确，曾做了如下量热实验：把 β 放射源 RaE($^{210}_{83}$Bi)放在厚壁的量热器中，精确地测量 β 衰变时产生的热量。如果以上假说正确，那么量热器中测量到的每次衰变的能量，就应该是 β 粒子的最大能量 E_m，因为量热器测到的能量也应包括 β 粒子交给轨道电子的那部分。但实验结果否定了以上假说，量热器测得的每次衰变放出的能量是 0.337 MeV，与 β 谱的平均值 0.331 MeV 相符合，而与最大能量 1.170 MeV 相差很远。

上述两个假说的被否定似乎表明：β衰变过程中的能量关系是与能量守恒定律相矛盾的。为了解决这一矛盾，在各种假说失败的情况下，泡利(W. Pauli)于1930—1933年间提出了β衰变放出中微子的假说，成功地解决了上述矛盾，并为以后的实验所证实。

3.3.2 中微子

1. 中微子假说

泡利的中微子假说告诉我们：原子核在β衰变过程中，不仅放出一个β粒子，还放出一个不带电的中性粒子，它的质量小得几乎为零，所以叫做中微子，用符号v表示。有了中微子假说，以上困难就迎刃而解了。这时β衰变过程中的动量守恒、能量守恒牵涉到三个物体(β粒子、中微子和反冲核)，而不是两个物体。由于三个物体从一点分离时，它们之间的角度关系可以出现各种情况，都满足动量守恒，即保持三者的矢量之和为零：$\boldsymbol{p}_\beta+\boldsymbol{p}_\text{v}+\boldsymbol{p}_\text{R}=0$，如图3-13所示，此处$\boldsymbol{p}_\beta$，$\boldsymbol{p}_\text{v}$和$\boldsymbol{p}_\text{R}$分别表示β粒子、中微子和反冲核的动量。从而三者之间的能量分配也可以出现各种情况，β粒子的能量从零至E_m之间都可能出现。下面考虑两种极端情况。

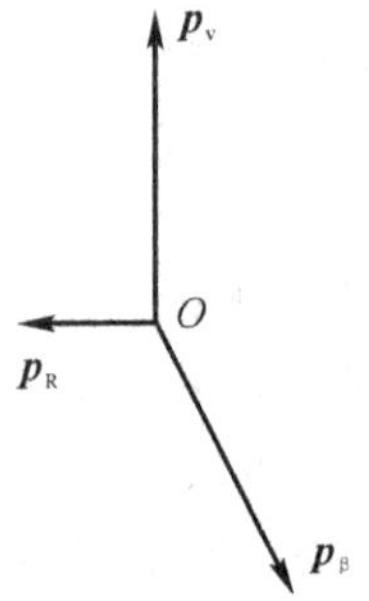

图3-13 β衰变中各粒子的动量关系

(1)β粒子和反冲核的动量大小相等、方向相反，即$\boldsymbol{p}_\beta=-\boldsymbol{p}_\text{R}$。显然，这时$\boldsymbol{p}_\text{v}=0$。于是衰变能为

$$E_\text{d}=E_\beta+E_\text{R}+E_\text{v}=E_\beta+E_\text{R} \tag{3.3-6}$$

其中，E_β，E_R和E_v分别表示β粒子、反冲核和中微子的动能。

另外

$$E_\text{R}=\frac{p_\text{R}^2}{2m_\text{R}}=\frac{p_\beta^2}{2m_\text{R}}=\frac{(E_\beta+2m_\text{e}c^2)E_\beta}{2m_\text{R}c^2} \tag{3.3-7}$$

其中，m_R和m_e分别表示反冲核和电子的质量。

将式(3.3-7)代入式(3.3-6)，有

$$E_d = E_\beta + \frac{(E_\beta + 2m_e c^2)E_\beta}{2m_R c^2} = E_\beta\left(1 + \frac{E_\beta}{2m_R c^2} + \frac{m_e}{m_R}\right) \approx E_\beta \quad (3.3-8)$$

即此时 β 粒子的动能大约等于衰变能。

(2) 中微子和反冲核的动量大小相等、方向相反，即 $\boldsymbol{p}_v = -\boldsymbol{p}_R$。显然，这时 $\boldsymbol{p}_\beta = 0$，所以 $E_\beta = 0$。

对于一般情况，β 粒子的动能介于上述两种极端情况之间，而得到 $E_\beta = 0 \sim E_m$ 的连续分布。

中微子是不带电的，而且质量和磁矩都几乎等于零，所以在量热器的实验中，它能透过量热器的厚壁而逃跑，量热器测到的能量只是 β 粒子的平均能量。至于反冲核的能量，与 β 粒子的平均能量相比可以忽略不计。

2. 中微子的性质

根据实验和理论研究，可以得出中微子的一些基本性质。

(1) 静止质量 m_v。近期的实验表明，中微子静止能量的上限为 15 eV，在 β 衰变理论中，可近似地看成为零。因此，它的速度与光速相同，能量 E_v 与动量 p_v 之间的关系为

$$E_v = cp_v \quad (3.3-9)$$

(2) 电荷 $q_v = 0$。由于 β 衰变的母子体是相邻的同量异位素，同时衰变过程只放出一个 β 粒子或吸收一个轨道电子，为保持衰变过程电荷守恒，中微子的电荷应为零。

(3) 自旋 $I_v = \frac{1}{2}$。β 衰变中母子核的质量数不变，则母子核的自旋必同为半整数或整数。由于 β 粒子(即普通的电子或正电子)的自旋为$\frac{1}{2}$，为保持角动量守恒，中微子的自旋必为半整数，而且实验表明，只能是$\frac{1}{2}$。例如下列衰变：

$$^{14}O \rightarrow {}^{14}N^* + \beta^+ + v \quad (3.3-10)$$

按角动量守恒和 β 谱形分析，中微子的自旋 I_v 只能为 1/2。

(4) 遵从费米统计。β 衰变中，母、子核的质量数不变，则母核和子核的统计性相同。因电子是费米子，为保持统计性守恒，中微子必为费米子。

(5) 磁矩 μ_v。实验没有测得中微子的磁矩，其上限不超过 $10^{-6}\ \mu_N$。

(6) 螺旋性(helicity) $\boldsymbol{\mathcal{H}} = \pm 1$[①]。螺旋性的定义如下：

---

① 此式指$\boldsymbol{\mathcal{H}}$的本征值为 ±1。

$$\mathcal{H}=\frac{\boldsymbol{p}\cdot\boldsymbol{\sigma}}{|\boldsymbol{p}||\boldsymbol{\sigma}|} \tag{3.3-11}$$

式中，$\boldsymbol{p}$ 和 $\boldsymbol{\sigma}$ 分别表示粒子的动量和自旋。理论和实验表明，中微子的螺旋性 $\mathcal{H}\pm1$。所以，中微子有两种螺旋性(见图 3-14)。$\mathcal{H}=+1$ 者称为反中微子，用符号 $\bar{v}$ 表示，其自旋方向与运动方向相同，即属于右旋粒子(运动方向与右手螺丝相同)；$\mathcal{H}=-1$ 者就称为中微子，用 v 表示，其自旋方向与运动方向相反，即属于左旋粒子(运动方向与左手螺丝相同)。$\bar{v}$ 和 v 互为粒子和反粒子。实验证明，β^- 衰变放出的是反中微子 $\bar{v}$，β^+ 衰变和轨道电子俘获过程放出的是中微子 v。

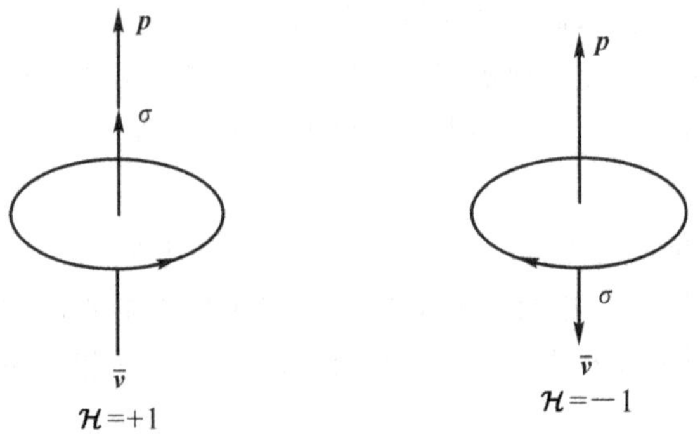

图 3-14　中微子的螺旋性

除上述性质外，中微子不仅在 β 衰变中产生，而且在其他许多基本粒子衰变中也会出现，其性质与 β 衰变的中微子有所不同。

3. 中微子存在的实验证明

(1)间接证明。中微子的存在，后来为许多实验所证实。由于中微子与物质的作用概率很小，不易直接观察，大部分用来证明中微子存在的实验都是间接的。有的间接实验是测量 β 粒子和反冲核之间的角度关系。它的基本思想是这样：如果 β 衰变时只发射 β 粒子，不发射中微子，那么按动量守恒原理，β 粒子只能在反冲核的相反方向上才能探测到。如果 β 衰变时也发射出中微子，那么不仅在反冲核的相反方向上，在其他方向上也可能探测到 β 粒子。实验结果指出，β 粒子和反冲核的方向不是正好相反，这就表明一定有第三个粒子同时发出。进一步测量 β 粒子和反冲核的动量或能量，根据动量守恒和能量守恒定律就能确定第三个粒子的动量和能量，从而可以求出它的质量。用这种方法测得的中微子的静止质量几乎为零。

另一种间接实验是测量 K 俘获过程反冲核的能量。K 俘获的终态只有两个物体(中微子和反冲核)，所以它们的能量都是单一的。根据动量守恒以及中

微子的能量近似等于衰变能 E_d，则反冲核的动能为

$$E_R = \frac{p_R^2}{2m_R} = \frac{p_v^2}{2m_R} = \frac{E_d^2}{2m_R c^2} \tag{3.3-12}$$

式中，m_R 为反冲核的质量。注意分母是两倍反冲核的静止能，其数量级一般大于 10^4 MeV，而分子 E_d 一般为 MeV 数量级，所以反冲能 E_R 通常不到 100 eV。这对测量技术要求较高。正因为如此，反冲实验尽量采用轻核进行，以便获得尽可能大的反冲能。1952 年，戴维斯(R. Davis)① 研究了 ${}_4^7$Be 的 K 俘获：

$$ {}_4^7\mathrm{Be} + \mathrm{e}_k \rightarrow {}_3^7\mathrm{Li} + v + 0.86\ \mathrm{MeV}(E_R = 56\ \mathrm{eV}) \tag{3.3-13}$$

实验结果与发射中微子的结果是一致的。

(2) 直接证明——自由中微子的记录。上述间接证明的实验，只能说明中微子的存在及其质量近似于零。它不能提供关于中微子的更多知识。为了研究中微子的一些重要特性(如与物质的相互作用截面和螺旋性等)，人们进行了艰巨的实验工作。莱尼斯(F. Reines)和柯文(C. L. Cowan)②研究了中微子与物质的相互作用截面。实验工作于 1953 年开始，于 1959 年获得了比较满意的结果。

中微子与物质的作用是极弱的。据理论估计，它与一般原子核的作用截面 σ 只有约 10^{-44} cm^2 数量级③。物质的原子密度 n 通常约为 10^{23} cm^3，所以中微子在普通物质中的平均自由程为

$$l = \frac{1}{n\sigma} \approx \frac{1}{10^{23} \times 10^{-44}}\ \mathrm{cm} = 10^{21}\ \mathrm{cm} = 10^{16}\ \mathrm{cm}$$

比地球直径($\approx 1.3 \times 10^4$ km) 大亿万倍。这表明中微子可以横贯地球通行无阻。因此，探测中微子需要庞大而又高灵敏度的设备。

莱尼斯和柯文实验的原理是利用中子衰变($\mathrm{n} \rightarrow \mathrm{p} + \mathrm{e}^+ \bar{v}$) 的逆过程：

$$\bar{v} + \mathrm{p} \rightarrow \mathrm{n} + \mathrm{e}^+ \tag{3.3-14}$$

即反中微子被质子俘获后产生中子和正电子。若实验能探测到这过程中同时产生的中子和正电子，就直接证明了中微子的存在。记录单位时间该事件发生的数目，就能获得反中微子与质子相互作用截面的大小。为了得到足够大的计效率，一方面需要强大的反中微子源和大体积的质子靶，另一方面需要高效率和高灵敏的探测器。实验中利用高功率反应堆来产生强大的反中微子流。反应堆中的裂变碎片具有级联的 β^- 衰变，因此可放出大量反中微子(平均每次裂变放出 6.1 个)。实验装置由两个质子靶和三个液体闪烁探测器组成，位于距离反应堆

① R. Davis Jr., Phys. Rev. 86, 976(1952).

② F. Reines and C. L. Cowan Jr., Phys. Rev. 113, 273(1959).

③ σ 的大小与中微子的能量有关，这里所指的 σ 的数量级是对 β 衰变中产生的中微子的能量而言的。

15 m 远的地下室中。为了进一步降低本底，整个系统用厚铅层屏蔽。质子靶为装在 200 L 的大水槽中的 $CdCl_2$ 水溶液。每个液体闪烁探测器包含有1400 L的液体闪烁体，各用 110 个 5 ft 口径的光电倍增管来记录每个闪烁体中产生的闪光。整个系统的工作原理如图 3－15 所示。反中微子射入水靶 A，若被靶中的质子俘获，则产生正电子和中子。正电子很快在水靶中损失掉全部动能。于是与靶中电子湮没产生一对能量为 0.511 MeV 的 γ 光子，它们分别同时在闪烁体 1 和 2 中产生闪光，这一过程大约为 10^{-9} s。另外，与正电子同时产生的中子，在水中慢化后被镉吸收，放出几个 γ 光子，其总能量为 9.1 MeV，这些光子也在闪烁体 1 和 2 中产生闪光，这一过程大约为 10^{-5} s。闪烁体 1 和 2 中产生的闪光被光电倍增管收集转化为电信号，经过精密的电子学仪器输入到双线示波器。为了保证记录的高灵敏度，还采用反符合技术来降低本底。因而示波器的荧光屏上只显示出以下信号的组合：从闪烁体 1 和 2 到来的一对能量为0.511 MeV 的湮没辐射信号，接着相隔大约 10^{-5} s 后给出总能量为 9.1 MeV 的辐射俘获信号。这样，$\bar{\upsilon}$ 被质子俘获的现象得到了令人信服的证明。

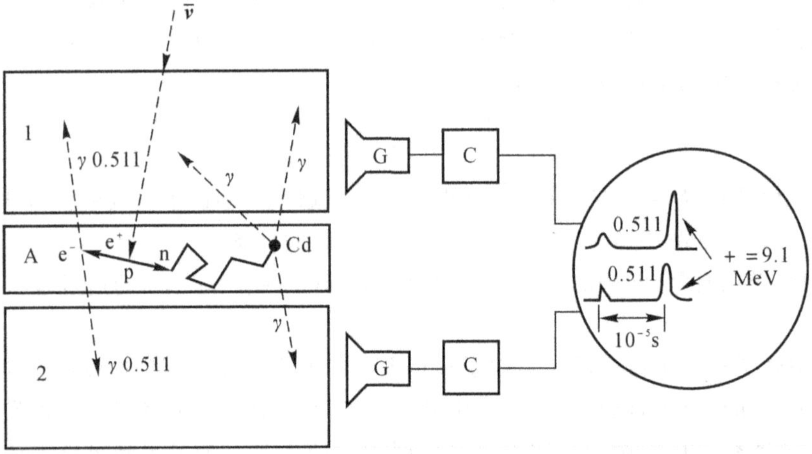

图 3－15　探测中微子实验的原理图

G—光电倍增管；　C—电子学线路

反中微子与质子的作用截面可由下式计算：

$$\sigma = \frac{R}{3600 N\Phi \varepsilon_{\beta} \varepsilon_{n}} \tag{3.3-15}$$

其中，R 为每小时测得的事件数；N 为靶中质子数；Φ 为反中微子注量率；ε_β 和 ε_n 分别表示 β^+ 和中子的探测效率。实验测得 $R \approx (36 \pm 4)\ h^{-1}$，$N = 8.3 \times 10^{28}$，$\varepsilon_\beta \approx 0.85 \pm 0.05$，$\varepsilon_n \approx 0.10 \pm 0.02$，并按每次裂变放出 6.1 个反中微子计算出

$\Phi \approx 1.3 \times 10^{13}\ \mathrm{cm^{-2} \cdot s^{-1}}$。将这些数据代入式(3.3－15)可得

$$\sigma_{\exp} = (1.10 \pm 0.26) \times 10^{-43}\ \mathrm{cm}^2 \tag{3.3-16}$$

此结果与理论值 σ_{th} 完全一致，即

$$\sigma_{\mathrm{th}} = (1.07 \pm 0.07) \times 10^{-43}\ \mathrm{cm}^2 \tag{3.3-17}$$

3.3.3　β 衰变的三种类型及其衰变能

将中微子考虑在内，β 衰变的三种类型可以表示为

β^- 衰变：

$$^{A}_{Z}\mathrm{X} \rightarrow {}^{A}_{Z+1}\mathrm{Y} + \mathrm{e}^- + \bar{v} \tag{3.3-18}$$

β^+ 衰变：

$$^{A}_{Z}\mathrm{X} \rightarrow {}^{A}_{Z-1}\mathrm{Y} + \mathrm{e}^+ + \bar{v} \tag{3.3-19}$$

轨道电子俘获：

$$^{A}_{Z}\mathrm{X} + \mathrm{e}^- \rightarrow {}^{A}_{Z-1}\mathrm{Y} + v \tag{3.3-20}$$

其中，X 和 Y 分别表示母核和子核或相应的核素。

β 衰变的本质在于衰变过程中原子核中的一个中子转变成质子，或者是一个质子转变成中子，用式子表示为：

对于 β^- 衰变：

$$\mathrm{n} \rightarrow \mathrm{p} + \mathrm{e}^- + \bar{\mathrm{v}} \tag{3.3-21}$$

对于 β^+ 衰变：

$$\mathrm{p} \rightarrow \mathrm{n} + \mathrm{e}^+ + \mathrm{v} \tag{3.3-22}$$

对于轨道电子俘获：

$$\mathrm{p} + \mathrm{e}^- \rightarrow \mathrm{n} + \mathrm{v} \tag{3.3-23}$$

现在来讨论三种类型的 β 衰变的衰变能。按定义，衰变能 E_{d} 等于衰变前后静止能量之差。

1. β^- 衰变

用 m_{X}，m_{Y} 和 m_{e} 分别代表母核、子核和电子的静止质量。考虑到中微子的静止质量为零，按式(3.3－18)，β^- 衰变的衰变能为

$$E_{\mathrm{d}}(\beta^-) = [m_{\mathrm{X}}(Z,A) - m_{\mathrm{Y}}(Z+1,A) - m_{\mathrm{e}}]c^2 \tag{3.3-24}$$

若以原子质量 M_{X}，M_{Y} 表示，并且忽略电子在原子中结合能的差异，那么

$$E_{\mathrm{d}}(\beta^-) = [M_{\mathrm{X}}(Z,A) - Zm_{\mathrm{e}} - M_{\mathrm{Y}}(Z+1,A) + (Z+1)m_{\mathrm{e}} - m_{\mathrm{e}}]c^2 = [M_{\mathrm{X}}(Z,A) - M_{\mathrm{Y}}(Z+1,A)]c^2 \tag{3.3-25}$$

所以，β^- 衰变能等于母核原子和子核原子的静止能量之差。由式(3.3－25)可见，只有母核的原子质量大于子核的原子质量时，即

$$M_X > M_Y \tag{3.3-26}$$

时，才能发生 β^- 衰变。

2. β^+ 衰变

根据式(3.3-19)，β^+ 衰变能为

$$E_d(\beta^+) = [m_X(Z,A) - m_Y(Z-1,A) - m_e]c^2 \tag{3.3-27}$$

若用原子质量来表示，并且忽略电子在原子中结合能的差异，则

$$E_d(\beta^+) = [M_X(Z,A) - Zm_e - M_Y(Z-1,A) + (Z-1)m_e - m_e]c^2 = [M_X(Z,A) - M_Y(Z-1,A) - 2m_e]c^2 \tag{3.3-28}$$

所以，β^+ 衰变能等于母核原子的静止能减去子核原子的静止能再减去两个电子的静止能。由式(3.3-28)可见，只有母核与子核的原子质量差大于两个电子的质量时，即

$$M_X - M_Y > 2M_e \tag{3.3-29}$$

时，才能发生 β^+ 衰变。

3. 轨道电子俘获(通常用 EC 或 ε 表示)

轨道电子被俘获，必须克服它在原子中的结合能 B_i，下标 i 表示 K，L，M 等电子壳层。于是根据式(3.3-20)，发生第 i 层电子俘获的衰变能为

$$E_d(i) = [m_X(Z,A) + m_e - m_Y(Z-1,A)]c^2 - B_i \tag{3.3-30}$$

若用原子质量来表示，并且忽略电子在原子中结合能的差异，则

$$E_d(i) = [M_X(Z,A) - Zm_e - M_Y(Z-1,A) + (Z-1)m_e]c^2 - W_i = [M_X(Z,A) - M_Y(Z-1,A)]c^2 - W_i \tag{3.3-31}$$

式中，W_i 是电子在子核原子中的结合能。所以，发生第 i 层电子俘获的衰变能等于母核原子的静止能减去子核原子的静止能再减去子核原子第 i 层电子的结合能。由式(3.3-31)可见，只有母核的原子质量与子核的原子质量之差大于子核原子第 i 层电子结合能的相应质量时，即

$$M_X - M_Y > W_i/c^2 \tag{3.3-32}$$

时，才能发生第 i 层的轨道电子俘获。

前面已经讲过，由于 K 层电子最靠近原子核，因而 K 俘获的概率最大。但是，当 $W_K/c^2 M_X - M_Y > W_L/c^2$ 时，显然 K 俘获不可能发生，而 L 俘获的概率成为最大了。例如，^{202}Pb 和 ^{205}Pb 的衰变就是这样。

需要注意，轨道电子俘获过程所形成的子核原子，它的内层电子缺少了一个。例如 K 俘获情形，K 层电子少了一个，子核原子处于不稳定的激发状态，于是邻近的 L 层电子就会跳到 K 层来填充 K 层电子的空位，这样，就会发射出特征 X 射线，或叫做标识 X 射线。它的能量 $h\upsilon$ 显然为 K 层和 L 层电子的结合能

之差。

$$h\nu = W_K - W_L \tag{3.3-33}$$

因此，轨道电子俘获过程伴随着子核的特征 X 射线的发射，这一点在实验上很重要。因为轨道电子俘获本身不发射 β 粒子，只发射中微子，而后者在实验上很难探测。因此，一般是通过探测伴随粒子来记录轨道电子俘获的。

K 俘获过程的另一种伴随粒子是俄歇电子。当一个 L 电子跳到 K 层来填充空位时，可以不发射 X 射线，而把能量交给另一个 L 电子，于是这个 L 电子就会克服结合能而飞出，这种电子叫做俄歇电子。这样，俄歇电子的动能为

$$E_e = h\nu - W_L = W_K - 2W_L \tag{3.3-34}$$

比较式(3.3－29)和式(3.3－32)可以知道，由于 $2m_ec^2 \gg W_i$，能发生 β^+ 衰变的原子核可以发生轨道电子俘获。反之，能发生轨道电子俘获的原子核不一定能发生 β^+ 衰变。这主要是由能量条件来决定的。原则上，当能量满足衰变的条件时，轨道电子俘获和 β^+ 衰变可同时有一定的概率发生。但两者发生的概率之比，则要根据具体情况而定，有时实际上只可能观察到一种过程，另一过程的概率小到可以忽略不计。

4. 双 β 衰变

β 衰变除了上述常见的三种类型外，还存在一种非常稀少的所谓“双 β 衰变”。它是指原子核自发地放出两个电子或两个正电子，或发射一个正电子同时又俘获一个轨道电子，或俘获两个轨道电子的过程。具体如下式所示：

$$\left.\begin{aligned} {}^A_Z X &\xrightarrow{2\beta^-} {}^A_{Z+2}Y \\ {}^A_Z X &\xrightarrow{2\beta^+} {}^A_{Z-2}Y \\ {}^A_Z X &\xrightarrow{\beta^+\,\varepsilon} {}^A_{Z-2}Y \\ {}^A_Z X &\xrightarrow{2\varepsilon} {}^A_{Z-2}Y \end{aligned}\right\} \tag{3.3-35}$$

在式(3.3－35)任一过程中，原子核的电荷数改变 2。其发生的概率要比单 β 衰变的概率小得多，它只有当原子核的单 β 衰变在能量上被禁戒或由于母子核的角动量差很大时才能被观察到，只能在一些偶偶核中发生。由于偶质量数 A 的核素可以有 2 ～ 3 个稳定的偶偶同量异位素，它们的电荷数相差 2。图 3－16 中的横线 1,2,3,4,5 分别表示一组偶质量数 A 的同量异位素 1,2,3,4,5 的质量，其中 2 和 4 是偶偶同量异位素。由图可见，核素 2 和 4 的质量均比相邻核素的质量小，因此它们对于通常的 β 衰变是稳定的。但是，核素 2 和 4 的质量仍有差别。如果核素 2 的质量大于核素 4 的质量(见图 3－16)，那么，就有可能产生核素 2 → 4 的跃迁。这种跃迁的电荷数要改变 2，于是在跃迁中要同时放出两个电

子。这种过程就是双 β 衰变。

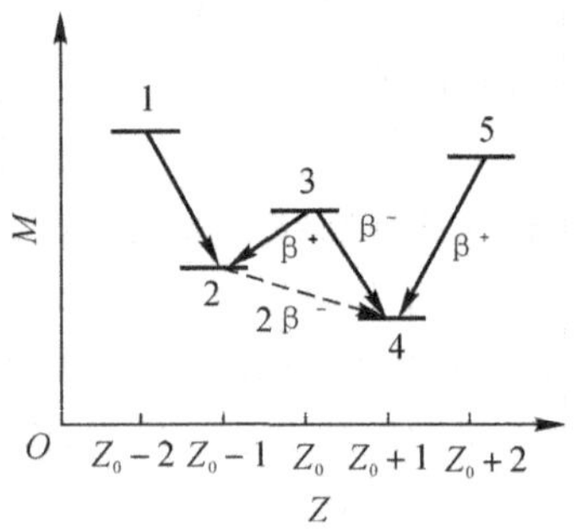

图 3-16　双 β 衰变示意图

在理论上，双 β 衰变有以下两种不同的处理：

(1) 放中微子的双 β 衰变，记为 $2v\beta\beta$。例如：

$$ {}_{Z}^{A}X \rightarrow {}_{Z+2}^{A}Y + 2\beta^{-} + 2\bar{v} \qquad (3.3-36)$$

(2) 不放中微子的双 β 衰变，记为 $0v\beta\beta$。例如：

$$ {}_{Z}^{A}X \rightarrow {}_{Z+2}^{A}Y + 2\beta^{-} \qquad (3.3-37)$$

$2v\beta\beta$ 过程放出的中微子是狄拉克(Dirac) 中微子，其静止质量为零，即 $m_v = 0$；狄拉克中微子有正反之分，即 $v \neq \bar{v}$。$0v\beta\beta$ 过程不放出中微子。该理论认为中微子无正反之分，即 $v \equiv \bar{v}$；其静止质量 $m_v \neq 0$。这种中微子称为马约喇纳(Majorana) 中微子。因此，$0v\beta\beta$ 过程本质上是核内以下两个过程的结果：

$$ n \rightarrow p + \bar{e} + \bar{v} \qquad (3.3-38)$$

$$ v + n \rightarrow p + \bar{e} \qquad (3.3-39)$$

由于式(3.3-38) 过程产生的 $\bar{v}$ 和 v 相同，它很快被中子吸收发生式(3.3-39) 过程，从而导致不放中微子的双 β 衰变。

可见，双 β 衰变的实验测量，可以用来鉴别中微子有无正反之分和中微子是否具有静止质量。这种鉴别在粒子物理学、天体物理学和宇宙学中有重大意义。这将在后面章节中详细讨论。下面简要介绍一下双 β 衰变的实验测量。

(1) 地球化学方法。由于双 β 衰变的半衰期 $T_{1/2}$ 比地球年龄长得多，所以在地球中含有双 β 衰变核素的矿石形成后，随着时间的推移，该矿石中将逐渐积累起衰变子体核素，子核数 N_d 与母核数 N_p 的关系为

$$ N_d = N_p(1 - e^{-\lambda t}) \qquad (3.3-40)$$

式中，t 为矿石年龄，λ 为双 β 衰变常量，而 $\lambda = \dfrac{\ln 2}{T_{1/2}}$。由于 $t \ll T_{1/2}$，则式(3.3-40) 变为

$$N_d \approx N_p \lambda t = N_p t \ln 2 / T_{1/2} \tag{3.3-41}$$

$$T_{1/2} \approx \frac{N_d}{N_p} t \ln 2 \tag{3.3-42}$$

如果矿石年龄已知，那么，测量矿石中的母核数和子核数后，即可求得双 β 衰变的半衰期，从而可以与理论值进行比较。

在理论上，如果原子核的矩阵元知道，那么 $2\upsilon\beta\beta$ 衰变概率，可以通过标准的 ββ 二级弱相互作用机制计算，$T_{1/2}(2\upsilon\beta\beta)$ 的理论值大约在 10^{20} a。对于 $0\upsilon\beta\beta$ 衰变，衰变概率与中微子质量有关。所以在已知原子核矩阵元的情况下，由 $T_{1/2}\beta\beta$ 的测量可以定出中微子的质量。不过由于目前衰变机制和核矩阵元计算的不确定性以及 $T_{1/2}(0\upsilon\beta\beta)$ 实验值的不确定性，如果认为实验测得的半衰期是属于 $0\upsilon\beta\beta$ 衰变的话，只能定出中微子质量的范围。

用地球化学法研究最多的是 ${}^{82}_{34}Se$，${}^{130}_{62}Te$ 和 ${}^{128}Te$ 的双 β 衰变，因为它们的子体 Kr 和 Xe 是惰性气体，便于收集和进行测量。实验结果为

$$T_{1/2}({}^{82}Se \rightarrow {}^{82}Kr) \approx 10^{20}\ a$$

$$T_{1/2}({}^{130}Te \rightarrow {}^{130}Xe) \approx 10^{21}\ a$$

$$T_{1/2}({}^{128}Te \rightarrow {}^{128}Xe) \approx 10^{24}\ a$$

需要指出，由地球化学方法测量只能得出有无双 β 衰变发生，至于是 2υ 过程还是 0υ 过程，那是不能确定的。要区分是 2υ 还是 0υ 过程，需要测量双 β 衰变电子的能谱。

(2)β 能谱法。对于 $0\upsilon\beta\beta$ 衰变，由式(3.3－37)可知，电子对的能量是单一的，即是一个线状谱；对于 $2\upsilon\beta\beta$ 衰变，电子对的能量分布则是连续谱，如图 3－17 所示。但在实验上，由于计数太少，很难在本底上区分出线状谱。

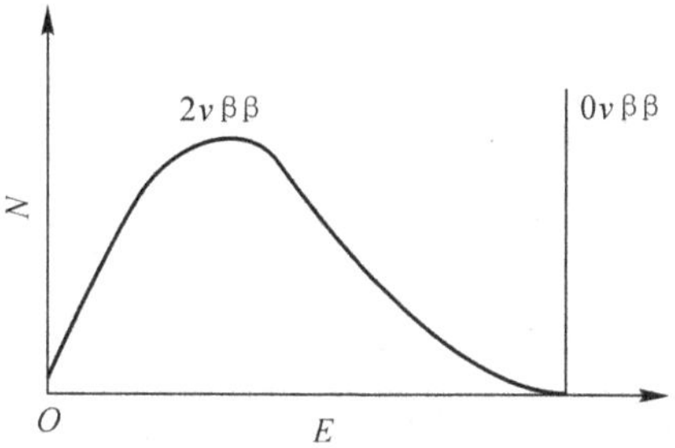

图 3－17　双 β 衰变的电子对能谱

迄今为止，实验表明，双 β 衰变肯定存在，但 $0\upsilon\beta\beta$ 衰变却没有肯定的结果，只能给出它的寿命下限，从而只能定出中微子质量的上限。迄今，多数实验室测量所得的中微子质量上限为几电子伏。

实验上最有希望的是使用 Ge 探测器来进行^{76}Ge 的双 β 衰变的测量。有人估算，如果用一个 17 kg 的丰度为 86％的浓缩^{76}Ge 探测器，运行 10 a，可将 $T_{1/2}(0\upsilon\beta\beta)$下限推至 10^{27} a，相应的中微子质量上限约为 0.05 eV。这在中微子质量测量中可能是一个很有希望的突破口。

3.3.4 衰变纲图

核衰变也可用图来表示，这种图叫做衰变纲图。例如$^{3}_{1}$H，$^{86}_{37}$Rb，$^{65}_{30}$Zn，$^{64}_{29}$Cu 的衰变纲图分别如图 3－18～图 3－21 所示。现在介绍阅读衰变纲图的方法。

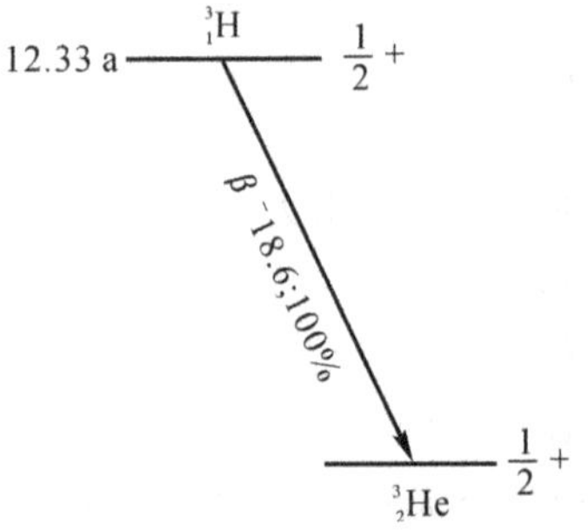

图 3－18 $^{3}_{1}$H 的衰变纲图

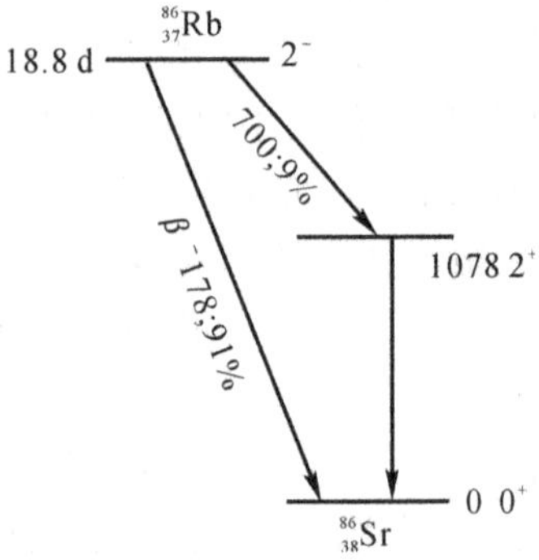

图 3－19 $^{86}_{37}$Rb 的衰变纲图

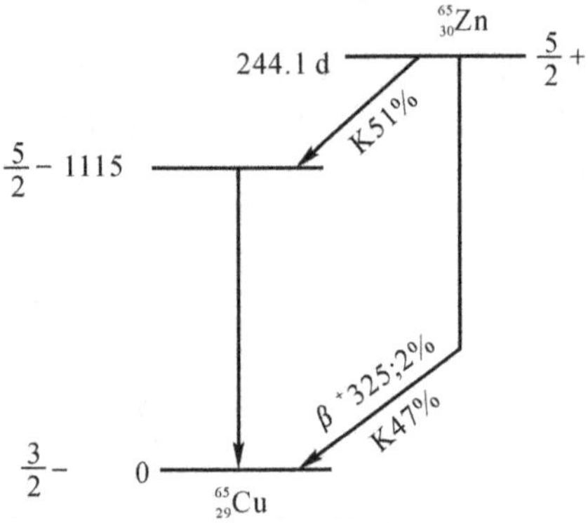

图 3－20 $^{65}_{30}$Zn 的衰变纲图

图中横线表示原子核的能级，对应每种核素的最低横线表示基态，在它上面的横线表示激发态。箭头向右的斜线表示 β^- 衰变，箭头向左的斜线表示 β^+ 衰变或轨道电子俘获。斜线旁边都标有衰变类型、能量和分支比（以百分数表示）等。如图 3－21 中右边那条斜线旁的标字：β^- 573；40％，分别表示衰变类型为 β^- 衰变，β^- 粒子的最大能量为 573 keV，分支比为 40％。两能级之间的垂线表示 γ 跃迁。应当指出，衰变纲图一般都是根据原子质量差（而不是原子核的质量差）画出的。所以，对于 β^+ 衰变情形，由于母核与子核的原子质量差所对应的能量减去两个电子的静止能量后才等于 β^+ 粒子的最大动能，因而在代表 β^+ 衰变的斜线前画了一条垂线表示两个电子的静止能量。还应指出，当通过 β^+ 衰变和轨道电子俘获到同一个能级时，为使衰变纲图简化，一般不单独用斜线来表示轨道电子俘获，而是在表示 β^+ 衰变的斜线旁同时标上 K 或 ε 等以示 K 俘获或轨道电子俘获。

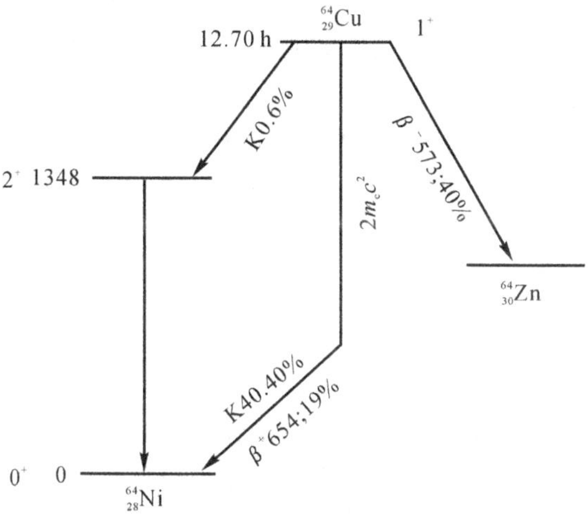

图 3 - 21　$^{64}_{29}Cu$ 的衰变纲图

除稳定核素外，基态能级旁都标有半衰期。由图 3 - 21 可见，$^{64}_{29}Cu$ 的半衰期为 12.70 h，$^{64}_{28}Ni$ 和 $^{64}_{30}Zn$ 则是稳定的。每条能级旁一般标有该能级的能量(相对于基态而言)、自旋和宇称。如图 3 - 21 左边部分为 $^{64}_{28}Ni$ 的能级，基态旁的标号 0^+ 及 0 表示该能级的自旋为零，宇称为偶，能量为零。激发态旁的标号 2^+ 及 1348 表示自旋为 2，宇称为偶，能量为 1348 keV。

衰变纲图的用途之一，是来计算一定量放射性核素的放射性。

例 1　1 ml ^3_1H(氚)的 β^- 粒子强度：

$$I_{\beta^-}=100\%\lambda N=\frac{\ln 2}{T_{1/2}}\frac{2N_A}{22.4\times10^3}=$$

$$\frac{0.693\times2\times6.022\times10^{23}}{12.33\times3.16\times10^7\times22.4\times10^3}=0.96\times10^{11}\ \mathrm{s^{-1}}$$

例 2　1 mg $^{64}_{29}Cu$ 的 β^+ 粒子强度：

$$I_{\beta^+}=19\%\lambda N=0.19\frac{\ln 2}{T_{1/2}}\frac{mN_A}{A}=$$

$$\frac{0.19\times0.693\times10^{-3}\times6.022\times10^{23}}{12.70\times3\,600\times64}\ \mathrm{s^{-1}}=2.71\times10^{13}\ \mathrm{s^{-1}}$$

3.4 γ 衰 变

α 衰变和 β 衰变所形成的子核往往处于激发态。核反应所形成的原子核情况也是如此。激发态是不稳定的，它要直接退激或者级联退激到基态。原子核通过发射 γ 光子（或称 γ 辐射）从激发态跃迁到较低能态的过程，称为 γ 跃迁，或称为 γ 衰变。由于 γ 跃迁的性质与激发态的性质相联系，因而通过对它的研究，可以获得激发态能级特性的知识。本节将介绍 γ 辐射的多极性、跃迁概率、选择定则、内转换、同核异能态和穆斯堡尔效应等。

3.4.1 γ 辐射的多极性

1. 经典的电磁辐射

为了便于对 γ 辐射的理解，先回顾一下经典的电磁辐射。

由经典电动力学知道，带电体系作周期性运动时会产生电磁辐射。例如，由两个电量相等、符号相反的电荷 q 和 $-q$ 组成的偶极子作简谐振动，如图 3-22 所示。

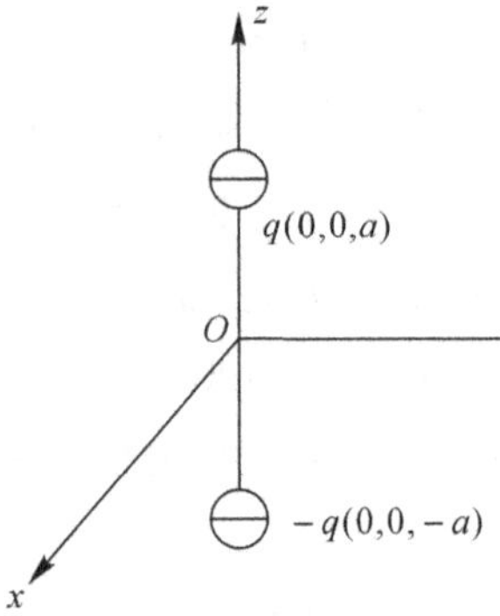

图 3-22 电偶极子

这两个电荷的位置随时间 t 的变化为

$$z_1 = a\sin\omega t$$

$$z_2 = -a\sin\omega t$$

其中，a 为振幅，ω 为角频率。两个电荷之间的距离随时间的变化为

$$z = z_1 - z_2 = 2a\sin\omega t$$

于是电偶极矩随时间的变化为

$$p \equiv qz = p_0\sin\omega t$$

其中，$p_0 = 2aq$。这种偶极振子所产生的辐射，叫做电偶极辐射。可以推得偶极振子单位时间放出的平均能量为

$$\overline{W} = \frac{1}{4\pi\varepsilon_0}\frac{\omega^4}{3c^3}p_0^2 \tag{3.4-1}$$

由两个偶极子组成的系统叫做四极子，它所产生的辐射叫做四极辐射；由两个四极子组成的系统叫做八极子，它所产生的辐射叫做八极辐射；……。偶极辐射、四极辐射、八极辐射等统称为多极辐射。

由电多极子产生的辐射称为电多极辐射，磁多极子产生的辐射称为磁多极辐射，上面所举的偶极振子的例子是电偶极振子。如果在 xOy 平面内有一交变电流回路，角频率为 ω，这样的一个电流回路就相当于一个沿 z 方向作简谐振动的磁偶极振子，它所产生的辐射就是磁偶极辐射。

由经典电动力学可以得到多极辐射能量发射率(单位时间发射的能量)的表达式。对于 L 级的电多极辐射，有

$$W_E(LM) = \frac{1}{4\pi\varepsilon_0} - \frac{c}{2\pi k^2}\mid a_E\mid^2 = \frac{1}{4\pi\varepsilon_0} - \frac{c}{2\pi k^2}\frac{16\pi^2}{[(2L+1)!!]^2}\left(\frac{L+1}{L}\right)k^{2L+4}\mid Q_{LM}\mid^2 = \frac{1}{4\pi\varepsilon_0}\frac{8\pi(L+1)c}{L[(2L+1)!!]^2}\left(\frac{\omega}{c}\right)^{2L+2}\mid Q_{LM}\mid^2 \tag{3.4-2}$$

$$Q_{LM} = \int r^L Y_{LM}^*(\theta,\phi)\rho\mathrm{d}\tau \tag{3.4-3}$$

式中，Q_{LM} 称为电多极矩；$Y_{LM}(\theta,\phi)$ 为 L 级的球谐函数；ρ 为电荷密度；$\mathrm{d}\tau$ 是体积元。

对于 L 级的磁多极辐射，有

$$W_E(LM) = \frac{1}{4\pi\varepsilon_0} - \frac{c}{2\pi k^2}\mid a_M\mid^2 = \frac{1}{4\pi\varepsilon_0}\frac{c}{2\pi k^2}\frac{16\pi^2}{[(2L+1)!!]^2}\left(\frac{L+1}{L}\right)k^{2L+4}\mid M_{LM}\mid^2 = \frac{1}{4\pi\varepsilon_0}\frac{8\pi(L+1)c}{L[(2L+1)!!]^2}k^{2L+2}\mid M_{LM}\mid^2 = \frac{1}{4\pi\varepsilon_0}\frac{8\pi(L+1)c}{L[(2L+1)!!]^2}\left(\frac{\omega}{c}\right)^{2L+2}\mid M_{LM}\mid^2 \tag{3.4-4}$$

$$M_{LM} = \frac{1}{(L+1)c}\int r^L Y_{LM}^*(\theta,\phi)\ \nabla\cdot(r\times j)\mathrm{d}\tau \tag{3.4-5}$$

式中，M_{LM} 称为磁多极矩；j 是电流密度。

多极辐射具有能量和角动量，它们是频率 ω 的函数。振动频率 ω 可以取任

意值，辐射能量和角动量也可以取任意值。

2. 原子核的多极辐射

经典电磁辐射是指宏观的电荷电流体系所产生的多极辐射，它们遵从经典力学的规律。原子核 γ 跃迁时所产生的多极辐射，就不能用经典力学来处理。虽然原子核也是一个电荷电流的分布系统，但它是一个微观体系，其运动规律与宏观体系的运动规律有质的不同。它的许多现象遵从量子力学的规律。微观体系的特点之一是能量和角动量的量子化，它们不能取任意值，只能取某些分立的值。例如，用来表示原子核能量状态的能级是分立的，原子核的角动量大小在空间某方向的投影只能是 $\hbar$ 的整数倍或半奇数倍。另外，原子核的状态还有确定的宇称。这些都与宏观体系根本不同。在讨论原子核的多极辐射时，应该注意微观体系的这些特点。

现在依次讨论 γ 辐射的能量、角动量和宇称。

因为原子核的能级是分立的，所以在两分立能级间的 γ 跃迁中所放出的 γ 光子具有单一的能量。设由能量为 E_i 的能级跃迁到能量为 E_f 的能级，如图 3-23 所示。

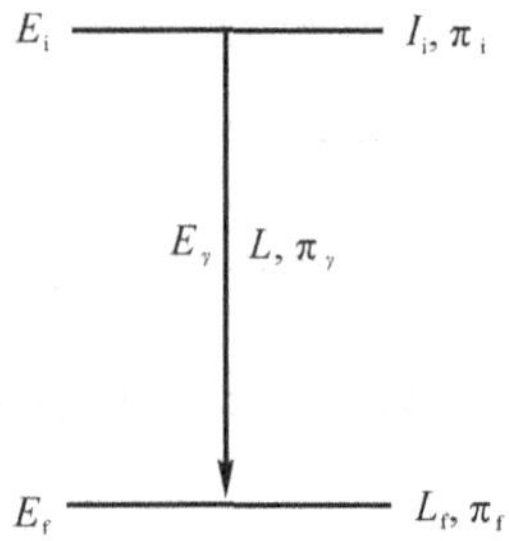

图 3-23　γ 跃迁与核能级的关系

根据能量守恒定律，γ 光子的能量为

$$E_\gamma = E_i - E_f \tag{3.4-6}$$

根据跃迁前后角动量守恒，γ 光子还具有确定的角动量。设原子核跃迁前的角动量为 $\boldsymbol{I}_i$，跃迁后的角动量为 $\boldsymbol{I}_f$，γ 光子的角动量为 $\boldsymbol{L}$，则有

$$\boldsymbol{L} = \boldsymbol{I}_i - \boldsymbol{I}_f$$

即 L 可以取以下整数值：

$$L = |I_i - I_f|, |I_i - I_f| + 1, \cdots, I_i + I_f \tag{3.4-7}$$

从后面的讨论可以知道，L 越大，γ 跃迁的概率越小。因此，一般都取 L 的最小值，即 $L = |I_i - I_f|$。其他 L 值的跃迁概率可以忽略不计。

由于光子本身的自旋为 1，并考虑到光子是纵向极化的，则在 γ 跃迁中被光子带走的角动量不可能为零，至少是 1。因而，由 $I_i=0$ 的状态跃迁到 $I_f=0$ 的状态(称 $0\rightarrow 0$ 跃迁)，不可能通过发射 γ 光子来实现。另外，对于 $I_i=I_f\neq 0$ 的跃迁，若按式(3.4-7)，L 的最小值为零，但这也不可能，所以应该取 $L=1$。

根据被 γ 光子带走的角动量的不同，可以把 γ 辐射分为不同的极次：$L=1$ 的叫做偶极辐射；$L=2$ 的叫做四极辅射；$L=3$ 的叫做八极辐射；等等。即角动量为 L 的 γ 辐射，它的极次为 2^L。

γ 跃迁是一种电磁相互作用，在电磁相互作用中宇称是守恒的，即 γ 跃迁要遵守宇称守恒定律。设原子核在跃迁前的宇称为 π_i，跃迁后的宇称为 π_f，则 γ 辐射的宇称 π_γ 由下式决定，即

$$\pi_i=\pi_f\pi_\gamma \tag{3.4-8}$$

$$\pi_\gamma=\frac{\pi_i}{\pi_f} \tag{3.4-9}$$

由式(3.4-9)可知，跃迁前、后原子核的宇称相同时，γ 辐射具有偶宇称，跃迁前、后原子核的宇称相反时，γ 辐射具有奇宇称。

根据 γ 辐射的宇称不同，将 γ 辐射分为两类：一类叫做电多极辐射，一类叫做磁多极辐射。宇称的奇偶性和 L 的奇偶性相同的为电多极辐射，相反的为磁多极辐射。因此，电多极辐射的宇称 $\pi_\gamma=(-1)^L$，磁多极辐射的宇称 $\pi_\gamma=(-1)^{L+1}$。

通常，电 2^L 极辐射用符号 EL 表示，例如 $E1$ 表示电偶极辐射，$E2$ 为电四极辐射，$E3$ 为电八极辐射……。磁 2^L 极辐射用符号 ML 表示，例如 $M1$ 为磁偶极辐射，$M2$ 为磁四极辐射，$M3$ 为磁八极辐射……。

电多极辐射主要是由原子核内电荷密度变化引起的，磁多极辐射则由电流密度和内在磁矩的变化所引起。

γ 辐射的多极性是指辐射的电磁性质和极次。由辐射的角动量和宇称即可定出辐射的多极性，反之亦然。研究 γ 跃迁的重要任务之一是从实验定出 γ 辐射的多极性，以便和理论作比较。

3.4.2　γ 跃迁概率

γ 跃迁与 α 衰变、β 衰变一样，都遵从指数衰变律，即

$$N=N_0\mathrm{e}^{-\lambda t}$$

其中，λ 是衰变常量，也就是跃迁概率。我们知道，跃迁概率与半衰期 $T_{1/2}$ 或平均寿命 τ 有以下关系：

$$\lambda=\frac{1}{\tau}=\frac{\ln 2}{T_{1/2}}$$

实验上往往通过测量半衰期或平均寿命来求得跃迁概率。γ 跃迁的半衰期一般比 α,β 衰变的半衰期要短,大多在 $10^{-4} \sim 10^{-16}$ s 之间。

1. 跃迁概率公式

由量子电动力学可以得出 γ 跃迁概率的公式,整个计算是一个繁杂的数学过程,其中涉及电磁场的量子化问题,这里不作具体推导,只列出最后结果。应该指出,将由经典电磁场理论计算得到的多极辐射能量发射率公式(3.4-2)和式(3.4-4)过渡到量子力学的描述,可以得出 γ 跃迁概率的表达式,其结果与由量子力学得到的公式完全相同。

把经典表达式(3.4-2)和式(3.4-4)过渡到量子力学的表达式时,只需作两点改进:

(1) 把辐射能量量子化。因 γ 跃迁时放出的能量不是连续的,而等于两能级的能量差,此差值应等于一个 γ 光子的能量 $E_\gamma = \hbar\omega$。于是单位时间放出的光子数,即 γ 跃迁概率 λ 应等于能量发射率除以 $\hbar\omega$。由此得到 L 级电和磁的多极辐射概率为

$$\lambda_E(LM) = \frac{W_E(LM)}{\hbar\omega} = \frac{1}{4\pi\varepsilon_0} \frac{8\pi(L+1)}{L[(2L+1)!!]^2} \frac{k^{2L+1}}{\hbar} \mid Q_{LM} \mid^2 \tag{3.4-10}$$

$$\lambda_M(LM) = \frac{W_M(LM)}{\hbar\omega} = \frac{1}{4\pi\varepsilon_0} \frac{8\pi(L+1)}{L[(2L+1)!!]^2} \frac{k^{2L+1}}{\hbar} \mid M_{LM} \mid^2 \tag{3.4-11}$$

式中,k 是为光子的波数,它与角频率 ω 的关系为 $k = \omega/c$。

(2) 原子核的电荷和电流分布用核态的波函数表示,即多极矩用矩阵元表示。这样式(3.4-3)和式(3.4-5)成为

$$Q_{LM} = e\sum_{k=1}^{Z} r_k^L Y_{LM}^*(\theta_k, \phi_k) \psi_f^* \psi_i \mathrm{d}\tau \tag{3.4-12}$$

$$M_{LM} = -\frac{1}{L+1} \frac{e\hbar}{3m_p c} \sum_{k=1}^{Z} r_k^L Y_{LM}^*(\theta_k, \phi_k) \nabla \cdot (\psi_f^* \hat{L}_k \psi_i) \mathrm{d}\tau \tag{3.4-13}$$

式中,ψ_i 和 ψ_f 分别是原子核的始态和终态波函数;Z 是核的电荷数;m_p 是质子的质量。

在实际测量 γ 跃迁概率时,原子核始态的角动量是任意排列的,而且我们也不测光子和原子核终态角动量的方向。因此我们所关心的跃迁概率是 $\lambda(LM)$ 对始态角动量方向求平均,并对终态及光子的角动量方向求和。于是最后得到电 2^L 极辐射的跃迁概率 $\lambda_E(L)$ 和磁 2^L 极辐射的跃迁概率 $\lambda_M(L)$ 为

$$\lambda_E(L)=\sum_{M_f=-I_f}^{I_f}\sum_{M=-L}^{L}\sum_{M_i=-I_i}^{I_i}\frac{1}{2I_i+1}\lambda_E(LM)=$$

$$\frac{8\pi(L+1)}{L[(2L+1)!!]^2}\frac{k^{2L+1}}{\hbar}\sum_{M_fMM_1}\frac{1}{2I_i+1}|Q_{LM}|^2=$$

$$\frac{8\pi(L+1)}{L[(2L+1)!!]^2}\frac{k^{2L+1}}{\hbar}B(EL) \tag{3.4-14}$$

其中，$B(EL)=\sum_{M_fMM_1}\frac{1}{2I_i+1}|Q_{LM}|^2$；

$$\lambda_M(L)=\frac{8\pi(L+1)}{L[(2L+1)!!]^2}\frac{k^{2L+1}}{\hbar}B(ML) \tag{3.4-15}$$

式中，$B(ML)=\sum_{M_fMM_1}\frac{1}{2I_i+1}|M_{LM}|^2$。

$B(EL)$ 和 $B(ML)$ 分别称为 EL 跃迁和 ML 跃迁的约化概率。它和跃迁的能量无关，仅和原子核的结构相联系，在对核结构作一定的假设后，理论上可以把它计算出来。另外，通过对 γ 跃迁概率的测量，以及知道 γ 辐射的多极性后，由式(3.4-14)和式(3.4-15)可以从实验上定出约化概率来。这样，实验结果和理论就可以进行比较，从而可以检验给定的核结构理论正确与否。

在核结构的壳模型中，γ 跃迁一般只是少数几个核子的跃迁。其中最简单的是单质子模型，即 γ 跃迁是由核中的一个质子状态改变所决定的。在此情形下，约化概率的计算较为简单。作了一些特殊假设后，用这种模型计算出来的 γ 跃迁概率的上限为

$$\lambda_E(L)=\frac{2(L+1)}{L[(2L+1)!!]^2}\left(\frac{3}{L+3}\right)^2\frac{e^2}{\hbar c}(kR)^{2L}\omega=$$

$$\frac{4.4(L+1)}{L[(2L+1)!!]^2}\left(\frac{3}{L+3}\right)^2\left(\frac{E_\gamma}{197}\right)^{2L+1}(1.4\times A^{1/3})^{2L}\times 10^{21} \tag{3.4-16}$$

$$\lambda_M(L)=\frac{20(L+1)}{L[(2L+1)!!]^2}\left(\frac{3}{L+3}\right)^2\frac{e^2}{\hbar c}\left(\frac{\hbar}{m_p cR}\right)^2(kR)^{2L}\omega=$$

$$\frac{1.9(L+1)}{L[(2L+1)!!]^2}\left(\frac{3}{L+3}\right)^2\left(\frac{E_\gamma}{197}\right)^{2L+1}(1.4\times A^{1/3})^{2L-2}\times 10^{21} \tag{3.4-17}$$

式中，R 为核的半径；A 为质量数；γ 跃迁的能量以 MeV 为单位，所得的 $\lambda_E(L)$，$\lambda_M(L)$ 的单位为 s^{-1}。

2. 跃迁概率数量级的比较

利用式(3.4-16)和式(3.4-17)可以对各种跃迁概率的数量级进行比较。

对于较重的原子核，$R \approx 10^{-12}$ cm，若光子能量为 1 MeV，则 $k \approx 5 \times 10^{-10}$，$kR \approx 5 \times 10^{-2}$，可得

$$\lambda_E(L+1)/\lambda_E(L) \approx (kR)^2 \approx 2.5 \times 10^{-3}$$
$$\lambda_M(L+1)/\lambda_M(L) \approx (kR)^2 \approx 2.5 \times 10^{-3}$$

由此可见，跃迁概率随 L 的增加而很快变小。四极辐射的概率要比偶极辐射的概率小三个数量级，八极辐射的概率又比四极辐射的概率小三个数量级。当然，数量级的比较是与跃迁能量有关的。能量越低，相邻极次辐射的概率相差越大，例如，当 $E_\gamma \approx 20$ keV 时，相差可达六个数量级。

对于相同极次的磁辐射与电辐射概率的比较，由式(3.4－16)和式(3.4－17)也可看出，即

$$\lambda_M(L)/\lambda_E(L) = 10\left(\frac{\hbar}{m_p cR}\right)^2 \approx 4 \times 10^{-3}$$

即相同极次的磁辐射概率比电辐射概率小两三个数量级，因而 $\lambda_M(L)$ 与 $\lambda_E(L+1)$ 有相同的数量级。一般来讲，磁偶极辐射可能和电四极辐射同时发生，磁四极辐射可能和电八极辐射同时发生，依次类推。

总结以上讨论，关于跃迁概率数量级的比较可以得出以下三点结论：

(1) 电辐射快于磁辐射；

(2) 辐射的极次越低跃迁越快；

(3) 一般讲，$\lambda_M(L) \approx \lambda_E(L+1)$。

表 3－5 给出了对某些 γ 跃迁半衰期的理论值与实验值进行的比较情况。半衰期的理论值是根据式(3.4－16)和式(3.4－17)计算得到的，并考虑了内转换系数的校正。由表 3－5 可见，实验所观察到的跃迁概率一般都比单质子模型公式所估计的要小一些，可以小 2～3 个数量级。这并不奇怪，因理论公式[式(3.4－16)和(3.4－17)]给出的跃迁概率是上限。奇怪的是，对于形变大的核，其 $E2$ 跃迁概率的实验值大大超过由理论公式给出的上限，甚至比理论值高 100 倍。这是壳模型无法解释的。后面会讲到，它需要由核结构的综合模型来说明。

表 3－5　一些 γ 跃迁半衰期的理论值 T_{th} 和实验值 T_{exp}

核	E_λ/MeV	跃迁类型	半衰期/s		T_{th}/T_{exp}
			T_{th}	T_{exp}	
^{13}N	2.38	$E1$	7×10^{-17}	1×10^{-15}	0.07
^{111}Cd	0.247	$E2$	1×10^{-8}	8×10^{-8}	0.1
^{186}Os	0.137	$E2$	5×10^{-8}	8×10^{-10}	63

续表

核	E_λ/MeV	跃迁类型	半衰期/s		T_{th}/T_{exp}
			T_{th}	T_{exp}	
^{197}Hg	0.134	$E2$	3×10^{-8}	7×10^{-9}	4
^{198}Hg	0.412	$E2$	4×10^{-10}	2×10^{-11}	20
^{114}In	0.192	$E4$	3×10^{4}	4×10^{6}	0.008
^{137}Ba	0.662	$M4$	2×10^{-2}	2×10^{6}	1
^{133}Ba	0.276	$M4$	1×10^{5}	1×10^{5}	1

3.4.3　选择定则

1. 选择定则表

对于自旋为 I_i、宇称为 π_i 的始态至自旋为 I_f、宇称为 π_f 的末态的 γ 跃迁，根据角动量守恒定律，光子带走的角动量 L 按式(3.4-7) 可以取以下数值：

$$L=|I_i-I_f|,|I_i-I_f|+1,\cdots,I_i+I_f$$

根据宇称守恒定律，光子带走的宇称 π_γ 由式(3.4-9) 决定：

$$\pi_\gamma=\pi_i/\pi_f$$

由式(3.4-7) 和式(3.4-9) 以及关于跃迁概率数量级的比较，可以得出始态(I_i,π_i) 至末态(I_f,π_f) 的跃迁选择定则。为简明起见，把它列于表 3-6 中。

表中 ΔI 和 $\Delta\pi$ 分别表示始末态角动量和宇称的变化，括号内的跃迁类型表示有可能与括号前的跃迁同时出现。

2. 选择定则的应用

作为选择定则的应用，图 3-24 中引入了一些跃迁的例子。这些例子都是根据选择定则从始末态的自旋和宇称定出跃迁的类型的。

表 3-6　γ 跃迁选择定则

$\Delta\pi$ \ ΔI	0 或 1	2	3	4	5
+	$M1(E2)$	$E2$	$M3(E4)$	$E4$	$M5(E6)$
1	$E1$	$M2(E3)$	$E3$	$M4(E5)$	$E5$

如果已知跃迁的类型和始末态中一个能级的自旋和宇称，由选择定则可以

推出另一个能级的自旋和宇称。不过，这样定出的能级自旋一般有两种或三种可能值，需要配合其他数据才能最终肯定其中一个自旋值。由实验测得的跃迁类型推究出能级的特性（自旋和宇称），是核谱学的一项重要内容。

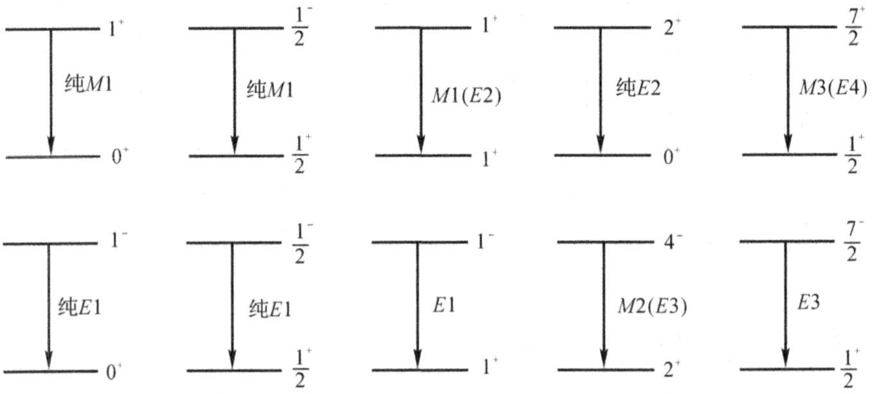

图 3－24　由始末态的自旋和宇称定出跃迁的类型

图 3－25 中引入了选择定则在这方面应用的一些例子。图中上一排例子是从跃迁类型和始态的能级特性来推出末态的能级特性的；下一排例子则是从跃迁类型和末态的能级特性推断出始态的能级特性的。由图可见，这样定出的自旋一般有两个可能的值。但在某些情形下，也可以唯一地确定，如图中右边两个例子即是。

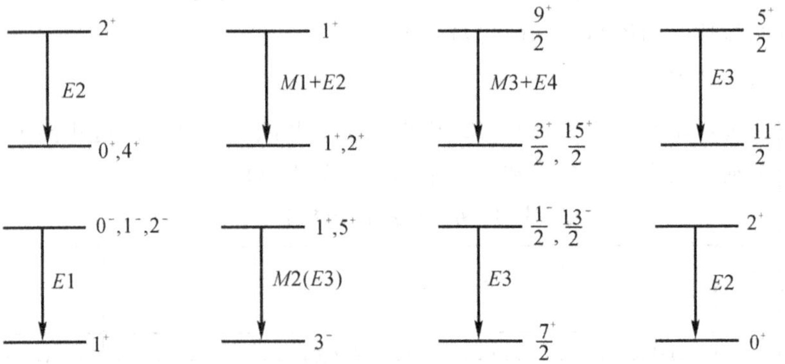

图 3－25　由跃迁的类型定出能级自旋和宇称

3.4.4 内转换

1. 内转换现象

原子核从激发态到较低的能态或基态的跃迁，除发射 γ 光子外，还可以通过发射电子来完成。上面讨论了发射光子的情形，下面要讨论发射电子的情形。研究表明，这种电子通常不是来自原子核，而是来自原子的电子壳层，即跃迁时可以把核的激发能直接交给原子的壳层电子而发射出来。这种现象称为内转换。内转换过程放出来的电子称为内转换电子。

应当指出，不能把内转换过程认作为内光电效应，即认为原子核先放出光子，然后光子把能量交给核外的壳层电子而放出电子来。因为发生内转换的概率，可以比光电效应的概率大很多。内转换电子是通过原子核的电磁场与壳层电子相互作用直接把激发能交给壳层电子而产生的，这同时并不产生 γ 光子。对于 $0\to0$ 跃迁，由于光子本身的自旋为 1，不能放射 γ 光子。但实验表明，$0\to0$ 跃迁能放出内转换电子。这也提供了内转换过程不是内光电效应的一个证明。

内转换电子是在早期研究 β 能谱时发现的。用磁谱仪测量 β 放射源的能谱时，发现有些放射源除具有 β 连续谱外，还出现一些单能电子峰。图 3－26 所示为 ^{137}Cs的电子谱。由图可见，除了连续的 β 谱外，还有一些线状谱。这些谱线就是由内转换电子构成的。这是因为 ^{137}Csβ^- 衰变至 ^{137}Ba 的激发态，当后者跃迁至基态时，会发射出内转换电子来。

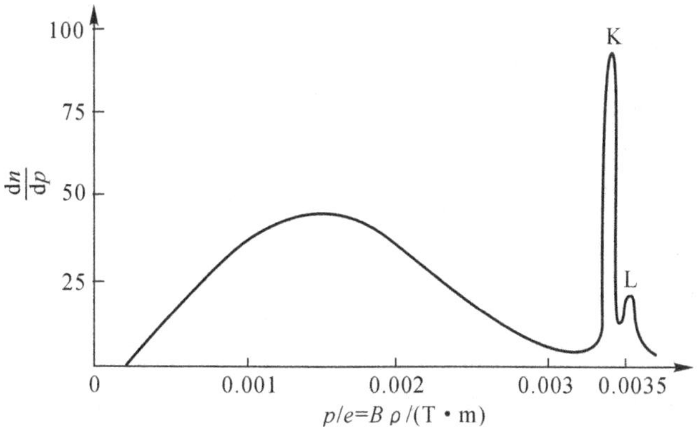

图 3－26 ^{137}Cs 的电子谱

2. 内转换电子的能量

根据能量守恒定律，内转换电子的能量 E_e 应该等于：

$$E_e = E_\gamma - W \tag{3.4-18}$$

式中，E_γ 是跃迁的能量；W 是相应壳层电子的结合能。因此，对于K层内转换电子的能量 E_K，有

$$E_K = E_\gamma - W_K$$

L层内转换电子的能量 E_L，有

$$E_L = E_\gamma - W_L$$

M层内转换电子的能量 E_M，有

$$E_M = E_\gamma - W_M$$

式中，W_K，W_L，W_M 分别表示K，L，M层电子的结合能。

由于L层有三个支壳层：$L_Ⅰ$，$L_Ⅱ$，$L_Ⅲ$，则相应的电子结合能也有 $W_{LⅠ}$，$W_{LⅡ}$，$W_{LⅢ}$ 3个。从而L层的内转换电子也有三种能量：$E_{LⅠ}$，$E_{LⅡ}$，$E_{LⅢ}$。显然有以下等式：

$$\left.\begin{aligned} E_{LⅠ} &= E_\gamma - W_{LⅠ} \\ E_{LⅡ} &= E_\gamma - W_{LⅡ} \\ E_{LⅢ} &= E_\gamma - W_{LⅢ} \end{aligned}\right\} \tag{3.4-19}$$

由于M层有5个支壳层，则M层的内转换电子有5种能量，依此类推。

由以上的能量关系可以知道，当实验上测得某一壳层的内转换电子的能量后，加上该壳层的电子结合能，即得γ跃迁的能量。如实验测得 ^{137}Ba 的 $E_K =$ 624.2 keV，查表得 $W_K = 37.4$ keV，则得 ^{137}Ba 的γ跃迁的能量，也即激发态的能量：$E_\gamma = 624.2 + 37.4 = 661.6$ keV。这种由内转换电子的能量来求得γ跃迁能量的方法是常用的较为准确的方法。这是因为内转换电子的能量可以用β磁谱仪相当准确地测定。

还应指出，内转换过程中由于原子的内壳层缺少了电子从而出现空位，外层电子则会来填充这个空位。于是与电子俘获情形相类似，内转换过程要伴随特征X射线或俄歇电子的发射。

3. 内转换系数

下述介绍内转换的一个重要物理量——内转换系数。

前面已经指出，原子核的激发态至较低能态或基态的跃迁，一般来讲既可以通过发射光子，也可以通过发射内转换电子来实现。因此，原子核在两状态间的总跃迁概率λ(指跃迁能量较低时）应该是两种过程的跃迁概率之和，即

$$\lambda = \lambda_\gamma + \lambda_e \tag{3.4-20}$$

式中，λ_γ 和 λ_e 分别为发射γ光子和内转换电子时的跃迁概率。

定义 λ_e 与 λ_γ 之比为内转换系数，一般以 a 表示，即

$$a \equiv \lambda_c / \lambda_\gamma = N_c / N_\gamma \tag{3.4-21}$$

式中，N_c 和 N_γ 分别为单位时间内发射的内转换电子数和 γ 光子数。

如果用 $N_K, N_L, N_M \cdots$ 分别表示单位时间内发射的 K,L,M… 层的内转换电子数，则可定义相应于各个壳层的内转换系数为

$$a_K \equiv N_K / N_\gamma, a_L \equiv N_L / N_\gamma, a_M \equiv N_M / N_\gamma \cdots \tag{3.4-22}$$

显然，总的内转换系数 a 为各壳层内转换系数之和，即

$$A = a_K + a_L + a_M + \cdots \tag{3.4-23}$$

根据内转换系数的定义知道，它可以由实验测定，即测量同一时间间隔内原子核所放射的内转换电子数和相应的 γ 光子数。另外，内转换系数可以由理论计算而得，因而可以进行实验值和理论值的比较，从中获得有关能级特性的重要知识。目前有关核衰变能级特性的大部分知识是从研究内转换而得的。

理论上对内转换系数 $a = \lambda_c / \lambda_\gamma$ 的计算，不同于 λ_γ 的计算，它与原子核的矩阵元无关。这是由于 λ_e 和 λ_γ 都正比于原子核矩阵元的平方，后者同时出现于内转换系数的分子与分母中，因而相抵消了，所以对内转换系数可以进行比较精确的计算。但计算十分复杂，仅在某些条件限制下才能得到简洁的公式。

当 $W_K \ll E_K \ll m_e c^2$ 时，理论上可得 EL 和 ML 跃迁的 K 层内转换系数分别为

$$a_K(EL) \approx Z^3 \left(\frac{1}{137}\right)^4 \frac{L}{L+1} \left(\frac{2m_e c^2}{E_\gamma}\right)^{L+5/2} \tag{3.4-24}$$

$$a_K(ML) \approx Z^3 \left(\frac{1}{137}\right)^4 \left(\frac{2m_e c^2}{E_\gamma}\right)^{L+3/2} \tag{3.4-25}$$

由式(3.4-24)和式(3.4-25)可见，内转换系数随原子核的电荷数 Z 和 γ 辐射的角动量 L 的增加而很快增加，随跃迁能量 E_γ 的增加而减小。因此，当重核中跃迁前后能级的角动量之差很大而能量之差很小时，内转换系数是很大的 ($a \gg 1$)，以至于很难观察到 γ 辐射。这时可以利用不同壳层或支壳层的内转换系数分支比，例如 K/L 比及 $L_{\mathrm{I}} : L_{\mathrm{II}} : L_{\mathrm{III}}$ 等。其定义为

$$\mathrm{K/L} \equiv N_K / N_L \tag{3.4-26}$$

$$L_{\mathrm{I}} : L_{\mathrm{II}} : L_{\mathrm{III}} = N_{L\mathrm{I}} : N_{L\mathrm{II}} : N_{L\mathrm{III}} \tag{3.4-27}$$

即使内转换系数 a 值不大，通常也是通过测量内转换系数分支比来与理论作比较。这是因为在分支比的测量中，所测的都是能量相近的内转换电子，仪器引起的系统误差可以互相抵消，从而转换系数分支比的测量常常比转换系数 a 的测量要精确得多。

4. 内转换系数应用举例

由上可见，根据内转换系数的实验值与理论值的比较，可以确定跃迁的多极

性，从而可以确定原子核的角动量和宇称的变化。

现举^{60}Co的衰变以作说明。图 3－27 所示是^{60}Co的衰变纲图。由图可见，从^{60}Co的基态β^-衰变至^{60}Ni的激发态后，接着进行能量为 1.17 MeV 和 1.33 MeV 的跃迁。对这两个跃迁，实验[①]测得内转换系数a_K分别为$(1.50\pm0.06)\times10^{-4}$及$(1.16\pm0.06)\times10^{-4}$，与表 3－7 中理论值进行比较后，就可确定这两个跃迁都是$E2$跃迁。由实验测定基态的能级特性为0^+，因此，根据γ跃迁的选择定则可以推知^{60}Ni的第一激发态必为2^+。同理，第二激发态则有两种可能：4^-或0^+，但由β衰变的知识可知，只能取4^-不能取0^+。

表 3－7　a_K的理论值(10^{-4})

跃迁类型 E_γ	$E1$	$E2$	$E3$	$M1$	$M2$
1.17 MeV	0.72	1.55	3.01	1.38	2.87
1.33 MeV	0.58	1.17	2.07	1.03	2.07

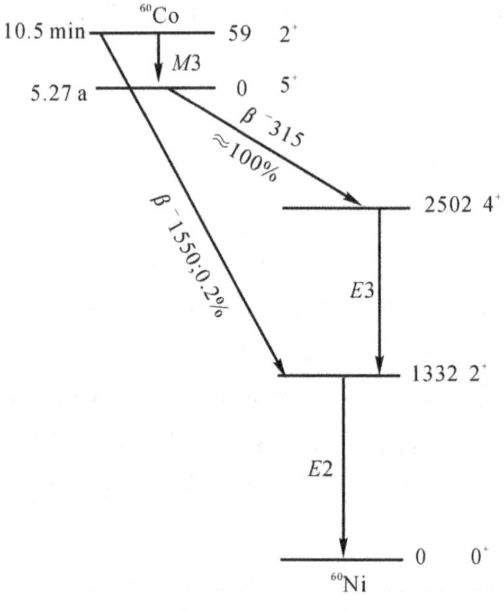

图 3－27　^{60}Co的衰变纲图

这一例子说明了可用内转换系数来决定能级的自旋和宇称。此外，为了使γ跃迁概率公式能与实验作比较，也必须知道内转换系数值。这是因为实验中

① K. Kamada et al., J. Phys. Soc.(Japan), 13, 763(1958).

测得的能级寿命既包含 γ 跃迁的贡献，也包含发射内转换电子概率的贡献。根据式(3.4 - 20)和式(3.4 - 21)，平均寿命为

$$\tau=\frac{1}{\lambda}=\frac{1}{\lambda_\gamma+\lambda_e}=\frac{1}{\lambda_\gamma(1+a)} \tag{3.4 - 28}$$

于是 γ 跃迁概率 λ_γ 可写为

$$\lambda_\gamma=\frac{1}{\tau(1+a)} \tag{3.4 - 29}$$

现举例说明式(3.4 - 29)的应用。以 ^{60}Co 的能量为 59 keV 的激发态至基态的跃迁为例(见图 3 - 27)，实验测得此跃迁的 $\frac{N_\gamma}{N_e}=(2.8\pm0.6)\times10^{-3}$，则 $a=3.6\times10^2$。按式(3.4 - 29)，有

$$\lambda_\gamma=\frac{1}{\tau(1+a)}=\frac{1}{9.1\times10^2\times(1+3.6\times10^2)}=3.1\times10^{-6}\ \mathrm{s}^{-1}$$

其中，$\tau=\frac{T_{1/2}}{0.693}=9.1\times10^2\ \mathrm{s}$

如果不考虑内转换系数的校正，则有

$$\lambda_\gamma=\frac{1}{\tau}=\frac{1}{9.1\times10^2}\ \mathrm{s}^{-1}=1.1\times10^{-3}\ \mathrm{s}^{-1}$$

另外，能量为 59 keV 的 γ 跃迁概率的理论值，可由式(3.4 - 16)和式(3.4 - 17)估算可得

λ_{M2}	λ_{M3}	λ_{M4}	λ_{E2}	λ_{E3}
3.3×10^2	1.1×10^{-5}	2.6×10^{-13}	2.3×10^4	0.78×10^{-3}
λ_{E4}				
0.92×10^{-11}				

将实验值与上述理论值进行比较后可见，在考虑了内转换系数对 λ_γ 的校正后，实验值与 $M3$ 的理论值相符；若不作 λ_γ 的校正，则与 $E3$ 相符，这就导致错误的结论。

3.4.5　同核异能态

1. 同核异能态和同核异能素

前面已指出，γ 跃迁的半衰期一般都比较短，因而早先人们一直认为它是瞬时的。后来发现也存在半衰期长的 γ 跃迁，激发态的平均寿命甚至可达好几年。半衰期比较长的跃迁称为同核异能跃迁，寿命比较长的激发态称为同核异能态。显然，这种定义是不准确的。因为“比较长”的概念有任意性。早期人们把 0.1 s 当作“比较长”的起点，随着测量短寿命技术的发展，人们又把 10^{-10} s 当作“比较

长”的起点，即把寿命大于 10^{-10} s 的激发态定义为同核异能态。现在，人们常把同核异能态理解为寿命可测量的激发态。这样，即使激发态的寿命小于 10^{-10} s，只要能够被测量，这种激发态就叫做同核异能态。同核异能态的定义之所以不同，是由于它与一般的激发态只有寿命长短之差异，其实它们无质的不同。

寿命大于 0.1 s 的同核异能态称为长寿命的同核异能态。长寿命的同核异能态通常在质量数后面加上 m 来表示，例如 ^{60}Co 的同核异能态可表示为 ^{60m}Co。

由于有长寿命的同核异能态的存在，就可能存在这样的原子核，它们的电荷数和质量数完全一样，即核的组成完全相同，但放射性衰变的半衰期却不相同，这样的核素称为同核异能素。例如 ^{60m}Co 与 ^{60}Co 的电荷数和质量数都相同，但它们的半衰期却不同，前者为 10.5 min，后者为 5.27 a（见图 3 - 27）。

同核异能素最早是在 1921 年发现的，当时发现 $^{234}_{90}$Th 的 β^- 衰变所形成的子体 $^{234}_{91}$Pa 有两种半衰期，即

$$^{234}_{90}\text{Th} \xrightarrow{\beta^-} \begin{cases} ^{234}_{91}\text{Pa} \xrightarrow[1.22\ \text{min}]{\beta^-} \\ ^{234}_{91}\text{Pa} \xrightarrow[6.7\ \text{h}]{\beta^-} \end{cases} \tag{3.4-30}$$

$^{234}_{91}$Pa 的半衰期为 1.22 min，$^{234}_{91}$Pa 的半衰期为 6.7 h，但它们的电荷数都是 91，质量数都是 234。后来才明白，^{234m}Pa 是 ^{234}Pa 的一个亚稳的激发态。这是在很长期间内唯一知道的同核异能素的例子。自 1934 年发现人工放射性后，新的同核异能素才不断地被人们所发现。

处于同核异能态的原子核，和处于一般激发态的原子核一样，通常可以通过 γ 跃迁或发射内转换电子退激到基态，只是跃迁概率较小而已。除此之外，有些同核异能态可以直接发生 β 衰变，例如 ^{234m}Pa 和 ^{60m}Co；还有的同核异能态甚至可以发生 α 衰变，例如 $^{211m}_{84}$Pa。

2. 同核异能态和 γ 跃迁的关系

利用目前所知的有关原子核结构的知识，以及有关 γ 跃迁的知识，出现同核异能态的原因是不难理解的。这里指出同核异能态与 γ 跃迁的关系。

实验发现，同核异能态的角动量和基态（或相邻的较低激发态）的角动量之差 ΔI 较大，能量之差 ΔE 一般较小。由于 γ 跃迁概率随 ΔI 的增加和 ΔE 的减小而急剧地下降，因而这时跃迁概率就小，半衰期就长。例如，^{234m}Pa 的角动量 $I_m=0$，而 ^{234}Pa 基态的角动量 $I_0=4$，$\Delta I=4$；^{60}Co 的 $I_m=2$，^{60}Co 的 $I_0=5$，$\Delta I=3$；^{211m}Po 的 $I_m=25/2$，^{211}Po 的 9/2，$\Delta I=8$。可见它们的 ΔI 都比较大，因而 γ 跃迁概率比较小。另外，根据前述讨论，同核异能跃迁的内转换系数是比较大的。

3. 同核异能素岛

实验表明：同核异能态的存在是普遍现象，但长寿命同核异能素（相应同核异能跃迁的 $\Delta I \geqslant 3$）不是在元素周期表的全部范围内都有可能出现，它的分布随核子数的变化具有一定的规律性，形成所谓同核异能素岛，如图 3-28 所示。由图可见，它们几乎都集中在紧靠 Z 或 $N=50,82,126$ 等所谓幻数前面的区域。这种规律性可以利用核结构的壳模型理论成功地进行解释。

综上所述，同核异能态有两个特点：一是寿命较长；二是 γ 跃迁的内转换系数较大。前者使得我们有可能较详细地并直接地研究它们的许多性质。后者便于我们较准确地推断 γ 跃迁的多极性。因此，人们对同核异能态的研究有很大的兴趣。

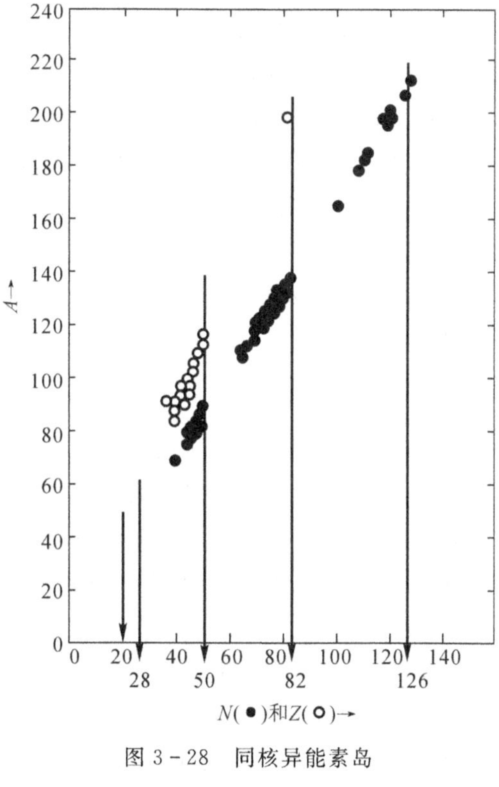

图 3-28　同核异能素岛

3.4.6　穆斯堡尔效应

到目前为止的讨论中，我们认为各种原子核状态的能量具有完全确定的值。但是，对于大多数情形，这只是一种近似。因为除了稳定的基态原子核外，所有各种状态的原子核都有一定寿命。根据量子力学的测不准关系，具有一定寿命的原子核的能量不是完全确定的，或者说，具有一定的能级宽度，在能级宽度 Γ 与平均寿命 τ 之间的关系式为

$$\Gamma\tau \approx \hbar \tag{3.4-31}$$

可见状态的寿命越长，能级宽度就越窄。所以只有稳定核的基态才有完全确定的能量。

通过测量能级宽度可以求得跃迁概率。由式(3.4-31)知，跃迁概率 λ 与能级宽度成正比，即

$$\lambda = \frac{1}{\tau} = \frac{\Gamma}{\hbar} \tag{3.4-32}$$

由于激发能级有一定宽度，所以 γ 跃迁时放出的 γ 射线的能量有一定展宽。这种展宽称为 γ 谱线的自然宽度。原则上，通过测量 γ 谱线的自然宽度可以测定激发能级的宽度，从而可以求得 γ 跃迁概率。然而，实验上要直接测出自然宽度，一般要求 γ 谱仪有极高的能量分辨本领。例如能量为 1 MeV 寿命为 10^{-13} s 的激发态跃迁到稳定核的基态时放出的 γ 射线的自然宽度为 6.58×10^{-13} eV。为了直接观测如此窄的自然宽度，γ 谱仪的能量分辨需要高达约 10^{-8} 数量级。现有的 γ 谱仪远没有这么好的分辨本领。因此，常用间接方法来测量能级宽度，方法之一是所谓的 γ 射线的共振吸收。

1. γ 射线的共振吸收

γ 射线的共振吸收在原理上和其他共振现象一样。假如收音机接收回路的频率等于某一电台的频率，就会引起电磁波的共振吸收，收听到该电台的广播；两支频率相同的音叉靠近在一起，其中一支发生振动时，就会引起另一支音叉对于声波的共振吸收而发生振动；在原子光谱中，当一束光子的能量等于原子的激发态的能量时，就会引起光子的共振吸收。实现光子共振吸收的好办法就是让一原子放出的光子通过同类的原子，因为同类原子放出光子的能量等于相应激发能级的能量。

同样道理，在原子核情形，当入射 γ 射线的能量等于原子核激发能级的能量时，就会发生 γ 射线的共振吸收。这一道理早已被人们认识到。但是，γ 射线的共振吸收直到 1953 年才被发现，原因在于原子核发射或吸收 γ 射线时反冲作用的影响。原子核发射 γ 射线，一般要受到反冲，正如大炮发射炮弹，大炮本身要受到回坐一样。因此，本来是静止的处于激发态的原子核，当它通过放射 γ 光子

跃迁到基态时，将激发能 E_0 的绝大部分交给 γ 光子外，还有很小一部分变成了反冲原子核的动能 E_R。根据能量和动量守恒定律可以得出考虑反冲效应后的 γ 射线的能量为

$$E_{\gamma e}=E_0-E_R=E_0-\frac{E_0^2}{2mc^2} \tag{3.4-33}$$

式中，m 是原子核的质量。可见，这时 γ 射线能量并不等于激发能 E_0，而是等于激发能 E_0 与反冲能量损失 $\frac{E_0^2}{2mc^2}$ 之差。

同样道理，处于基态的同类原子核吸收 γ 光子时也会发生同样大小的反冲。因此，要把原子核激发到能量为 E_0 的激发态，γ 射线的能量 $E_{\gamma a}$ 必须大于 E_0，即

$$E_{\gamma a}=E_0-E_R=E_0+\frac{E_0^2}{2mc^2} \tag{3.4-34}$$

这样，同一激发态的 γ 射线发射谱和吸收谱，其平均能量相差 $2E_R$，如图 3-29 所示。显然，只有相应发射谱和吸收谱的重叠部分，即图 3-29 中的阴影区，γ 射线的共振吸收才能发生。所以，有显著共振吸收的必要条件是 $E_R\leqslant\Gamma$。如果 $E_R\gg\Gamma$，发射谱和吸收谱就不可能有重叠，当然就不可能发生共振吸收。对于原子情形，由于光子能量很小，因而反冲能量损失总是小于原子的能级宽度。例如，对钠原子的 D 线，能谱宽度 $\Gamma\approx10^{-8}$ eV，而反冲能量损失 $E_R\approx10^{-11}$ eV。所以实验上容易观察到共振吸收。原子核的情形则不然，通常 $E_R\gg\Gamma$。例如，对 ^{191}Ir 的 129 keV 的 γ 跃迁，$E_R=0.047$ eV，$\Gamma=4.6\times10^{-6}$ eV，反冲能量损失比能级宽度大很多，实际上不能观察到原子核的 γ 射线共振吸收。

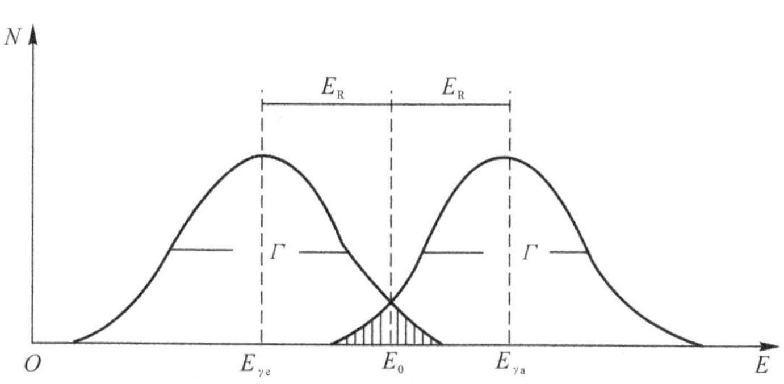

图 3-29　γ 射线的发射谱和吸收谱

由此可见，为了观测到 γ 射线的共振吸收，必须想法补偿反冲能量损失。一

个办法是利用高速机械转动，使放射性原子核向吸收体运动。根据多普勒(Doppler)效应，放射源与接收器有相对运动时，接收器测得的 γ 射线的能量和放射源放射出的 γ 射线能量 $E_{\gamma e}$ 不同，两者相差一个微量，即

$$E_{\gamma}-E_{\gamma e}=E_{\gamma e}(v/c) \tag{3.4-35}$$

式中，v 是放射源与接收器的相对运动的速度。两者面向运动时，即 $v>0$，则 $E_{\gamma}>E_{\gamma e}$；两者背向运动时，即 $v<0$，则 $E_{\gamma}<E_{\gamma e}$。因此，若将放射源放在一个高速旋转的转子上，面向吸收体有一相对运动，选择合适的相对运动速度 v，使 $(E_{\gamma}-E_{\gamma e})$ 值刚好等于 $2E_{R}$，那么，共振条件可以完全恢复。还有一个办法是增加放射源或吸收体或两者的温度，使两者原子核之间有一合适的相对速度，从而达到补偿反冲能量损失的目的。

2. 穆斯堡尔效应①

1958 年穆斯堡尔(Mössbauer)发现，可以采用另一个更为聪明而且切实可行的办法来消除反冲，其原理并不深奥。我们知道，受反冲物体的质量越大，反冲能量所占的比例就越小。这个规律无论对于发射炮弹的大炮还是放出 γ 光子的原子核都是正确的。为了消除大炮的反冲，人们要用制动铆将大炮固定在大地上。同样，为了消除原子核的反冲，穆斯堡尔提出，可将原子放入固体晶格以便尽可能使其固定，即将放射 γ 光子的原子核与吸收 γ 光子的原子核束缚在晶格中。如果 γ 光子的能量满足一定的条件，那么这时遭受反冲的不是单个原子核，而是整块晶体。与单个原子核的质量相比，晶体的质量大得不可比拟。所以反冲速度极小，反冲能量实际等于零，整个过程可看作无反冲的过程。这种效应称为穆斯堡尔效应。因此，穆斯堡尔效应也被称为无反冲共振吸收。

根据理论计算，无反冲的发射 γ 光子的分数为

$$f=\exp\left\{-\frac{3}{2}\frac{E_{0}^{2}}{2mc^{2}k\theta}\left[1+\frac{2}{3}\left(\frac{\pi T}{\theta}\right)^{2}\right]\right\} \tag{3.4-36}$$

式中，k 是玻耳兹曼常量；T 是晶体的温度；θ 是晶体的德拜(Debye)温度。式(3.4-36)只在温度 $T\ll\theta$ 的情况下适用。由式(3.4-36)可见，为了得到足够大的无反冲发射分数，必须选择德拜温度较大的晶体，同时跃迁能量不能很大，一般应小于 100 keV。另外，选用较重的原子核，以及降低晶体的温度，也都有利于效应的观察。

历史上首次用来观察无反冲共振吸收的是 ^{191}Ir 的 129 keV 的能级。该能级是由放射源 ^{191}Os 经 β^{-} 衰变后形成的，如图 3-30 所示。实验装置的示意图如图

① R. L. Mössbauer, Ann, Rev. Nucl. Sci., 12, 123(1962)

3-31 所示。

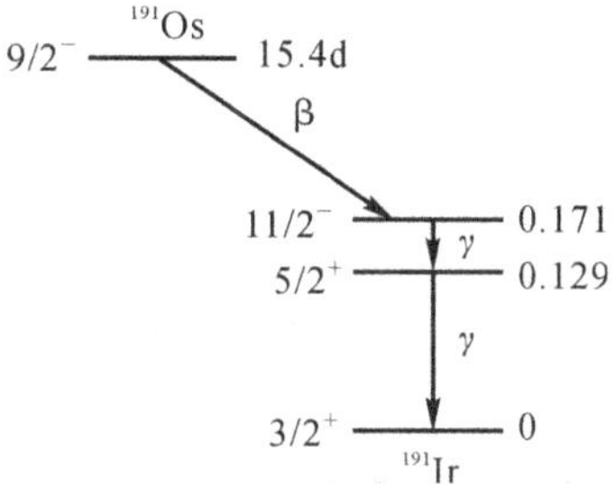

图 3-30　^{191}Os 的衰变

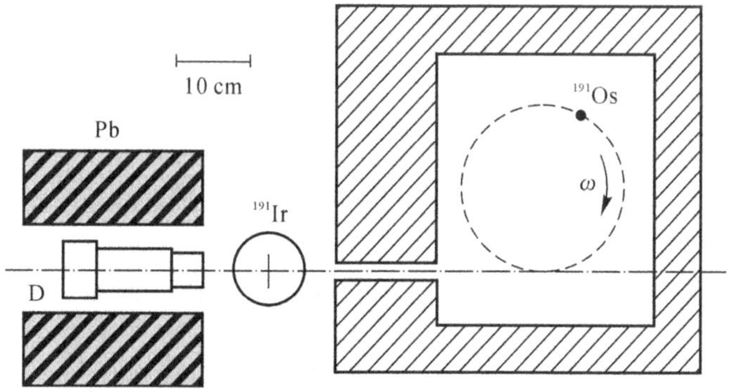

图 3-31　穆斯堡尔效应首次实验示意图

放射源^{191}Os放在转盘上，通过准直孔的 γ 射线透过吸收片^{191}Ir后被闪烁计数器 D 记录。放射源和吸收体都放在低温恒温器中，冷却到 $T=88$ K。当转盘的转速为零时，无反冲共振吸收最强，探测器的计数率降到最低。当放射源相对吸收体的运动速度为 v 时，由于多普勒效应 γ 射线能量改变$\frac{v}{c}E_0$，共振吸收减小。在改变的范围超过能级宽度时，探测器的计数率迅速上升。图 3-32 是实验得到的共振吸收与相对运动速度 v 的关系。

从谱线的半宽度可以得到能级宽度 $\Gamma=4.6\times10^{-6}$ eV。根据测不准关系，相应的能级寿命和跃迁概率分别为

$$\tau=1.4\times10^{-10}\ \text{s}$$
$$\lambda=7.1\times10^{9}\ \text{s}^{-1}$$

人们研究得最多的是^{57}Fe的 14.4 keV 的 γ 射线。由于^{57}Fe具有较高的德拜温度，在室温条件下效应就十分显著($f\approx63\%$)，所以它已成为重要的工作物质。

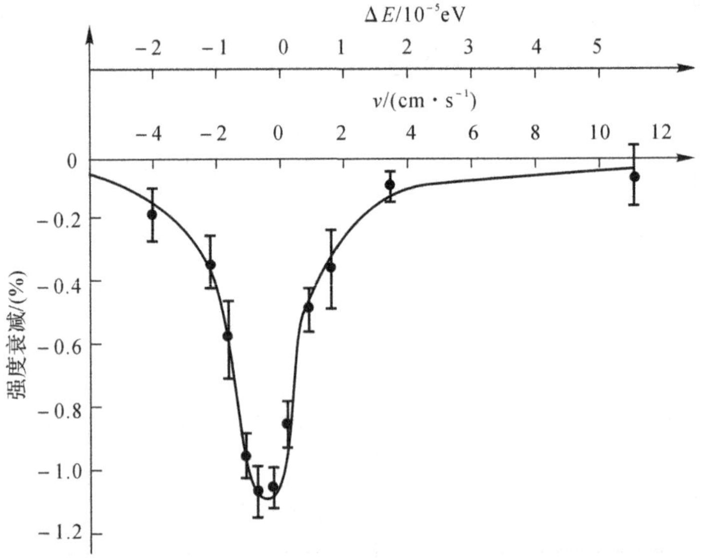

图 3-32　穆斯堡尔共振吸收谱线

利用穆斯堡尔效应可获得极高的能量分辨本领。例如对^{191}Ir，$\frac{\Gamma}{E_0}=4\times10^{-11}$；对^{57}Fe，$\frac{\Gamma}{E_0}=3\times10^{-13}$；而对^{67}Zn 的 93 keV γ 射线则有$\frac{\Gamma}{E_0}=5\times10^{-16}$。所以，利用它可以直接观测核能级的超精细结构以及用来验证广义相对论等。

广义相对论预言，在重力场作用下，光子的频率会发生改变，即所谓的谱线红移。它是指在较弱的重力场处观测从较强的重力场处发射的谱线所得的频率比在重力场相同的两点间测得的低一些，即向长波方向移动，所以称为红移。因而，当光子离开星球表面时，其频率将逐渐降低。理论预言，在地球表面附近，高度相差 h 的两点观测的相对频率变化为

$$\frac{\Delta v}{v}=\frac{gh}{c^2}\approx1.1\times10^{-16}h$$

其中，h 的单位为 m。例如，在地面上高度相差 20 m 处所测得的 γ 射线相对频率变化将为

$$\frac{\Delta v}{v}\approx2.2\times10^{-15}$$

1960 年庞德(R. V. Pound)和里布卡(G. A. Rebka)① 利用穆斯堡尔效应

① R. V. Pound and G. A. Rebka, Phys. Rev. Letters, 4, 274(1960).

在实验室内测量了光子在重力场中的频率变化。实验中需要十分小心地排除外界干扰频率变化的因素。例如，如果相距 20 m 放置的 ^{57}Co 放射源和 ^{57}Fe 吸收体的温差大到 1℃，则效应将被掩盖。庞德和里布卡第一次成功地获得了预期结果，实验值 Δv_{exp} 与理论值 Δv_{th} 基本一致，即

$$\frac{\Delta v_{exp}}{\Delta v_{th}}=1.05\pm0.10$$

这是穆斯堡尔效应在近代物理学的基础研究方面最为突出的成就。

穆斯堡尔效应的大量应用工作是基于原子核与核外电子间的超精细相互作用。原子核电荷分布与核外电子电荷分布之间的库仑相互作用，会引起核能级的微小移动。由于基态和激发态原子核的电荷分布不同，这种能级移动也不同。基态和激发态的因库仑作用引起的能级移动之差称为同核异能移。由于同核异能移的大小与核外电子分布有关，所以利用穆斯堡尔效应可测出同核异能移的相对大小，从而可以研究核外电子分布情况。

我们知道，如果在原子核所处位置上存在电场梯度或磁场，则它们与原子核的电四极矩或磁矩相互作用将引起核能级的分裂。这种能级分裂可以利用穆斯堡尔效应灵敏地测出。因为电场梯度、磁场与核外电子分布的电磁性质有关，所以穆斯堡尔效应可作为研究原子核周围环境的灵敏探针，而这种探针所提供的微观结构的信息在物理学、化学、生物学、地质学、冶金学等学科的基础研究方面得到了日益广泛的应用。起源于核物理研究的穆斯堡尔效应，已冲破核物理领域的界限，发展成为一门重要的边缘学科——穆斯堡尔谱学。

习　　题

3-1. 实验测得 ^{210}Po 的 α 粒子能量为 5 301 keV，试求其衰变能。

3-2. 利用核素质量，计算 ^{226}Ra 的 α 衰变能和 α 粒子的动能。

3-3. $^{211}_{83}Bi$ 衰变至 $^{207}_{81}Tl$，有两组 α 粒子，其能量分别为 $E(\alpha_0)=6\ 621$ keV，$E(\alpha_1)=6\ 274$ keV。前者为母核基态衰变至子核基态，后者为母核基态衰变至子核的激发态。试求子核 $^{207}_{81}Tl$ 激发态的能量，并画出此衰变纲图。

3-4. $^{218}_{84}Po$ α 衰变至 $^{214}_{82}Pb$，已知 α 粒子的动能 E_k 为 5.988 MeV，试计算反冲核 $^{214}_{82}Pb$ 的动能，并求出 α 衰变能 E_d。

3-5. 一块质量为 0.5 kg 的核燃料纯 ^{239}Pu，试计算这块核燃料存放时由于 α 衰变放出的功率为多少瓦(W)？

3-6. 试计算 α 粒子对于 $^{20}_{10}Ne$，$^{112}_{50}Sn$，$^{238}_{92}U$ 的库仑势垒，设 $r_0=1.45$ fm。

3-7. 已知 ThC′($^{218}_{84}Po$)对于基本 α 粒子组($E_0=8.785$ MeV)的半衰期为

3×10^{-7} s，试计算激发核 ThC′对于发射长射程 α 粒子($E_3=10.55$ MeV)的平均寿命。计算时假定 α 粒子碰撞势垒的次数，在激发核内和在非激发核内都是相同的。

3-8. 试计算：

(1)^{223}Ra 发射^{14}C 的动能 E_k 和库仑势垒 V_c；

(2)^{53m}CO 发射质子的动能 E_k 和库仑势垒 V_c。

3-9. 利用结合能的半经验公式，推导出原子核发射质子的衰变能随 Z，A 变化的关系式。

3-10. 利用核素质量，计算$^3_1$H→$^3_2$He 的 β 谱的最大能量 E_m。

3-11. $^{47}_{23}$V 既可产生 β^+ 衰变，也可产生 K 俘获，已知 β^+ 的最大能量为 1.89 MeV，试求 K 俘获过程放出的中微子的能量 E_ν。

3-12. 样品中含$^{210}_{83}$Bi 4.00 mg，实验测得半衰期为 5.01 d，放出 β 粒子的平均能量为 0.337 MeV，试求样品的能量辐射率 W。

3-13. 设在标准状态下的 2.57 cm^3 的氚气样品中，发现每小时放出 0.80 J 的热，已知氚的半衰期为 12.33 a，试求：

(1)衰变率 D；

(2)β 粒子的平均能量 $\bar{E}_\beta$；

(3)$\bar{E}_\beta$ 与 β 谱的最大能量 E_m 之比 $\bar{E}_\beta/E_m$。

3-14. $^7_4\mathrm{Be}\xrightarrow{\mathrm{K}}{}^7_3\mathrm{Li}$ 的衰变能 $E_d=0.87$ MeV，试求$^7_3$Li 的反冲能 E_R。

3-15. ^{32}P 的粒子最大能量 $E_m=1.71$ MeV，计算放出 β 粒子时原子核的最大反冲能 E_{Re} 和发射中微子时核的最大反冲能 $E_{R\nu}$。

3-16. 放射源$^{74}_{33}$As 有：①两组 β^- 电子，其最大能量和分支比为 0.69 MeV，16%和 1.36 MeV，16%，后者为相应至$^{74}_{34}$Se 基态之衰变；②两组 β^+ 电子，其最大能量和分支比为 0.92 MeV，25%和 1.53 MeV，2.8%，后者为相应至$^{74}_{32}$Ge 基态之衰变；③两组单能中微子：1.93 MeV，38%和 2.54 MeV，2.2%。试作出$^{74}_{33}$As 的衰变纲图，并求该放射源所放出的 γ 射线的能量(已知 Ge 的 K 电子结合能约为 0.01 MeV)。

3-17. 计算^{24}Na 的 β^- 衰变的 β 粒子最大能量，为什么在实验中没有观察到这组能量的 β 粒子？

3-18. 对于$^{42}_{21}\mathrm{Sc}\xrightarrow[0.68\ \mathrm{s}]{\beta^+}{}^{42}_{20}\mathrm{Ca}$，查表得 $f(Z,E_m)=10^{3.3}$，并已知子核的能级特性为 0^+。试求 $\lg fT_{1/2}$ 值，并以此判断母核的能级特性。

3-19. 由磁谱仪测得^{32}P 的 β 谱的实验数据如下：强度正比于单位 $B\rho$ 间隔的电子数。

试求①电子的动量分布图;②电子的能量分布图;③库里厄图(设库仑改正因子为常量);④β 谱的最大能量 E_m。

3-20. 已知 ^{15}N 的结合能为 115.49 MeV,^{15}O 的 β^+ 衰变能为 1.73 MeV,中子的 β^- 衰变能为 0.78 MeV,试求 ^{15}O 的结合能。

3-21. 原子核 ^{69}Zn 处于能量为 436 keV 的同核异能态时,试求放射 γ 光子后的反冲动能 $E_{R\gamma}$ 和放射内转换电子后的反冲动能 E_{Re}。若 69Zn 处于高激发态,可能发射中子,试求发射能量为 436 keV 中子后的反冲能 E_{Rn}(已知 K 层电子的结合能为 9.7 keV)。

3-22. 试计算 1 μg 重的 ^{137}Cs 每秒放出多少个 γ 光子。已知 ^{137}Cs 的半衰期为 30.07 a,β 衰变至子核激发态的分支比为 93%,子核 γ 跃迁的内转换系数分别为 $\alpha_K=0.0976$,$\frac{K}{L}=5.66$,$\frac{M}{L}=0.260$。

3-23. 放射源 $^{46}_{21}Sc$ β^- 衰变至 $^{46}_{22}Ti$ 的激发态,然后接连通过两次 γ 跃迁至基态。由 β 磁谱仪在曲率半径为 20 cm 处测得此放射源的内转换 K 电子的峰与场强 0.025 75T,0.021 66 T 对应。已知 Ti 的 K 电子结合能为 5.0 keV,试求 β 跃迁的能量。

3-24. 实验测得 $^{120}_{51}Sb$ 有:①两组 β^- 电子:0.52 MeV,$\lg fT_{1/2}=5.5$;1.70 MeV,$\lg fT_{1/2}=4.5$。后者为相应至 $^{120}_{50}Sn$ 基态之跃迁。②一条 γ 射线,其能量为 1.181 MeV,属 $E2$ 型。已知 $^{120}_{50}Sn$ 基态的自旋和宇称为 0^+,试画出衰变纲图,并标出各能级的自旋和宇称。

3-25. $^{75}_{34}Se$ 通过 K 俘获衰变至 $^{75}_{33}As$ 的激发态,后者跃迁至基态时,放出一系列 γ 光子或内转换电子。由 β 磁谱仪测得 22 条内转换电子谱线(见表 3-8),试确定所放出的 γ 光子的能量,并画出 $^{75}_{33}As$ 的能级图(已知 K,L,M 层电子的结合能分别为 11.9,1.5 和 0.2 keV)。

表 3-8　内转换电子能量(keV)

23.2	95.3	186.9	293.4
24.4	96.5	197.2	303.4
54.3	109.4*	253.3	390.0
64.6	124.3	263.6	400.5
68.9	134.7	268.2	
85.0	136.0	278.5	

注:带 * 者发生在 K 层。

第4章 原子核反应

核衰变是不稳定的原子核自发发生的转变。转变的方向总是朝着稳定的原子核的方向发展，最后变成稳定的原子核。另外，稳定的原子核也可以转变为不稳定的原子核，只是不能自发产生，而是通过核反应形成的。

原子核与原子核，或者原子核与其他粒子(例如中子、γ 光子等)之间的相互作用所引起的各种变化叫做核反应。各式各样的核反应是产生不稳定原子核的最根本的途径。

核反应过程对原子核内部结构的扰动以及所牵涉的能量变化一般要比核衰变过程大得多。例如，核衰变只涉及低激发能级，通常在 3～4 MeV 以下，这是衰变核谱学的一个局限性。核反应涉及的能级可以很高，通常在一个核子的分离能以上，甚至高达几百兆电子伏以上。反应核谱学是研究高激发能级的重要手段。核反应产生的现象丰富多彩，光是轻粒子(不比 α 粒子更重的粒子)引起的核反应就有几千种。因而，可在更广泛的范围内对原子核进行研究。此外，核反应是获得原子能和放射性核的重要途径，对它的研究具有很大的实际意义。

4.1 核反应概述

4.1.1 实现核反应的途径

要使核反应过程能够发生，原子核或其他粒子(如中子、γ 光子等)必须足够接近另一原子核，一般须达到核力作用范围之内，即小于 10^{-12} cm 的数量级。实现这一条件可以通过以下三个途径。

(1)用放射源产生的高速粒子去轰击原子核。例如，1919 年卢瑟福实现的历史上第一个人工核转变就是用放射源 RaC′(^{214}Po)的 α 粒子去轰击氮原子核，引起核反应的：

$$^{14}_{7}N+^{4}_{2}He\rightarrow^{17}_{8}O+^{1}_{1}H \qquad (4.1-1)$$

此式表示 α 粒子($^{4}_{2}$He)打在氮原子核$^{14}_{7}$N 上，使核转变成$^{17}_{8}$O 核，同时放出一个质子 p($^{1}_{1}$H 核)。这里，α 粒子称为入射粒子，也叫轰击粒子；$^{14}_{7}$N 核称为靶核；$^{17}_{8}$O 和$^{1}_{1}$H 统称为反应产物，其中较重者$^{17}_{8}$O 称为剩余核，较轻者$^{1}_{1}$H 称为出射

粒子。通常把反应式式(4.1-1)简写为

$$^{14}_{7}N(\alpha,p)^{17}_{8}O$$

用放射源提供入射粒子来研究核反应，由于入射粒子种类很少，强度不大，能量不高，而且不能连续可调，目前已很少用了。

(2)利用宇宙射线来进行核反应。宇宙射线是指来自宇宙空间的高能粒子。宇宙射线的能量一般都很高，最高可达 1021 eV，用人工方法产生这样高能量的粒子短期内是难以实现的。用它作为入射粒子来研究高能核反应有可能发现一些新现象。其缺点是强度很弱，能观测到核反应的机会极小。然而，由于它具有上述独到的优点，人们一直在努力弥补它的缺点，做了不少高能物理方面的研究工作。

(3)利用带电粒子加速器或反应堆来进行核反应。这是实现人工核反应的最主要的手段。随着粒子加速器技术的不断发展和性能改进，人们已能将几乎所有的稳定核素加速到单核子能量数百兆电子伏，甚至更高的能量，近期有望将^{197}Au加速至 200 GeV/A；在束流强度和品质方面也有极大提高，人们已经可以使用种类繁多、能区宽、束流强和品质好的入射束流进行核反应实验，从而极大地扩展了核反应的研究领域。

4.1.2　核反应的分类

核反应一般可表示为

$$A+a \rightarrow B+b \qquad (4.1-2)$$

式中，A 和 a 分别表示靶核和入射粒子，B 和 b 表示剩余核和出射粒子，简写为

$$A(a,b)B$$

当入射粒子能量较高时，出射粒子可以不止一个，而有两个或两个以上。例如 30 MeV 的 α 粒子轰击^{60}Ni，可以产生反应：

$$^{60}Ni+\alpha \rightarrow {}^{62}Cu+p+n \qquad (4.1-3)$$

简写为$^{60}Ni(\alpha,pn)^{62}Cu$；40 MeV 的质子轰击$^{209}Bi$，可以产生反应：

$$^{209}Bi+p \rightarrow {}^{206}Po+4n$$

简写为$^{209}Bi(p,4n)^{206}Po$。

按出射粒子的不同，核反应可以分为两大类，即核散射和核转变。核散射是指出射粒子和入射粒子相同的核反应。核散射又分弹性散射和非弹性散射两种。

弹性散射是指散射前后系统的总动能相等，原子核的内部能量不发生变化。弹性散射的一般表示式是

$$A+a \rightarrow A+a \quad 或 \quad A(a,a)A \qquad (4.1-4)$$

例如，质子被碳核散射，散射后的碳核仍处于基态时，这一反应就是弹性散射。它表示为

$$^{12}C+p\rightarrow ^{12}C+p \quad 或 \quad ^{12}C(p,p)^{12}C$$

非弹性散射是指散射前后系统的总动能不相等，原子核的内部能量要发生变化。最常见的非弹性散射是剩余核处于激发态的情形，它的一般表示式为

$$A+a\rightarrow A^{*}+a \quad 或 \quad A(a,a')A^{*} \tag{4.1-5}$$

例如，质子被碳核散射，散射后的碳核处于激发态时，这一反应就是非弹性散射。它表示为

$$^{12}C+p\rightarrow ^{12}C^{*}+p' \quad 或 \quad ^{12}C(p,p')^{12}C^{*}$$

另一类核反应，即核转变，是指出射粒子和入射粒子不同的反应，上述所举的式(4.1-1)和式(4.1-3)反应即是。

核反应按入射粒子种类不同也可分为以下 3 种：

(1)中子核反应，如中子弹性散射(n,n)，中子非弹性散射(n,n')，中子辐射俘获(n,γ)等。

(2)带电粒子核反应。它又可分为：质子引起的核反应，如(p,p)，(p,n)，(p,α)等；氘核引起的核反应，如(d,p)，(d,α)等；α 粒子引起的核反应，如(α,n)，(α,p)等，重离子(指比 α 粒子更重的离子)引起的核反应，如$(^{12}C,4n)$，$(^{16}O,\alpha 3n)$等。

(3)光核反应。即 γ 光子引起的核反应，如(γ,n)，(γ,p)等。

此外，电子也可以引起核反应，其特点和光核反应类似。

核反应按入射粒子能量不同，还可不很严格地分为以下 3 种：

(1)低能核反应。指入射粒子的单核子能量 E 比靶核内核子的费米能量(约 30 MeV)低的核反应。此时产生的出射粒子的数目一般最多是 3～4 个。

(2)中能核反应。指单核子能量为 30 MeV$<E/A<$1000 MeV 的核反应。此时可以使靶核散裂成许多碎片。当 $E/A>$100 MeV 时，还可以产生介子。

(3)高能核反应。指 $E/A>$1000 MeV 的核反应。此时除可以产生介子外，还可以产生其他一些基本粒子和形成奇特核。

本章介绍的核反应主要是低能核反应。

4.1.3 反应道

对一定的入射粒子和靶核，能发生的核反应过程往往不止一种。例如，能量为 2.5 MeV 的氘核轰击^{6}Li 时，可以产生以下反应：

$$ {}^{6}Li+d \rightarrow \begin{cases} {}^{4}He+\alpha \\ {}^{7}Li+p_0 \\ {}^{7}Li^{*}\text{(第一激发态)}+p_1 \\ {}^{7}Li^{*}\text{(第二激发态)}+p_2 \\ {}^{6}Li+d \\ \cdots\cdots \end{cases} \tag{4.1-6} $$

式中，p_0，p_1 和 p_2 分别表示相应反应中放出的质子。

对应于每一种核反应过程，有一个反应道。反应前的道称为入射道，反应后的道称为出射道，对于同一个入射道，可以有若干个出射道，如式(4.1-6)所示的反应。对于同一个出射道，也可以有若干个入射道，例如

$$ \left.\begin{matrix} {}^{6}Li+d \\ {}^{7}Li+p \\ {}^{7}Be+n \end{matrix}\right\} \rightarrow {}^{4}He+\alpha $$

产生各个反应道的概率是不等的，而且这种概率随入射粒子能量的变化而不同。能量增大时，一般要增加出射道。对于一定的入射粒子和靶核，到底能产生哪些反应道，与核反应机制和核结构等问题有关，同时它要被一些守恒定律所约束。

4.1.4　核反应中的守恒定律

大量实验表明，核反应过程主要遵守以下几个守恒定律：

(1)电荷守恒。即反应前、后的总电荷数不变。例如，${}^{14}_{7}N(\alpha,p){}^{17}_{8}O$ 反应中，反应前的总电荷数是 7+2=9，反应后的总电荷数也是 8+1=9。

(2)质量数守恒。即反应前、后的总质量数不变。例如，在${}^{14}_{7}N(\alpha,p){}^{17}_{8}O$ 反应中，反应前的总质量数是 14+4=18，反应后的总质量数也是 17+1=18。

(3)能量守恒。即反应前、后体系的总能量(静止能量和动能之和)不变。

(4)动量守恒。即反应前、后体系的总动量不变。例如，在${}^{14}_{7}N(\alpha,p){}^{17}_{8}O$ 反应中，若靶核${}^{14}_{7}N$ 本来静止，则反应前的总动量为 α 粒子的动量，于是反应后的总动量——质子与${}^{17}_{8}O$ 核动量的矢量和必等于 α 粒子的动量。

(5)角动量守恒。即在反应过程中，总角动量不变。例如${}^{14}_{7}N(\alpha,p){}^{17}_{8}O$ 反应，反应前体系的总角动量为${}^{14}_{7}N$ 核、α 粒子的角动量以及两者相对运动的轨道角动量的矢量和。已知${}^{14}_{7}N$ 核和 α 粒子的角动量分别为 1 和 0，若两者对心碰撞，则其轨道角动量为 0，于是反应前体系的总角动量为 1。同时，已知${}^{17}_{8}O$ 核和质子的角动量分别为 5/2 和 1/2，则两者的矢量和是 2 或 3。为了保持反应后体

系的总角动量也是 1,则$^{17}_{8}$O 核与质子间的轨道角动量 l 只能取以下可能值:1,2,3 或 2,3,4。

(6)宇称守恒。即对每一类型的核反应,体系总的宇称不变。例如,$^{14}_{7}$N(α,p)$^{17}_{8}$O 反应,反应前体系的宇称等于$^{14}_{7}$N 核、α 粒子的宇称以及两者相对运动的轨道宇称之积。已知$^{14}_{7}$N 核和 α 粒子的宇称都是+1。如果两者对心碰撞,则其轨道宇称也是+1。于是反应前体系的宇称 $\pi_i=(+1)(+1)(+1)=+1$。同时,已知$^{17}_{8}$O 和质子的宇称都是+1。为了保持反应后体系的宇称 $\pi_i=+1$,则后两者相对运动的轨道宇称必为+1。从而,它们的轨道角动量 l 只能取偶数,即 $l=0,2,4$ 等。如果入射波取 $l=1$ 的分波,则质子和$^{17}_{8}$O 相对运动的角动量量子数 l 只能取奇数,即 $l=1,3,5$ 等。

4.2 反 应 能

本节和 4.3 节,将讨论能量守恒定律和动量守恒定律应用在核反应中所获得的某些重要结果。

4.2.1 反应能

核反应过程中释放出的能量,称为反应能,通常用符号 Q 表示。因此,反应能就是反应后的动能减去反应前的动能。$Q>0$ 的反应叫做放能反应,$Q<0$ 的反应叫做吸能反应。

考虑反应能后,核反应的表示式为

$$\mathrm{A}+\mathrm{a}\rightarrow\mathrm{B}+\mathrm{b}+Q \tag{4.2-1}$$

例如反应

$$^{6}\mathrm{Li}+\mathrm{d}\rightarrow{}^{4}\mathrm{He}+\alpha+22.4\ \mathrm{MeV}$$

其 Q 为正值,所以它是放能反应。

令 E_A, E_a, E_B, E_b 分别表示靶核、入射粒子、剩余核、出射粒子的动能;m_A, m_a, m_B, m_b 分别表示它们的静止质量,并假设反应前后的粒子都是处于基态,根据反应能的定义有

$$Q=E_B+E_b-E_A-E_a \tag{4.2-2}$$

另外,利用广义质量亏损 Δm,有

$$Q=\Delta mc^2=(m_A+m_a-m_B-m_b)c^2=(M_A+M_a-M_B-M_b)c^2 \tag{4.2-3}$$

式中,M_A, M_a, M_B, M_b 代表反应前后相应粒子的原子质量。注意,在式(4.2-3)

的推导中，采用原子质量来代替核的质量。这是因为核的总电荷在反应前、后不变，则原子中的电子总数也不变，于是在原子质量相减的过程中，电子质量相消了。当然，反应前、后电子在原子中的结合能是有变化的，但它甚小，可以忽略不计。

式(4.2-2)和式(4.2-3)表明：Q值既可以通过实验测量反应前、后各粒子的动能求得，也可以由已知的各粒子的原子质量算出。对于后一种办法，举例说明如下：

对于${}^{14}_{7}N(\alpha,p){}^{17}_{8}O$反应，反应前后各粒子的原子质量为

$$\begin{array}{rr} M_A({}^{14}N)=14.003074u & M_B({}^{17}O)=16.999133u \\ +)\quad M_a({}^{4}He)=4.002603u & +)\quad M_b({}^{1}H)=1.007825u \\ \hline 18.005677u & 18.006958u \end{array}$$

则
$$\Delta m=18.005677u-18.006958u=-0.001281u$$

故得
$$Q=-0.001281\times 931.5\ \text{MeV}=-1.193\ \text{MeV}$$

可见这是吸能反应。

式(4.2-3)还可以通过反应前、后有关粒子的结合能之差表示出来。令m_{aA}表示粒子a与靶核A结合而成的中间核的质量，m_{bB}表示粒子b与剩余核B结合时生成核的质量，显然有$m_{aA}=m_{bB}$。则当式(4.2-3)右边括号内同时加减m_{aA}时，有

$$Q=[(m_A+m_B-m_{aA})+(m_B+m_b-m_{bB})]c^2=B_{aA}-B_{bB} \quad (4.2-4)$$

式中，B_{aA}为粒子a与靶核A的结合能；B_{bB}为粒子b与剩余核B的结合能。由此式可见，当$B_{aA}>B_{bB}$时，为放能反应，反之为吸能反应。

4.2.2　Q方程

现在来讨论通过实验测量反应中有关粒子的动能来求Q值。

由于靶核E_A在实验中往往是固定的，则按式(4.2-2)，有

$$Q=E_B+E_b-E_a \quad (4.2-5)$$

剩余核的动能E_B一般较小，很难准确测定，有时它还不能穿出靶物质，根本无法直接测量。这样，实验测定Q值似乎成了问题。然而，可以利用动量守恒定律把E_B消掉。

用$\boldsymbol{p}_a$，$\boldsymbol{p}_B$，$\boldsymbol{p}_b$分别表亦粒子a，B，b的动量，按动量守恒定律，有

$$\boldsymbol{p}_a=\boldsymbol{p}_B+\boldsymbol{p}_b$$

令θ表示出射粒子b的出射角，即出射粒子与入射粒子方向间的夹角，如图4-1所示。

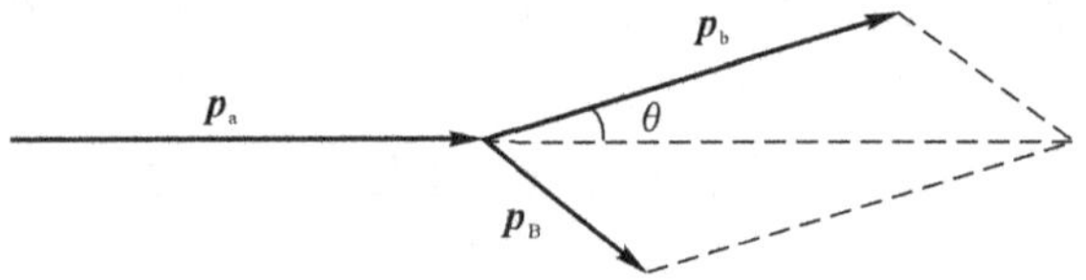

图 4-1　核反应中动量守恒示意图

由余弦定律得

$$p_B^2 = p_a^2 + p_b^2 - 2p_a p_b \cos\theta$$

因 $p^2 = 2mE$，则有

$$m_B E_B = m_a E_a + m_b E_b - 2(m_a m_b E_a E_b)^{1/2}\cos\theta \qquad (4.2-6)$$

将此式与(4.2-5)合并消去 E_B，可得

$$Q = \left(\frac{m_a}{m_B} - 1\right)E_a + \left(\frac{m_b}{m_B} + 1\right)E_b - \frac{2(m_a m_b E_a E_b)^{1/2}\cos\theta}{m_B} \qquad (4.2-7)$$

把式中的质量 m 之比改写为质量数 A 之比，一般不会影响精度，于是式(4.2-7)可改写为

$$Q = \left(\frac{A_a}{A_B} - 1\right)E_a + \left(\frac{A_b}{A_B} + 1\right)E_b - \frac{2(A_a A_b E_a E_b)^{1/2}\cos\theta}{A_B} \qquad (4.2-8)$$

由式(4.2-7)或式(4.2-8)可见，只要测量 θ 角方向的出射粒子的动能 E_b（因实验中 E_a 一般已知），即可求得 Q 值。当 $\theta=90^\circ$ 时，上述两式最后一项为零。所以，在 θ 等于 90° 方向进行测量，计算更为简单。

式(4.2-7)或式(4.2-8)通常称为 Q 方程。在实际问题中，常常需要知道出射粒子的能量 E_b 随出射角 θ 的变化关系，称之为能量-角度关系，或能量角分布，用 $E_b(\theta)$ 来表示。当然，$E_b\theta$ 可以通过实验来测量，但在实际应用中，往往是通过求解 Q 方程得到的。

Q 方程的解如下：

$$E_b = \left\{\frac{(A_a A_b E_a)^{1/2}}{A_B + A_b}\cos\theta \pm \left[\left(\frac{A_B - A_a}{A_B + A_b} + \frac{A_a A_b}{(A_B + A_b)^2}\cos^2\theta\right)E_a + \frac{A_B}{A_B + A_b}Q\right]^{1/2}\right\}^2 \qquad (4.2-9)$$

一个具体核反应的 Q 值，可以利用原子质量算得。因此，对应于某一入射粒子能量 E_a，应用式(4.2-9)即可求得能量-角度关系 $E_b(\theta)$。这种关系对于在实验中辨认粒子，以及在不同的出射角处选择一定能量的出射粒子是很有用的。

注意公式(4.2-9)中方括号前有正负号，一般只取正号，只有出现能量双值时，才同时取正负号。能量双值问题将在后面详细讨论。

4.2.3　实验 Q 值

以上讨论 Q 值时，假设反应前、后的粒子都是处于基态。实际情形中，反应产物(特别是剩余核)可以处于激发态。现在来讨论剩余核处于激发态时的 Q 值,通常称它为实验 Q 值,用 Q' 表示。

设剩余核的激发能为 E^*,则激发态剩余核的静止质量为

$$m_B^* = m_B + \frac{E^*}{c^2} \tag{4.2-10}$$

于是

$$Q' = \Delta mc^2 = (m_A + m_a - m_B^* - m_b)c^2 = (m_A + m_a - m_B - m_b)c^2 - E^* = Q - E^* \tag{4.2-11}$$

此处 Q 是剩余核处于基态时的反应能,由前所述,它可以通过各粒子的质量计算出来。

此式的物理意义是明显的,由于剩余核处于激发态。则其能量比基态时多了一部分激发能 E^*,这部分能量在核反应中没有转化为出射粒子和剩余核的动能。因此,反应过程中释放出的能量 Q' 就要比剩余核处于基态时的 Q 少了一个 E^*。式(4.2-11)可改写为

$$E^* = Q - Q' \tag{4.2-12}$$

此式表明,由实验测得 Q' 后,即可求得剩余核的激发能。这是通过核反应获得原子核激发能数据的重要方法。

按定义,Q' 与 Q 相仿,也是反应后的动能减去反应前的动能。所不同的是:在 Q' 情形剩余核处于激发态,在 Q 情形剩余核处于基态。因此,对于 Q',Q 方程式(4.2-7)和式(4.2-8)同样适用。只是式(4.2-7)中的 m_B 应该用激发态的剩余核质量 m_B^* 来代替。但通常 $E^* \ll m_B c^2$,所以有 $m_B^* \approx m_B$。

现在举一例子说明 Q 方程的应用。

例 1　已知能量为 2.0 MeV 的氘束轰击 ^{6}Li 靶时,在出射角 $\theta=155°$ 的方向探测到两种能量的质子:4.67 MeV 和 4.29 MeV,试求 ^{7}Li 的激发能。

解:当剩余核 ^{7}Li 处于基态时,利用原子质量,计算该反应的 Q 值如下:

$$^6\text{Li} + {}^2\text{H} \rightarrow {}^7\text{Li} + {}^1\text{H}$$

$$\begin{array}{rr} 6.015123\text{u} & 7.016005\text{u} \\ +)\ 2.014102\text{u} & +)\ 1.007825\text{u} \\ \hline 8.029225\text{u} & 8.023830\text{u} \end{array}$$

则

$$Q = (8.029225 - 8.023830) \times 931.5\ \text{MeV} = 0.005395 \times 931.5\ \text{MeV} = 5.03\ \text{MeV}$$

将本例中给的已知数据代入方程式(4.2-8),可以算得实验 Q 值为

$$Q_0 = \left(\frac{A_a}{A_B} - 1\right)E_a + \left(\frac{A_b}{A_B} + 1\right)E_b - \frac{2(A_a A_b E_a E_b)^{1/2}}{A_B}\cos\theta =$$

$$\left[\left(\frac{2}{7}-1\right)\times 2+\left(\frac{1}{7}+1\right)\times 4.67-\frac{2(2\times 1\times 2\times 4.67)^{1/2}}{7}\cos 155^{\circ}\right]\text{MeV}=$$
5.03 MeV

$$Q_0=\left[\left(\frac{2}{7}-1\right)\times 2+\left(\frac{1}{7}+1\right)\times 4.29-\frac{2(2\times 1\times 2\times 4.29)^{1/2}}{7}\cos 155^{\circ}\right]\text{MeV}=$$
4.55 MeV

可见，$Q'_0=Q$，所以能量为 4.67 MeV 的质子相应于生成^{7}Li 基态的反应。利用式(4.2-12)可得^{7}Li 的激发能为

$$E^*=Q-Q'_1=(5.03-4.55)\ \text{MeV}=0.48\ \text{MeV}$$

该实验中同时观测到0.48 MeV 的 γ 射线。这也说明用上述方法定出的^{7}Li 激发能值是可靠的。

4.3 实验室坐标系和质心坐标系

实验室坐标系，简称 L 系，是指坐标原点固定在实验室中某一点（例如在核反应实验中的靶核）的坐标系。质心坐标系，简称 C 系，是指坐标原点固定在系统诸粒子的质心（例如在核反应问题中的入射粒子和靶核的质心）上的坐标系。显然，直接从实验中所取得的数据都是相对于L系而言的，下面要讲到的角分布和激发函数等数据就是这样。但是，在讨论理论问题时，如果采用L系往往比较麻烦，采用C系就比较简单。因此，讨论理论问题时均习惯用C系。为了能使实验数据与理论作比较，就需要将有关物理量从L系转换成C系，或从C系转换成L系，本节主要讨论这种转换。

4.3.1 相对运动动能

入射粒子 a 和靶核 A 相对于质心运动的动能之和通常称为入射粒子的相对运动动能，用 E' 表示。显然，这一物理量是 C 系中的物理量。下述讨论它与 L 系中物理量的关系。

设 L 系的坐标原点取在靶核上，入射粒子 a 距靶核 A 的距离为 x（见图4-2）。

质心 C. M. 距靶核的距离为 x。则按质心定义，有

$$x_c=\frac{m_a x+m_A\times 0}{m_a+m_A}=\frac{m_a}{m_a+m_A}x \tag{4.3-1}$$

式(4.3-1)对时间 t 求微商，得

$$\frac{\mathrm{d}x_c}{\mathrm{d}t}=\frac{m_a}{m_a+m_A}\frac{\mathrm{d}x}{\mathrm{d}t} \tag{4.3-2}$$

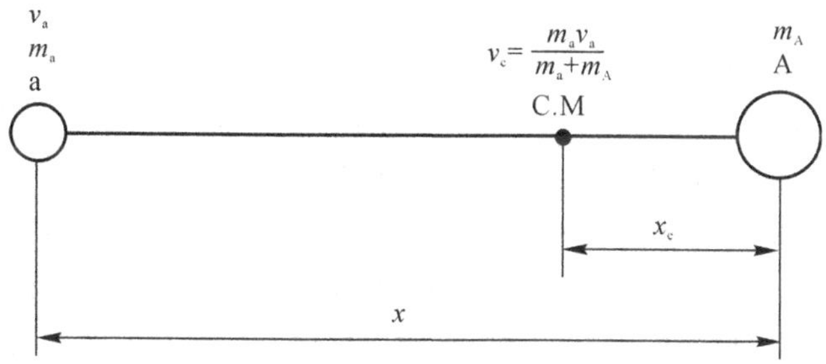

图 4-2　质心速度与入射粒子速度之间的关系

式中，$\frac{dx}{dt}$ 为入射粒子 a 的速度，记为 v_a；$\frac{dx_c}{dt}$ 为质心的速度，记为 v_c，则式(4.3-2)可改写为

$$v_c = \frac{m_a}{m_a + m_A} v_a \tag{4.3-3}$$

此式表示 a 以速度 v_a 向 A 运动时，质心以 $\frac{m_a}{m_a + m_A} v_a$ 的速度向 A 运动。于是，a 相对于质心的速度，即 a 在 C 系中的速度 v'_a 为

$$v'_a = v_a - v_c = v_a - \frac{m_a}{m_a + m_A} v_a = \frac{m_A}{m_a + m_A} v_a \tag{4.3-4}$$

A 相对于质心的速度，即 A 在 C 系中的速度 v_A 就等于质心相对于 A 的速度 v_c，只是速度的方向相反而已。则有

$$v'_A = v_c \frac{m_a}{m_a + m_A} v_a \tag{4.3-5}$$

利用式(4.3-3)和式(4.3-5)即可求得 a 与 A 在 C 系中的动能之和 E' 为

$$E' = \frac{1}{2} m_a v'^2_a + \frac{1}{2} m_A v'^2_A = \frac{1}{2} \frac{m_a m_A}{m_a + m_A} v_a^2 = \frac{1}{2} \mu v_a^2 \tag{4.3-6}$$

其中，$\mu = \frac{m_a m_A}{m_a + m_A}$ 称为折合质量或约化质量。此式表明，入射粒子的相对运动动能可用折合质量及其在 L 系中的速度表示出来。

式(4.3-6)也可改写为

$$E' = \frac{m_A}{m_a + m_A} E_a \tag{4.3-7}$$

这是一个重要的关系式，后面经常要用到它。

4.3.2　阈能

对于吸能反应，$Q < 0$。例如，吸能反应 $^{14}N(\alpha, p)^{17}O$ 的 Q 为 -1.193

MeV。由于此反应是吸能的，因而只有当 α 粒子的动能大于一定数值时反应才能发生。那么，能使反应发生的 α 粒子的最低能量是多少呢？初看起来，只要 α 粒子具有 1.193 MeV 的动能，以上反应就能发生。但实际上这是不够的。由于在 L 系中，反应前体系具有动量，则根据动量守恒定律，反应后必有相等的动量。因此，在 L 系中反应产物不可能没有动能。入射粒子所具有的动能，除了要供给被体系吸收的 $|Q|$ 值以外，为了保持动量守恒，还要供给反应产物以必要的动能。所以，E_a 必须大于 $|Q|$ 值，才能使反应发生。在 L 系中，能够引起核反应的入射粒子最低能量，称为该反应的阈能，以 E_{th} 表示。那么，E_{th} 究竟应该多大呢？这需要借助 C 系来分析。

在 C 系中，反应前后体系的动量均等于零，所以 C 系中反应产物不一定要有动能。因此，反应前体系在 C 系中的动能可以至少等于 $|Q|$，即

$$E' = |Q| \tag{4.3-8}$$

其中，E' 是前面讨论过的入射粒子的相对运动动能。根据式(4.3-7)，有

$$|Q| = \frac{m_A}{m_a + m_A} E_a$$

即

$$E_a = \frac{m_a + m_A}{m_A} |Q| \tag{4.3-9}$$

此式表明，要使反应能够发生，入射粒子在 L 系中的动能 E_a 至少等于 $\frac{m_a + m_A}{m_A}|Q|$，这就是阈能 E_{th}。可得阈能的表示式为

$$E_{th} = \frac{m_a + m_A}{m_A} |Q| \tag{4.3-10}$$

例如，对于 $^{14}N(\alpha, p)^{17}O$ 反应，阈能为

$$E_{th} = \frac{14 + 4}{4} \times 1.193 \text{ MeV} = 1.53 \text{ MeV}$$

即只有当 α 粒子的动能至少为 1.53 MeV 时才能引起反应。

需要指出，对于放能反应，由于不需要供给能量，阈能原则上等于零。荷电粒子的能量低于反应阈能时，即使是放能反应，也不能引起反应。这种反应阈能决定于库仑势垒的大小，不属于这里要讨论的阈能。

4.3.3 出射角在 L 系与在 C 系的转换关系

出射粒子 b 在 L 系中的速度 v_b 应该等于 b 在 C 系中的速度 v'_b 加上质心在 L 系中的速度 v_c，即

$$v_b = v'_b + v_c \tag{4.3-11}$$

其向量之间的关系如图 4-3 所示。

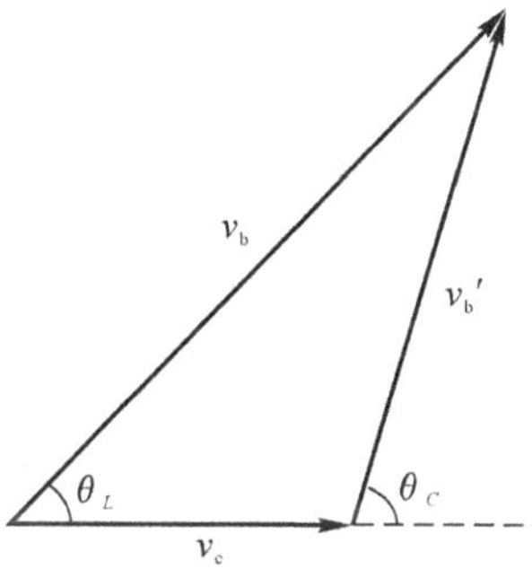

图 4-3 θ_L 与 θ_C 的关系

图中 θ_L 是 L 系中的出射角，θ_C 是 C 系中的出射角。根据正弦定理，有

$$\frac{v_b'}{\sin\theta_L}=\frac{v_c}{\sin(\theta_C-\theta_L)} \qquad (4.3-12)$$

定义 $\frac{v_c}{v_b'}=\gamma$，式(4.3-12)可改写为

$$\sin(\theta_C-\theta_L)=\gamma\sin\theta_L \qquad (4.3-13)$$

则有

$$\theta_C=\theta_L+\arcsin(\gamma\sin\theta_L) \qquad (4.3-14)$$

可见，若已知 γ，则由 θ_L 角可换算出 θ_C 角。

另外，由图 4-3 可得

$$v_b\cos\theta_L=v_c+v_b'\cos\theta_C \qquad (4.3-15)$$

根据余弦定理，有

$$v_b=[v_c^2+v'^2_b-2v_cv_b'\cos(\pi-\theta_C)]1/2=$$
$$[v_c^2+v'^2_b-2v_cv_b'\cos\theta_C]^{1/2} \qquad (4.3-16)$$

故得

$$\cos\theta_L=\frac{\gamma+\cos\theta_C}{(1+\gamma^2+2\gamma\cos\theta_C)^{1/2}} \qquad (4.3-17)$$

由此式可见，如果已知 γ，则可由 θ_C 角换算出 θ_L 角。

现在来求 γ 的表达式。根据反应能 Q 的定义，它等于反应后各粒子的动能减去反应前各粒子的动能，在质心系中表示为

$$Q=\frac{1}{2}m_bv'^2_b+\frac{1}{2}m_Bv'^2_B-E' \qquad (4.3-18)$$

其中，v'^2_b 和 v'^2_B 分别是出射粒子和剩余核在质心系中的速度，E' 是入射粒子的

相对运动。

按动量守恒，有

$$m_b v'_b = m_B v'_B \tag{4.3-19}$$

由式(4.3-18)和式(4.3-19)两式，可得

$$v'^2_B = \frac{2m_B}{m_b(m_b + m_B)}(E' + Q) \tag{4.3-20}$$

将式(4.3-3)，式(4.3-6)和式(4.3-20)，代入式(4.3-12)中，有

$$\gamma^2 = \frac{m_a m_b}{m_A m_B}\left(\frac{m_b + m_B}{m_a + m_A}\right)\frac{E'}{E' + Q} \tag{4.3-21}$$

用质量数 A 来表示时，注意到反应前后质量数相等：$A_b + A_B = A_a + A_A$，最后得 γ 的表达式为

$$\gamma = \left(\frac{A_a A_b}{A_A A_B} \cdot \frac{E'}{E' + Q}\right)^{1/2} \tag{4.3-22}$$

由式(4.3-22)可知，γ 一般是入射粒子能量的函数。入射粒子能量固定时，对确定的核反应，γ 是一常量。对于弹性散射，γ 与能量无关，因为此时 $Q = 0, \gamma = \frac{A_a}{A_A}$。分两种情况讨论以下两种极端情形：

(1) 当 $A_A \gg A_a$ 时，$\gamma \approx 0$。则由式(4.3-14)，得

$$\theta_C = \theta_L$$

(2) 当 $A_A = A_a$ 时，$\gamma \approx 1$。则由式(4.3-14)，得

$$\theta_C = 2\theta_L$$

分两种情况来讨论 L 系和 C 系的相互转换与 γ 的关系。

(1) $\gamma < 1$。此时 $v_c < v'_b$，v_b, v_c, v'_b 三者之间的关系如图 4-4 所示。由图可见，$Q_L = 0°$ 时，$\theta_C = 0°$，v_b 最大，即出射粒子在 0° 方向能量最高。$\theta_L = 180°$ 时，$\theta_C = 180°$，v_b 最小，即出射粒子在 180° 方向能量最低。v_b 是出射角 θ_L 或 θ_C 的单调下降的函数。平常我们遇到的大部分核反应，一般都是 $\gamma < 1$，所以，大部分核反应的能量角分布是出射角的单调下降函数，而且在立体角的全部范围内都可能发现出射粒子。γ 越小，能量角分布越平坦，即出射粒子能量随出射角 θ_L 的变化越小。当 $\gamma \to 0$ 时，出射粒子能量几乎不随 θ_L 变化，例如轻粒子在重靶核上的弹性散射就是这样，因为这时的 $\gamma \approx 0$。反之，$\gamma \to 1$ 时，出射粒子的能量随 θ_L 增大而下降最多，在 θ_L 等于大角度处，出射粒子的能量趋于零。

(2) $\gamma > 1$。此时 $v_c > v'_b$，v_b, v_c, v'_b 三者之间的关系如图 4-5 所示。

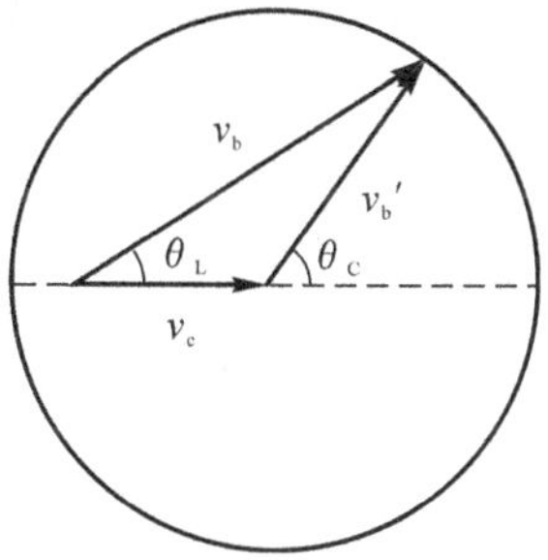

图 4-4 $\gamma<1$ 时，v_b，v_c，v_b'之间的关系

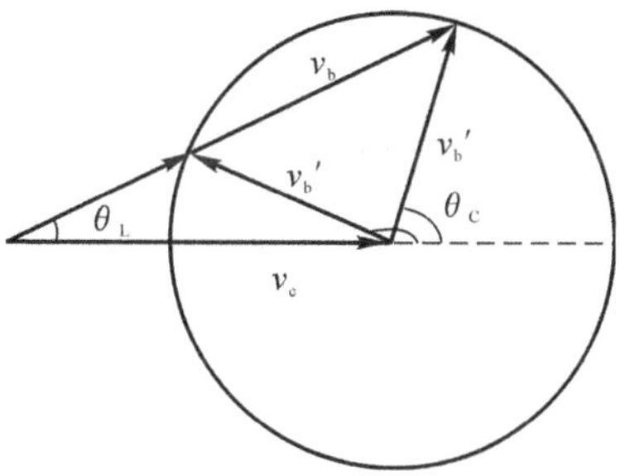

图 4-5 $\gamma>1$ 时，v_b，v_c，v_b'之间的关系

由图可见，对某一确定的 θ_L，对应有两个 θ_C，从而对应有两个 v_b 值。所以，对于一个 θ_L 值，存在高、低能两组出射粒子，高能组对应于小的 θ_C 值，低能组对应于大的 θ_C 值，其能量利用式(4.2-9)计算即得。式(4.2-9)中方括号前的正号对应高能组，负号对应低能组。这就是能量双值问题。另外，在 $\gamma=1$ 的情形，θ_L 不能在 $0^\circ\sim180^\circ$ 之间变化，只能小于或等于某一最大值，如图 4-6 所示。

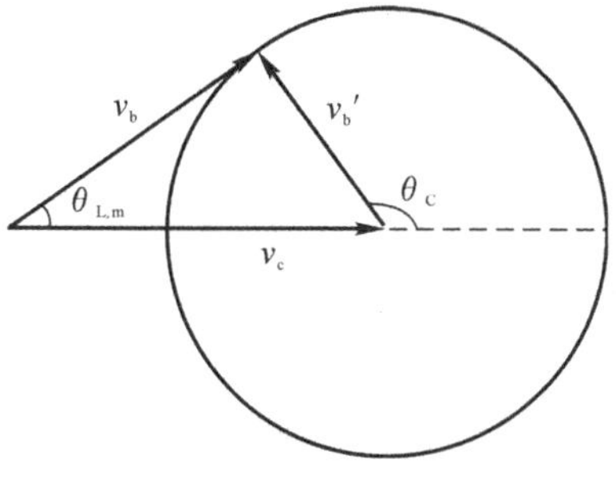

图 4-6 $\gamma=1$ 时，$\theta_L=\theta_{L,m}$ 的情形

由图可见，当 $\theta_L=\theta_{L,m}$ 时，能量双值变成了单值，此时只对应一个 θ_C 值。显然，对于 $\theta_{L,m}$，有

$$\sin\theta_{L,m}=\frac{v_b'}{v_c}=\frac{1}{\gamma} \tag{4.3-23}$$

可得

$$\theta_{L,m}=\text{arc}\ \sin^{-1}\left(\frac{1}{\gamma}\right) \tag{4.3-24}$$

当 $\theta_L>\theta_{L,m}$ 时，不可能出现出射粒子，这种出射粒子只限于半张角为 $\theta_{L,m}$ 的圆锥内的现象，称为圆锥效应。利用圆锥效应，可以获得定向粒子束。圆锥效

应出现的条件是$\gamma>1$。由式(4.3-22)可见，对于通常的放能反应，一般不会出现$\gamma>1$，只有入射粒子比靶核重的情况下才会出现$\gamma>1$。对于吸能反应，入射粒子能量在接近阈能时，原则上可以出现圆锥效应，只是发生核反应的概率一般较小。

4.4 核反应截面

当一定能量的入射粒子轰击靶核时，可能发生各种类型的反应。每种反应都有一定的概率，为了便于对核反应过程进行理论分析以及满足实际应用的需要，我们希望找到一个实验上可以测量的、理论上能够计算的、便于实验与理论比较的物理量来描述反应概率的大小，因此引入反应截面的概念。

4.4.1 反应截面

设一薄靶，其厚度x甚小，入射粒子垂直通过靶子时能量可以认为不变。令靶中单位体积的靶核数为N_V，则单位面积靶上的靶核数为$N_s=N_V x$。如果入射粒子的强度，即单位时间的入射粒子数为I，则单位时间内入射粒子与靶核发生的反应数N'应与I和N_s成正比，即

$$N' \propto IN_s \tag{4.4-1}$$

令其比例系数为σ，则

$$N'=\sigma IN_s \tag{4.4-2}$$

式中，σ称为反应截面或有效截面。

因为

$$\sigma=\frac{N'}{IN_s}=\frac{\text{单位时间发生的反应数}}{\text{单位时间的入射粒子数}\times\text{单位面积的靶核数}}$$

所以，反应截面σ的物理意义是一个粒子入射到单位面积内只含一个靶核的靶子上所发生的反应概率，或者说，表示一个入射粒子同单位面积靶上一个靶核发生反应的概率。

因为N'和I的量纲相同，所以σ的量纲与N_s的量纲的倒数相同，即具有面积的量纲。因此，我们可以打个比喻，对于单位面积(1 cm^2)内只含一个靶核的靶子上，相当于存在一个有效截面积σ(cm^2)，入射粒子碰到这个面积上就会发生反应。σ是一个很小的量，大多数情形它要小于或等于原子核的横截面πR^2，即约10^{-24} cm^2的数量级。因此，反应截面σ的单位通常采用10^{-24} cm^2，称之为“靶恩”，简称“靶”，记作 barn 或 b。它是非法定计量单位。按国家标准规定，截面的法定计量单位是m^2。鉴于国际上仍广泛使用 b，故本书中仍将继续使用

它。于是

$$1\ 靶(\mathrm{b}) = 10^{-24}\ \mathrm{cm}^2$$
$$1\ 毫靶(\mathrm{mb}) = 10^{-27}\ \mathrm{cm}^2$$
$$1\ 微靶(\mu\mathrm{b}) = 10^{-30}\ \mathrm{cm}^2$$

对于一定的入射粒子和靶核,往往有若干个反应道。如果 N' 是通过各个反应道的总反应率,则相应的 σ 称为核反应的总截面。如果 N' 只是通过某一反应道的反应率,则相应的 σ 称为分截面。所谓反应率指的是单位时间的反应数。显然,总截面应该等于所有分截面之和。

核反应中的各种截面均与入射粒子的能量有关。截面随入射粒子能量的变化关系称为激发函数。用此函数画成的曲线称为激发曲线。例如,反应 $^2\mathrm{H}(\mathrm{d},\mathrm{n})^3\mathrm{He}$ 和 $^3\mathrm{H}(\mathrm{d},\mathrm{n})^4\mathrm{He}$ 的激发曲线如图 4-7(a)(b) 所示。激发曲线的实验测量是核反应工作的一项主要任务,它在原子核物理基础研究和实际应用方面都是十分重要的。

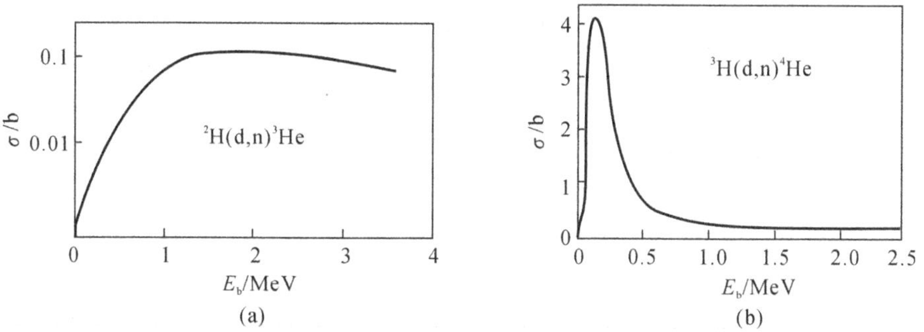

图 4-7 $^2\mathrm{H}(\mathrm{d},\mathrm{n})^3\mathrm{He}$ 和 $^3\mathrm{H}(\mathrm{d},\mathrm{n})^4\mathrm{He}$ 的激发曲线

4.4.2 微分截面和角分布

在核反应中,还常常使用微分截面。它比总截面或分截面能更细致地反映核反应的特征,而且在实验测量中通常它是一个直接可测得的量。

核反应的出射粒子往往可以向各方向发射。实验发现各方向的出射粒子数不一定相同,这表明出射粒子飞向不同方向的核反应概率不一定相等。

设单位时间出射至 $\theta \to \theta + \mathrm{d}\theta$ 和 $\phi \to \phi + \mathrm{d}\phi$ 间的立体角 $\mathrm{d}\Omega$ 内的粒子数为 $\mathrm{d}N'$(见图 4-8),则

$$\mathrm{d}N' \propto IN_s\mathrm{d}\Omega$$
$$\mathrm{d}N' = \sigma(\theta,\phi)IN_s\mathrm{d}\Omega \tag{4.4-3}$$

式中，$\sigma(\theta,\phi)$ 称为微分截面，通常也用符号$\frac{d\sigma}{d\Omega}$来标记。

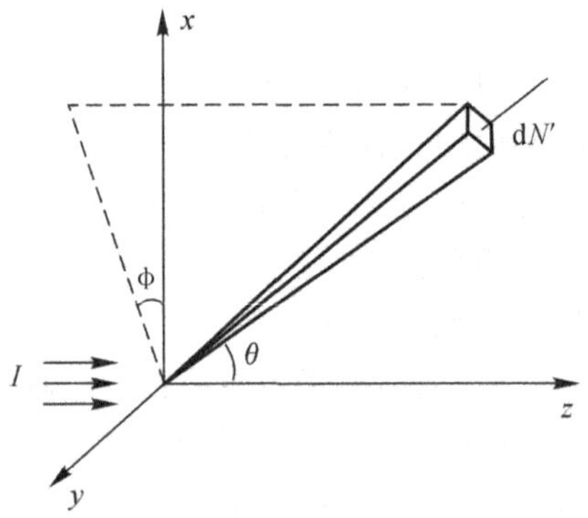

图 4－8　出射粒子角分布示意图

于是微分截面的表达式为

$$\sigma(\theta,\phi)=\frac{dN'}{IN_s d\Omega}=\frac{\text{单位时间出射至}(\theta,\phi)\text{方向单位立体角内的粒子数}}{\text{单位时间的入射粒子数}\times\text{单位面积的靶核数}} \tag{4.4-4}$$

式中，$d\Omega$ 的单位是球面度，即 sr，所以微分截面的单位是靶恩／球面度（$b\cdot sr^{-1}$）或毫靶／球面度（$mb\cdot sr^{-1}$）等。

微分截面是核反应中的一个重要的物理量。其原因是：它既可以由实验直接测定，也可以由理论推导得出，便于实验和理论进行比较。另外，要想从实验求得某种反应道的分截面，往往需要通过对微分截面的测量，将测量结果对立体角积分得到该反应道的分截面。通常这种分截面也叫积分截面。

事实上，将式（4.4－3）两边对立体角积分，得

$$N'=IN_s\int_{\Omega}\sigma(\theta,\phi)d\Omega=IN_s\int_0^{2\pi}\int_0^{\pi}\sigma(\theta,\phi)\sin\theta d\theta d\phi \tag{4.4-5}$$

对于一般的入射粒子和靶，微分截面对 ϕ 角是各向同性的，因而 $\sigma(\theta,\phi)$ 实际上只是 θ 的函数。于是，由式（4.4－5）可得分截面为

$$\sigma=\frac{N'}{IN_s}=\int_0^{2\pi}\int_0^{\pi}\sigma(\theta)\sin\theta d\theta d\phi=2\pi\int_0^{\pi}\sigma(\theta)\sin\theta d\theta \tag{4.4-6}$$

微分截面 $\sigma(\theta)$ 随 θ 的变化曲线称为角分布。对一确定的反应道，角分布的形状一般随入射粒子能量的变化而变化，同时它随坐标系的选择而有所不同。通常遇到的角分布形状有以下几类变化趋势：①90°对称的［如图 4－9(a) 所示］，② 前倾的［图 4－9(b)］，③ 后倾的［图 4－9(c)］，④ 各向同性的［图 4－9(d)］，⑤ 上下起伏的［图 4－9(e)］。图中心是质心系中的出射角。

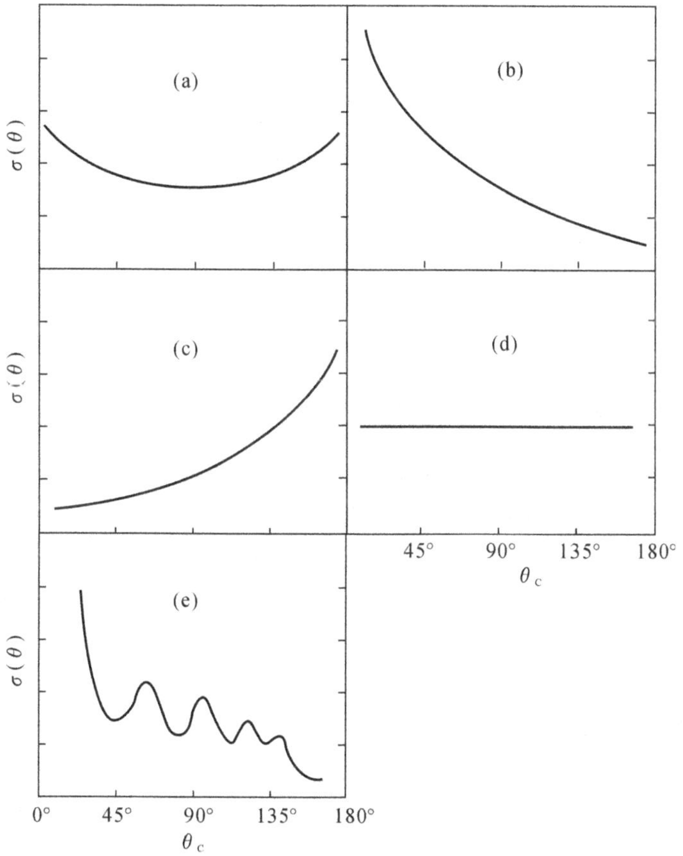

图 4-9　几类常见的角分布形状

微分截面表达式(4.4-4)中的 dN',I,N_s 和 $d\Omega$ 在实验中均可直接测量,所以微分截面 $\sigma(\theta)$ 可由实验直接测定。以下两例分别说明式(4.4-4)和式(4.4-6)的具体应用。

例 2　能量为 77 MeV 的 $^{12}C^{4+}$ 轰击 ^{197}Au 靶,在 $\theta=12°$ 方向探测到 ^{12}C 的计数率 $dN'=260\ s^{-1}$,求 $\sigma(\theta)$。已知实验条件如下:探测器孔径 $\phi=0.1$ cm,探测效率为 100%,探测器至靶距离 $r=15$ cm,束流强度 $I_e=+4$,靶厚 $D=400\ \mu g\cdot cm^{-2}$。

解:入射碳离子带的电荷数 $N_e=+4$,则单位时间的入射粒子数为

$$I=\frac{I_e}{N_e e}=\frac{0.01\times10^{-6}}{4\times1.6\times10^{-19}}\ s^{-2}=1.56\times10^{10}\ s^{-1}$$

$$N_s=\frac{N_A D}{A}=\frac{6.022\times10^{23}\times400\times10^{-6}}{198}\ cm^{-2}=1.2\times10^{18}\ cm^{-2}$$

$$d\Omega = \frac{ds}{r^2} = \frac{\pi \phi^2/4}{4 \times 15^2}\ \text{sr} = 3.5 \times 10^{-5}\ \text{sr}$$

则有

$$\sigma(\theta) = \frac{dN'}{IN_s d\Omega} = \frac{260}{1.56 \times 10^{10} \times 1.2 \times 10^{18} \times 3.5 \times 10^{-5}}\ \text{cm}^2 \cdot \text{sr}^{-1} =$$
$$4 \times 10^{-22}\ \text{cm}^2 \cdot \text{sr}^{-1} = 4 \times 10^2\ \text{b} \cdot \text{sr}^{-1}$$

例 3　在 ^{12}C 轰击 ^{209}Bi 的反应中，测得 α 粒子的角分布为 $\sigma(\theta) = 0.4(1 + \cos^2\theta)\ \text{mb} \cdot \text{sr}^{-1}$，求此反应截面 σ。

解：$\sigma = 2\pi\int_0^\pi \sigma(\theta)\sin\theta d\theta = 2\pi\int_0^\pi 0.14(1 + \cos^2\theta) \times \sin\theta d\theta = 6.7\ \text{mb}$

4.4.3　L 系和 C 系微分截面的关系

实验中直接测定的微分截面是 L 系的微分截面 $\sigma_L(\theta_L)$，这里 θ_L 表示 L 系的出射角。理论中计算的则是 C 系微分截面 $\sigma_C(\theta_C)$，这里 θ_C 表示 C 系中的出射角。为了使实验结果与理论能够进行比较，必须找出 $\sigma_L(\theta_L)$ 与 $\sigma_C(\theta_C)$ 的关系。

由式(4.4－3)知，单位时间内出射至 θ_L 处到 $\theta_L + d\theta_L$ 间的立体角 $d\Omega_L$ 内的粒子数 dN'_L 为

$$dN'_L = IN_s\sigma_L(\theta_L)\,d\Omega_L$$

在 C 系中，相应的出射粒子数 dN'_C 为

$$dN'_C = IN_s\sigma_C(\theta_C)\,d\Omega_C$$

显然，出射粒子数 dN' 不随所选取的坐标系改变，即 $dN'_L = dN'_C$，则有

$$\sigma_L(\theta_L)\,d\Omega_L = \sigma_C(\theta_C)\,d\Omega_C \tag{4.4-7}$$

因 $d\Omega = 2\pi\sin\theta d\theta$，得

$$\sigma_L(\theta_L)\sin\theta_L d\theta_L = \sigma_C(\theta_C)\sin\theta_C d\theta_C \tag{4.4-8}$$

对式(4.3－17)两边取微分，得

$$\sin\theta_L d\theta_L = \frac{1 + \gamma\cos\theta_C}{(1 + \gamma^2 + 2\cos\theta_C)\,3/2}\sin\theta_C d\theta_C \tag{4.4-9}$$

用式(4.4－9)除式(4.4－8)，可得

$$\sigma_L(\theta_L) = \frac{(1 + \gamma^2 + 2\cos\theta_C)^{3/2}}{1 + \gamma\cos\theta_C}\sigma_C(\theta_C) \tag{4.4-10}$$

这就是 L 系和 C 系的微分截面的关系式，它在核反应的实际工作中经常用到。

现举一例说明它的应用。

例 4　在 ^{12}C 轰击 ^{12}C 的弹性散射实验中，在 $\theta = 30°$ 处测得 $\sigma_L(\theta_L) = 20\ \text{mb} \cdot \text{sr}^{-1}$，求质心系截面 $\sigma_C(\theta_C)$。

解:对于^{12}C在^{12}C上的弹性散射,$\gamma=1$,则由式(4.3-14)得$\theta_C=2\theta_L=60°$,

$$\frac{(1+\gamma^2+2\gamma\cos\theta_C)^{3/2}}{1+\gamma\cos\theta_C}=\frac{(2+2\cos\theta_C)^{3/2}}{1+\cos\theta_C}=2\sqrt{3}$$

故得

$$\sigma_C(\theta_C)=\frac{20}{2\sqrt{3}}\ \mathrm{mb\cdot sr^{-1}}=5.7\ \mathrm{mb\cdot sr^{-1}}$$

因此,由式(4.4-10)容易知道,若角分布在C系中90°对称,在L系中则不对称,而出现前倾;在C系中各向同性时,在L系中也是前倾的。

4.4.4　核反应产额

入射粒子在靶中引起的反应数与入射粒子数之比,称为核反应的产额。它是一个入射粒子在靶中引起反应的概率。

显然,反应产额与反应截面有关。对确定的入射粒子与靶物质,截面越大,产额也越多。但是,产额不像截面那样仅决定于反应过程的特点,而且和靶的厚度、纯度以及靶材料的物理状态等有关。所以,在很多实验场合,例如在放射性核素的制造和射线剂量的计算等工作中,都需要用到反应产额的概念。

1. 中子反应的产额

设一强度为I_0的中子束垂直射入靶子,靶子的厚度为D,如图4-10所示。当中子束在靶内通过时,由于与靶核发生反应,中子的强度愈来愈弱。

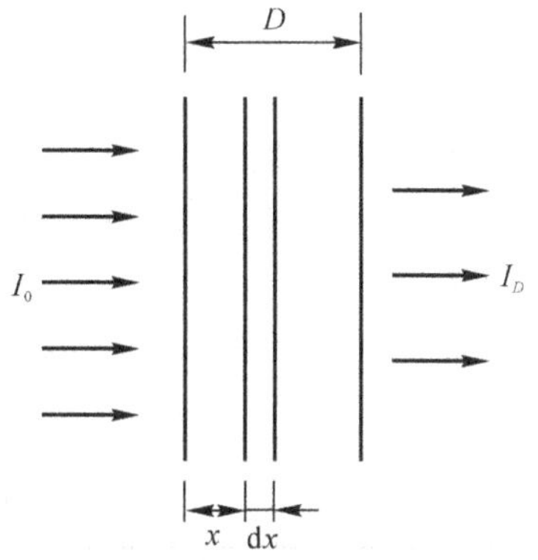

图 4-10　中子束通过靶子的情况

现考虑靶深为x处的dx薄层内,由核反应引起的中子强度的减小,根据式(4.4-2)应为

$$-dI=IN_V\sigma dx \tag{4.4-11}$$

式中,I为靶深为x处的中子强度;N_V为靶子单位体积的原子核数;σ为中子与

靶核作用的反应截面。由于中子在靶内通过时，不会与核外电子发生作用，因而只要中子不与原子核作用，它的能量就不改变。所以，中子在靶内各处的反应截面 σ 均相同，即为常量。对式(4.4-11)积分，得

$$I = I_0 e^{-N_V \sigma x} \tag{4.4-12}$$

即中子束的强度随靶厚的增加而呈指数级减小。

设通过靶厚 D 时的中子强度为 I_D，则

$$I_D = I_0 e^{-N_V \sigma D} \tag{4.4-13}$$

中子在靶内单位时间产生的反应数为

$$N' = I_0 - I_D = I_0 (1 - e^{-N_V \sigma D}) \tag{4.4-14}$$

于是反应产额为

$$Y = \frac{N'}{I_0} = 1 - e^{-N_V \sigma D} \tag{4.4-15}$$

当 $D \ll \dfrac{1}{N_V \sigma}$ 时，这种靶称为薄靶。对于薄靶，由式(4.4-15)，可得

$$Y = N_V \sigma D = N_s \sigma \tag{4.4-16}$$

即薄靶的产额与靶厚、截面成正比。

$D \gg \dfrac{1}{N_V \sigma}$ 的靶称为厚靶。按式(4.4-15)，厚靶的 $Y = 1$。

通过靶子的中子数与入射的中子数之比称为透射率 T。根据式(4.4-13)，有

$$T = \frac{I_D}{I_0} = e^{-N_V \sigma D} \tag{4.4-17}$$

透射率在实验中可直接测量，从而按式(4.4-17)即可求得反应截面 σ。用这种透射法测得的截面是中子总截面，它是各种反应道(包括弹性散射在内)的分截面之和。在实验中不需要测量中子的绝对强度，只需测量中子强度之比。这样，系统误差可以抵消，因而所测截面的精度一般较高。

2. 带电粒子反应的产额

带电粒子与中子不同，当它通过靶子时，会与核外电子发生作用，则其能量受到损失。一定初始能量的入射粒子通过不同厚度的靶子时，其能量损失也不同，即在不同靶深处的能量不等。由于反应截面 $\sigma(E)$ 是能量的函数，因而不同靶深处的截面是不同的。

令 I_0 和 I 分别表示射到靶上的和在靶深为 x 处的带电粒子强度，N_V 为靶子单位体积的原子核数，则在靶深为 x 处的 dx 薄层内，单位时间的核反应数为

$$dN' = I N_V \sigma(E) dx \tag{4.4-18}$$

于是在厚度为 D 的靶中单位时间的总反应数为

$$N' = \int_0^D \mathrm{d}N' = \int_0^D I N_{\mathrm{V}} \sigma(E) \mathrm{d}x \tag{4.4-19}$$

所以反应产额为

$$Y = \frac{N'}{I_0} = \frac{1}{I_0} \int_0^D I N_{\mathrm{V}} \sigma(E) \mathrm{d}x \tag{4.4-20}$$

现分薄靶和厚靶情形进行讨论。

(1) 薄靶。当靶厚 D 很小，入射粒子在靶中的能量损失相对于初始动能 E_0 可以忽略不计时，称这种靶为薄靶。在此情形，$\sigma(E)$ 可视为常量，即 $\sigma(E) = \sigma(E_0)$。反应截面是一个很小的量，通常产生反应的粒子与未反应的粒子相比可以忽略不计。所以有 $I \approx I_0$。

于是式(4.4-20)成为

$$Y = N_{\mathrm{V}} \sigma(E_0) \int_0^D \mathrm{d}x = N_{\mathrm{V}} \sigma(E_0) D = N_s \sigma(E_0) \tag{4.4-21}$$

可见，与中子情形相同，带电粒子在薄靶中的产额也与靶厚、截面成正比。

(2) 厚靶。如果靶厚 D 大于粒子在靶中的射程 $R(E_0)$，称这种靶为厚靶。此情形的反应产额，根据式(4.4-20)，有

$$Y = N_{\mathrm{V}} \int_0^{\mathrm{D}} (E_0) \mathrm{d}x = N_{\mathrm{V}} \int_0^{R(E_0)} \sigma(E_0) \mathrm{d}x = N_{\mathrm{V}} \int_{E_0}^{0} \sigma(E) \frac{\mathrm{d}E}{(\mathrm{d}E/\mathrm{d}x)} \tag{4.4-22}$$

可得

$$Y(E_0) = N_{\mathrm{V}} \int_0^{E_0} \left[\sigma(E) \Big/ \left(-\frac{\mathrm{d}E}{\mathrm{d}x} \right) \right] \mathrm{d}E \tag{4.4-23}$$

式中，$-\dfrac{\mathrm{d}E}{\mathrm{d}x}$为靶物质对入射带电粒子的阻止本领。

由式(4.4-23)可见，如果知道激发函数 $\sigma(E)$，就可以计算出带电粒子在厚靶中的反应产额。式(4.4-23)在实际工作中经常用到。

有时还用平均截面来表示反应产额。平均截面定义如下：

$$\overline{\sigma(E)} \equiv \frac{\int_0^R \sigma(E) \mathrm{d}x}{R} \tag{4.4-24}$$

则由式(4.4-22)，反应产额可表示为

$$Y = N_{\mathrm{V}} R \frac{\int_0^R \sigma(E) \mathrm{d}x}{R} = N_{\mathrm{V}} R \overline{\sigma(E)} \tag{4.4-25}$$

即带电粒子在厚靶中的产额与射程和平均截面成正比。

由式(4.4-25)可得厚靶中单位时间的核反应数为

$$N' = YI_0 = I_0 N_V R \overline{\sigma(E)} \tag{4.4-26}$$

式中，I_0 为入射粒子的强度。

需要指出，以上关于反应产额的定义，是一个无量纲的物理量。在实际应用中，对于带电粒子的核反应，常采用有量纲的反应产额 Y'，可定义为

$$Y' \equiv \frac{Y}{N_c e} = \frac{N'}{N_c e I_0} = \frac{\text{单位时间的核反应数}}{\text{入射粒子的电流强度}} \tag{4.4-27}$$

式中，N_e 为入射离子带的电荷数，e 是电子电量的绝对值。可见，产额 Y' 表示单位电流强度的入射粒子在靶上单位时间内产生的核反应数，因此它的单位是 μA^{-1} 或 μC^{-1} 等。Y' 与 Y 的定义无本质差别，只是所用的单位不同而已。

3. 核反应中放射性核素的生成

现在来讨论利用反应产额计算核反应中放射性核素的生成。

(1) 照射时间 t 后生成核的衰变率。对于照射时间 t 后的生成核数，有以下微分方程：

$$\frac{dN(t)}{dt} = N_s \bar{\sigma} I(t) - \lambda N(t) \tag{4.4-28}$$

用 $e^{\lambda t}$ 乘式(4.4-28)两边，即可解得

$$N(t) = N_s \bar{\sigma} e^{-\lambda t} \int_0^t I(t) e^{\lambda t} dt \tag{4.4-29}$$

照射时间 t 后的生成核的衰变率为

$$A = \lambda N = N_s \bar{\sigma} e^{-\lambda t} \int_0^t I(t) e^{\lambda t} dt \tag{4.4-30}$$

(2) 照射一段时间和冷却一段时间后生成核的衰变数。设 $0 \rightarrow t_1$ 为照射时间，$t_1 \rightarrow t_2$ 为冷却时间，$t_2 \rightarrow t_3$ 为测量时间，λ 为生成核的衰变常量。我们来计算时间 $t_2 \rightarrow t_3$ 内的总衰变数。

利用式(4.4-29)可得 t_1, t_2, t_3 时刻的生成核数分别为

$$N_1 = N_s \bar{\sigma} e^{-\lambda t_1} \int_0^{t_1} I(t) e^{\lambda t} dt$$

$$N_2 = N_s \bar{\sigma} e^{-\lambda t_1} e^{-\lambda(t_2 - t_1)} \int_0^{t_1} I(t) e^{\lambda t} dt$$

$$N_3 = N_s \bar{\sigma} e^{-\lambda t_1} e^{-\lambda(t_2 - t_1)} e^{-\lambda(t_3 - t_2)} \int_0^{t_1} I(t) e^{\lambda t} dt$$

所以 $t_2 \rightarrow t_3$ 时间内的总衰变数为

$$N_{23} = N_s \bar{\sigma} e^{-\lambda t_1} e^{-\lambda(t_2 - t_1)} \left[1 - e^{-\lambda(t_3 - t_2)}\right] \int_0^{t_1} I(t) e^{\lambda t} dt \tag{4.4-31}$$

需要指出，在实验测得 $t_2 \rightarrow t_3$ 时间内的总衰变数 N_{23} 后，利用式(4.4-31)可以求得平均截面 $\overline{\sigma(E)}$。用薄靶做实验时，此平均截面就是入射粒子能量为 E

时的反应截面$\sigma(E)$。这是利用生成核的放射性求反应截面的一种有效方法。

最后举一例说明如何估算由加速器生产的核素的放射性活度。

例5 用能量为7.5 MeV的氘轰击厚靶^{56}Fe生产核素^{57}Co时，估算照射每微安小时能生成多少放射性活度的^{57}Co。已知相应的激发曲线变化平滑，氘的能量$E_d = 7.5$ MeV时，$\sigma = 480$ mb；$E_d = 50$ MeV时，$\sigma = 330$ mb；$E_d < 5$ MeV时，σ甚小可忽略，^{57}Co的半衰期$T_{1/2} = 270$ d。

解：入射氘束电流强度I_e为1 μA时，入射粒子的强度为

$$I = \frac{I_e}{N_e e} = \frac{10^{-6}}{1.6 \times 10^{-19}}\ \mathrm{s^{-1}} = 6.3 \times 10^{12}\ \mathrm{s^{-1}}$$

由氘在^{56}Fe中的能量射程曲线查得：$E_d = 7.5$ MeV时，射程$R_1 = 82\ \mathrm{mg \cdot cm^{-2}}$；$E_d = 5$ MeV时，$R_2 = 42\ \mathrm{mg \cdot cm^{-2}}$。则有效靶厚为

$$D = (82 - 42)\ \mathrm{mg \cdot cm^{-2}} = 40\ \mathrm{mg \cdot cm^{-2}}$$

从而 $$N_s = \frac{N_A D}{A} = \frac{6 \times 10^{23} \times 40 \times 10^{-3}}{56}\ \mathrm{cm^{-2}} = 4.3 \times 10^{21}\ \mathrm{cm^{-2}}$$

由已知的激发曲线可以估算出平均截面为

$$\bar{\sigma} = \frac{\int_{R_2}^{R_1} \sigma(E)\,\mathrm{d}R}{D} \approx 420\ \mathrm{mb}$$

$$\lambda = \frac{\ln 2}{T_{1/2}} = \frac{0.693}{270 \times 24}\ \mathrm{h^{-1}}$$

因为$t \ll T_{1/2}$，所求^{57}Co的放射性活度为

$$A \approx N_s \bar{\sigma} I \lambda t = 4.3 \times 10^{21} \times 420 \times 10^{-27} \times 6.3 \times 10^{12} \times \frac{0.693}{270 \times 24} \times 1\ \mathrm{Bq} = 1.2 \times 10^{5}\ \mathrm{Bq}$$

4.4.5 细致平衡原理

1. 正、逆过程截面间关系

细致平衡原理是核反应的重要原理，它在不涉及相互作用细节的情况下，给出了正、逆过程反应截面间的关系式。对下面正、逆反应：

$$\mathrm{a} + \mathrm{A} \leftrightarrows \mathrm{b} + \mathrm{B} \tag{4.4-32}$$

令$\sigma_{\alpha\beta}$为正过程$\mathrm{a} + \mathrm{A} \rightarrow \mathrm{b} + \mathrm{B}$的反应截面；令$\sigma_{\beta\alpha}$为逆过程$\mathrm{b} + \mathrm{B} \rightarrow \mathrm{a} + \mathrm{A}$的反应截面，则由量子力学可以导出在质心系中正、逆反应截面有以下重要关系：

$$\frac{\sigma_{\alpha\beta}}{\sigma_{\beta\alpha}} = \frac{P_\beta^2 (2I_b + 1)(2I_B + 1)}{P_\alpha^2 (2I_a + 1)(2I_A + 1)} \tag{4.4-33}$$

此式称为细致平衡原理。其中I_a，I_A，I_b和I_B分别是入射粒子、靶核、出射粒子

和剩余核的自旋；P_α 和 P_β 为入射道和出射道的相对动量，它们与质心系能量有关系

$$P_\alpha^2 = 2\mu_\alpha E'_\alpha \tag{4.4-34}$$

$$P_\beta^2 = 2\mu_\beta E'_\beta \tag{4.4-35}$$

其中，$\mu_\alpha = \dfrac{M_a M_A}{M_a + M_A}$，$\mu_\beta = \dfrac{M_b M_B}{M_b + M_B}$ 分别为入射道和出射道的折合质量。式(4.4-33) 对全截面和微分截面都适用。但使用时必须注意，式(4.4-33) 只在质心系成立，且要求正、逆过程的入射粒子能量必须满足能量匹配；应用到微分截面时，还要求正、逆过程中出射粒子的出射角满足角度匹配。现在对这两个条件加以说明。

2. 能量匹配

根据出射道中质心系能量与实验室系粒子能量的关系：

$$E_b + E_B = E'_\beta + E_c$$

利用 Q 值的定义：$E_a + E_A + Q = E_b + E_B$，可得

$$E'_\beta = E'_\alpha + Q$$

这就是出射道质心系能量与入射道质心系能量的关系式，它们间相差一个 Q 值。

能量匹配的含义是指逆过程中入射道的质心系能量 $E'^{(逆)}$ 应等于正过程中出射道的质心系能量 $E'^{(正)}_\beta$，有

$$E'^{(逆)} = E'^{(正)}_\beta = E'^{(正)}_\alpha + Q \tag{4.4-36}$$

于是，已知正过程的入射粒子在 L 系的能量 E_a，根据上式，可求得逆过程中的入射粒子能量 E_b。

例 6 对正逆过程 $p + {}^{27}Al \leftrightarrows \alpha + {}^{24}Mg$，若正过程在 L 系中入射粒子能量 $E_P = 10.3$ MeV，为了满足细致平衡原理要求，逆过程中相应的入射粒子能量 E_α 应多大？

解：首先根据 Q 值定义，可求得正过程反应的 $Q = 1.61$ MeV。又正过程入射道的质心系能量 $E'^{(正)}_\alpha = 10.3 \times \dfrac{27}{28} = 9.93$ MeV，于是由式(4.4-36) 得逆过程入射道质心系能量为

$$E'^{(逆)} = 9.93 + 1.61 = 11.54 \text{ MeV} \tag{4.4-37}$$

由式(4.3-9) 可得逆过程入射道的 α 粒子能量为

$$E_\alpha = 11.54 \times \frac{28}{24} = 13.47 \text{ MeV} \tag{4.4-38}$$

3. 角度匹配

当将上述细致平衡原理关系式应用到微分截面时，还必须满足角度匹配，即

在质心系中看时，正过程中出射 b 粒子的角度与逆过程中出射 a 粒子的角度应相等，即具有相同的 θ_C。根据这个条件，在已知正过程出射粒子的实验室角度 $\theta_L^{(正)}$，就可求得相应的逆过程中的出射粒子的实验室角度 $\theta_L^{(逆)}$。具体计算方法如下：

根据式(4.3-13)，有

$$\theta_C = \theta_L^{(正)} + \sin^{-1}(\gamma^{(正)}\sin\theta_L^{(正)}) \tag{4.4-39}$$

式中，$\gamma^{(正)}$ 由式(4.3-22)计算可得

$$\gamma^{(正)} = \left(\frac{M_a M_b}{M_A M_B} \cdot \frac{E'^{(正)}_\alpha}{E'^{(正)}_\alpha + Q^{(正)}}\right)^{1/2} \tag{4.4-40}$$

已知 θ_C，由式(4.3-17)可到 $\theta_L^{(逆)}$ 为

$$\cos\theta_L^{(逆)} = \frac{\gamma^{(逆)} + \cos\theta_C}{(1 + \gamma^{(逆)2} + 2\gamma^{(逆)}\cos\theta_C)^{\frac{1}{2}}} \tag{4.4-41}$$

其中

$$\gamma^{(逆)} = \left(\frac{M_b M_a}{M_B M_A}\ \frac{E'^{(逆)}_\beta}{E'^{(逆)}_\beta + Q^{(逆)}}\right)^{\frac{1}{2}} \tag{4.4-42}$$

式中，$Q^{(逆)} = -Q^{(正)}$。

例 7　对上述例子，如果在正过程中在 $Q_L^{(正)} = 20.0°$ 处测量 α 粒子，则在逆过程中应在 $Q_L^{(逆)}$ 为多大处测质子才能满足细致平衡原理(见图 4-11)？

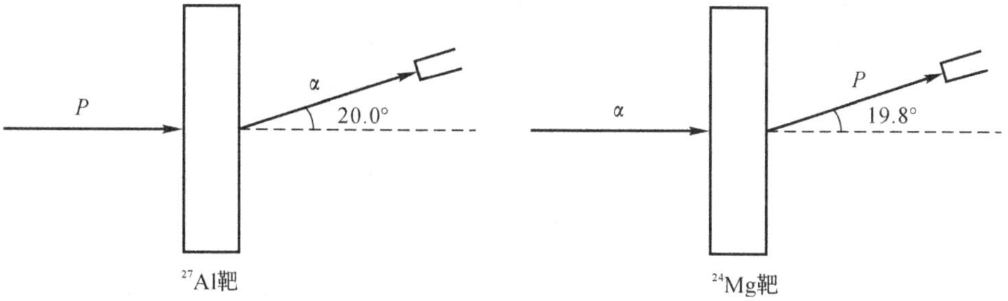

图 4-11　角度匹配示意图

解：由式(4.4-40)，有

$$\gamma^{(正)} = \left(\frac{1\times 4}{27\times 24} \times \frac{9.93}{9.93+1.61}\right)^{1/2} = 0.0729$$

由式(4.4-39)，可得

$$\theta_C = 20° + \sin^{-1}(0.0729 \times 0.342) = 21.43°$$

由式(4.4-42)，有

$$\gamma^{(逆)} = \left(\frac{4\times 1}{24\times 27} \times \frac{11.54}{11.54-1.61}\right)^{1/2} = 0.0847$$

由式(4.4-41),可得

$$\cos\theta_{\mathrm{L}}^{(逆)}=\frac{0.0847+\cos 21.43^{\circ}}{[1+(0.0847)^{2}+2\times 0.0847\times\cos 21.43^{\circ}]1/2}=0.941$$

故

$$\theta_{\mathrm{L}}^{(逆)}=19.8^{\circ}$$

上例中,$\theta_{\mathrm{L}}^{(正)}$ 和 $\theta_{\mathrm{L}}^{(逆)}$ 差别不大,这是因为靶核质量比入射粒子大得多,γ 值很小的缘故。当靶核质量相比入射粒子相差不多时,$\theta_{\mathrm{L}}^{(正)}$ 和 $\theta_{\mathrm{L}}^{(逆)}$ 会有几度之差。

还是上面一个例子,在满足能量匹配以及角度匹配条件下,正、逆过程的截面(或微分截面)的比值为 $\sigma_{\alpha\beta}/\sigma_{\beta\alpha}\sim 1/3$[可根据式(4.4-33)自行计算验证]。

4.5 原子核的裂变

4.5.1 裂变现象

一个重原子核裂变为两个质量相差不大的碎块的现象叫裂变现象。这种现象一般是由于吸收另一个粒子后,原子核受到激发而发生的。这种情形也是一种原子核反应(也有原子核未受激而自发裂变的)。重核裂变时,放出很大的能量,这是目前有重要应用的原子能的来源。

现在知道,原子核被中子打击而发生裂变的过程是,先吸收中子形成复合核,然后复合核再裂变开来。例如,慢中子打击 ^{235}U 的裂变过程为

$$^{235}_{92}\mathrm{U}+^{1}_{0}\mathrm{n}\rightarrow ^{236}_{92}\mathrm{U}\rightarrow \mathrm{X}+\mathrm{Y} \qquad (4.5-1)$$

式中,X,Y 是两裂变碎块,其质量往往不相等,而是分布在一个宽的范围。^{235}U 的裂变产物的质量数 A 的分布如图 4-12 所示。其有裂变为各种碎片的可能性。大量的统计观察表明,其中百分数最高的在 $A_1=96$ 和 $A_2=140$ 左右。

原子核刚裂变而形成的碎片称为初级碎片。初级碎片是远离 β 稳定线的丰中子核,且有很高的激发能,因而能直接发射中子(1~3 个,称为瞬发中子),发射中子后的裂变碎片称为次级碎片(又叫裂变的初级产物)。例如,^{235}U 裂变时,$^{95}_{39}$Y 和 $^{141}_{53}$I 是可能的两碎片,同稳定的 $^{89}_{39}$Y 和 $^{127}_{53}$I 比较,可见 ^{95}Y 多了 6 个中子,^{141}I 多了 14 个中子,所以裂变后,^{95}Y 和 ^{141}I 立刻放出几个中子,每次裂变平均发出 2.5 个中子。经过发射中子后,次级碎片的激发能降低到约小于 8 MeV 时,不足以发射中子,所以主要以发射 γ 光子的形式退激。发射中子和 γ 射线的过程分别在裂变后小于 10^{-15} s 和小于 10^{-11} s 的很短的时间内完成,所发出的中子、γ 光子叫做瞬发光子和瞬发中子。

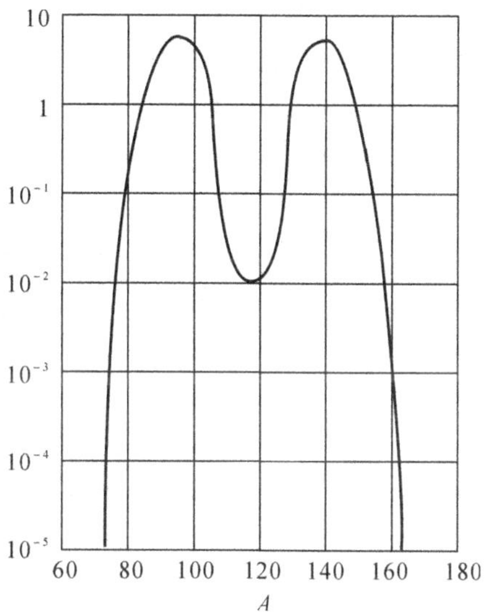

图 4-12　^{235}U 裂变产物的分布

发射 γ 光子后的次级碎片仍是丰中子核，它们相继进行 β^- 衰变，发射 β 粒子、中微子，伴有 γ 光子，最后生成稳定核（衰变过程中偶尔形成一些激发能大于中子结合能的核，它可直接发射中子），此过程发射的中子和 γ 光子叫缓发中子、缓发光子。例如

$$^{137}_{53}\mathrm{I}\xrightarrow{\beta^-}{}^{137}_{54}\mathrm{Xe}\xrightarrow{\beta^-}{}^{137}_{55}\mathrm{Cs}\xrightarrow{\beta^-}{}^{137}_{56}\mathrm{Ba}$$

$$^{87}\mathrm{Br}\xrightarrow{\beta^-}{}^{87}\mathrm{Kr}\to\begin{cases}\xrightarrow{\beta^-}{}^{87}\mathrm{Rb}\xrightarrow{\beta^-}{}^{87}\mathrm{Sr}\\ \xrightarrow{\mathrm{n}}{}^{86}\mathrm{Kr}\end{cases}$$

裂变过程可简单概括如下：

$$^{235}\mathrm{U}+\mathrm{n}\to\underbrace{\mathrm{X}+\mathrm{Y}+\nu\mathrm{n}}\to\underbrace{\text{裂变的初级产物}}\to\text{稳定核}$$

瞬发中子	一系列的 β^- 衰变→稳定核
瞬发光子	伴随有缓发 γ 光子
	偶有缓发中子

4.5.2　裂变能

裂变时放出的能量是很大的。以 ^{235}U 的裂变为例，计算如下：

$$Q=B_{\mathrm{X}}+B_{\mathrm{Y}}-B_{\mathrm{U}} \tag{4.5-2}$$

式中，B_{X} 为 X 核的结合能；B_{U} 为 ^{235}U 的结合能。或者

$$Q=\Delta mc^2=[M(\mathrm{U})+m_{\mathrm{n}}-M(A_1)-M(A_2)-\nu m_{\mathrm{n}}]c^2 \tag{4.5-3}$$

式中，$M(\mathrm{U})$ 为 $^{235}\mathrm{U}$ 原子核的质量；$M(A_1)$，$M(A_2)$ 为发射中子后的裂片经 β^- 衰变后形成的稳定核的质量；ν 为裂变过程中发射的中子数。

例如，$^{235}\mathrm{U}$ 热中子裂变中最典型的非对称分裂为

$$^{235}_{92}\mathrm{U}+^{1}_{0}\mathrm{n}\rightarrow^{139}_{57}\mathrm{La}+^{95}_{42}\mathrm{Mo}+2^{1}_{0}\mathrm{n}$$

其中

$$M(^{235}\mathrm{U})=235.043\ 9\mathrm{u},\quad m_{\mathrm{n}}=1.008\ 665\mathrm{u}$$

$$M(^{139}\mathrm{La})=138.906\ 403\mathrm{u},\quad M(^{95}\mathrm{Mo})=94.905\ 837\mathrm{u}$$

根据式(4.5-3)，可得

$$Q=208\ \mathrm{MeV}$$

即一次裂变放出约 208 MeV 的能量，包括裂变后的所有能量。其主要表现为裂片的动能，有一小部分以中子动能、γ 光子能量、β 衰变能等形式放出。大致如下分配：裂片动能 167 MeV，中子动能 4.8 MeV，瞬发 γ 光子能量 7.5 MeV，β^- 粒子动能7.8 MeV，γ 射线能量 6.8 MeV，反中微子能量 12 MeV；共 205.9 MeV。

4.5.3 裂变理论

1. 重核的稳定性(原子核的稳定性)

设原子核是球形的，根据能量最小原理，如果它是稳定的话，在球形时的势能 V(球) 应比稍有形变而成为椭球时的势能 V(椭) 要小(或在球形时的结合能应比椭球时的结合能要大)，这样如果核稍有形变，它会回到球形；如果球形的势能比稍有形变时的势能大，那么原子核就会自发地形变，先变成椭球，逐渐伸长成哑铃状，最后断裂成两块。所以原子核对裂变的稳定条件为

$$\Delta V=V(\text{椭})-V(\text{球})=\Delta E(\text{球})-\Delta E(\text{椭})>0 \qquad (4.5-4)$$

由于原子核形状不同，会对核的结合能产生影响，而由结合能的半经验公式知道结合能中只有表面能和库仑能两项受原子核形状的影响(按照液滴模型，球形变为椭球形，体积不变，所以体积能不变)，所以计算 ΔE(球) $-$ ΔE(椭) 值时，可用表面能和库仑能的变化计算。即

$$\Delta V=\text{椭球时的}(E_{\mathrm{s}}+E_{\mathrm{C}})-\text{球形时的}(E_{\mathrm{s}}+E_{\mathrm{C}}) \qquad (4.5-5)$$

根据原子核基本结构性质，可知球形时，有

$$E_{\mathrm{s}}=a_{\mathrm{s}}A^{2/3}\propto\text{表面积},E_{\mathrm{C}}=a_{\mathrm{C}}Z^2/A^{1/3} \qquad (4.5-6)$$

而椭球时，有

$$E'_{\mathrm{s}}=a_{\mathrm{s}}A^{2/3}[1+2\varepsilon^2/5+\cdots],\quad E'_{\mathrm{C}}=a_{\mathrm{C}}\frac{Z^2}{A^{2/3}}\left[1-\frac{1}{5}\varepsilon^2+\cdots\right] \qquad (4.5-7)$$

式中，ε 是形变参数，与偏心率有关；$a_{\mathrm{s}}=0.019\ 11$；$a_{\mathrm{C}}=0.000\ 763$。由式(4.5-4) ~ 式(4.5-7) 可得原子核的稳定条件为

$$\Delta V = \frac{\varepsilon^2}{5}\left(2a_s A^{2/3} - a_C \frac{Z}{A^{1/3}}\right) > 0 \tag{4.5-8}$$

即

$$2a_s A^{2/3} > a_C \frac{Z^2}{A^{1/3}} \text{ 或} \frac{Z^2}{A} < 45 \tag{4.5-9}$$

此即原子核对自发裂变的稳定条件。可以计算对^{235}U，Z^2/A 是 36；对^{246}Cf，Z/A 是 39，都是稳定的，不会发生自发裂变。然而实际却能观察到一定的自发裂变，只是半衰期非常长，^{246}Cf 为 2000 a，^{235}U 为 10^{17} a，这可能是势垒穿透现象。到现在还未看到 $Z^2/A > 45$ 的例子，所以很活跃的自发裂变还没有观察到。

2. 原子核势能与核形变的关系

为什么 $Z^2/A < 45$ 的核是稳定的呢？这和 E_s 和 E_C 随核形变的变化有关[见式(4.5-6)和式(4.5-7)]，其关系如图 4-13 所示。

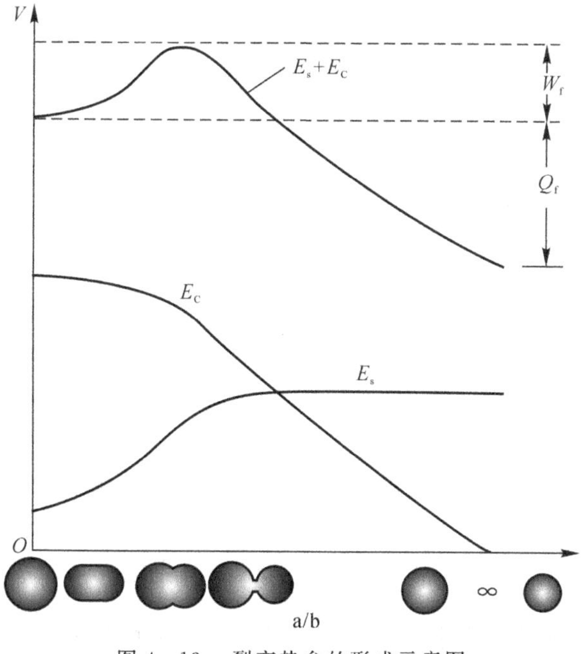

图 4-13　裂变势垒的形成示意图

可见，当原子核由球形向椭球形变化时，随着形变程度的加大，表面能 E_s 增加，库仑能 E_C 减少，并且表面能增加比库仑能减少要快。于是，随着原子核的形变加大，原子核的势能 V 首先是增加，直到形变大到某一程度，表面能的增加不如库仑能的减小快，这时原子核的势能开始下降，这样就形成了裂变势垒。

3. 激活能(裂变阈能)

由前述可知，原子核在球形时的势能比稍有形变时要小，所以不会自发裂变。如果要发生裂变必须越过一个势垒——称为裂变势垒，如图 4-13 所示，其高度为 W_f。要使核的能量提高达到势垒顶，必须提供给它一定数量的能量，这个能量叫裂变的激活能，也称裂变阈能，用 δ 表示，其大小等于裂变势垒的高度，所以原子核裂变的能量条件为

$$\delta = E_a^{(c)} + B^* = \frac{m_A E_a}{m_a + m_A} + B^* \geqslant W_f \qquad (4.5-10)$$

式中，B^* 为入射粒子在靶核中的结合能。势垒高度 W_f 与 Z^2/A 有关。当 $Z^2/A = 36$ 左右时，δ 不是很高，随 Z^2/A 增加，δ 会减小，如图 4-14 所示。而 Z^2/A 较小的核，δ 很高，势垒穿透困难(所以 $Z^2/A < 45$ 的核对自发裂变是稳定的)。

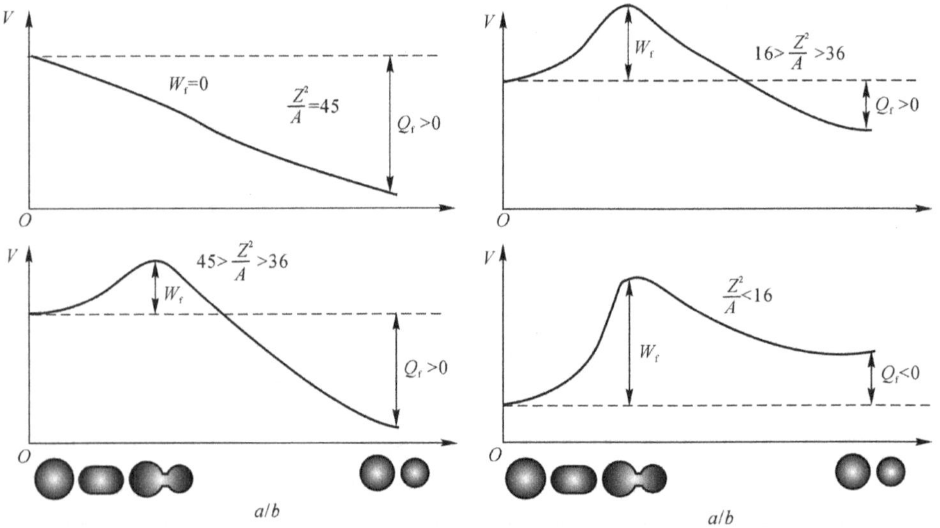

图 4-14　裂变势垒的几种情况

由此不难说明为什么中子引起 ^{235}U 和 ^{238}U 裂变的情况不同。对 ^{236}U，裂变势垒高度约为 $\delta = 6$ MeV，而中子被 ^{235}U 俘获形成 ^{236}U 放出的结合能是 6.81 MeV，此能量足以把 ^{236}U 的能量提高到势垒顶，所以热中子足以使 ^{235}U 裂变，因此 ^{235}U 叫易裂变核，而 ^{239}U 的裂变势垒约为 $\delta = 6.3$ MeV，但中子被 ^{238}U 俘获形成 ^{239}U 的结合能只有 5.3 MeV，所以慢中子不足以引起 ^{238}U 的裂变，必须由中子本身携带 1 MeV 以上的能量(快中子)，被 ^{238}U 俘获，再加上结合能才能把 ^{239}U 的能量提高到势垒顶，所以对 ^{235}U，慢、快中子都可引起裂变，不过慢中

子反应截面大。而对^{238}U，只有 $E_a>1$ MeV 的快中子才能引起裂变，但效率不高，因为快中子的反应截面小。

4.5.4　链式反应

一个^{235}U核俘获一个热中子发生裂变时，平均释放出约 2.5 个中子，它们经慢化成为热中子后，引起另外的^{235}U核裂变，产生第二代中子，再引起裂变，产生第三代中子……。这样如果没有中子损失，只要开始有一个核发生裂变，短短时间内将有很多核裂变，形成剧烈的链式反应，并释放出大量的核能。要使核能得到实际的应用，就必须使链式反应持续下去，这就要求每次裂变平均提供一个以上的中子再引起裂变。做到这一点不是容易的。

一般的核燃料（任何速度的中子都能让它裂变，且还放出多的中子，如^{239}Pu，^{233}U，^{235}U等）一次裂变均能提供两个以上的中子，但这并不能保证链式反应持续进行，因为这些中子开始时能量一般很高，反应截面很小，而在慢化过程中除了与物质发生弹性和非弹性散射外，还要发生其他核反应，另外还有一些中子可能逃逸出核装置，所以最终能使核发生裂变的只是裂变中子的一部分。因此维持链式反应的条件是：把中子的一切损失考虑进去后，任何一代中子的总数要等于或大于前一代的中子总数。两者值之比叫中子增殖系数 k，则有

$$k=\frac{\text{这一代的中子总数}}{\text{前一代的中子总数}} \tag{4.5-11}$$

当 $k=1$ 时，链式反应速度恒定，称为临界系统；当 $k>1$ 时，链式反应速度是发散的，称为超临界系统；当 $k<1$ 时，链式反应是收敛的，称为次临界系统。

4.6　原子核的聚变

4.6.1　核聚变

除重核裂变外，轻核聚变成较重的核时也能释放出大量的核能。轻核的聚变反应很多，从地球上的资源来说，最有意义的是 H 核的聚变，即

$$\begin{array}{rl}
& {}^{2}H+{}^{2}H\rightarrow{}^{3}He+n, Q=3.25\ \text{MeV}\\
& {}^{2}H+{}^{2}H\rightarrow{}^{3}H+p, Q=4.00\ \text{MeV}\\
& {}^{3}He+{}^{2}H\rightarrow{}^{4}He+p, Q=18.3\ \text{MeV}\\
+ & \underline{{}^{3}H+{}^{2}H\rightarrow{}^{4}He+n, Q=17.6\ \text{MeV}}\\
& 6\,{}^{2}H\rightarrow 2\,{}^{4}He+2p+2n, 43.15\ \text{MeV}
\end{array}$$

即 6 个^{2}H核参加聚变反应，共放出 43.15 MeV 的能量，平均每一个^{2}H放出

7.2 MeV的能量，平均每个核子放出 3.6 MeV 的能量，相当于裂变平均每个核子放出能量的 4 倍。而且在聚变反应中所需的燃料是^{2}H，^{2}H 又可从海水中提取，即聚变反应的燃料可以说是取之不尽、用之不竭的，所以轻核的聚变是十分丰富的原子能源，现在人类正在研究如何取用这样丰富的能源。两粒氘核需要多大能量才能克服库仑斥力，互相接近而发生聚变呢？下面作一简单的估计。氘核结合要靠核力，首先必须克服库仑长程力，因为只有当核子间距离小于 10 fm 时，才会有核力，此时的库仑势能为

$$V=\frac{e^2}{4\pi\varepsilon_0(2R)} \tag{4.6-1}$$

式中，R 为核半径。所以它们开始互相接近的动能为

$$E_k=\frac{e^2}{4\pi\varepsilon_0(2R)}\approx 144\ \text{keV} \tag{4.6-2}$$

如果将它作为^{2}H 核的热运动的平均能量，即

$$3kT/2\approx 144\ \text{keV}\Rightarrow T\approx 10^{10}\,\text{K} \tag{4.6-3}$$

即^{2}H核的温度要高达10^{10}K，才能产生聚变。这个温度是很高的，至今在实验上无法得到。即便考虑到势垒的贯穿与能量的统计分布，温度 T 可降低一些，但仍需要 $10^8\sim10^9$K（相当于 10 keV 能量）的温度才能产生核聚变。这种需在高温下进行的核反应，称为热核反应。这样高的温度自然界中只有星体内部才有，且在如此高的温度下，所有的原子都全部电离，形成了物质的第四态 —— 等离子体。

4.6.2 实现自持聚变的条件

由上述可见，要实现聚变反应，并从中获得能量，必须靠高温。但单靠高温还不够，除了把等离子体加热到所需的温度外，还必须满足两个条件：第一，等离子体的密度必须足够大；第二，所要求的温度和密度必须维持足够长的时间。将这两个条件定量地写出为

$$\left.\begin{aligned} n\tau&=1.7\times10^{14}\ \text{s/cm}^3\\ T&=10\ \text{keV}\end{aligned}\right\} \tag{4.6-4}$$

此条件称为劳孙判据（又称为得失相当条件）。式中，n 为等离子体密度；τ 为聚变反应维持的时间；T 为温度。使一定密度的等离子体在高温下维持一段时间，可不是件容易的事。几十年来人们一直在努力研究，虽然人们已在地球上以氢弹爆炸的方式取得了聚变能，但至今仍无法以可控制的方法取得聚变能。

为什么实现聚变反应必须采用等离子体热核反应的方式？为什么不用加速器加速粒子的办法呢？这是因为虽然在加速器中把^{2}H 核加速到所需的能量（几

十千电子伏）是很容易的事，但人们发现，当用加速后的 ^{2}H 核去轰击固定的 ^{2}H 靶时，发生聚变反应的次数同射入的快速 ^{2}H 核的数量相比是极其微小的，理论上可算得约为百万分之一。其余能量都由于和电子作库仑散射损失掉了，从而可获得的能量远小于加速器消耗的能量。那么，又可否用两束快速核对撞来实现聚变反应呢？实际上氘核相互的库仑散射，会导致 ^{2}H 核产生大角度偏转而离开粒子束，另外，两束 ^{2}H 核粒子可以互相穿透，能发生聚变的概率大约是 1/50 000。所以只有用高温等离子体聚变反应的方法才能获得聚变能。但高温等离子体的聚变要实现得失相当，必须使一定密度的等离子体在高温条件下维持一段时间。所以需要有一个"容器"，它不仅能忍耐 10^8 K 的高温，而且不能导热，不能因等离子体与器壁的碰撞而降温。目前世界上还没有这样的容器。那么怎样才能把高温等离子体约束起来实现聚变呢？当前，这一领域的研究仍是前沿和热点。

习　题

4-1. 试求 $^7_3$Li(p,n)$^7_4$Be 的反应能 Q 和阈能 E_{th}。

4-2. 试求中子与 ^{16}O，^{17}O 核作用时发生(n,2n)反应的阈能 E_1 和 E_2，并解释两个阈能值的巨大差别。

4-3. 用能量为 1.51 MeV 的氘引起反应 ^{11}B(d,α)^{9}Be 时，在 $\theta=90°$ 方向测得 α 粒子能量为 6.37 MeV，试求反应能 Q。

4-4. ^{210}Po 的 α 粒子($E_\alpha=5.3$ MeV)在 ^{9}Be 靶上可以产生(α,n)反应，试求出射角 $\theta=90°$ 时的中子能量 E_n。

4-5. 反应 ^{10}B(n,α)^{7}Li 用来记录慢中子，试求 α 粒子的动能 E_α 和反冲核的动能 E_R。

4-6. 引起反应 ^{7}Li(p,α)^{4}He 的质子能量为 1 MeV 时，如果两个 α 粒子相对于入射质子方向对称飞开，试求每一个 α 粒子的动能 E_α 和出射角 θ。

4-7. 试求镭－铍中子源的最大中子能量 E_m。已知镭源的 α 粒子的最大能量为 7.69 MeV。

4-8. 快中子照射铝靶时，能发生反应 ^{27}Al(n，p)^{27}Mg，$^{27}\text{Mg}\xrightarrow[T_{1/2}=9.46\ \text{min}]{\beta^-}{}^{27}\text{Al}$。已知铝靶面积为 2×5 cm^2，厚为 1 cm，靶面垂直于中子束，铝靶经通量密度为 10^7 cm^{-2}s^{-1} 的快中子长期照射后，经过18.9 min，还有 4.18×10^2 Bq 的放射性，试求该反应的截面 σ。

4-9. 用 20 μA 的 3.5 MeV 的质子束轰击厚为 50 mg cm^{-2} 的 ^{7}Li 靶，通过

$^{7}Li(p,n)^{7}Be$反应产生放射性核素^{7}Be。设反应截面为 300 mb，试求轰击 2 h 后的放射性活度 A。

4-10. 厚为 0.02 cm 的金箔被通量密度为 10^{12} $cm^{-2}\cdot s^{-1}$的热中子照射 5 min，通过$^{197}Au(n,\gamma)^{198}Au$ 反应生成^{198}Au。已知反应截面为 98.7 b，金的密度为 19.3 g/cm^3，试求每平方厘米产生^{198}Au 放射性活度 A。

4-11. 用 14 MeV 的氘核轰击磷粉靶，由(d,p)反应产生放射性磷。当用 25 μA 的氘束照射 2 h 后，磷的 β 放射性为 5.44×10^{8} Bq，试求此反应产额 Y。

4-12. 当^{238}U 核俘获一个中子，而中子的动能不小于 1.4 MeV 时，则生成原子核发生裂变。求裂变核的激活能(中子在^{239}U 核里的结合能为 4.8 MeV)。

4-13. 每个^{238}U 核的裂变大约平均产生 2.6 个中子，^{238}U 核的裂变截面是 0.5b 的量级，而非弹性散射的截面是几靶(b)。若产生的中子至少有一半具有低于^{238}U 核裂变阈能的能量，证明在由这种原子核组成的介质中，自动维持链式反应是不可能的。

4-14. ^{235}U 的一次热中子裂变放出的能量是 200 MeV。除中微子带走 10 MeV外其余均可回收，计算：

(1)产生 1 W 功率时，每秒需要发生的裂变数。

(2)已知^{235}U 的热中子总吸收截面为 680.8b，其中裂变截面为 582.2b，要使反应堆产生 100 MW 功率，问每昼夜至少要耗多少克^{235}U?

4-15. ^{235}U 核俘获一个热中子，由于生成核发生裂变，产生 3 个中子和 2 个放射性碎片，碎片转变成稳定的^{89}Y 和^{144}Nd 核(已知一个核子在^{235}U、^{89}Y、^{144}Nd核中的结合能分别等于 7.59 MeV、8.71 MeV、8.32 MeV，中子在^{236}U 中的结合能是 6.4 MeV)，求此过程中释放的能量。

4-16. 对正逆过程 $\alpha+{}^{12}C\leftrightarrows d+{}^{14}N$，若正过程入射 α 粒子能量为 $E_\alpha=41.7$ MeV，测量氘核的角度为 $\theta_L^{(正)}=18°$，为了满足细致平衡原理的要求，试计算：

(1)逆过程中入射氘核的能量 E_d应为多大?

(2)逆过程中，应在什么角度 $\theta_L^{(逆)}$ 处测量出射 α 粒子?

(3)正、逆过程的截面比是多大?

第5章 中子物理

中子物理是核物理的一个分支，它主要研究中子、中子和物质相互作用的性质。

中子物理的发展，对原子核理论的研究和对原子核基本性质的了解，都是很重要的。在历史上，中子物理研究对于裂变的发现与研究、核反应理论的建立与发展，起过重要的作用。

原子能的开发及应用，更加促进了中子物理的研究。自从 1938 年发现中子能引起重核裂变，释放出核能以后，人们就以很大的精力研究中子及它与物质相互作用的性质，为建立反应堆和制造原子弹提供了许多有用的数据。

中子物理和其他学科相结合，在工、农、医各部门的应用，都取得了一些明显的效果，产生了一些有生命力的边缘学科。例如，利用慢中子的非弹性散射和衍射，研究原子和固体物质的性质；中子活化分析可使微量分析做到快速准确；中子测水、中子测井、中子辐照育种和中子成像等技术已较广泛地应用。此外，也开展了中子治癌的临床试验。

本章将首先简要地介绍中子的基本性质，然后依次介绍中子源、中子的慢化、中子的扩散和中子的衍射。

5.1 中子的基本性质

中子存在于除氢以外的所有原子核中，是构成原子核的重要组分。中子会以高度凝聚态形式构成中子星物质。自 1932 年查德维克(Chadwich)等人发现中子以来，人们对中子的基本性质进行了大量研究，目前对其已有相当清楚的了解。

自由中子是不稳定的。一个自由中子会自发地转变成一个质子、一个电子(β^-粒子)和一个反中微子，并释放出 0.782 MeV 的能量。自由中子的半衰期为(10.61±0.16)min。自由中子的不稳定性反映出中子静止质量稍大于氢原子质量这个事实。两者的静止质量分别为 $m_n = 1.008\ 664\ 9\text{u} = 939.565\ 3\ \text{MeV}/c^2$ 和

$m_H = 1.007\ 825\text{u} = 938.783\ 0\ \text{MeV}/c^2$。

中子总体是电中性的。但是,实验结果显示:中子具有内部的电荷分布。可以想象,如果中子内正负电荷分布的中心稍有不重合,中子就应该具有电偶极矩。中子的电偶极矩是否为零的问题带有基本的重要性,因为通过不同的相互作用理论,它联系于宇称守恒和时间反演对称性。目前已经发现,如果在中子内部分开的正负电荷都为电子电荷 e 时,其中心的距离必须少于 10^{-24} cm。这个上限还不足够小,不能对理论上可能的相互作用形式作出肯定的选择,因而希望提高测量中子电偶极矩的实验精度。

中子有自旋角动量 $\hbar/2$,是费米子。所以它遵守费米统计,服从泡利不相容原理。

中子具有磁矩,$\mu_n = -1.913\ 042\ \mu_N$,负号表示磁矩矢量与自旋角动量矢量方向相反。磁矩结构有一定分布,其均方根半径约为 0.9 fm。由于中子有磁矩,可以产生极化中子束。

中子具有强的穿透能力。它与物质中原子的电子相互作用很小,基本上不会因使原子电离和激发而损失能量,因而它比相同能量的带电粒子具有强得多的穿透能力。中子在物质中损失能量的主要机制是与原子核发生碰撞。由此产生两个问题:中子的探测和对中子的防护。探测中子虽然可用核辐射探测中所使用的各种探测器,但必须特别考虑中子经过与原子核作用产生次级的带电粒子,要通过对这些带电粒子的探测来获得入射中子的信息。因此,一般说来,对中子的探测效率更低,能量分辨也较差。对中子的屏蔽和防护是任何产生中子设备都必须认真解决的问题。

5.2 中子和物质的相互作用

为后面几节讨论的需要,本节将介绍中子和宏观物质作用的特征,以及有关的几个基本概念。

5.2.1 中子和宏观物质的相互作用

中子在介质中与介质原子的电子发生相互作用可以忽略不计。

根据中子能量,中子与原子核可以产生各种作用过程,包括弹性散射、非弹性散射和辐射俘获等。用 σ_s,σ_s',σ_r 和 σ_f 分别表示弹性散射、非弹性散射、辐射俘获和裂变的截面。而总截面 σ_t 应是所有可能各种反应截面之和,即

$$\sigma_t = \sigma_s + \sigma'_s + \sigma_\gamma + \sigma_f + \cdots \quad (5.2-1)$$

式中，辐射俘获和裂变等反应使中子被吸收，这些反应截面之和 σ_a 定义为中子被吸收截面，即

$$\sigma_a = \sigma_\gamma + \sigma_f + \cdots \quad (5.2-2)$$

实验指出，当中子能量不高时，在一些轻核上弹性散射起主要作用，而且在低能部分截面近似为常量。例如，^{12}C 的 σ_s，σ_t 与能量的关系如图 5－1 所示。只有中子的能量超过一定的阈值时，才能在核上产生非弹性散射。

在吸收截面中最重要的是辐射俘获的贡献，这一过程比较多地发生在重核上，在轻核上发生的概率较小，它可以在中子的所有能区上发生。在一般情况下，中子引起带电粒子飞出的反应截面比较小，除了 ^{10}B，^3He 和 ^6Li 等少数核外，在吸收截面中常不予以考虑。

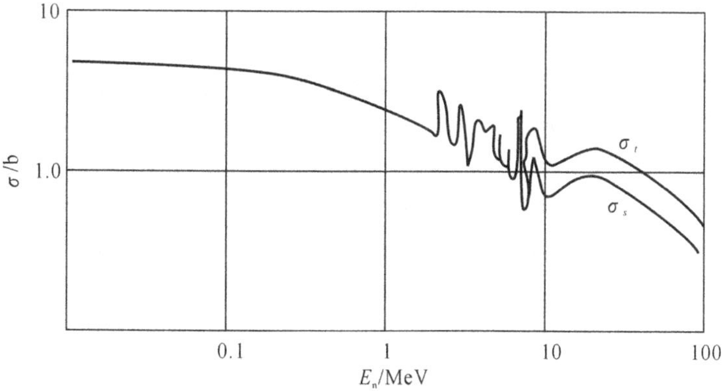

图 5－1　中子在 ^{12}C 上弹性散射截面与总截面

5.2.2　宏观截面

中子和原子核的反应截面 σ，在中子物理中常称为微观截面。将微观截面 σ 和靶物质单位体积内原子核数 N 的乘积，称为宏观截面，用符号 Σ 表示，即

$$\Sigma = N\sigma \quad (5.2-3)$$

$\Sigma_t = N\sigma_t$ 称为宏观总截面，$\Sigma_a = N\sigma_a$ 是宏观吸收截面，宏观散射截面为 $\Sigma_s = N\sigma_s$。

为了明确宏观截面的意义，现在讨论以下的过程：

考虑有一靶，它的厚度为 D，参阅图 4－10，初始入射中子束的强度为 I_0，穿过 x 距离后，中子束的强度变成 $I(x)$。再穿过距离 dx 后，中子束的强度将进一

步地减弱，强度的变化为

$$-\mathrm{d}I(x)=N\sigma_{\mathrm{t}}I(x)\mathrm{d}x=\Sigma_{\mathrm{t}}I(x)\mathrm{d}x$$

用 $I(x)$ 除上式，得

$$-\frac{\mathrm{d}I(x)}{I(x)}=\Sigma_{\mathrm{t}}\mathrm{d}x \tag{5.2-4}$$

式中，$-\mathrm{d}I(x)/I(x)$ 是在 $\mathrm{d}x$ 内发生反应的中子数和入射到 $\mathrm{d}x$ 面上中子数之比，表示中子在 $x\sim x+\mathrm{d}x$ 内和靶核发生相互作用的概率。式(5.2-4)表明，$\Sigma_{\mathrm{t}}\mathrm{d}x$ 是中子在 $\mathrm{d}x$ 距离内和靶核发生作用的概率，因此 Σ_{t} 就是中子在靶内单位程长中发生相互作用的概率。相类似地，$\Sigma_{\mathrm{a}}=N\sigma_{\mathrm{a}}$ 和 $\Sigma_{\mathrm{s}}=N\sigma_{\mathrm{s}}$ 分别表示中子穿过物质单位厚度被吸收或散射的概率，宏观截面的常用单位是 cm^{-1}。

对于只含一种核素的单一物质，有

$$N=\frac{\rho}{A}N_{\mathrm{A}} \tag{5.2-5}$$

其中，ρ 是物质的密度；A 是质量数；N_{A} 是阿伏加德罗常量。

考虑两种核素的均匀混合物，单位体积内每种核素的原子数分别是 N_1 和 N_2，令 σ_1 和 σ_2 分别是这两种核素和中子作用的截面，则中子在该物质中相应的宏观截面为

$$\Sigma=\Sigma_1+\Sigma_2=N_1\sigma_1+N_2\sigma_2$$

对于多原子分子，设相对分子质量为 A，每个分子中第 i 种原子的数目为 l_i，则单位体积内第 i 种原子的总数为

$$N_i=\frac{l_i\rho}{A}N_{\mathrm{A}}$$

设 σ_i 是中子和第 i 种原子核发生某种反应的微观截面，则相应的宏观截面为

$$\Sigma=\frac{\rho N_{\mathrm{A}}}{A}(l_1\sigma_1+l_2\sigma_2+\cdots) \tag{5.2-6}$$

例如，动能为 1 eV 的中子，在氢核上的微观散射截面是 20 b，在氧核上的微观散射截面是 3.8 b，水的密度 $\rho=1\ \mathrm{g\cdot cm^{-3}}$，相对分子质量是 18，这时中子在水中的宏观散射截面为

$$\Sigma_{\mathrm{s}}=\frac{6.02\times10^{23}}{18}(2\times20+3.8)\times10^{-24}\ \mathrm{cm}^{-1}=1.5\ \mathrm{cm}^{-1}$$

即表明能量为 1 eV 的中子，在水中经过 1 cm 距离时平均受到 1.5 次散射。

5.2.3　平均自由程

由式(5.2-4)容易理解 $\mathrm{e}^{-\Sigma_{\mathrm{t}}x}$ 表示中子在介质中穿过距离 x 而不受碰撞的

概率。因此，中子在 $x \sim x + \mathrm{d}x$ 距离内发生碰撞的概率 $P(x)\mathrm{d}x$ 应为

$$P(x)\mathrm{d}x = \mathrm{e}^{-\Sigma_t x} \cdot \Sigma_t \mathrm{d}x = \Sigma_t \mathrm{e}^{-\Sigma_t x}\mathrm{d}x \tag{5.2-7}$$

在介质中，中子在连续两次碰撞之间穿行的距离称为自由程。由于原子核的空间分布和中子运动的无规性，自由程有长有短，但对一定能量的中子，它的平均值是一定的，称为平均自由程，用 λ_t 表示。显然，这个量应等于中子行进距离 x 对概率分布函数 $P(x)$ 的平均值，即

$$\lambda_t = \int_0^{\infty} xP(x)\mathrm{d}x = \Sigma_t \int_0^{\infty} x\mathrm{e}^{-\Sigma_t x}\mathrm{d}x = \frac{1}{\Sigma_t} \tag{5.2-8}$$

同理可以引入散射平均自由程 λ_s 和吸收平均自由程 λ_a，分别为

$$\lambda_s = \frac{1}{\Sigma_s} = \frac{1}{N\sigma_s}$$

$$\lambda_a = \frac{1}{\Sigma_a} = \frac{1}{N\sigma_a} \tag{5.2-9}$$

σ_s 和 σ_a 是中子能量的函数，所以 λ_s 和 λ_a 也是中子能量的函数。

5.3　中子的慢化

不管是核裂变还是其他核反应产生的中子，其能量大都是几兆电子伏的快中子。但在有些实际应用中，如热中子反应堆生产放射性同位素等工作中，常要能量为 1 eV 数量级的慢中子。将能量高的快中子变成能量低的慢中子过程，称为中子的慢化或中子的减速。

为对中子进行有效的慢化，通常选用散射截面大而吸收截面小的轻元素作慢化剂，如氢、重氢和石墨等。氢和重氢没有激发态，中子和它们作用，损失能量的主要机制是弹性散射。对石墨(^{12}C)来说，最低激发态的激发能是4.44 MeV，因此当中子的能量低于反应阈能 $E_{th} = 4.8$ MeV 时，在石墨上也只发生弹性散射。

5.3.1　中子和核在弹性散射中能量的变化

弹性散射最重要的特点，是中子和核整个系统的动量和动能在碰撞前、后不变。但是中子会把一部分动能传给原子核，使自己逐渐慢化。

设在实验室系中，原子核质量为 m，处于静止，中子速度为 v_1，发生弹性散射后，中子在散射角 θ 方向以速度 v_2 飞出。散射前、后的动能分别为 $E_1 = \frac{1}{2}m_n v_1^2$ 和 $E_2 = \frac{1}{2}m_n v_2^2$。

容易证明：在质心系中，弹性散射前、后，中子和靶核的速度数值不发生变化，而只是改变速度方向。所以，弹性散射前、后，中子在质心系的速度 v' 应为

$$v' = v_1 - v_c = v_1 - \frac{m_n}{m + m_n} v_1 = \frac{m}{m + m_n} v_1 \qquad (5.3-1)$$

根据 $v_2 = v_c + v'$ 的平行四边形法则，可得实验室系中在弹性散射后中子速度的平方，即

$$v_2^2 = v_C^2 + v'^2 + 2v_C v' \cos\theta_C = \frac{v_1^2}{(m + m_n)^2}(m_n^2 + m^2 + 2m_n m \cos\theta_C)$$

式中，θ 是质心系中中子散射角。因此弹性散射后与散射前中子动能之比为

$$\frac{E_2}{E_1} = \frac{\frac{1}{2} m_n v_2^2}{\frac{1}{2} m_n v_1^2} = \frac{1}{(m + m_n)^2}(m_n^2 + m^2 + 2m_n m \cos\theta_C) \qquad (5.3-2)$$

令

$$\alpha = \left(\frac{m - m_n}{m + m_n}\right)^2 \approx \left(\frac{A - 1}{A + 2}\right)^2 \qquad (5.3-3)$$

式中，A 是靶核质量数；参量 α 表征靶核使中子慢化的能力。于是

$$\frac{E_2}{E_1} = \frac{1}{2}[(1 + \alpha) + (1 - \alpha)\cos\theta_C] \qquad (5.3-4)$$

可以看出，弹性散射后中子能量 E_2 随质心系散射角 θ_C 而变化。当 $\theta_C = 0°$ 时，$E_2 = E_1$；当 $\theta_C = 180°$ 时，中子有最大能量损失，这时 $E_{2\min} = \alpha E_1$。在一般情况下，经过一次弹性散射后，中子的动能应处于 αE_1 和 E_1 之间，即

$$\alpha E_1 \leqslant E_2 \leqslant E_1 \qquad (5.3-5)$$

对于中子与氢发生弹性散射，$\alpha = 0$，即中子可损失全部动能。对于石墨 $A = 12$，$\alpha = 0.716$，一次碰撞中子能量损失不会超过初始能量的 28.4%。

5.3.2 平均对数能量损失和平均碰撞次数

理论和实验表明，对于动能为几电子伏至几兆电子伏的中子与原子核的弹性散射，在质心系中是各向同性的，即中子被散射到不同方向上单位立体角内具有相同概率。于是，中子散射到角度范围 $\theta_C \to \theta_C + d\theta_C$ 的概率为

$$f(\theta_C)d\theta_C = \frac{2\pi \sin\theta_C d\theta_C}{4\pi} = \frac{1}{2}\sin\theta_C d\theta_C \qquad (5.3-6)$$

中子一次碰撞的平均能量损失为

$$\overline{\Delta E} = \int_0^\pi \Delta E f(\theta_C) d\theta_C = \frac{1}{2}E_1(1 - \alpha)\int_0^\pi (1 - \cos\theta_C)\frac{1}{2}\sin\theta_C d\theta_C =$$

$$\frac{1}{2}E_1(1 - \alpha) \qquad (5.3-7)$$

可以看出，在连续的多次碰撞过程中，每次碰撞的平均能量损失$\overline{\Delta E}$是不同的。但是，人们发现每次碰撞的平均对数能量损失 $\varepsilon \equiv < \ln E_1 - \ln E_2 >$ 与碰撞前的能量 E_1 无关，而只是靶核质量数的函数。容易计算

$$\varepsilon \equiv < \ln E_1 - \ln E_2 > = \int_0^\pi \ln\left\{\frac{1}{2}[(1+\alpha)+(1-\alpha)\cos\theta_C]\right\}\frac{1}{2}\sin\theta_C \mathrm{d}\theta_C =$$

$$1+\frac{\alpha}{1-\alpha}\ln\alpha = 1+\frac{(A-1)^2}{2A}\ln\frac{A-1}{A+1} \qquad (5.3-8)$$

这样，可以利用 ε 来计算中子能量从 E_i 减少到 E_f 需要经过的平均碰撞次数 $\overline{N}$：

$$\overline{N} = \frac{1}{\varepsilon}(\ln E_i - \ln E_f) = \frac{1}{\varepsilon}\ln(E_i/E_f) \qquad (5.3-9)$$

例如用氢作减速剂，$A=1, \alpha=0, \varepsilon=1$，取 $E_i = 2$ MeV，$E_f = 0.025$ eV，得 $\overline{N}=18.2$。而对于用石墨和铀-238 作减速剂，分别得 $\varepsilon = 0.157$ 和 0.00 838，$\overline{N}=115$ 和 2 172。可见选用轻靶核作减速剂更为有效。

5.3.3　慢化本领和减速比

一种物质的慢化能力单用 ε 来表示是不全面的。因为 ε 只表示在每次碰撞中平均对数能量损失的大小。中子在慢化介质中通过单位长度路程发生碰撞的次数即宏观散射截面 $\Sigma_s = N\sigma_s$ 的大小也直接影响到介质对中子慢化的能力。所以，引入慢化本领或减速能力。它等于宏观散射截面 Σ_s 与 ε 的乘积，即

$$\varepsilon\Sigma_s = \varepsilon N\sigma_s$$

此乘积值越大，中子在相同能量损失下在介质中经过的路程就越短，表明该介质有大的慢化本领。

在实际的慢化介质中，一方面中子被慢化；另一方面它还可能被介质原子核所吸收。一种好的慢化介质不仅要有大的慢化本领，而且对中子的吸收要尽可能小。为此，人们引入减速比的概念 η，它被定义为

$$\eta = \varepsilon\Sigma_s/\Sigma_a \qquad (5.3-10)$$

式中，Σ_a 为介质对中子的宏观吸收截面，可见 η 表示物质在一平均吸收自由程中的慢化本领，它能更完整地描述慢化介质的品质。例如，对于热中子，水的 $\eta=71$，而重水的 $\eta = 5\ 670$，表明重水是比水更好的慢化剂，这是因为水的慢化本领虽然比重水大，但它对中子的吸收截面还更大。

5.3.4　慢化长度与费米年龄

在许多实际问题中，例如反应堆的设计，希望知道中子从能量 E_i 慢化到 E_f 时，在介质中穿行的平均距离。对于一个无限大介质中的单能点中子源，从理论

上算出中子从初始能量 E_i 慢化到 E_f 过程中所穿行的距离的均方值$\overline{R^2}$ 为

$$\overline{R^2} = 6\tau \tag{5.3-11}$$

$$\tau = \int_{E_f}^{E_i} \frac{\lambda_s^2}{3\varepsilon(1-\overline{\cos\theta_L})} \frac{dE}{E} \tag{5.3-12}$$

τ 称为费米年龄。尽管用这个名称，但 τ 不具有时间的量纲，从式(5.3-11)看出，它具有面积的量纲。τ 是一个随中子慢化时间单调增加的函数。式中$\overline{\cos\theta_L}$ 为实验室系中散射角的余弦对方向的平均值，它利用在质心系与实验室系中散射角余弦的关系以及(5.3-6)可得

$$\overline{\cos\theta_L} = \int_0^{\pi} \cos\theta_L f(\theta_C)\,d\theta_C = \frac{1}{2}\int_0^{\pi} \frac{1+A\cos\theta_C}{\sqrt{1+A^2+2A\cos\theta_C}} \sin\theta_C\,d\theta_C = \frac{2}{3A} \tag{5.3-13}$$

如果在所讨论的能区内，散射平均自由程 λ_s 与能量无关，则有

$$\tau = \frac{\lambda_s^2}{3\varepsilon\left(1-\frac{2}{3A}\right)} \int_{E_f}^{E_i} \frac{dE}{E} = \frac{\lambda_s^2}{3\varepsilon\left(1-\frac{2}{3A}\right)} \ln(E_i/E_f) \tag{5.3-14}$$

τ 的二次方根值称为慢化长度，用符号 L_m 表示为

$$L_m = \sqrt{\tau} = \sqrt{\frac{\overline{R^2}}{6}} = \sqrt{\frac{\lambda_s^2}{\varepsilon\left(1-\frac{2}{3A}\right)} \ln\frac{E_i}{E_f}} \tag{5.3-15}$$

5.4　中子的扩散

从中子源发出的中子一般都是快中子，由于慢化而成热中子。当 $\Sigma_s \gg \Sigma_a$，即 $\lambda_s \ll \lambda_a$ 时，热中子并不马上消失，还会在介质中不断地运动，并和介质中的原子核不断地碰撞。这时中子和介质的能量交换达到平衡，其效果就是中子从密度大的地方不断向密度小的地方迁移，此过程称为中子的扩散。

中子在介质中扩散的行为在反应堆设计中是很重要的，在中子的其他应用问题上这也是经常要考虑的。有关中子扩散理论的一般内容可参考中子物理和有关反应堆的专著。本节只用一个简化的例子，介绍中子扩散的基本物理图像。

现在讨论在无限均匀介质中一个点中子源发出中子在空间的稳定分布情况。设点源每秒钟发出 Q 个中子，中子在介质中不断地扩散并被介质吸收，经过一段时间达到一种稳定的分布。这时 $\partial n/\partial t = 0$，其中 n 表示中子数密度。另外假定除点源外，空间的其他地方不产生中子。在这种情况下，可以将中子源作为

一个边界条件来处理，仅考虑其周围空间中子密度的分布。对源外任一点 $P(r,\theta,\varphi)$，相应的扩散方程为

$$D\nabla^2 n-\Sigma_{\mathrm{a}} n v=0 \tag{5.4-1}$$

式中，D 称为扩散系数，它与中子的平均速度 v、中子的散射自由程 λ_s 有以下关系：

$$D=\frac{v\lambda_{\mathrm{s}}}{3(1-2/3A)} \tag{5.4-2}$$

于是式(5.4-1)可改写为

$$\nabla^2 N-\frac{1}{L_{\mathrm{D}}^2}n=0 \tag{5.4-3}$$

其中

$$L_{\mathrm{D}}^2=\frac{D}{\Sigma_{\mathrm{a}} v}=\frac{\lambda_{\mathrm{s}}\lambda_{\mathrm{a}}}{3-2/A} \tag{5.4-4}$$

L_{D} 称为扩散长度，它的物理意义后文再讨论。现在讨论边界条件，在源 O 附近取一半径为 r_0 的球面，如图 5-2 中虚线所示。中子源每秒发出 Q 个中子，在 r_0 球面上的扩散流密度为 J_0，有

$$Q=4\pi r_0^2 J_0=-4\pi r_0^2 D\frac{\partial n}{\partial r}\bigg|_{r=r_0}$$

可得

$$\frac{\partial n}{\partial r}\bigg|_{r=r_0}=\frac{Q}{4\pi r_0^2 D}=\frac{-Q}{4\pi r_0^2\sum_{\mathrm{a}} vL_{\mathrm{D}}^2} \tag{5.4-5}$$

另一边界条件为

$$n|_{r\to\infty}=0 \tag{5.4-6}$$

为解方程，取球坐标，取中子源所在 O 点为坐标原点，相应 P 点坐标为 (r,θ,φ)，如图 5-2 所示。由于分布是球对称的，中子密度 n 与 θ，φ 无关，只是 r 的函数。方程式(5.4-3)可简化为

$$\frac{1}{r^2}\frac{\mathrm{d}}{\mathrm{d}r}\left(r^2\frac{\mathrm{d}n}{\mathrm{d}r}\right)-\frac{1}{L_{\mathrm{D}}^2}n=0 \tag{5.4-7}$$

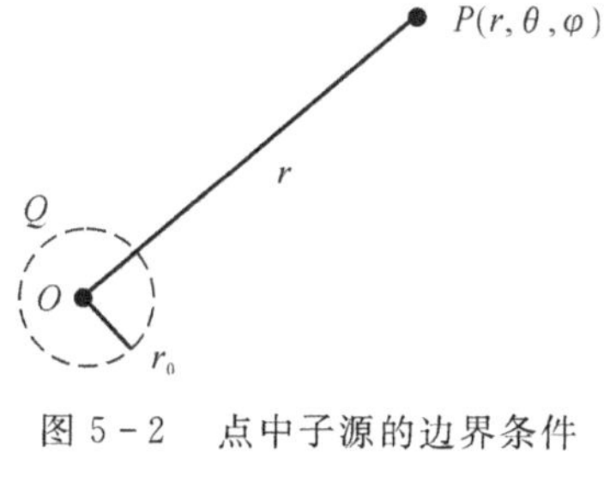

图 5-2　点中子源的边界条件

引入新变量

$$F=nr$$

方程式(5.4-7)可改写为

$$\frac{\mathrm{d}^2F}{\mathrm{d}r^2}-\frac{1}{L_\mathrm{D}^2}F=0$$

此方程的一般解为

$$F=A\mathrm{e}^{-r/L_\mathrm{D}}+C\mathrm{e}^{r/L_\mathrm{D}}$$

故

$$n=A\frac{\mathrm{e}^{-r/L_\mathrm{D}}}{r}+C\frac{\mathrm{e}^{-r/L_\mathrm{D}}}{r} \qquad (5.4-8)$$

其中，A 与 C 是积分常量，由边界条件来确定。从边界条件式(5.4-6)得到 $C=0$，再利用边界条件式(5.4-5)，则有

$$\left.\frac{\partial n}{\partial r}\right|_{r=r_0}=\left.\left(-\frac{A}{r^2}\mathrm{e}^{-\frac{r}{L_\mathrm{D}}}-\frac{A}{L_\mathrm{D}r}\mathrm{e}^{-\frac{r}{L_\mathrm{D}}}\right)\right|_{r=r_0}=-\frac{Q}{4\pi r_0^2D}$$

考虑到 r_0 是一个很小的量，$\mathrm{e}^{-r_0/L_\mathrm{D}}=1$，$\frac{1}{r_0^2}\gg\frac{1}{L_\mathrm{D}}$，可得

$$A=\frac{Q}{4\pi D}$$

将 A，C 值代入式(5.4-8)，得到方程的解为

$$n(r)=\frac{Q}{4\pi Dr}\mathrm{e}^{-r/L_\mathrm{D}} \qquad (5.4-9)$$

由此看出，中子的密度正比于源强 Q，这是由于扩散方程是线性方程的缘故。另外中子的密度随 r 增加呈指数关系下降，下降快慢和 L_D 有关。在这里扩散长度 L_D 表现为衰减长度，这是在特殊情况下，L_D 的一种特殊的意义。下面讨论一下 L_D 更普遍的意义。

设想一个中子从源 O 发出以后，在介质中由于与原子核的碰撞走折线，如图 5-3 所示。当走到 P 点时，中子被介质所吸收，P 点离源的距离为 r。

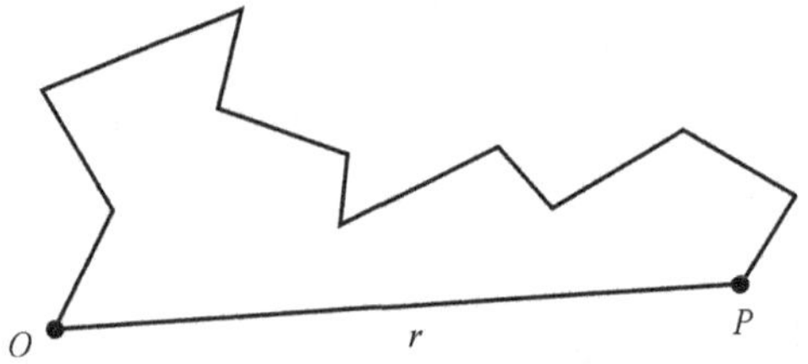

图 5-3　中子行径示意图

利用中子的密度分布式(5.4-9)，得到在 $r\sim r+\mathrm{d}r$ 之间体元内介质单位时

间吸收的中子数为

$$\mathrm{d}N=\Sigma_\mathrm{a} vn\,\mathrm{d}V=\frac{\Sigma_\mathrm{a} vQ}{4\pi Dr}\mathrm{e}^{-r/L_\mathrm{D}}\times 4\pi r^2\,\mathrm{d}r=\frac{\Sigma_\mathrm{a} v\,Q}{D}r\,\mathrm{e}^{-r/L_\mathrm{D}}\,\mathrm{d}r=\frac{Q}{L_\mathrm{D}^2}r\mathrm{e}^{-r/L_\mathrm{D}}\,\mathrm{d}r$$

于是，一个中子从 O 点产生，在 $r\sim r+\mathrm{d}r$ 的球壳内被吸收的概率为

$$p_\mathrm{a}(r)\,\mathrm{d}r=\frac{\mathrm{d}N}{Q}=\frac{r}{L_\mathrm{D}^2}\mathrm{e}^{-r/L_\mathrm{D}}\,\mathrm{d}r \tag{5.4-10}$$

$p_\mathrm{a}(r)$ 称为吸收概率分布函数，它满足规一化条件，有

$$\int_0^\infty p_\mathrm{a}(r)\,\mathrm{d}r=\int_0^\infty \frac{r}{L_\mathrm{D}^2}\mathrm{e}^{-r/L_\mathrm{D}}\,\mathrm{d}r=1$$

利用 $p_\mathrm{a}(r)$ 很容易求出中子在吸收前所走的距离平方的平均值，即

$$\overline{r^2}=\int_0^\infty r^2 p_\mathrm{a}(r)\,\mathrm{d}r=\int_0^\infty \frac{r^3}{L_\mathrm{D}^2}\mathrm{e}^{-r/L_\mathrm{D}}\,\mathrm{d}r=6L_\mathrm{D}^2$$

因此可得

$$L_\mathrm{D}^2=\frac{1}{6}\overline{r^2} \tag{5.4-11}$$

此式表明，扩散长度的平方值等于中子直线飞行距离的平方平均值的六分之一。所谓直线飞行距离是中子从发出点到被吸收点之间的直线距离。关于扩散长度的这一定义，在中子扩散理论中具有普遍的意义，不管前面给出的线性扩散方程是否能用，L_D^2 均定义为$\overline{r^2}/6$。L_D^2 又称为扩散面积。

通常把 L_m^2 和 L_D^2 相加，取为 L^2，即

$$L^2=L_\mathrm{m}^2+L_\mathrm{D}^2 \tag{5.4-12}$$

在反应堆物理中 L^2 称为徙动面积。它等于快中子经慢化成热中子且热中子扩散而被物质吸收所走直线距离平方平均值的六分之一。此量在计算反应堆临界体积时有用。

最后说明一点，就是所谓无限大的介质，其实只要介质线度大于 $5L$ 就可以了，因这时中子从表面泄漏已可以忽略不计。例如用水或石蜡对放射性中子源进行屏蔽，中子在其中的 L 为 6 ～ 7 cm。因此只要屏蔽箱的直径和深度各为 1 m，将源放在中心，装置就可以看成无限大的介质。

5.5　中子的衍射

中子和其他微观粒子一样，具有波粒二象性。前面讨论中子的慢化与扩散中，都将中子看成一个粒子，讨论的是中子显现出的粒子特性，没有涉及它波动的特性。这节专门讨论中子的波动性。

5.5.1　中子的波长

从量子力学知道，一定动量的粒子，它相应的德布罗依波长在非相对论近似下为

$$\lambda=\frac{h}{m_{n}v} \tag{5.5-1}$$

其中，h 是普朗克常量；$m_{n}v$ 是中子的动量，它可以用中子的能量来表示，即

$$\lambda=\frac{h}{\sqrt{2m_{n}E}}=\frac{2.860\times10^{-9}}{\sqrt{E}}\ \text{cm} \tag{5.5-2}$$

式中，能量 E 的单位用 eV。如果 λ 以 nm 为单位，则

$$\lambda=\frac{0.0286}{\sqrt{E}}\ \text{nm} \tag{5.5-3}$$

由此可见，在一般情况下，中子的波长是比较短的。例如，当 $E=1$ MeV 时，$\lambda=2.86\times10^{-12}$ cm，它与核的线度同数量级。根据波与物质相互作用的特点，只有当中子的波长和物质结构的线度差不多时，其波性才比较明显。要使中子在原子或晶体上产生衍射，只有能量较低的中子才有可能。对热中子，$E=0.025$ eV，相应 $\lambda=0.182$ nm，这正好和原子的线度与晶格间距同数量级。

衍射是波动性最突出的特征。早在 1936 年，人们就发现中子从晶体表面散射时出现衍射现象。将中子衍射现象用来研究固体物质的结构，是在 1945 年建立了核反应堆以后实现的。因堆可以给出较大注量率的热中子流，同时建立起观测中子衍射现象的衍射谱仪。图 5-4 所示为一台简易的中子衍射谱仪结构的示意图。仪器包括准直孔、单色器、转动样品台和中子记录系统。中子从反应堆准直孔引出，通过晶体单色器得到单能中子束，打在样品上发生散射。利用 BF_3 计数管记录散射中子，测出衍射图形。通过衍射图形分析可得到有关样品的结构知识。

5.5.2　热中子衍射原理

为讨论中子的衍射，必须先介绍有关晶体结构方面的一些知识。晶体一个很重要的特点，是它的原子在空间规则排列。一种最简单的结构是立方晶体结构。

在立方晶体中取任一原子 O 为原点，取三根相互垂直的晶轴为坐标轴 x，y，z，如图 5-5 所示。在坐标轴上每隔距离 a 有一原子，称 a 为晶格常量。在晶体中通过不同原子可作许多平面，称之为晶面，如 $OABC$ 就决定一个晶面，ACD 决定另一个晶面。由于坐标原点选取的任意性，晶面的坐标位置是没有意义的，有意义的是各晶面的取向。在固体物理中通常是用密勒(Miller) 指数来表示晶面的取向，如平行于 xOy 平面的晶面密勒指数为(0,0,1)；晶面 ACD 和与它平行的晶面，如 EGH 的密勒指数是(1,1,1)。不同晶面上原子的密度不同，例如(0,0,1) 就比(1,1,1) 晶面的原子密度大；不同晶面的间距也不同，如(0,0,1) 晶面的间距 $d=a$，而(1,1,1) 晶面的间距 $d=a/\sqrt{3}$。

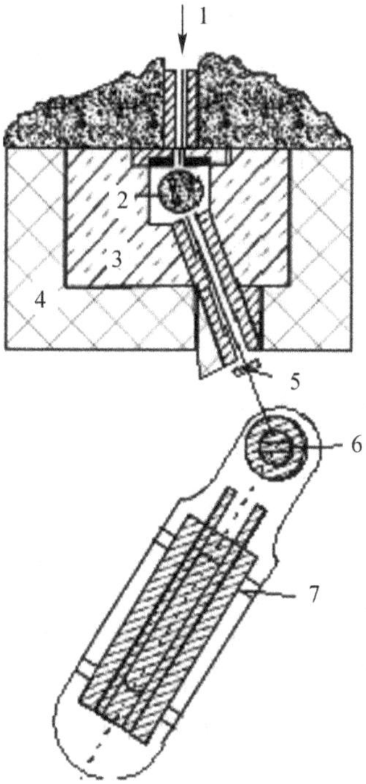

图 5-4　中子衍射谱仪

1— 中子束； 2— 晶体单色器； 3— 含硼石蜡； 4— 铅；

5— 中子快门； 6— 样品； 7—BF_3 正比计数器

现在推导中子衍射的布喇格(Bragg) 公式。先画一晶面，为方便起见，取(0,0,1) 晶面，如图 5-6 所示。

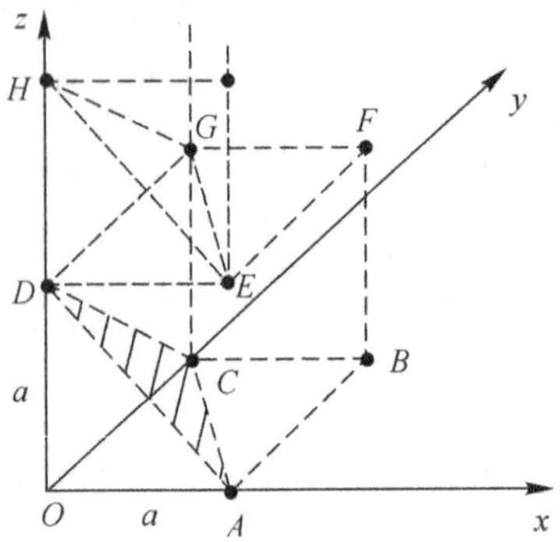

图 5-5　立方晶体结构

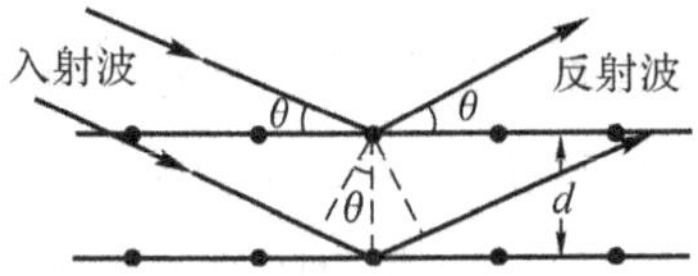

图 5-6　中子波在晶体上的反射

实际上，对其他晶面也一样，不同的晶面只是晶面间距 d 不同。当中子波以掠射角 θ 射向晶面时，在相邻两晶面上反射的中子波，程差为 $2d\sin\theta$。与 X 射线一样，当 $2d\sin\theta$ 等于中子波长的整数倍时，这两支反射波相干而加强，由于许多层的相干作用，出现明显的衍射峰。中子衍射的布喇格公式为

$$2d\sin\theta = n\lambda \quad (n=1,2,3\cdots) \tag{5.5-4}$$

其中，λ 是散射中子的波长；n 为衍射级次。在反射中子束中，对应 $n=1$，称为一级衍射，其他称为次级衍射。通常一级衍射最强，随 n 的增加，强度迅速下降。实际应用中，只有前面很少几级起作用。

当原子磁矩为零时，或在磁矩方向混乱分布的情况下，中子被晶体的散射主要是核散射。这时，理论给出布喇格衍射峰的强度 I 将正比于核结构因子 $F(N)$ 的平方，即

$$I \propto F^2(N) = \left| \sum_j b_j \exp\left(2\pi i n \frac{\delta_j}{d}\right) \right|^2 \tag{5.5-5}$$

其中，n 是衍射峰的级次；d 是反射晶面的间距；δ_j 是晶胞中第 j 个原子到反射面的距离；b_j 是第 j 个原子核的核散射振幅；式中求和号表示对一个晶胞中所有的原子求和。大多数元素的核散射振幅都已由实验测定。图 5-7 给出了中子核散射振幅随相对原子质量的变化关系。

为了对比，图 5-7 中也给出了 X 射线散射振幅随原子量的变化曲线。从图中可以看出，中子核散射振幅随原子量 A 的增加呈起伏变化，而不像 X 射线那样随 A 的增加迅逐增加。中子在轻元素上的散射振幅与在重元素上的散射振幅相差不大。另外，对同一元素的不同核素，中子的核散射振幅常有较大的差别。例如，在 ^{1}H 上，$b=-0.374\times10^{-12}$ cm；在 ^{2}H 上的 $b=-0.667\times10^{-12}$ cm。

对于磁性晶体，特别是铁磁材料，它与中子的磁相互作用已可以和核作用相

比拟，磁散射效应必须考虑。对于非极化中子束，磁衍射峰的强度与磁结构因子 $F(M)$ 的平方成正比，即

$$I(M) \propto F^2(N) = \left| \sum_j p_j \exp\left(2\pi i n \frac{\delta_j}{d}\right) \right|^2 \tag{5.5-6}$$

其中，p_j 是晶胞中第 j 个原子的磁散射振幅，它随掠射角 θ 的增加而减少。图 5-8 中的实线给出了中子在 Mn^{2+} 离子上磁散射振幅随 $\sin\theta/\lambda$ 的变化关系。为了比较，图中虚线画出了 X 射线在锰原子上的散射振幅随 $\sin\theta/\lambda$ 的变化关系。

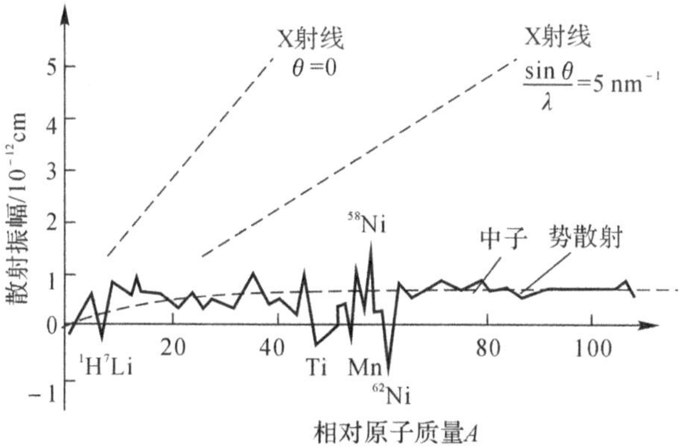

图 5-7　中子核散射振幅随原子量的变化

对于非极化中子束，它在磁性晶体上散射，其中子衍射峰的强度是核衍射强度和磁衍射强度之和。对于极化中子束，必须考虑到核散射振幅和磁散射振幅之间的相干现象给衍射峰强度带来加强或减弱的效果。

5.5.3　中子衍射应用实例

(1) 晶体单色器。从反应堆引出的热中子是连续谱。如果在引出孔道外面安置一单晶片，中子束以掠射角 θ 射向单晶片。根据布喇格条件：

$$\lambda = 2d\sin\theta$$

在与入射方向成 2θ 角的方向上可接受到波长为 λ 的单能中子，d 是反射晶面的间距。接收装置如图 5-9 所示。改变不同的 θ，就可以得到不同波长 λ 的单能中子。

(2) 极化中子束。选取适当的铁磁晶体，通过相干衍射可以有效地得到极化中子束，下面说明其原理。

对任一非极化中子束，都可以将其看成两个相反方向极化中子束之和，如图 5-10 所示。

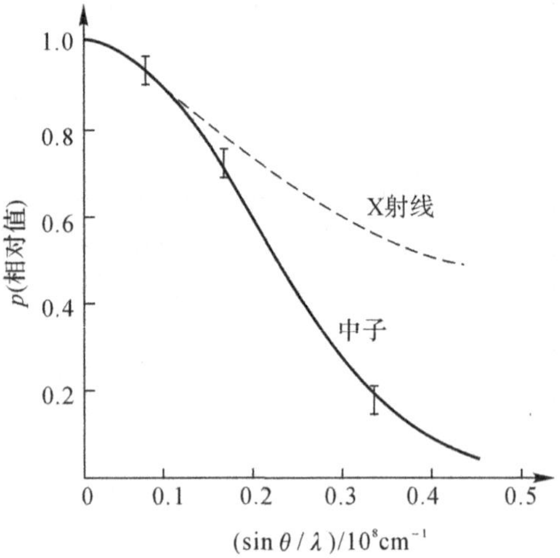

图 5-8　在 Mn^{2+} 离子上磁散射振幅随 $\sin\theta/\lambda$ 的变化

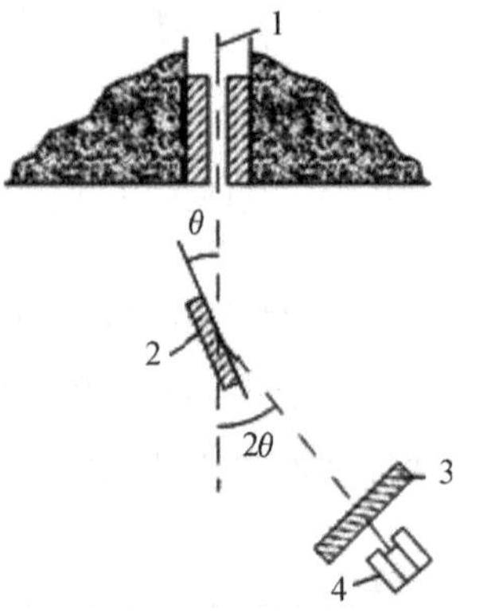

图 5-9　晶体单色器

1— 中子束；　2— 单晶片；　3— 狭缝；　4— 探测器

入射中子束中一部分中子自旋向上为 s_1，另一部分中子自旋向下为 s_2。将中子束射到铁磁晶体表面，在某一晶面上发生布喇格反射。如果平行这反射面加一强磁场 $\boldsymbol{B}$，方向朝上，且场足够强，使铁磁晶体完全磁化。在这种情况下，自旋朝上的中子，磁散射振幅与核散射振幅同号，自旋朝下的中子的磁散射振幅与核散射振幅异号。若取中子的核散射振幅为 b，磁散射振幅为 p，则中子总的散射振幅为

$$f = b \pm p \tag{5.5-7}$$

式中，正号相应于自旋朝上的中子，负号相应于自旋朝下的中子。对于自旋朝上

与朝下的中子，它们衍射峰的强度分别正比于$(b+p)^2$和$(b-p)^2$。适当选择反射物质，使$b=p$，这时自旋朝下的中子散射振幅为零，反射束中只有自旋朝上的中子存在，达到了产生极化中子束的目的。

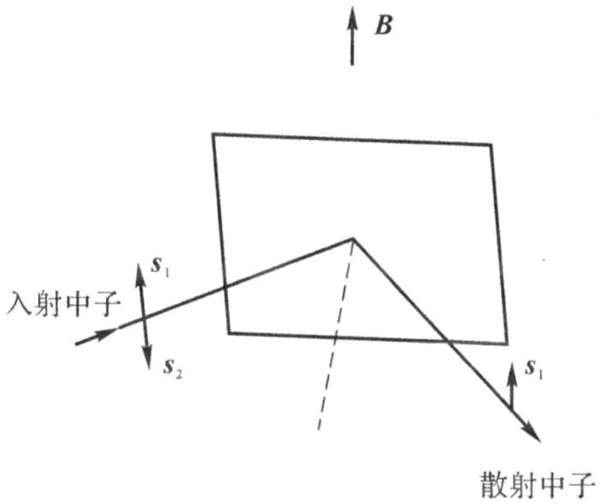

图 5-10　中子极化原理图

由于磁散射振幅的大小与反射面和掠射角有关，因此，对于某种晶体，只有选定特殊的反射面和掠射角，才能产生完全极化的中子束。例如，磁铁矿(Fe_3O_4)晶体，反射面用(2,2,0)晶面，这时核散射振幅为0.95×10^{-12} cm；当$\theta=0°$时，磁散射振幅为1.35×10^{-12} cm。磁散射振幅随$\sin\theta/\lambda$的增加而下降，当$\sin\theta/\lambda=1.7\times10^{-2}\ \mathrm{nm}^{-1}$时，振幅只有$\theta=0°$时的70%，基本上和核散射振幅相等。在这个条件下，极化效率可达到95%。极化效率(即散射后中子的极化度)P定义为

$$P=\frac{I_1-I_2}{I_1+I_2} \tag{5.5-8}$$

其中，I_1和I_2分别是散射后朝上、朝下两种自旋态的中子数。

(3) 晶体空间结构的测定。根据布喇格衍射公式，要测定晶面间距d和其他有关参量，应先求中子波长λ和d数量级。一般晶体晶面间距在$0.1\sim1$ nm之间，从反应堆出来的热中子能量在$0.1\sim0.000\,1$ eV之间，相应的波长为$0.03\sim3$ nm，正好满足要求。

从图 5-7 可以看出，X射线在物质上的散射振幅随A的增加迅速增加。因此，在用X射线来分析元素时，对于A值小的元素不灵敏，对A值相近的元素分辨率差。从图中还看到，中子在核上散射振幅不是随A变化的单调函数，相邻核素的散射振幅可以相差很大，因此，可以利用中子来研究近邻元素的结构差别。由于在轻元素和重元素上，中子有相近的散射振幅(例如，在^{2}H上$b=0.667\times10^{-12}$ cm，在^{238}U上$b=0.85\times10^{-12}$ cm)，因此，利用中子衍射方法来测

定含轻元素物质的结构，是十分有利的，特别是有机分子和生物分子，因为它们大都是碳氢化合物。因此，中子衍射技术和X射线衍射技术，在研究物质结构方面是相互补充的。

利用中子在磁性物质上的磁散射，还可以确定物质中原子磁矩的大小、取向和分布。螺旋性磁结构的发现就是中子衍射测量的结果。有关晶体空间结构测定的具体方法，已超出本书的范围，不在此介绍。

习　题

5-1. 由以下反应计算中子的质量：

$$^{14}N+n\rightarrow{}^{14}C+{}^{1}H+0.623\ \text{MeV}$$

5-2. 利用^{210}Po的α粒子进行以下反应：

$$^{11}B+\alpha\rightarrow{}^{14}N+n+Q$$

实验测出^{14}N的反冲能量为0.8 MeV，中子动能为4.31 MeV，试计算中子的质量。

5-3. 利用D(d,n)^{3}He反应产生中子，当$E_d=400$ keV时，试求$\theta=0°$方向中子的动能。

5-4. 利用^{7}Li(p,n)^{7}Be反应产生中子，希望在$\theta=0°$方向得到500 keV的中子，试求入射质子的能量。

5-5. 在石墨慢化剂中，将2 MeV中子热化需要的平均碰撞次数是多少？

5-6. 在某种能量下，中子弹性散射的微分截面可以用公式表示为

$$\sigma_s(\theta)=a+b\cos\theta$$

(1)导出此能量处平均对数能量损失ε的公式；

(2)当$b\rightarrow0$时，此公式的极限是什么？

5-7. 已知石墨的密度是1.6 g/cm^3，相应中子的$\sigma_s=4.8$ b，$\sigma_a=3.4$ mb，试求它的散射自由程λ_s，吸收自由程λ_a和热中子的扩散长度L_D。

5-8. 在一无限均匀介质中有一无限平面中子源，单位面积每秒发出的中子数为5，试求空间中子的密度分布。

第6章　等离子体物理基础

6.1　高温下的物质性质

6.1.1　温度与等离子体

1. 等离子体

对于物质聚集态的基本物理图像，从温度的角度来看，是宏观物质在一定的压力下随温度升高由固态变成液态，再进一步转变为气态，如图 6-1 所示。物质在不同的温度下呈现出不同的聚集态。

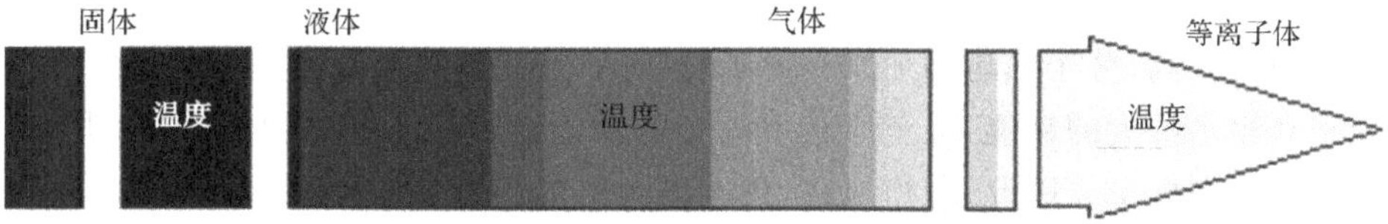

图 6-1　物质状态与温度关系示意图(箭头方向指示温度升高)

通常在固、液、气三态转变的讨论中，没有对温度加以限制。而实际上，温度进一步升高将会引起新的现象。温度升高，气体分子热运动加剧。当温度足够高时，由于分子间的碰撞，分子中的原子可获得足够大的动能，使分子分裂成原子，这个过程称为离解。若再进一步提高温度，当原子中电子的动能超过原子的电离能时，原子的外层电子会摆脱原子核的束缚成为自由电子，失去电子的原子则变成带电的离子，这个过程称为电离。由此可见，在理想气体模型中温度是不能太高的。

在气体中有足够数量的分子电离后(通常只需大于千分之一)，电离气体的性质与原来的气体相比产生了质的变化，主要表现在气体的行为受带电粒子的支配。而带电粒子之间存在复杂的相互作用。将这种电离的气体称为等离子体。

等离子体经常被人们称为物质的第四态。但需要指出的是：第一，第四态的提法并不是从相变(如固-液-气三态间发生的相变)的角度来理解的,而是与等离子体特性及其所遵循的物理规律有关。形成等离子体后,物质性质发生了明显不同于中性物质的变化。从中性气体到等离子体没有明确的界限,变化是连续的。第二,以上引出等离子体定义是从初学者容易接受的角度来考虑的。实际上等离子体不但可以与气体共存,也能与固体和液体共存。

2. 高温及等离子体的获得

一般而言,一个热力学系统获得能量,温度升高。当温度足够高时,就会形成等离子体。

给一个热力学系统提供能量的方式有多种:提供热能,即直接加热造成升温;绝热压缩,将机械能转化为系统的内能;利用能束传递能量,如电子束和离子束;在实验室或工业中常用的是通过气体放电产生等离子体。

提供能量的方式不同,能量的利用效率也不一样。因而产生的等离子体的特性也千差万别,包括温度特征也不同。下面只介绍利用放电技术产生等离子体。但作为对比,先讨论一下热电离。

热电离的主要过程可用下式表示:

$$A+B \rightarrow A^{+}+B+e \tag{6.1-1}$$

温度升高,分子热运动加剧。由于粒子 A 和 B 间的碰撞作用,粒子 A 中的原子获得足够大的动能,以至原子中电子的动能超过原子的电离能,发生电离,产生离子和电子。因此,严格地讲,热电离的机制还是碰撞作用。

图 6-2 表示了 1 个大气压条件下氦的电离度随温度变化的情况。若使电离成分占总成分千分之一以上,就必须使温度 T 高于 10 000℃。通常家用的燃气灶燃烧温度约为 1000~1500℃。火山喷发熔浆的平均温度也不过约 1000℃。所以在人类生活的环境中物质绝不会自发地以等离子体的形式存在。太阳中心温度高达 10^7℃以上,那里的物质显然都以等离子体状态存在。而人类居住的地球则是"冷星球"。

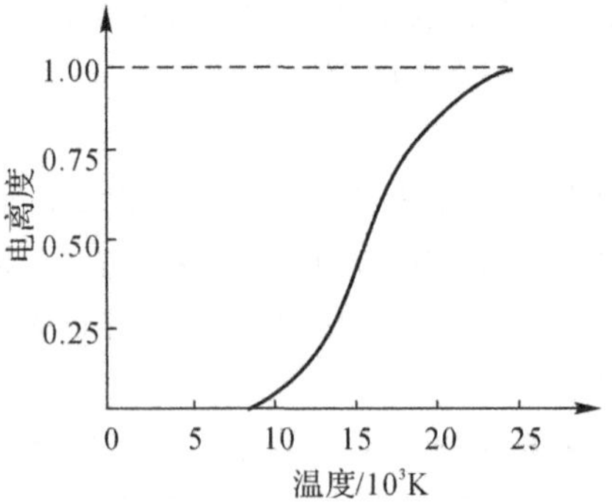

图 6-2　1 个大气压条件下氦的电离度随温度的变化

在通常条件下通过燃烧的方法很难获得几千摄氏度的高温，通过热电离得到电离度高的等离子体是困难的。在实验室和工业中广泛采用的是气体放电方式产生等离子体，其主要过程如图 6-3 所示。

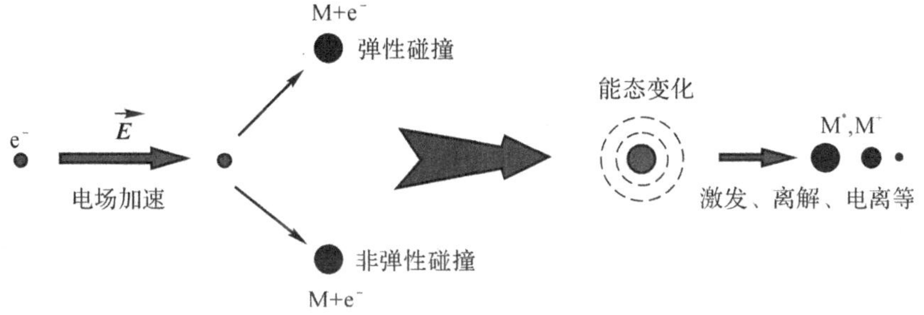

图 6-3　放电激活过程示意图

中性气体中少量的初始种子电子被电场加速，电子获得能量。它们与气体分子碰撞发生能量交换。等离子体粒子之间的相互作用可以分为两大类：一类是弹性碰撞，即碰撞过程中粒子的总动能保持不变，并且粒子内能也不变；另一类是非弹性碰撞，其中有粒子的内能发生变化，并且总动能也不守恒。

由于电子与比它重约 3 个数量级以上的中性粒子碰撞时几乎不损失能量，因此电子可以在多次与原子或分子的弹性碰撞的间隔中从电场获得能量，达到很高的能量水平。当电子与中性粒子碰撞产生的能量转移达到气体分子发生非弹性碰撞的能量阈值时，高能量电子参与非弹性碰撞过程而丧失能量，变为低能电子，从而发生能量转移。这样，外电场的能量也就经由非弹性碰撞过程传递给分子或原子，使粒子内能发生变化，从而造成粒子状态的变化，如电离、离解、激发等，形成等离子体。由于电子独特的"媒介"作用，放电电离形成等离子体比热电离有高得多的能量效率。

若忽略二阶电离，这种电离反应可表示为

$$e+A \rightarrow A^{+}+2e \qquad (6.1-2)$$

电子与中性粒子 A 碰撞，形成离子并释放一个电子。等离子体存在电子、正离子和中性粒子这三类粒子，它们的密度分别为 n_e、n_i 和 n_n。定义等离子体的电离度为

$$\eta=\frac{n_e}{n_e+n_n} \qquad (6.1-3)$$

由于 $n_e \approx n_i$，则 n_e+n_n 为电离前的粒子数密度，可用电离度来描述等离子体的电离程度。

6.1.2 等离子体特有的性质

下述介绍等离子体具有哪些特有的、中性气体所没有的特性。

1. 多粒子、多参数体系

等离子体是一个复杂的体系。无论是在粒子种类还是能态上，等离子体都是中性气体远远不能比拟的。组成等离子体的基本成分是电子、离子和中性粒子。等离子体中的中性粒子是多元的。形成等离子气体后，除了源气体分子外，等离子体中存在有大量基态 / 激发态的原子、基团、分子碎片和分子等。

这些不同能态、不同种类的粒子间存在相互作用，构成了等离子体的多粒子体系。等离子体的粒子密度是等离子体重要的参数，有电子密度、离子密度和中性粒子密度等。等离子体中的中性粒子物种及密度的确定是困难的，这是因为等离子体碰撞过程有众多的途径，等离子体中进行的反应极其复杂，反应是系列的、链式的。

2. 电中性

等离子体中既有中性粒子又有带电粒子，正、负电荷相等。等离子体在宏观上呈现电中性。但是这种电中性只有在一定时空条件下才成立。

带电粒子与气体分子一样，在空间做无规则运动。由于粒子热运动涨落或存在外界干扰，等离子体中时时、处处可能出现电荷分离、积累，即偏离电中性。那么等离子体靠什么机制来维系宏观电中性呢?

我们先来看一个例子。在电子密度为 $n_e = 10^{13}\ \mathrm{cm}^{-3}$ 的等离子体中，有一半径为 1 cm 的小球，若由于某种扰动，突然有万分之一的电子跑出球外，使电中性受到局部破坏，球内出现正电荷过剩，产生净电荷 q。这些净电荷将在球心 1 cm 的球面处产生高达 $6\times10^4\ \mathrm{V\cdot m^{-1}}$ 的电场。由此可见，等离子体对电中性的破坏非常敏感。若某种扰动使等离子体内出现电量为 q 的正电荷积累，则其一定会吸引电子而排斥正离子，在其周围出现一个带净负电荷的球状电子云。在远离电荷云外看，电荷云的包围削弱了积累电荷对远处带电粒子的库仑作用。这种现象称为静电屏蔽(见图 6－4)。

现在分析等离子体中的静电屏蔽效应。设在原点处有个带电粒子，电荷为 q，称为中心粒子。这个粒子将异号带电粒子吸引到自己的附近，同时排斥同号带电粒子。于是在这电荷周围的一定区域内，出现屏蔽电荷(偏离电中性)。中心粒子对较远处的其他带电粒子的库仑作用就会减弱。这表明等离子体具有强烈维持电中性的特性。

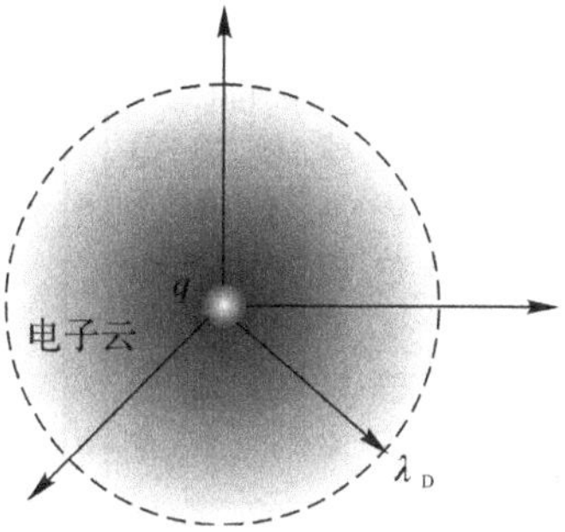

图 6-4　静电屏蔽示意图

我们用一个参量 λ_D 来描述这个"减弱"程度，称为德拜长度或德拜半径。λ_D 反映了在多大空间尺度上，中心粒子产生的势场基本上会被屏蔽掉。在等离子体中，电子比离子质量小得多，假设离子不动，考虑电子云对离子的屏蔽，则根据电磁理论可以计算出电子的德拜半径 λ_D。在这里直接给出结果，即

$$\lambda_D = \sqrt{\frac{\varepsilon_0 k T_e}{n_e e^2}} \tag{6.1-4}$$

式中，n_e 为电子密度，T_e 为电子温度。

对距离中心粒子为 r 的带电粒子，若 $r < \lambda_D$，中心粒子对其有库仑作用；若 $r > \lambda_D$，由于电荷屏蔽，中心粒子的库仑势大大减小，即其库仑作用被屏蔽。因此，在空间尺寸 L 小于 λ_D 的区域内，正、负电荷数目不等，偏离电中性。但在空间尺度 L 大于 λ_D 的尺度上，电荷屏蔽效应能使等离子体保持准电中性。$L \gg \lambda_D$ 称为准电中性条件，这是电离气体成为等离子体的基本条件之一。

保持电中性还有一个时间尺度，即等离子体存在的时间必须足够长，使得大量带电粒子间有足够的时间相互作用，以消除涨落或粒子初始运动状态的影响。

等离子体内热运动涨落等原因引起电荷分离时，将产生强大的电场。由于等离子体中最普遍、最快的集体运动是由电子运动引起的，我们首先考虑这种情况。为简单起见只考虑一维运动。如图 6-5 所示，假设电子相对于离子(假定静止不动)向右运动了很小的距离，于是在左侧出现多余离子，但在右侧出现电子过剩。把这两个电荷过剩区域处理成薄面。它们的面电荷密度的大小为 σ，由电磁学知识可知，在这两薄层之间将产生一个电场 E，其大小为

$$E = \frac{\sigma}{\varepsilon_0} = \frac{n_e e x}{\varepsilon_0} \tag{6.1-5}$$

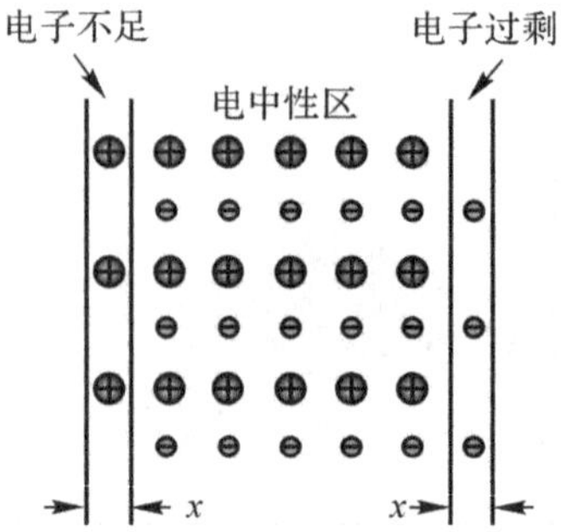

图 6-5　电子振荡示意图

这个电场具有把电子拉回原来的平衡位置的趋势。在无外磁场且忽略电子热运动及碰撞效应的情况下,在该电场作用下,单个电子的运动方程为

$$m_e \frac{d^2 x}{dt^2} = -eE = \frac{n_e e^2}{\varepsilon_0} x \tag{6.1-6}$$

式中,m_e 为电子质量,负号表示电场方向与电子运动方向相反。将式(6.1-6)整理为振荡方程,有

$$\frac{d^2 x}{dt^2} + \omega_{pe}^2 x = 0 \tag{6.1-7}$$

式中,

$$\omega_{pe} = \left(\frac{n_e e^2}{\varepsilon_0 m_e}\right)^{\frac{1}{2}} \tag{6.1-8}$$

为振荡频率,称为等离子体电子振荡频率。它是等离子体物理学中最重要的参数之一。用同样的方法可以考虑离子运动,得到相应的离子振荡频率为

$$\omega_{pi} = \left(\frac{n_i Z_i^2 e^2}{\varepsilon_0 m_i}\right)^{\frac{1}{2}} \tag{6.1-9}$$

在一般情况下。若同时考虑电子和离子在电场作用下的运动,则可以求得等离子体振荡频率为 $\omega = (\omega_{pe}^2 + \omega_{pi}^2)^{1/2}$,而 $m_i \gg m_e$,故有 $\omega \approx \omega_{pe}$。

综上可以看出,当等离子体中某处产生扰动,即发生电荷聚集时,等离子体会自发地做出调整,对扰动进行响应。我们把电子走过德拜长度所需的时间定义为响应时间 t_D,则

$$t_D = \frac{\lambda_D}{v_e} = \frac{1}{\omega_{pe}} \tag{6.1-10}$$

式中,v_e 为电子运动的平均特征速度,对一个自由度而言,由 $\frac{1}{2} m v_e^2 = \frac{1}{2} k T_e$ 给出。式(6.1-10)表明等离子体对扰动的响应时间是振荡频率的倒数。等离子

体在$\frac{1}{\omega_{pe}}$的时间尺度内对扰动做出响应，也就是说等离子体某区域电中性一旦被破坏，等离子体将在$\frac{1}{\omega_{pe}}$时间内消除这种破坏。

在无磁场情况下，等离子体的两个重要的集体效应（德拜屏蔽和等离子体振荡）是等离子体区别于中性气体的特有的性质。因此，带电粒子系统为等离子体必须满足的条件为

$$L \gg \lambda_D, \quad \tau \gg t_D \tag{6.1-11}$$

式中，L 为系统在空间上的特征尺度，τ 为带电粒子与中性粒子的平均碰撞时间。若满足这两个条件，等离子体的自我调整机制保证等离子体在宏观上呈现电中性，但在小尺度上则呈现出电磁特性。任何电荷的不平衡将造成电场驱使电荷移动来减少这种不平衡，这就是所谓的准电中性，有

$$n_e \approx n_i \tag{6.1-12}$$

3.集体效应与电磁特性

除碰撞的瞬间外，我们认为中性气体分子间的相互作用很弱，或在理想气体模型中就直接忽略了相互作用。但等离子体中的带电粒子间是库仑相互作用，存在着长程库仑力。等离子体呈现出集体效应，体系内的多个带电粒子均同时且持续地参与相互作用，任何带电粒子的运动状态均受到其他带电粒子的影响；而中性粒子之间的相互作用退居次要地位。带电粒子的运动可以形成局部的电荷集中，从而产生电场；带电粒子的运动也可以产生电流，因而产生磁场。这些电磁场又会影响其他带电粒子的运动。

还有，作为一个带电粒子的体系，等离子体对外来电磁场的响应远比中性气体体系强烈和复杂，等离子体运动行为明显地受到电磁场的影响。例如，在外加电场作用下，等离子体中的电子和离子朝相反方向加速运动，从而产生一个沿电场方向的电流。同时，等离子体又具有流体特征，因而可以把等离子体视为导电流体。这种导电流体会呈现出许多普通流体所没有的现象。

此外，等离子体中的电子在外加的电场作用下或与其他粒子碰撞过程中一般伴随着电磁波的发射。等离子体的辐射是等离子体所特有的，在其他物质形态中很少见到。

4.化学活性

一般放电条件下，等离子体中存在有大量基态/激发态的原子、基团、分子碎片和分子等。例如，在 CF_4 放电产生 C—F 等离子体中，可以通过以下反应途径获得基团或原子，有

$$CF_4 + e \rightarrow CF_3 + F + e$$

$$CF_3 + e \rightarrow CF_2 + F + e$$

$$CF_2 + e \rightarrow CF + F + e$$

$$CF_4 + e \rightarrow CF_3^+ + F^- + e$$

$$CF_4 + e \rightarrow CF_3^+ + F + 2e$$

这些反应产物与母粒子 CF_4 相比，具有高得多的化学活性。O 原子、H 原子、Cl 原子等，都是高活性的化学反应粒子，可以通过等离子体放电产生。

此外，当粒子处于激发态时，相对于基态，轨道电子使粒子化学活性增强。对自由基而言，如 CF_4 等离子体放电产生的 CH_3 等，至少有一个未配对的电子，这也使其更容易进行化学反应。

例如，利用氧等离子体进行金刚石薄膜刻蚀（见图 6－6）。将覆盖有 Ni 掩膜的金刚石样品放入氧等离子体中，利用等离子体中形成的氧原子与暴露的金刚石表面进行反应，产生可挥发的氧化碳，在金刚石薄膜上形成孔列阵。我们知道金刚石具有极好的耐腐蚀性能，即使将金刚石放入硫酸-硝酸溶液中，都不会发生反应。从这个例子可以看出，氧分子是稳定的，但一旦形成等离子体后，氧等离子体具有比氧分子高得多的化学活性。

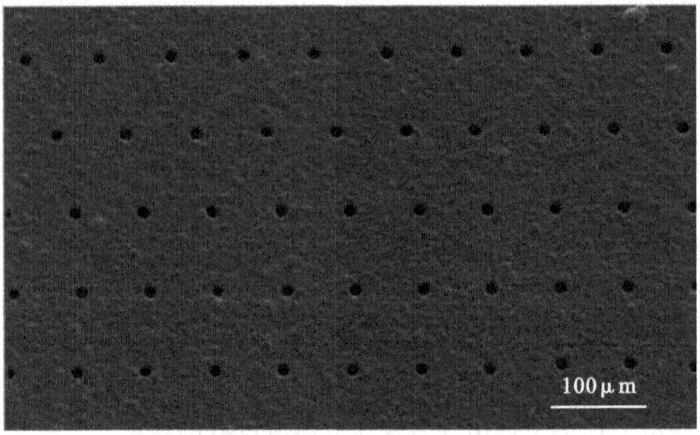

图 6－6　利用氧等离子体在金刚石膜上制造孔列阵

6.2　等离子体的温度与热力学态

6.2.1　等离子体的温度概念

描述等离子体，一个重要的概念就是等离子体的温度。然而，一个热力学系统只有处于热力学平衡态时才可以用统一的参量来表征。对于等离子体，同样要追究该系统是否达到热力学平衡态。

一般来说，等离子体是多元的热力学体系。与中性气体系统不同的是，等离子体的热力学过程涉及电离过程，各种成分之间发生可逆的解离反应和电离反应。所谓达到热力学平衡，实际上除了热平衡外，还需达到力学平衡、化学平衡，其中化学平衡指各成分之间解离-去解离反应、电离-复合反应的平衡等。

对于这样复杂的反应系统，若热力学系统整体不处于平衡态，但组成它的子系统却各自近似处于平衡态，则可定义一组温度来表征热力学特性。应用统计的观点，温度与粒子的自由度联系在一起。就是说，当外界向等离子体供给能量时，不仅可能改变粒子的平动动能，还可以改变其他自由度的能量状态，即能量不仅“施加”到平动自由度上，还“施加”到其他自由度上。这样，针对各自由度的粒子平均能量就可以定义一组统计温度。因此，在等离子体中，常常用到很多温度，如电子温度、离子温度、转动温度、振动温度等，用来描述各子系、不同自由度各自达到平衡时的能量水平。下面介绍几个常用的温度。

1. 平动温度

传统热力学对温度的讨论，大多限于平动温度。当外界向热力学系统供给能量时，粒子平均动能增加，也就是能量均分于平动自由度上。

中性气体由质量相当的中性粒子组成，常用的气体温度是与粒子的平均平动温度相对应的。对于等离子体而言，有电子和离子，也有中性粒子。每一种粒子的热运动达到平衡时，满足麦克斯韦分布定律，相应的平均平动能就可用粒子的平动温度来表征。对通常所说的电子温度 T_e 和离子温度 T_i，有

$$\frac{3}{2}kT_e = \frac{1}{2}m_e \overline{v_e^2}$$

$$\frac{3}{2}kT_i = \frac{1}{2}m_e \overline{v_i^2} \tag{6.2-1}$$

2. 转动温度和振动温度

讨论气体分子运动论时，我们知道对于多原子分子，除了平动自由度外还有转动自由度和振动自由度。与转动自由度和振动自由度对应的温度分别称为转动温度和振动温度。

对于双原子分子，在转动自由度内粒子间的碰撞可以看作两个缓慢转动着的“哑铃”间的碰撞。在转动自由度内建立平衡，对应的温度就称为转动温度。大多数情况下，在转动自由度内和在平动自由度内建立平衡的快慢程度接近，所以通常将转动温度视为分子的平动温度。振动温度要比转动温度复杂。

3. 激发温度

原子的能级是由组成该原子的电子组态决定的。依据量子理论，粒子能量

状态只能取若干个分立的量子化数值——能级。能量最低的稳定状态为基态。以基态为基准，更高能级状态称为激发态。

一个快电子（能量高）与原子 A 相碰变成慢电子，而原子吸收能量由低能级跃迁到高能级，则称这个原子处于激发态，或者说这个原子被激发，即

$$A + e \rightarrow A^* + e$$

式中，A^* 表示原子的一个激发态。

考察某一种粒子处于某个激发态的运动：若各能级之间通过碰撞和辐射来交换能量使其达到平衡，满足玻耳兹曼分布律，则根据玻耳兹曼分布律就可以得到一个统计温度，它就是与该激发自由度对应的粒子的激发温度。

4. 电离温度

把玻耳兹曼分布律应用到连续状态，就相当于电离的情况。假设系统达到热力学平衡态，一次电离的粒子的分布用沙哈方程描述，即

$$\frac{n_e n_i}{n_n} = \frac{(2\pi m_e kT)^{\frac{3}{2}}}{h^3} \frac{2g_i}{g_n} e^{-\frac{eV_i}{kT}} \tag{6.2-3}$$

式中，n_e，n_i，n_n 为电子、离子和中性粒子密度；eV_i 为电离能；g_n 为中性原子基态的统计权重；g_i 为离子基态的统计权重。不同元素的 eV_i，g_n，g_i 值是不同的。与这个自由度相联系的温度定义为电离温度 T_i。

5. 辐射温度

当电子从高能态向低能态跃迁时，对外界有光辐射。根据普朗克辐射公式，可以定义辐射温度 T_{rad}。辐射强度（单位表面积和单位立体角内在单位频率间隔的辐射功率）随频率的变化关系为

$$B(\nu) = \frac{2h\nu^3}{c^2} \frac{1}{\exp\left(\frac{h\upsilon}{kT_{rad}}\right) - 1} \tag{6.2-4}$$

式中，h 和 c 分别为普朗克常量和光速。

对等离子体而言，各个自由度都达到相互平衡是非常困难的。

6.2.2 等离子体的热力学态

按系统是否达到热力学平衡态来描述，可以把等离子体分为完全热力学平衡等离子体、局部热力学平衡等离子体和非热力学平衡等离子体。

1. 完全热力学平衡等离子体

等离子体的热力学平衡态的建立比前面介绍的中性气体系统的建立要复杂得多，主要原因之一是等离子体中产生各种元过程。同时，各种元过程导致的多

粒子、多温度特征也使热力学平衡态概念难以理解。从一个主要的状态参量——温度的角度来看，完全热力学平衡等离子体就是假设把等离子体封闭在壁温为 T_w 的黑体容器中，若等离子体中发生的所有元过程与其逆过程达到平衡，按各个自由度定义的统计温度都相等，且等于器壁温度 T_w，即

$$T = T_w = T_{tr} = T_{rad} = T_{ex} = \cdots \tag{6.2-5}$$

这时，等离子体中所有粒子的平动动能满足以平动温度 T_{tr} 为函数的麦克斯韦分布，辐射场满足以辐射温度 T_{rad} 为函数的普朗克定律分布，激发的粒子数则满足以激发温度 T_{ex} 为函数的玻耳兹曼分布等。只有处于完全热力学平衡时，对应各自由度定义的温度才会相等，才会有统一的温度。在这种情况下，“等离子体温度”才是有意义的。

2. 局部热力学平衡等离子体

实际中，实验室或工业等离子体的器壁通常在很宽的光谱范围内是透明的，向外辐射逃逸总是存在的。此外，产生的等离子体几何尺度都不大，大部分辐射逃逸到外部而不是被等离子体本身吸收；等离子体外层温度较低，内部温度较高，不存在一个均匀的温度。因此，辐射产生的能量逃逸无法以相同机制得到补充，辐射场和等离子体之间不再有平衡，系统也就不可能达到完全热力学平衡。

既然实验室等离子体不可能存在完全热力学平衡态，那就有必要定义另一种确实存在于实验室的等离子体状态——局部热力学平衡状态。若等离子体体积除了不满足普朗克定律外，全部服从完全热力学平衡时的热力学分布规律，则称这样的等离子体为局部热力学平衡等离子体。

3. 非热力学平衡等离子体

非热力学平衡等离子体，即不满足局部热力学平衡态的等离子体。最常见的，如在低气压气体放电中，能量的最初来源是被电场加速的初始高能电子，高能电子与中性气体碰撞电离，产生的电子又被进一步加速、碰撞……形成等离子体。在这个过程中，离子获得动能很少，电子之间较快地达到平衡。由于质量相近，离子和中性气体的温度基本一致。但离子存在的时间（寿命）远小于离子、电子两者通过库仑碰撞达到平衡的时间，于是很自然有 $T_e \gg T_i$，即电子温度远大于中性粒子（或离子）温度，这也是低温等离子体中常说的非平衡特征。

6.2.3　等离子体分类

除了从系统的热力学性质来区分等离子体外，在实际应用中常常按温度和电离度特性对等离子体进行分类。

1. 等离子体按温度分类

将等离子体按温度来分，分为高温等离子体和低温等离子体。

高温等离子体的温度在$10^8 \sim 10^9$K，一般是聚变等离子体，几乎所有分子或原子都电离成电子和离子。

通常把电子温度低于10 eV的、部分电离的等离子体称为低温等离子体。低温等离子体大多通过气体放电产生，实际上是部分粒子电离，并不需要系统每个粒子都电离才呈现等离子体特征。

在低温等离子体范畴内，又进一步分为热等离子体和非热等离子体。热等离子体是指近局部热力学平衡等离子体，电子温度约等于离子温度，即$T_e \approx T_i$，各种粒子的温度相近。热等离子体一般在高气压下形成，由弧放电激发，等离子体的中心温度可达5 000K～20 000K。热等离子体取$T_e \approx T_i$来描述，实际上是取电子和离子这两种差异较大的粒子的温度来表示。而非热等离子体，电子温度远大于离子温度，即$T_e \gg T_i$。对于实验室中采用低气压放电产生的等离子体，电子的温度T_e约为1～10 eV，远大于离子的温度T_i（只有数百开，基本上等于中性粒子的温度），有时也称这种等离子体为冷等离子体。

2. 等离子体按电离程度分类

按电离程度可将等离子体分为完全电离等离子体、部分电离等离子体和弱电离等离子体三类。若$\eta=1$，为完全电离等离子体；若$0.1\% < \eta < 1$，为部分电离等离子体，实际上当电离度为1%时，其电导率就已经很高了；弱电离等离子体的电离度约为0.1%或更小，是少量电离的热力学系统。

6.3 等离子体的状态方程

联系物质状态的密度、温度和压力之间的关系的方程称为状态方程。在数值模拟中采用恰当的状态方程是相当重要的。在很多情况下，用理想气体状态方程描述物质的状态是一个很好的近似。但是，描述固体材料遭受高压时的行为，理想气体假定就不太好。下面分别讨论在各种不同的状态下都应采用相适应的状态方程来描述物质状态量之间的关系。在本节中如不加特别说明，压力、温度和密度分别用p、T和ρ表示。

6.3.1 理想气体状态方程

所谓理想气体，就是忽略粒子之间相互作用的气体。对于高温低密度的等离子体，或在高温下完全电离的等离子体，理想气体近似是相当精确的，都可用理想气体状态方程描述。然而，在其他某些情况，还需要采用其他方法得到的状态方程描述。

理想气体状态方程可写成以下几种等价形式中的任何一种，即

$$p = nkT = \frac{R}{\mu}\rho T = \Gamma\rho T \tag{6.3-1}$$

其中，μ 是摩尔分子(或原子)量；R 是摩尔气体常数，按定义 $R=kN_0$，k 是玻耳兹曼常数，N_0 是阿伏加德罗常数；Γ 是按 1 g 物质计算的气体常数；n 是单位体积中的粒子数，如果单位质量的粒子数用 N 表示，则 $n=N\rho$，而 $N=N_0/\mu$。

如果考虑到分子的离解、原子的电离，1 g 物质含有的粒子数 N 或平均摩尔分子量 $\bar{\mu}$ 又与温度和密度有关。假若每个原子平均有 α 个电子离化，则每 1 g 物质含有的粒子数是 $N(1+\alpha)$ 个。这时，方程式(6.3-1)可变形为

$$p = N\rho kT = \frac{N_0(1+\alpha)}{\mu}\rho kT = \frac{R}{\bar{\mu}}\rho T = \Gamma\rho T \tag{6.3-2}$$

其中，$\bar{\mu}=\mu/(1+\alpha)$ 称为等效摩尔分子量，在很多问题的讨论中均采用形式为式(6.3-2)的状态方程。

在很多情况下，由于流体力学数值模拟的需要，往往要求给出比内能与压力和密度之间的关系，即

$$e = \frac{p}{(\gamma-1)\rho} \tag{6.3-3}$$

其中，$\gamma=c_p/c_V$ 是绝热指数(也称多方指数)，c_p 和 c_V 分别是比定压热容和比定容热容。c_V 的大小通常依赖于分子或原子的内部自由度。对于理想气体，比内能 e 只是温度的函数，如果它简单地正比于温度，则称这种气体为多方气体，并可写成

$$e = c_V T \tag{6.3-4}$$

显然

$$c_V = \frac{\Gamma}{\gamma-1} \tag{6.3-5}$$

比定容热容是常数的多方气体有很多实际应用。多方指数的大小依赖于气体自由度的数目。对于单原子气体，只有三个自由度，$\gamma=5/3$；对于双原子气体，其振动尚未激发时，$\gamma=7/5$，而振动完全激发时，$\gamma=9/7$。

由前面内能和压力的表达式，并利用热力学第二定律，可得到理想气体的熵方程为

$$T\mathrm{d}s = \mathrm{d}e - p\mathrm{d}V \tag{6.3-6}$$

$$\frac{\mathrm{d}s}{c_V} = \frac{\mathrm{d}T}{T} - (\gamma-1)\frac{\mathrm{d}\rho}{\rho} \tag{6.3-7}$$

积分可得

$$p = A(s)\rho^{\gamma} \tag{6.3-8}$$

其中，$A(s)=\exp(\Delta s/c_V)$ 是依赖于熵的常数，这就是众所周知的绝热状态方

程。假定初始密度为 ρ_0，压力为 p_0，压缩后的密度为 ρ_F，压力为 p_F，在等熵压缩的情况下，满足：

$$\frac{\rho_F}{\rho_0}=\left(\frac{p_F}{P_0}\right)^{1/\gamma}=\left(\frac{T_F}{T_0}\right)^{1/(\gamma-1)} \tag{6.3-9}$$

由这个结果可以看出，要想获得最大的压缩，必须控制初始压力 p_0 或使初始温度 T_0 较低。也就是说，在压缩之前，被压缩的材料不能被预热。

当原子间的距离比原子本身的线度大很多时，理想气体近似是相当精确的。但当等离子体的密度达到一定数值时，需要考虑原子本身的压缩，这时需要用费米气体状态方程描述。

6.3.2 费米简并电子气体

当密度接近固体密度，温度为几万开到几十万开时，带电粒子间的库仑相互作用能与它们的动能可比较。这时等离子体呈现非理想气体特征，可用费米简并电子气体描述。

对于冷的自由电子“气体”，按照费米统计，在每一相空间体积元 h^3 中只允许有两个电子。如果占据的动量高到费米极限 P_F，单位体积内的电子数为

$$n_e=\int_0^{P_F}\frac{8\pi p^2\,\mathrm{d}p}{h^3}=\frac{8\pi P_F^3}{3h^3} \tag{6.3-10}$$

对应费米动量极限的单位体积的电子动能可表示为

$$\varepsilon_k=\int_0^{P_F}\frac{p^2}{2m_e}\frac{8\pi p^2}{h^3}\mathrm{d}p=\frac{3}{5}\varepsilon_F n_e \tag{6.3-11}$$

其中，电子的最大动能 $\varepsilon_F=P_F^2/2m_e$ 称为费米边界能量，它的表达式为

$$\varepsilon_F=\frac{1}{8}\left(\frac{3}{\pi}\right)^{2/3}\frac{h^2}{m_e}n_e^{2/3} \tag{6.3-12}$$

由此可以确定电子简并温度 $T_0=\varepsilon_F/k$，即

$$T_0=\frac{1}{8}\left(\frac{3}{\pi}\right)^{2/3}\frac{h^2}{m_e k}n_e^{2/3} \tag{6.3-13}$$

它与电子密度有关，当温度 $T<T_0$ 时，便可看成是费米简并气体。

由于事先假定了电子是自由的，所以动能就等于总的能量，即 $\varepsilon_k=\varepsilon$。再根据热力学关系 $T\mathrm{d}s=\mathrm{d}E+p\mathrm{d}V$，令其温度等于零，就得到自由简并电子气体的压力为

$$p=-\frac{\mathrm{d}E}{\mathrm{d}V}=\frac{1}{20}\left(\frac{3}{\pi}\right)^{2/3}\frac{h^2}{m_e}n_e^{2/3} \tag{6.3-14}$$

对于完全电离气体，大部分元素的 $A/Z\approx 2$ 摩尔原子量。$n_e\approx\rho N_A(A/Z)$，这里 N_A 是阿伏加德罗常数，A 为摩尔原子量。如果密度 ρ 以 $\mathrm{g/cm^3}$ 为单位，压

力以 Mb 为单位，则上式可写成

$$p = 3.1\rho^{5/3} \tag{6.3-15}$$

显然，费米压力随着密度的 5/3 次幂增加，与理想气体的绝热压缩有相同的幂次规律。这是因为动压力取决于粒子对冲量的输运，它与粒子动能的关系是纯粹力学的关系，而与粒子所遵循的统计模型无关。这种自由电子气体有它的局限性，当库仑能重要的时候，需要用另外的模型描述，这就是下面要介绍的内容。

6.3.3　托马斯-费米模型

相对于费米能量，库仑能是重要的判据，则有

$$\frac{Ze^2}{r_{ei}} > \varepsilon_F \text{ 和 } kT \tag{6.3-16}$$

式中，r_{ei} 是电子与离子间的间隔，它正比于 $\rho^{-1/3}$。ε_F 正比于 $\rho^{2/3}$，因此在低温高密度极限时，判据式(6.3-16)变得有效。

Thomas-Fermi 统计模型于 1927 年提出，当时是为了解决重原子的电荷密度分布问题而提出来的，之后它成为求高温高压物态方程的有效方法。这里只从使用状态方程参数的角度作扼要的介绍。

该模型的实际应用相当广泛，因为它并不区分自由电子和束缚电子，认为气体由原子核和电子组成。原子核遵从玻耳兹曼统计规律，并对总压力和总比热有贡献。粒子间的相互作用都归于电子。为了计算电子对总能量和总压力的贡献，将气体分成许多格胞，每一个格胞都含有一个电荷为 Ze 的原子核和 Z 个电子。为了求解方便，认为格胞是球形的。它的体积等于一个原子核在物质中所占的平均体积 $V = 1/n$，其半径为

$$r_0 = \left(\frac{3V}{4\pi}\right)^{1/3} = \left(\frac{3}{4\pi n}\right)^{1/3} \tag{6.3-17}$$

在 Thomas-Fermi 模型中，原子格胞间没有亲合力的作用，所以这种模型不能描述固体中原子间的联系。这些格胞间作用的正压力等于电子气体的压力，也就是说这种模型所描述的仅是排斥力和“热”压力。因此，在很高的密度下，对于高压缩度的固体来说，原子间的排斥力比吸引力大很多；或者在高温下，亲合力可以忽略，这种模型才能给出合理的结果。

Thomas-Fermi 模型把一个电子能量处理成动能和势能的和，即

$$r_0 = \left(\frac{3V}{4\pi}\right)^{1/3} = \left(\frac{3}{4\pi n}\right)^{1/3} \tag{6.3-18}$$

它对于 $Z \gg 1$ 是适用的。为了求得电子密度 $n(r)$ 和 $\Phi(r)$ 的自恰分布，要求解泊松方程。只要给出适当的边界条件就可求解。关于求解方法很多专著都有很详

细的讨论。虽不能给出解析结果，但是在高密度极限时(如果热能可以忽略，$E_F \gg kT$)，它渐近趋向于费米简并电子气体，而在热能是主要的时候($kT \gg E_F$和冷能)，它趋向于理想气体。

6.3.4 托马斯-费米-狄拉克理论

在零压时固体是稳定的，这是显而易见的事实，但是上述模型与这样一个简单的事实相矛盾。固体在零压下处于稳定状态是由在上述排斥压与量子力学束缚(交换)力之间的平衡引起的。

费米(Fermi)和托马斯-费米(Thomas-Fermi)理论只考虑了排斥力，所以它们对于正常的固体预言了非真实的大的压力。只有压力在兆巴级[1巴(bar=0.1 MPa)]内它们才是有效的，因为在这个压力区域内，实际压力大大超过了固体的束缚压。

包括交换力的理论由托马斯-费米-狄拉克理论给出，进一步的修正有修正的托马斯-费米-狄拉克模型。这些理论给出了与实验数据较为符合的结果。

6.3.5 辐射能和辐射压

在惯性约束聚变靶物理的研究中，由于靶丸的线度小，物理过程进行得快，以至于在感兴趣的时间内辐射与物质达不到平衡，甚至电子和离子也达不到平衡。这种现象称为辐射与物质温度脱离，或辐射、电子和离子温度脱离，也就是说，辐射、电子和离子它们彼此之间是达不到平衡的。但是它们各自都能够达到平衡。因此，它们分别都可用一个平衡温度描述，介质的状态需要用三温状态方程描述。这时，介质总的比内能等于辐射、电子和离子三者比内能的和，介质的总压力等于辐射、电子和离子三者分压力的和。电子和离子的比内能和分压力采用理想气体状态方程容易区分。这里将导出辐射的比内能和辐射的分压力。

根据量子统计，在相空间，光子的总能量用 U 表示，则

$$U=\int_V \mathrm{d}\vec{r}\int_0^{\infty} h\nu f_v 2\,\frac{(\mathrm{d}hk)^3}{(2\pi h)^3}=V\int_0^{\infty}\frac{8\pi h\nu^3}{c^3}\,\frac{1}{\exp\left(\dfrac{hv}{kT_r}\right)-1}\mathrm{d}\nu \tag{6.3-19}$$

定义光子能量的等效 Planck 分布 $U_{vp}(T_r)$，有

$$U_{vp}(T_r)=\frac{1}{V}\frac{\mathrm{d}U}{\mathrm{d}\nu}=\frac{8\pi h\nu^3}{c^3}\,\frac{1}{\exp\left(\dfrac{hv}{kT_r}\right)-1} \tag{6.3-20}$$

它是单位体积、单位频率间隔，辐射频率为 ν 的等效黑体辐射能量。这里利用了等效黑体辐射的光子分布函数，有

$$f_{vp}(T_r)=\frac{1}{\exp\left(\frac{h\nu}{kT_r}\right)-1} \tag{6.3-21}$$

其和波数 k、波长 λ 和频率 ν 之间的关系为

$$k=\frac{2\pi}{\lambda}=\frac{2\pi\nu}{c} \tag{6.3-22}$$

其中 c 是光速。

利用表达式(6.3-19)可以确定等效黑体辐射能密度，即单位体积的等效黑体辐射能量，为

$$U_p(T_r)=\frac{U(T_r)}{V}=\int_0^\infty U_{vp}(T_r)\,\mathrm{d}v=aT_r^4 \tag{6.3-23}$$

其中

$$a=\frac{8\pi^5k^4}{15c^3h^3}=7.568\times10^{-3}\,[10^{12}\,\mathrm{erg}^{①}/(10^6\,\mathrm{K})^4\,\mathrm{cm}^3] \tag{6.3-24}$$

称之为辐射常数。这里利用了积分公式：

$$\int_0^\infty\frac{x^3\mathrm{d}x}{\mathrm{e}^x-1}=\frac{\pi^4}{15} \tag{6.3-25}$$

而比辐射能是 $e_r=aT_r^4/\rho$。

现在可以利用表达式(6.3-20)直接写出等效黑体谱辐射强度为

$$I_{vp}(T_r)=\frac{cU_{vp}(T_r)}{4\pi}=\frac{2\pi h\nu^3}{c^2}\frac{1}{\exp\left(\frac{h\nu}{kT_r}\right)-1} \tag{6.3-26}$$

它表示单位时间、单位立体角、单位频率间隔、频率为 ν 的光子通过单位面积的辐射能通量。

辐射压力张量，按定义为

$$\vec{P}_r(T_r)=\frac{1}{c}\int_0^\infty\mathrm{d}\nu\int\mathrm{d}\vec{\Omega}\vec{\Omega}\vec{\Omega}I_{vp}(T_r) \tag{6.3-27}$$

当辐射场是各向同性时，I_{vp} 与 $\vec{\Omega}$ 无关，可由积分给出：

$$P_{rij}=\frac{4\pi}{3c}\delta_{ij}\int_0^\infty I_{vp}\,\mathrm{d}\nu=\frac{1}{3}U\delta_{ij}=\frac{1}{3}aT_r^4\delta_{ij} \tag{6.3-28}$$

其中，$\int\vec{\Omega}\vec{\Omega}\,\mathrm{d}\vec{\Omega}=\frac{4\pi}{3}\delta_{ij}$，这里 δ_{ij} 表示单位协变张量。如果只有正压力 $i=j$，上式可简单地写成

$$P_r=\frac{1}{3}aT_r^4 \tag{6.3-29}$$

① $1\ \mathrm{erg}=10^{-7}\ \mathrm{J}$

如果把辐射看作理想气体，则比辐射能与辐射压有如下关系：

$$e_r = \frac{P_r}{(\gamma - 1)\rho} \tag{6.3-30}$$

将 e_r 和 P_r 代入，可知道辐射的绝热指数 $\gamma = 4/3$。借助于热力学第二定律可求得辐射的熵为

$$s - s_0 = \frac{4aT_r^3}{3\rho} \tag{6.3-31}$$

并可将辐射的绝热状态方程写成

$$P_r = A(S)\rho^r \tag{6.3-32}$$

式中，$A(s) = \exp(\Delta S)$，这里 $S \equiv \dfrac{s}{4aT_r^3/3\rho}$，而 $4aT_r^3/3\rho$ 是熵的无量纲化因子。

6.4 高温等离子体聚变能应用

化石能源是有限且不可再生的，在不远的将来，化石燃料资源将枯竭。另外，化石燃烧产物如 CO_2 等带来的全球变暖问题也不容忽视。基于核裂变反应的原子能发电，其主要燃料铀的储量亦是有限的，且反应堆的安全问题和放射性废物的处理问题还没能从根本上得到解决。

一种有可能的替代能源就是核聚变能。它所依赖的核反应与氢弹的原理相同，是核聚变反应。核聚变是将两个较轻的原子核聚合成一个稍重的原子核，并释放出能量。自然界中可望实现作为人类未来能源的聚变反应之一，就是氢的同位素——氘和氚的聚变反应（见图 6-7）。

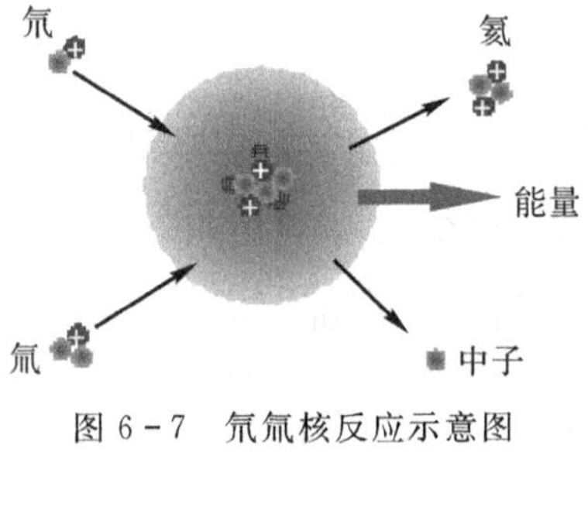

图 6-7 氘氚核反应示意图

例如一个高能氘核(D)$^2_1$H 和一个高能氚核(T)$^3_1$H 碰撞发生核聚变反应，生成一个氦核(He)，并放出一个中子(n)，即

$$D + T \rightarrow {}^4_2He + {}^1_0n \tag{6.4-1}$$

该反应出现的质量亏损及释放出的能量分别为

$$\Delta m = 3.136 \times 10^{-29} \text{ kg} \tag{6.4-2}$$

$$\Delta E = (\Delta m)c^2 = 2.82 \times 10^{-12} \text{ J} = 1.76 \times 10^{-7} \text{ eV} \tag{6.4-3}$$

ΔE 转化为 He 和 n 时有巨大动能释放出来，撞击到反应堆四周的吸收介质，从而转化成热能来发电。

作为对比，我们来看看碳在燃烧过程释放的能量：反应式 $C + O_2 \rightarrow CO_2$ 释放的能量约为 4 eV，为氘氚聚变释放的能量的千万分之一。

大家都知道氢弹的威力，但氢弹是通过爆炸形式释放出巨大的聚变能，产生毁灭性的破坏。有没有可能使聚变能在可控情况下释放出来，被人类和平地利用？这就是目前正在开展的可控核聚变研究。核聚变反应以氢同位素为燃料，它们大量存在于海水之中。实现核聚变发电，可使人类掌握半永久性的绿色能源，将使能量图像发生革命性的变化。

核聚变反应是极其困难的，原因是核之间强大的排斥作用。为了实现核聚变，必须将参加反应的两个原子核靠近到核力作用范围之内。因此，必须将核加速到其动能足以克服由核的同种电荷相互排斥的库仑力所建立的势垒。这样就必须要将物质加热到一千万摄氏度以上。

例 1　假定必须将两个氘核移近到 10^{-14} m 的距离时，才能使核的引力克服静电力聚合在一起。试求需要多高的温度才能使氘核克服静电势垒。

解：两个氘核间的库仑斥力势能为

$$U = \frac{1}{4\pi\varepsilon_0}\frac{e^2}{r} = 9 \times 10^9 \times \frac{(1.602 \times 10^{-19})^2}{10^{-14}} \text{ J} = 2.3 \times 10^{-14} \text{ J} = 0.14 \text{ MeV} \tag{6.4-4}$$

因两个氘核相对运动，故每一个核的动能达到 $\frac{1}{2}U$ 即可。即

$$\frac{3}{2}kT = \frac{1}{2}U = 7 \times 10^4 \text{ eV} \tag{6.4-5}$$

解得

$$T = 7 \times 10^4 \times 7.7 \times 10^3 \text{ K}$$

事实上，当温度在 10^7K 以上时，就有部分氘核穿越势垒，引起核聚变。

在如此高温条件下，任何物质都变为完全电离的等离子体（高温等离子体）了，也无任何容器能封闭如此高温的物质。那如何将产生的如此高温的等离子体约束住？下面我们简单地从力的平衡角度来讨论目前被广泛使用的所谓磁约束。

将等离子体看成带电的流体，在磁场 $\boldsymbol{B}$ 中区别于普通流体的一个显著特征，是等离子体中存在着磁场 $\boldsymbol{B}$ 和电流 $\boldsymbol{j}$ 相互作用形成的洛仑兹力。单位体积导电流体所受的磁力为

$$\boldsymbol{f} = \boldsymbol{j} \times \boldsymbol{B} \tag{6.4-6}$$

其中，电流可以由磁场得到。

一般而言，等离子体密度都是由中心区到边缘逐渐减小的。如图6-8所示，这个体系中心区压强最大，边界压强最小。所以等离子体流体元受到的压力（$-\nabla p$）是由轴心垂直等压面向外的。若构成的磁面与等压面重合，磁面一个套一个地构成一簇曲面体系，则 f 是垂直等压面向里的。产生的磁力可以用来平衡热压强梯度 ∇p，即用磁场把等离子体约束在一个密闭的空间。这就是磁约束原理。

目前在磁约束等离子体物理的研究中，一种重要的磁场位型就是托卡马克磁场位型，如图 6-9 所示。等离子体在环形真空室中产生，通过合理地施加电流产生磁场，使磁场的磁力线沿环向多次反复环绕以后构成封闭磁面，磁面是一组一个套一个的环状表面。最中心的磁面退化成一条闭合曲线，称为磁轴。这样，磁面把等离子体与真空室器壁隔开，避免器壁被高温损坏。

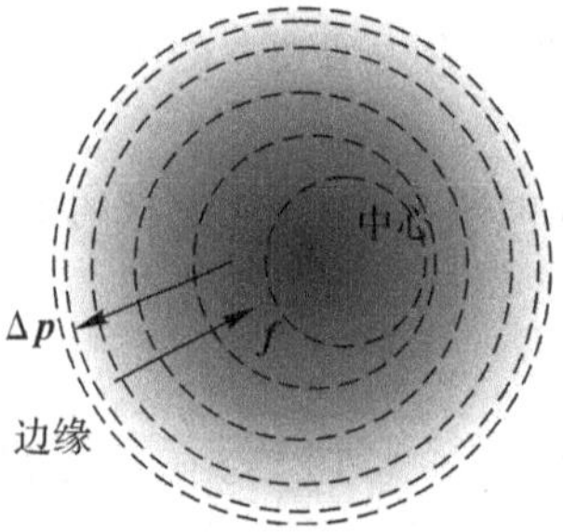

图 6-8　磁约束原理示意图

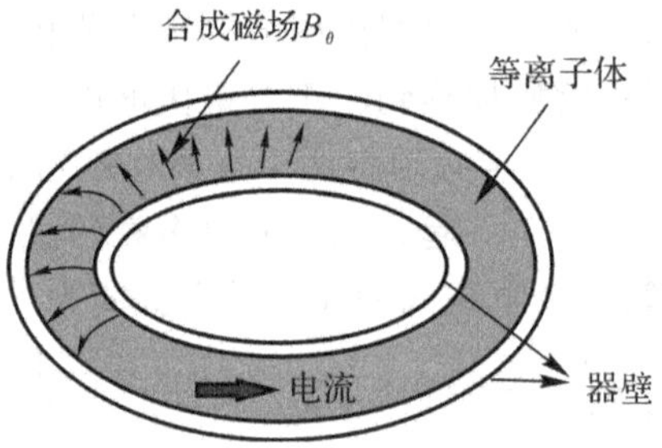

图 6-9　托卡马克磁场位型

高温磁约束等离子体的研究，其目标就是实现聚变能的应用，解决人类的能源问题。为了实现实用的核聚变，必须将高温等离子体约束一定时间，且等离子体的温度、密度及约束时间要满足一定的关系，才能实现能量的收支平衡。自 20 世纪 50 年代开始以来，通过磁场来约束等离子体是目前发展最快的方式，也取得了巨大的进展。我国的磁约束聚变研究已经具有一定的规模，在一些方向上已经达到国际先进水平，呈现出良好的发展势头。目前在法国建造的国际热核实验堆（International Thermonuclear Experimental Reactor，ITER）就是为了探索该方式的科学问题和发展相关的工程技术而设立的世界七方（中、美、俄、欧、日、韩、印）合作项目，主要针对高温等离子体的启动、加热、维持和诊断等相关的物理和工程问题展开联合研究。

对高温等离子体的约束除了用磁场外，还可以利用热核反应燃料自身的惯性达到约束目的。任何物体都有惯性，运动状态的改变都需要时间。在热核反应中，燃料原子核被加热到 10 keV 量级的高温，热运动速度非常大，逃离反应区域的时间很短，尽管如此，仍需要一定时间。若在这极短的逃逸时间内迅速将燃料加热和压缩到热核反应的条件，实现燃料的点火并完成热核燃烧，就能在高温高密度的热核燃料相互飞离之前实现热核聚变。这种利用燃料自身的惯性约束自己，实现点火和聚变反应的方法称为惯性约束聚变。若使用激光来驱动惯性约束聚变，则称为激光核聚变。激光核聚变的研究也直接推动了高密度、高能量水平等离子体研究的发展。

习　题

6-1. 计算下列情况等离子体中的德拜半径 λ_D：

(1) 行星际空间，$n=10^6\ \mathrm{m^{-3}}$，$T=0.01\ \mathrm{eV}$；

(2) 地球电离层，$n=10^{12}\ \mathrm{m^{-3}}$，$T=0.1\ \mathrm{eV}$；

(3) 辉光放电，$n=10^{15}\ \mathrm{m^{-3}}$，$T=2\ \mathrm{eV}$；

(4) 聚变实验等离子体，$n=10^{19}\ \mathrm{m^{-3}}$，$T=100\ \mathrm{eV}$。

6-2. 试计算下列各种情况等离子体的电子和离子振荡频率：

(1) 星际气体，$n=10^6\ \mathrm{m^{-3}}$；

(2) 电离层，$n=10^{11}\ \mathrm{m^{-3}}$；

(3) 日冕，$n=10^{15}\ \mathrm{m^{-3}}$；

(4) 实验室气体放电，$n=10^{20}\ \mathrm{m^{-3}}$；

其中(1)(2)(4) 中正电荷为质子，(3) 中正电荷为氮离子。

6-3. 对于密度为 $10^{20}\ \mathrm{m^{-3}}$，温度为 5 keV 的等离子体，试估算其特征空间尺度和特征时间长度。

6-4. 等离子体可看做由正、负带电粒子组成的混合气体，其中带正电的粒子是某种物质的正离子，带负电的粒子往往是电子。文献中常有“等离子体中的电子温度为 T_e，离子温度为 T_i”的说法，且 $T_e \neq T_i$。温度是热平衡态下的概念，为什么二者可以有不同的温度？

6-5. 已知氘完全聚变反应总效果为

$$6\mathrm{D} \rightarrow 2\,{}^4\mathrm{He} + 2\mathrm{p} + 2\mathrm{n} + 43.24\ \mathrm{MeV}$$

而原煤燃烧发热量为 21 000 kJ/kg。试估算 1 kg 氘完全聚变产生的能量相当于多少原煤燃烧产生的热量。

第7章 辐射流体动力学基础

如果物质在短时间内吸收大量的能量（如高功率密度的激光辐照靶材料时），就会形成高温高密度等离子体，使物质呈现流体状态。流体的运动规律可以用流体力学来描述。

然而，在高温等离子体中，处在高能态的电子和激发态的离子很多。高能态的电子向低能态跃迁就会产生光子，当然，低能态的电子也会吸收光子。但是当高能态的电子数目较多时，高温等离子体就会有净光能输出，因而，高温等离子体中有光辐射场存在。

光辐射场由处于各种频率和运动方向的光子构成。光子既有能量又有动量，因而有辐射能量密度、辐射能流和辐射压强。辐射压强既能够推动流体物质运动导致流体动能增加，从而改变流体的速度，同时又能压缩流体，增加流体物质的内能，与辐射热传导能流一起加热流体物质，使其温度升高。

对通常的介质，当其温度只有几千开时，可以不考虑辐射压和辐射能流对流体运动的影响，而且辐射能量密度与流体物质的内能密度相比，也可忽略不计，故一般的流体力学并不考虑辐射效应。但是，当等离子体温度达到 100 000 K 时，流体物质的内能与辐射能就同量级了，此时辐射压强也变得很大，就应该考虑辐射场对介质运动的影响。当温度达到百万开甚至千万开时，辐射场对介质运动就起主导作用了。因此，对高温条件下流体（等离子体）运动规律的描述就必须用辐射流体力学方法。所谓辐射流体力学，就是考虑辐射场影响情况的流体力学，它在等离子体物理、高温气体动力学、核爆炸物理、热核反应、激光核聚变数值模拟研究中是不可缺少的重要工具。

人们很想了解在什么场合下辐射对流体动力学过程发生重要的影响，这或许发生在辐射通量变得相当于物质能量通量时，或许发生在辐射压力变得相当于物质压力时。因此，首要的目标是考察在什么情况下辐射流体力学现象是事关重要的。

为了用简单的计算找出辐射可以影响流体动力学过程的条件，必须先做一些假设。假定电子温度与辐射温度相当并等于 T；如果离子温度比较重要（通常并非如此），还要假定离子温度与 T 相差不是太大。进一步假定所考察的是光学厚的系统，这个条件对于确定辐射通量并且保持这几种温度彼此相当是至关重要的。在上述假定条件下，辐射通量为 σT^4。可以估算物质的能量通量为 $\rho u[\varepsilon+(u^2/2)+(p/\rho)]$，其中 u 是某特征速度，这里约定取为声速 c_s。任何其他合理的特征速度都应当接近于 c_s，所以如何选取特征速度对后面的结果没有影响。物质的比内能 ε 采用类氢模型。作为专门的条件还要指定一个温度值，假定高于此温度时辐射通量将成为主导。比较辐射压力和物质压力，则可以类似地指定另一个温度值，高于这个温度时辐射压力将成为主导的。例如，在标准密度的空气中，当温度大约为 300 000 K 的时候，辐射能量通量与物质能量通量就已经变成相同的，而辐射压力与物质压力则要在温度达到约 2 700 000 K 时，才变得可以比较。

7.1　辐射与物质相互作用

现在考察辐射与物质如何相互作用，从而为研究辐射输运的综合问题做好准备。辐射与物质之间的相互作用可分为下述三种基本类型。

7.1.1　第一种类型的辐射与物质相互作用

这种类型涉及束缚-束缚跃迁。在初等物理学中介绍玻尔原子时我们见到过这种跃迁。玻尔原子中的电子被束缚于该原子中，但可以在被称为“状态”的原子能级之间跃迁。最低的能级是基态，所有能量更高的束缚状态称为激发态。当电子从能量较高状态向能量较低状态“衰退”时，能够发射辐射。这种束缚-束缚发射是构成我们熟悉的赖曼和巴耳末谱线系列的原因。与衰退相反的激发过程则使电子获得能量，从能量较低状态跃迁到能量较高的状态。一般说来，激发和衰退两者都需要至少添加一个粒子参与，以满足能量和动量守恒的要求。这个添加的粒子可以是除了该电子、原子或离子本身之外任何类型的粒子，包括光子。实际上，一定的粒子对于相应的衰退或激发过程的发生速率起着主导作用。低密度等离子体中，衰退过程差不多总是产生辐射，而激发过程差不多总是由电子碰撞所引起的；高密度等离子体中，碰撞和辐射衰减都比较重要，碰撞可以使电子从一个激发态转移到另一个激发态。如果辐射与物质处于接近平衡的状况，则辐射激发也很重要。

束缚-束缚发射产生线谱辐射，其频率 ν 由 $E_\Delta=h\nu$ 给定，这里 E_Δ 是能级之间的能量差。这种辐射的谱线宽度很窄。一个粒子发射的能量可以被另一个粒子吸收，但仅当从后面这个粒子观察到的辐射频率，覆盖了它自身的一个束缚-束缚跃迁能级差时才有可能。由于多普勒频移改变了这个粒子所观测到的辐射频率，依靠重复发生涉及束缚-束缚跃迁的发射和吸收而进行的能量输运，将变得十分复杂。

7.1.2 第二种类型的辐射与物质相互作用

该类型涉及束缚-自由跃迁。束缚状态的极限能量是电离能量，由玻尔模型在主量子数趋于无限的极限时给定。等离子体连续能区的下降，可能使得电离能量降低。给予一个电子可以运动到高于电离程度的能量，使其变为自由电子，此时可以说该电子状态进入了连续能谱区。这样称谓的原因是，这类许可状态的能量可以连续地变化。如同束缚-束缚跃迁情形，作为与任何粒子(包括光子)相互作用的结果，电子可以从连续谱状态衰退到束缚状态，或者从束缚状态被激发进入连续谱状态。

据上所述，一个光子可以被一个原子或者离子所吸收，并通过从束缚态到自由态的跃迁释放出一个电子，这是对 X 射线光子被物质吸收所作出的主要贡献。图 7-1 表示一个很薄的钛片的透射谱线，在 4.7 keV 处有一个陡降段落，与这个最低能量对应的 X 射线光子能够把一个电子从主量子数 $n=1$ 的束缚态(即 K 壳层) 拉到连续谱中，因此谱线中这个特殊的吸收段也称为 K 边沿。当辐射光子的能量增大到 K 边沿以上时，任何被吸收的光子都会把电子激发到能量更高的连续谱状态。当这个连续谱状态的能量增大时，吸收过程的截面下降，从而造成在 K 边沿以上能区中透射率的上升。物质的原子序数增大，K 边沿的能量也增加。下一个具有较低电离能的边沿是 L 边沿，对应于把一个电子从 $n=2$ 的 L 壳层拉到自由状态所需的能量。高 Z 物质，如锡和铷的 L 边沿处于 3 ~ 4 keV 范围。对于光子能量 1 keV 以下的 X 射线，所有固体物质都是强烈吸收的，在这个谱段范围中轫致吸收(自由-自由机制) 变得很大。

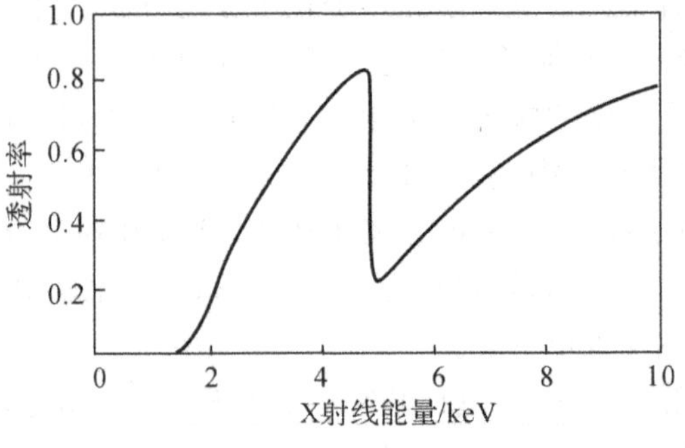

图 7-1 X 射线通过 5 μm 厚度钛片的透射谱

另一种过程中处于连续谱状态的电子与离子复合，发出一个光子。这样产生的 X 射线谱线位于 K 边沿附近，因为对于处于接近零能量的连续谱状态的电子来说，这是一个非常强烈的过程。在能量低于此谱线的部分，可以观察到由于与光子复合进入激发态，然后又衰退到基态的电子所造成的结构。在高于这条谱线的能谱范围则可看到连续谱的特色，即从连续谱中能量较高状态进行自由-束缚跃迁的电子所造成的结构。这种自由-束缚跃迁辐射谱段的能量略高于上述 X 射线谱线，某些情形中可用来对温度进行诊断。

7.1.3 第三种类型的辐射与物质相互作用

第三种类型涉及自由-自由跃迁，这种跃迁把一个电子从一个连续谱状态转移到另一个连续谱状态。自由电子与其他任何粒子(包括光子)相互作用，产生自由-自由跃迁，而且这种跃迁常导致光子的发射或吸收。两种最普通而且最重要的自由-自由相互作用过程是辐射的轫致发射和逆轫致吸收。轫致发射中，一个粒子(特别是电子)通过与另一个带电粒子(特别是原子核)的相互作用得到加速，导致光子的发射。轫致发射是灼热稠密物质发射连续谱辐射的主要机制。逆轫致吸收中，光子(或光波)驱使一个电子运动经过一个原子核的相互作用使得电子运动发生随机化，其作用是从光波中提取能量。逆轫致过程的高能端极限是康普顿散射。这里光子与粒子的能量交换是量子化的。对于磁化等离子体有重要意义的另一种自由-自由发射机制，是同步辐射的发射。

7.2 辐射流体力学方程组

本书将推导考虑高能量密度状况下辐射流体力学现象所需的方程组。普遍形式的动量和能量的输运方程，对于考虑高能量流体和等离子体中可能出现的各种过程的有关贡献十分有用，譬如在许多数值模拟计算编码中包括了这样的过程。但是对于简单计算来说，这个方程组几乎不实用。本节将忽略黏性效应和热传导，因为在大多数很热的以至于辐射效应很重要的系统中，黏性和热传导所起的作用十分有限。此处只考虑与最简单的辐射输运模型有关的事情，但包括一些需要使用更加复杂模型进行确切描述的情形。

把辐射看作能够携带动量和能量的一种流体。当辐射变得很重要时，这种处理方法相当于在等离子体中添加了一个流体组分。对于具有各向同性辐射场的非相对论系统，动量方程仍然十分简单，在这种极限下，与流体的动量相比较，辐射的动量可以忽略不计。各向同性辐射场对物质的作用可以用标量辐射压力的梯度表述，因此动量方程为

$$\rho \frac{\partial u}{\partial t} + \rho u \cdot \nabla u = - \nabla (p + p_{\mathrm{R}}) \tag{7.2-1}$$

式中，p_R 为标量辐射压力。

实验室系统中通常不再有其他重要的力，但是在天体物理问题中可能还有其他的力（如重力），此时公式右边还有添加的项。

为了得到有用的能量方程，把普遍形式的能量输运方程重新排列，去除与黏性有关的项，可得

$$\frac{\partial}{\partial t}\left(\frac{\rho u^2}{2}+\rho\varepsilon+E_R\right)+\nabla\cdot\left[\rho u\left(\varepsilon+\frac{u^2}{2}\right)+(E_R+p+p_R)u\right]=-\nabla\cdot(F_R+Q) \tag{7.2-2}$$

如果系统中存在重力之类的附加力，则式(7.2-2)中与势能和功有关的项中还要引入相应的项。注意到这个方程式基本上只涉及辐射能量密度的非相对论的伽利略处理，尤其是以速度 u 做对流运动时。对于强相对论的流动速度（或参考系）来说，式(7.2-2)确实不能严格成立，但此式在一级小量(u/c)的意义下是准确的。

把动量方程两边与 u 做点乘，得到机械能量方程为

$$\rho\left(\frac{\partial}{\partial t}+u\cdot\nabla\right)\left(\frac{u^2}{2}\right)=\rho\frac{\mathrm{D}}{\mathrm{D}t}\left(\frac{u^2}{2}\right)=-u\cdot\nabla(p+p_R) \tag{7.2-3}$$

式中采用通常使用的记号，以 $\mathrm{D}/\mathrm{D}t$ 表示全导数（或对流导数）。式(7.2-2)减去式(7.2-3)，再把有关密度导数的项集合在一起，应用连续性方程即可看出这些项彼此相消为零。以连续性方程中有关的项代替 $\nabla\cdot u$，得出关于流体内能和辐射能的方程式，即

$$\rho\frac{\mathrm{D}\varepsilon}{\mathrm{D}t}+\frac{\mathrm{D}E_R}{\mathrm{D}t}-\frac{E_R+p+p_R}{\rho}\frac{\mathrm{D}\rho}{\mathrm{D}t}=-\nabla\cdot(F_R+Q) \tag{7.2-4}$$

重新排列式(7.2-4)可以得到若干有用的形式，其中之一适用于涉及总能量密度的场合，即

$$\frac{\mathrm{D}}{\mathrm{D}t}(\rho\varepsilon+E_R)-\frac{\rho\varepsilon+p+E_R+p_R}{\rho}\frac{\mathrm{D}\rho}{\mathrm{D}t}=-\nabla\cdot(F_R+Q) \tag{7.2-5}$$

我们至此所做的假设只适合于所考察系统不是相对论的，而且尚未对物态方程做任何假定。几乎在所有的应用中，都能从式(7.2-5)中去除外体力项 Q，但这里仍保留此项，因为数学上这样做很简单。同时还要指出，上述方程组中的辐射量形式上应当在随流体一起运动的参考系（即随动参考系）中考虑。对于可以用上述方程组表述的那些问题，至少在外部，观察者不需要考虑究竟从该系统中探测到什么参数的情形，一般可以忽略参考系之间的差别。

如果压力和能量密度之间存在简单的关系，式(7.2-5)就可以表示成大为简单的形式。下面探讨这种可能性。一方面若辐射压力可以忽略不计，物质是多方气体，则有 $\rho\varepsilon=p/(\gamma-1)$，式(7.2-5)左边化简为理想气体能量方程的形

式，其中 γ 取适当的常数值；另一方面若物质压力可以忽略不计，辐射压力成为主导，已经证明能够使用同样的关系式，可以用 $\gamma=4/3$ 的值概括理想气体能量方程左边的所有情况。从式(7.2-3)和式(7.2-4)中还可看到，当辐射为主导时仍然可以使用欧拉方程组中动量和能量方程的形式，只需以辐射压力代替物质压力即可。

7.3　热波与辐射激波

7.3.1　热波

当冷区域受到从热区域输运来的辐射热量而变热时，这种输运通常是扩散性的。冷物质中辐射的平均自由程可能相当短，但是该平均自由程往往随温度迅速增大，使得扩散性的热输运比简单的热扩散情形复杂得多。扩散系数可变情形中的扩散现象，通常称为非线性扩散，是高能量密度等离子体中的基本情况。因为这种等离子体是部分电离的，每个电离状态的不透明度各不相同。一般说来，当物质电离时，不透明度为最大的谱段向高能方向移动，因为进入更高电离状态的束缚-自由跃迁和束缚-束缚跃迁都需要更多的能量。另外，即使通常的对韧致辐射的吸收也是非线性的，在其他参数都不变的条件下，其不透明度随温度升高按 $1/T_e^{3/2}$ 方式下降。这里有两类非线性扩散问题值得关注：第一类是恒温热源驱动的向冷物质中传播的辐射热波，称为马夏克波(Marshak Wave)；第二类是有限的能量通过辐射扩散在物质中散布。下述主要介绍马夏克波，以此说明热波的传播特性。

马夏克波表述了一个虽然简单但与许多实际情况关系很大的问题的解，这个简单问题是从一个恒温能源发出的辐射能量，通过初始参数陡变的边界进入一个初始冷物质中的近似平衡扩散过程。马夏克首先证明了这个问题存在自相似解。假设介质初始处于静止状态，并且最终仍归于静止。我们以后还要提及这个假设，但应注意如果温度足够高以至于辐射压力成为主导时，这个假设就很不合适。所以，马夏克波是与辐射热输运虽然重要但辐射压力并不大的普通场合相关的现象。

马夏克波的一个重要例子是高 Z 物质的腔壁受到持续辐射源的加热问题，该辐射源可以是从腔壁上激光加热区域中发射的热X射线。在其内部发生这种现象的封闭结构，称为黑腔。对于惯性约束聚变和需要持续辐射环境的其他实验来说，黑腔极为重要。

为了获得马夏克波问题解析解的描述，假设辐射热导率的标度关系为

$\kappa_{rad} \propto T^n$。对于高能量密度系统的典型物质，取 $n=4\sim5$，这个假设就很合理；相比之下，典型的天体物理系统应取 $n=6\sim7$。再假设介质的密度和比热容都为常值。在这些假设下考察下述系统的性态，其中热力学第一定律可以写成

$$\rho\frac{\partial\varepsilon}{\partial t}=\rho c_V\frac{\partial T}{\partial t}=\nabla\cdot(\kappa_{rad}\nabla T)=\frac{T_0}{n+1}\kappa_{rad}|_{T_0}\nabla^2\left(\frac{T}{T_0}\right)^{n+1} \quad (7.3-1)$$

记 $f=T/T_0$，$W=\kappa_{rad}|_{T_0}/[(n+1)\rho c_V]$，式(7.3-1)可改写为

$$\frac{\partial f}{\partial t}=W\nabla^2 f^{n+1} \quad (7.3-2)$$

这个方程只有一个标量参数 W，依据自相似运动的论述，有望找到一个自相似变量 $\xi=x/\sqrt{Wt}$ 的平面一维相似解，其方程式为

$$-\frac{\xi}{2}\frac{\mathrm{d}f}{\mathrm{d}\xi}=\frac{\mathrm{d}^2 f^{n+1}}{\mathrm{d}\xi^2} \quad (7.3-3)$$

现在求解方程式(7.3-3)的解。

注意到 $\xi=0$ 处 $f=1$，可以证明 f 的二阶导数始终为负值，以至于 f 逐渐下降到某个 $\xi=\xi_0$ 处成为零。这样就有可能做出一个简单的近似估算。假设从源的位置直至热波尾部，辐射热通量为常值。这必然是近似正确的，否则某处的温度将增高到源温度之上，或者降低到系统周围温度之下。用上面引入的变量表示辐射热通量，即有

$$F_R=-\kappa_{rad}\frac{\partial T}{\partial x}=-\frac{T_0}{n+1}\kappa_{rad}|_{T_0}\frac{\partial f^{n+1}}{\partial x}=-\rho c_V\sqrt{\frac{W}{t}}\frac{\mathrm{d}f^{n+1}}{\mathrm{d}\xi} \quad (7.3-4)$$

即使 $f(\xi)$ 保持同样的形状，当边界处的物理温度梯度下降时，辐射通量也将随时间降低。如果假定在任何给定时刻，整个热波范围中的辐射通量为常值，回忆起前面关于 $\xi=\xi_0$ 处 $f=0$ 的推论，可得

$$f(\xi)^{n+1}=C(\xi_0-\xi)=1-\xi/\xi_0 \quad (7.3-5)$$

这里 C 是等于 $1/\xi_0$ 的常数，可以满足 $\xi=0$ 处 $f=1$ 的边界条件。式(7.3-5)等价于

$$T=T_0(1-\xi/\xi_0)^{1/(n+1)} \quad (7.3-6)$$

图 7-2 表示依据常热通量模型和更精确方程式(7.3-3)的解，关于不同 n 值画出的温度剖面曲线。对于几乎所有目的来说，常热通量模型已足够准确，因为马夏克波模型中的一些其他假设确实并不准确。

当 ξ/ξ_0 趋于1时，归一化温度 $f=T/T_0$ 非线性地下降。灰曲线给出常通量模型的温度剖面，从底部到顶部依次为 $n=3$，4.5 和 7，灰曲线下方的黑曲线是式(7.3-3)相应的数值解。

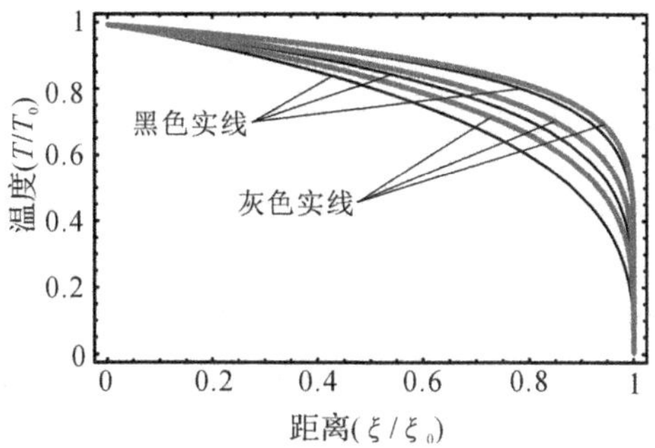

图 7-2　马夏克波的温度剖面

继续讨论常通量模型的计算。认识到通过初始边界的辐射通量必须相等于波中能量 E_W 的增长率，就可以找到前面设定的 ξ_0 值，即有

$$\frac{\partial E_W}{\partial t}=\frac{\partial}{\partial t}\left(\frac{\mathrm{d}x}{\mathrm{d}\xi}\int_0^{\xi_0}\rho c_V T\mathrm{d}\xi\right)=\frac{\rho c_V T_0}{2}\sqrt{\frac{W}{t}}\left(\frac{n+1}{n+2}\right)\xi_0 \tag{7.3-7}$$

令此增长率等于 $x=0$ 处的通量，从式(7.3-5)可知，$\partial f^{n+1}/\partial\xi=-1/\xi_0$，得出

$$\xi_0=\sqrt{2}\sqrt{\frac{n+2}{n+1}} \tag{7.3-8}$$

图 7-3 所示(虚线表示电离辐射波的结果)把上述计算 ξ_0 的公式与更精确的解做了比较，可以看出，常通量模型低估了约 10% 热波阵面伸展范围，同真实情况与马夏克波模型之间可能存在的其他差别相比，这个差异影响较小。

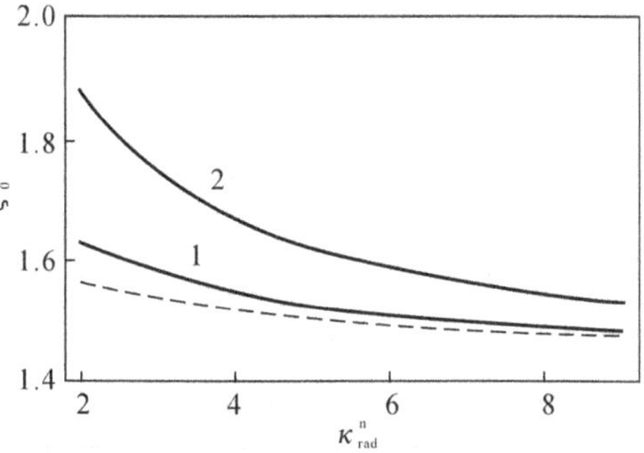

图 7-3　常通量模型(1)和数值解(2)给出的传统马夏克波的 ξ_0 值曲线

根据常通量模型，给出辐射热波阵面的位置为

$$x_0=\frac{\sqrt{n+2}}{n+1}\sqrt{\frac{\kappa_{\text{rad}}|_{T_0}}{\rho c_V}}\sqrt{2t} \tag{7.3-9}$$

热波阵面的速度为

$$u_0 = \frac{\sqrt{n+2}}{n+1}\sqrt{\frac{\kappa_{\mathrm{rad}}\big|_{T_0}}{\rho c_{\mathrm{V}}}}\,\frac{1}{\sqrt{2t}} \tag{7.3-10}$$

随着时间增大这个阵面速度从无限大趋于很小的值，因为 t 趋于零时常通量模型的假设不再成立。物理速度自然不会无限大，实际上该速度的性态对于真实系统具有重要影响。这种辐射阵面的速度远超过系统中任何其他速度。这种状况下直到该速度下降到等于被辐射加热介质中的声速之前，该波在形式上可称为超声速辐射波。在此期间，辐射波最先到达介质中的任意位置，而且只受辐射源变化的影响。

辐射热波的速度最终将下降到被辐射加热介质中的声速以下，此时该波变成亚声速辐射波。在此期间，该波可能首先被冲击波所超越，然后再被以声速传播的扰动所超过。真实系统中如果有何种过程出现在后边界，辐射通量的来临也是十分罕见的。无论考虑在光学厚环境中任何其他的能量释放过程，或者在高 Z 材料制作的容器中 X 射线源的引发，受到作用的物质的内边界同时也受到扰动。对辐射的吸收往往引起吸收边界的烧蚀，从而产生冲击波向物质内部传播。冲击波阵面的位置距离起初与时间 t 成正比，然后非常平缓地减慢下来。冲击波一开始就压缩辐射源与阵面之间的物质，使得被加热层的厚度减小、密度增大。辐射波形状所发生的变化与不透明度对密度的依赖关系有关。在冲击波超越辐射波之后冲击波得到增强，因为此时冲击波前方介质尚未被辐射波加热，冲击波前方温度变得较低，而冲击波后方的辐射波则在已受冲击压缩的密度更高的物质中传播，因而其速度很可能进一步减缓。

7.3.2 辐射冲击波

辐射冲击波是其相关流场的密度和温度结构(剖面)受到已被冲击加热物质发出辐射影响的冲击波。这个简单的定义覆盖了很大范围的现象，包括所有温度相当高，在日常生活中我们不会遇到的那些现象。然而，在高能量密度实验中辐射冲击波较容易产生，在天体物理中更是经常遇见。图 7-4 表示的从 SN1987A 发展出来的超新星遗迹，就是这样的天体物理学例子。这幅图像中最亮的斑点，是由该星体发出的喷射与环绕它的内环边沿物质相互碰撞而形成的。光谱分析已经表明，正被驱动向环内传播的冲击波是辐射冲击波，至少在一些地方是如此。亮斑的出现(而不是整个连续的发光环)，说明环内的内沿处存在稠密物质的多个尖刺，这可能是该环形成过程中瑞利-泰勒(RT)不稳定性作用的结果。

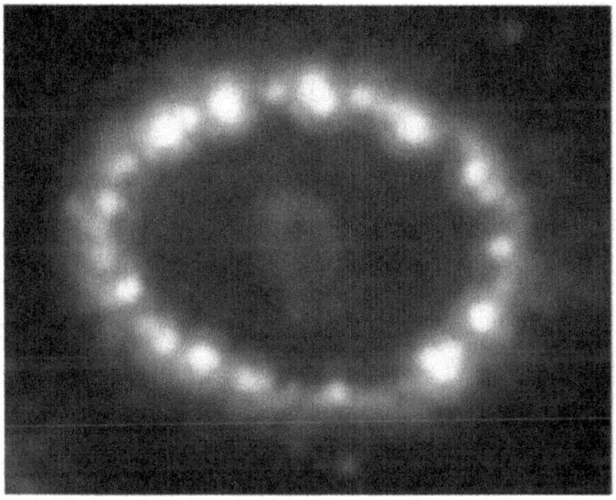

图 7-4 2003 年 11 月拍摄的超新星遗迹 SNR1987 A 的图像

7.3.3 辐射冲击波的各种状况

本节讨论辐射冲击波出现的条件以及决定辐射冲击波结构的物理条件。本章引言中已提到,辐射冲击波与密度分布和物质运动的细节有关,当温度为数十电子伏特和数百电子伏特时,辐射通量和辐射压力分别成为重要的(主导)因素。冲击波提供的加热作用驱使等离子体进入辐射状况,或者说冲击波可以出现在一个已经处于辐射状况的等离子体中。冲击波驱使等离子体进入辐射状况的条件是,其速度至少应当快到足以使辐射通量超过物质能量通量的程度,这里辐射通量的标度关系是温度的 4 次方,也就是冲击波速度的 8 次方,物质能量通量的标度关系是冲击波速度的 3 次方。

在非辐射状况下,紧接冲击波阵面后的温度 T_s 由下式给定:

$$RT_s = \frac{2(\gamma - 1)}{(\gamma + 1)^2} u_s^2 \tag{7.3-11}$$

式中,u_s 为冲击波速度。

下面关于气体常数 $R = k_B(Z+1)/(Amp)$ 的讨论有时很有用处。一般说来 R 与温度有关。RT_s 是每单位质量的能量。当 $\gamma = 4/3$, $Z+1 = A/2$, $u_s = 100$ km/s 时,$T_s = 6.4$ eV。由此可知,在冲击波速度远低于 100 km/s 的情形中,辐射作用几乎没有重要性。

与每个离子共享能量的平均电子个数为 Z,但是这个参数是冲击波问题的困难之源。另外,首先冲击波加热离子,然后电子与离子平衡,使得密度相当低的物质中在紧接密度跃变之后 Z 可能变为零。一般说来,也许需要把离子温度和电子温度分别处理。然而，正是电子与辐射有着至关重要的耦合。为简单起见，假设冲击波作用后离子与电子立即平衡，实际上这意味着紧接冲击波（即密度和离子温度的跃变区）后的平衡区（这里电子与离子发生平衡）可以忽略不计。这个平衡区发出的辐射按照电子温度的4次方而增长，因而大多数这样的平衡区对于辐射动力学的贡献并不重要。此外，这种平衡区是十分狭窄的。

图7-5（计算中没有考虑很高速度下辐射压力的作用）所示由式(7.3-11)计算得到的冲击波温度，介质为氙(Xe)和CH。对于由碳(C)和氢(H)组成的等离子体，可以把A代之以$(1+12)=13$，并取$Z=1+Z_C$，这里假定氢原子已电离，Z_C是碳原子的平均电离度。这种做法会影响低温范围的结果，但对双对数坐标平面的曲线图几乎没有影响。式(7.3-11)只适用于辐射压力可忽略不计的场合。当辐射压力变得重要时，则需要进行基于基本方程组的更详尽的计算。然而，图7-5已足以表明达到辐射状况所需要满足的条件。作为大致的数据，为了达到使辐射通量变得重要所需的数十电子伏特温度，冲击波速度应达到几十千米每秒。为了达到辐射压力变得重要所需的数百电子伏特温度，冲击波速度应达到数百千米每秒。对于氙等离子体，上述这些速度值只是对于CH等离子体情形所需速度的若干分之一。

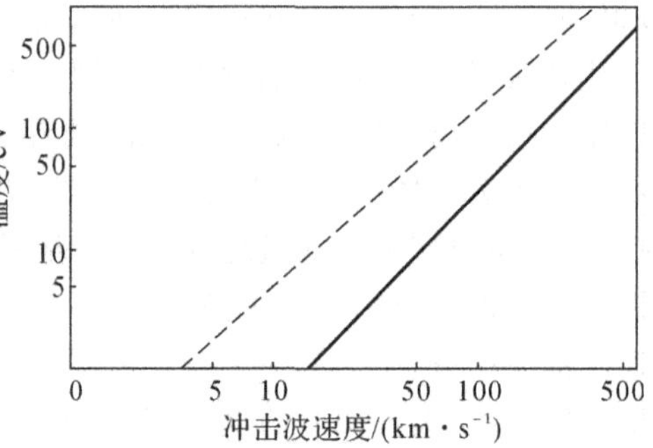

图7-5 氙（虚线）和CH（实线）等离子体冲击波作用后的温度

在辐射通量超过物质能量通量之前，辐射已经对冲击波产生的密度跃变前方的介质产生影响，这个受影响的区域即是辐射前驱波。为了把这里的讨论与其他应用联系起来，我们必须鉴别“辐射前驱波”的两种可能类型。

第一种称为透射前驱波，大家最熟悉的例子就是雷击。在由冲击波演化形成的雷声传来之前，人们先看到“前驱波”——雷电闪光的到来。这种情形中该前驱波是由驱动冲击波的雷电爆炸所造成的，而不是冲击波本身导致的。另一个例子是强烈到足以驱动辐射冲击波的大气层中的爆炸。此时，冲击波自身发出的一些（光）辐射在辐射冲击波直接影响区域以外很远处仍可看到。因此可以说，透射前驱波就是来自冲击波阵面或其形成源的辐射，这种辐射在传播中介质对其吸收较弱，因此在很远距离外都能看到。人们对这种透射前驱波兴趣不大，因此不做详细讨论。

第二种辐射前驱波称为吸收前驱波，这种类型前驱波中辐射被冲击波前（上游）介质所吸收，而且辐射强度高到足以影响上游介质的状态（主要是使其温度增高）。以下所说"前驱波"或"辐射前驱波"都是指吸收前驱波。前驱波的一个重要问题是其几何形状。为了使前驱波维持平面波形状，真实的实验中需要使用横向尺寸远大于定态前驱波长度的辐射源，这是一个十分严格的约束条件。球面形状的实验可以避免这种约束，但是在三维膨胀过程中，单位面积上的辐射能量将严重下降。

7.4　辐射冲击波的流体动力学

我们将会看到，辐射冲击波的一些重要性质与辐射输运的细节无关。本节考察多方气体情形，研究在辐射前驱波和辐射冲击波作用下它们的性质应当怎样变化。也就是说，我们将考察气体的什么性质的确真正与辐射输运的细节无关。我们将把这个问题放在辐射通量状况的框架中进行讨论，并假定辐射压力和辐射能量都可以忽略不计。如通常那样，在冲击波参考系中分析定态的平面系统，此时在质量、动量和能量方程守恒形式中通量项的散度必定为零。采用通常的冲击波参考系，来流具有负速度。质量通量 ρu 处处守恒，并等于其在前驱波以外区域中的值 $-\rho_0 u_s$，这里 ρ_0 为上游很远处介质的密度，u_s 为冲击波速度。动量通量守恒给出

$$p+\rho u_s^2=p_0+\rho_0 u_s^2 \tag{7.4-1}$$

式中，p_0 为上游介质的初始压力。

连续性方程和能量守恒关系分别为

$$\frac{p}{\rho u_s^2}=1-\frac{\rho_0}{\rho}+\frac{p_0}{\rho_0 u_s^2} \tag{7.4-2}$$

$$\frac{RT}{u_s^2}=\frac{\rho_0}{\rho}\left(1+\frac{p_0}{\rho_0 u_s^2}\right)-\left(\frac{\rho_0}{\rho}\right)^2 \tag{7.4-3}$$

式(7.4-3)利用了关系式 $p=\rho RT$，在温度 T 与 $R=\dfrac{(Z+1)\,k_B}{Am_p}$ 条件之下，RT 与每单位质量等离子体具有的热能成正比。这些结果见图 7-6 和图 7-7，其中采用压缩度倒数(ρ_0/ρ) 作为自变量。应当指出，虽然辐射变量没有进入这些关系式中（只要 $p_R \ll p$，总是如此），这些图线同样适用于非辐射冲击波和辐射通量

状况下的辐射冲击波。无论在前驱波中还是在跨越冲击间断时，压缩度变化所对应的压力增大和温度变化都已在图中表示出来。当 ρ_0/ρ 下降时，压力持续增大，而且对冲击跃变幅度上升没有约束。相比之下，冲击压缩中加热与 $p\mathrm{d}V$ 做功两者的竞争形成了图 7-7 中热能曲线的最大值性态。仅当黏性密度转变的初态和终态分别位于图中所见温度最大值的两边时，才会出现形式上的密度间断区（越过密度跃变区时温度不可能先增加后下降，否则会对辐射通量造成物理上不正确的后果）。在非常弱冲击波的情形，压缩度倒数一直位于温度最大值的右面，形成密度的连续转变。在一定条件下，辐射主导的冲击波中也可能出现这种情况。

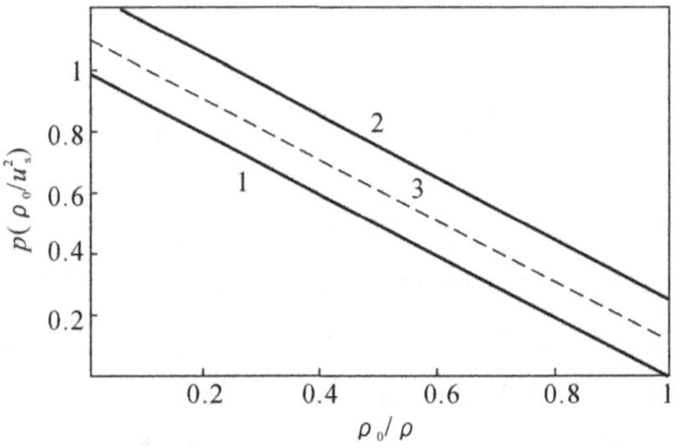

图 7-6　以 $\rho_0 u_s^2$ 作归一化的冲击波后物质压力与压缩度倒数的函数关系

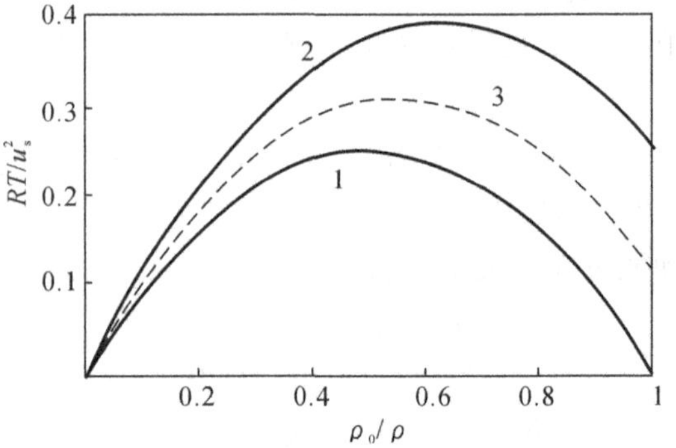

图 7-7　冲击波后介质的温度

RT 表示每单位质量物质具有的热能，已用 u_s^2 作归一化。曲线表示 RT 与压缩度倒数 ρ_0/ρ 的函数关系，由下到上依次为上游压力为零(1)、马赫数为 $3/\gamma$(3) 和马赫数为 $2/\gamma$(2)。

把辐射通量引入多方气体的能量通量方程，可得

$$\left(\frac{\gamma p}{\gamma-1}+\frac{\rho u^2}{2}\right)u+F_{\mathrm{R}}=-\frac{\rho_0 u_{\mathrm{s}}^3}{2}\left(1+\frac{2\gamma}{\gamma-1}\frac{p_0}{\rho_0 u_{\mathrm{s}}^2}\right)+F_0 \qquad (7.4-4)$$

式中，ρ_0、p_0 和 F_0 分别为处于某个预设定常状态的上游介质的密度、压力和辐射通量。

注意到式(7.4-4)右边第一项的负号，这是按照本章采用的关于冲击波的标准记法，流动速度为负，而冲击波速度 u_{s} 取为正值的结果。

为了确定常数 F_0，必须先理解其物理意义。存在三种极限情形，由于特殊的原因，F_0 分别具有特殊的值。

(1)冲击波完全处于光学厚介质中的情形，对于任何辐射都达不到的上游状态的介质，可取 $F_0=0$，此时进入系统的辐射能量通量是物质能量通量的负值。

(2)横向无限展延的平面冲击波情形，其上游区域具有有限的光学深度，此时 F_0 应对应于某个位置以外上游区域中损失的辐射能量，这个位置可以合理地看作定常的初始状态。在冲击波发生期间该位置处的密度、温度值本来可以从其他值演化为上述状态值。另外，与第一种情形相比，这种情形中传至该系统其余部分的净能量通量减少了，变为进入的物质能量通量与传出的辐射通量之差值。

(3)横向有限展延的平面冲击波(阵面上或多或少有些保持平面形状的部分)，是与形成光学薄上游区域的各种实验有关的情形。此时，F_0 表示某个指定的轴向位置以外区域中的能量损失和到达这个位置之前区域中的径向能量损失之和。由于式(7.4-4)应保持能量守恒的缘故，任何从辐射通量中移出的能量都必须被系统中的物质吸收掉。因此，当吸收降低了上游区域的辐射能量通量时，从更上游处返回来的物质能量通量也必须降低。相比之下，当横向损失降低了上游区域的辐射能量通量时，物质能量通量并不下降。

习　　题

7-1. 以空气介质为例，说明什么情况下需要在流动中考虑辐射的影响。

7-2. 辐射与物质的相互作用有哪几种机制？每种机制的含义是什么？对于聚变燃烧，哪种机制起主要作用？

7-3. 推导通量不变的条件下马夏克波的解，比较分析其与普通热传导的区别。

7-4. 什么是辐射前驱波？据此简单分析辐射激波与普通激波的区别。

7-5. 试分析辐射通量在极限情况下的物理意义。

第 8 章　核武器毁伤效应基础

8.1　核武器的威力和杀伤破坏因素

8.1.1　核武器的威力

1. 梯恩梯当量

核武器的威力，通常以核武器爆炸时释放的能量多少来衡量。核武器爆炸时释放的能量，比只装化学炸药的常规武器要多得多。例如，1 kg 铀-235 全部裂变释放的能量约为 8.4×10^{13} J，是 1 kg 梯恩梯炸药爆炸释放能量 4.19×10^{6} J 的 2000 万倍。为了衡量核武器的威力大小，可用梯恩梯当量来表示。梯恩梯当量指核武器爆炸时释放出的能量相当于多少质量的梯恩梯炸药爆炸时所放出的能量。例如，中子弹的梯恩梯当量(简称“当量”)1 kt，是指中子弹爆炸时放出的总能量是 4.19×10^{12} J，与 1 kt 梯恩梯炸药爆炸时放出的能量相当。

2. 比威力

比威力是指核弹头的威力(梯恩梯当量)与其投掷质量之比，单位为 kt/kg。所谓投掷质量包含导弹的末助推装置、末制导系统、核弹头和突防装置的质量，单位为 kg。例如美国轰炸日本岛用的枪式原子弹“小男孩”其比威力约为 0.003 kt/kg。而美国“大力神Ⅱ”洲际核导弹的比威力达到了 2.4 kt/kg。比威力是衡量核弹头设计水平的一个概略指标。随着核武器的小型化、多弹头技术的发展，对威力较大的单弹头与威力较小的多弹头母舱中的子弹头的设计水平进行比较时，用比威力衡量就存在较大缺陷。例如美国“民兵Ⅰ”洲际弹道导弹的核弹头能携带 3 个弹头，每个子弹头质量为 180 kg 左右，威力为 335 kt 梯恩梯当量，比威力约为 1.9 kt/kg，比“大力神Ⅱ”的比威力低得多，但实际上“民兵Ⅲ”弹头的设计水平高，破坏效果更大。为了更合理地衡量核武器的破坏效果，引入“等效百万吨数”的概念。等效百万吨数等于“威力”除以“百万吨梯恩梯当量”的商的 2/3 次方。如果以此来衡量“大力神Ⅰ”导弹和“民兵Ⅲ”导弹，则它们的“比等效百万吨数”分别为 1.17×10^{-3}/kg 和 2.68×10^{-3}/kg，反映出了后者比前者设计水平高得多。

8.1.2　核武器的杀伤破坏因素

核武器爆炸，不仅释放的能量巨大，而且反应过程非常迅速，在微秒级的时间内即可完成。巨大能量集中在瞬间释放，并与周围大气作用，产生了“冲击波”“光辐射”“早期核辐射”“核电磁脉冲”等多种瞬时杀伤、破坏因素。而核爆炸时重核裂变产生的放射性裂变产物和中子流作用于地面产生的感生放射性核素又构成了核爆炸特有的杀伤因素——“放射性沾染”。这些杀伤、破坏因素能在较大范围内杀伤人员，破坏武器、装备和工程设施等。

大气层核爆炸各杀伤破坏因素所占的能量比例，主要取决于核武器性质和爆炸高度。原子弹空中爆炸时，冲击波约占爆炸总能量的 50%；光辐射约占 35%；早期核辐射约占 5%；核电磁脉冲约占 0.1%；放射性沾染约占 10%。氢弹空中爆炸时，冲击波和光辐射的总份额增加，约占 90%，而放射性沾染所占份额则减少，其增减份额随聚变-裂变比的不同而异。

当核爆炸发生在稠密空气层以外时，由于空气稀薄，各杀伤破坏因素的能量分配将发生很大变化：冲击波约占 5%，光辐射约占 75%（其中软 X 射线占 70%），早期核辐射增大到 10%，放射性沾染和核电磁脉冲的份额不变，但核电磁脉冲的作用范围增大。

对于中子弹、冲击波弹、电磁脉冲弹、增强剩余辐射弹等特种战术核武器来说，由于采取了对各种核武器效应的“剪裁”技术——通过各种新颖独特、巧妙合理的核弹头设计，改变核爆炸杀伤破坏因素在核爆炸中所占的能量份额及其相互之间的主、次关系，使之按照需要向外释放能量，从而达到尽可能最大限度地增强其中某些杀伤破坏因素的作用，而将其余杀伤破坏因素尽量压低至最小限度。

8.2　核武器的爆炸方式和外观景象

8.2.1　核武器爆炸方式

核武器爆炸方式是指核武器在不同介质和不同高度（或深度）爆炸的类型。核武器当量相同，爆炸方式不同，其外观景象和杀伤破坏效应差别很大。在实施核突击时，根据作战任务、目标性质和地形、气象条件等，正确选择爆炸方式，可取得较好的效果。

核爆炸方式一般分为大气层核爆炸、高空核爆炸和地(水)下核爆炸三种类型。大气层核爆炸按“比高”分为地面爆炸、空中爆炸，高度在 30 km 以上的核爆炸为高空核爆炸。地(水)下爆炸按“比深”分为浅层核爆炸和深层核爆炸。

8.2.2 核武器爆炸的外观景象

不同方式的核爆炸有其独特的外观景象，可以通过对核爆炸外观景象的观测来判断其爆炸方式，进而估计其杀伤破坏的情况。

1. 空中核爆炸的外观景象

空中核爆炸时，首先出现强烈的闪光，闪光是核爆炸最早见到的信号，如图 8-1 所示。在离爆心不远处，可以看到爆区周围被一团喷射的浅蓝色光焰所照亮，这是因为闪光的光谱中紫外线和短光谱成分极为丰富的缘故。闪光时，未遭破坏的房屋和树木的阴影形成稀奇古怪的形状，而且线条异常清晰。闪光可以在几十千米，甚至几百千米的范围内看到。闪光持续的时间很短，只有千分之几到十分之几秒。该爆炸当量越大，能观察到闪光的距离越远，闪光的持续时间也相应越大。闪光过后，在爆炸处立即出现一个明亮的高温高压火球。火球迅速膨胀、上升，并逐渐变暗。火球最初为球形(这个时间很短，仅十分之几秒到两三秒，一般情况下观察不到)，后因地面反射冲击波的作用，接近地面的一侧很快被挤扁，而变成扁球形。火球发光时间从十分之几秒到二三十秒，火球的直径从几十米到几千米。核爆炸当量越大，火球发光时间越长，火球的直径也越大。火球冷却后，变成灰白色或棕褐色的烟云，烟云继续上升，体积不断扩大，在烟云上升的同时，从地面吸起一股尘柱。烟云和尘柱最初不相连接，后来，尘柱迅速追上烟云，形成核爆炸所特有的高大的蘑菇状烟云。核爆炸后几分钟内，烟云可上升至几千米至二三十千米的高空。当气象条件相同的情况下，核爆炸当量越大，烟云上升速度就越快，烟云上升的最大高度也越高。烟云能够到达的最大高度，称为稳定烟云顶高，它与核爆炸当量有密切关系：当量越大，释放出的热量就越多，烟云膨胀得越大，密度就越小，由于空气浮力的作用，往上冲的力量也就越大，结果烟云顶部到达的高度也就越高。烟云到达最大高度以后，便不再上升，被高空风吹向下风方向，并逐渐地扩散和沉降。这种烟云在一小时或更长的时间内仍可看见，直至被风吹散到与天然云混为一体时就分辨不清了。

图 8-1　空中核爆炸的情景

2. 地面核爆炸的外观景象

总的来说，地面核爆炸的外观景象与低空核爆炸相类似，如图8-2所示。地面核爆炸最基本的特征是核爆炸火球接触地面，火球呈半球形（触地核爆炸）或球缺形（离地面一定高度爆炸）。地面核爆炸，灼热的火球接触地面，使地面的岩石、泥土和其他物质都被气化并卷进火球中，离火球稍远处的地面物质，被火球烘烤，有的完全被熔化，有的表面被熔化，在火球上升引起的猛烈的余风形成后，又有大量的尘埃、泥土和其他颗粒卷起。因此，地面核爆炸的烟云与尘柱基本上是同时升起的，而且尘柱特别粗大，由于烟云中有大量地面物质混入，烟云的颜色深暗。

触地核爆炸和爆高很低的核爆炸，在火球触地的范围内，土壤和其他地面物质被气化，随之而来的冲击波和飓风将其抛掷卷走，结果形成弹坑。弹坑的大小与核武器的威力、爆炸高度和土壤性质有关。

3. 海面核爆炸的外观景象

核武器在接触水面或离水面一定高度上爆炸时，其外观景象基本上和地面爆炸类似，也是首先出现核爆炸闪光，接着出现半球形(或球缺形)火球，如图8-3所示。由于在海上，随火球升起的不是尘柱，而是由于掀起大量海水，形成高度较低的水柱和水雾。当水柱沉降后，海面形成巨大海浪和带放射性的雾，迅速向四周扩散。烟云冷却时，可能形成放射性降雨。

图 8-2　地面核爆炸的情景

图 8-3　海面核爆炸的情景

4. 地下核爆炸的外观景象

地下核爆炸通常可以分成深层地下核爆炸和浅层地下核爆炸。两者的区别在于：深层地下核爆炸是指爆炸效应基本上被封闭在地下的爆炸，爆炸点上方的地面可能受扰动（比如土丘或浅沉陷坑的出现，以及在地表处觉察到的大地的颤动）。尽管有些未冷凝的气体会从地表面慢慢地渗漏出来，但不会有大量的爆炸残骸进入大气层。浅层地下核爆炸指的是能把大量的土、石卷入空气中从而形成一个大弹坑的爆炸，如图 8-4 所示。在军事上具有实用价值的是浅地下核爆炸。

当核武器在浅层地下爆炸时，由于释放的核能全封闭在地层下面，爆点周围的土壤、岩石全部熔化、气化，与爆炸残骸一起形成一个灼热的高压气团，它相当于空中和地面爆炸时形成的火球。由于气温迅速膨胀，便产生了地下冲击波，地下冲击波从爆点向各个方向传播。当向上的冲击波（压缩波）抵达地表面时，被反射回去形成稀疏波（张力波）。假如张力超过地面物质的抗拉强度，地面上层就会剥落，即分离成或多或少的水平层，然后由于入射冲击波传递的动量，这些分离的层以约 45 m/s（或更大些的）速度向上运动。稀疏波从地面反射回来后，朝着爆炸产生的正在膨胀的空腔运动，使土壤对空腔向上膨胀的阻力减小，致使空腔迅速向上膨胀，在地面拱起圆顶形。圆顶继续升高，裂缝出现，空腔中的气体泄入大气层。在圆顶完全解体后，岩石碎片则被向上、向外抛掷，然后，大量被抛射的物体破碎而后落到地面。弹坑的大小取决于该爆炸威力和介质性质。

图 8-4　地下核爆炸形成的巨型弹坑

5. 水下核爆炸的外观景象

核武器在浅层水下爆炸也形成火球，它是一个高温高压气球，体积比空爆时小，主要成分是水蒸气。核爆炸离水面达到一定深度后，水面上就看不到通常的火球景象了，但从远处可以看到爆心附近水域被照亮的短暂发光现象。在深层水下核爆炸时，由于深水对光辐射的吸收，爆心附近水面看不到发光现象。

水下核爆炸发展的外观景象，因爆炸威力、爆炸深度及水底深度等条件不同而异，但也有共同特征。浅层水下核爆炸开始时，高温、高压气球急剧膨胀，在水中产生冲击波。冲击波传到水面时，使爆心投影点附近表层的水高速冲向上空形成水幕，如图 8-5 所示。当水下气球上升到水面进入大气时，气泡因膨胀而冷却，使大量水蒸气凝成水珠，屏蔽了光辐射，因而看不到火球的发光。气球膨胀和水蒸气凝结引起气泡中压力下降，把大量海水抽吸到空中形成空心水柱；气泡中大部分放射性物质从水柱的中心排出，在水柱顶部形成花菜状烟云。威力为 20 kt 的核爆炸，空心水柱高度近 2000 m，稳定烟云高度达 3000 m。随后水柱回落，在水面激起巨浪，同时在水柱外沿底部形成由细微水珠组成的巨大环状云雾，迅速向外运动并翻滚上升，称之为基浪。几分钟后基浪脱离水面缓慢上升，与空中放射性烟云相混，随风飘移，这时烟云中出现一个较大的降雨过程，造成附近的水面放射性沾染。深层水下核爆炸的外观景象与浅层水下核爆炸相似，但在火球冲击水面时并不形成空心水柱。灼热气体和浅蒸气水泡冲出水柱时，形成向四面喷发的羽毛状水花，最高水花可达 500 m，下落的水花柱产生可见基浪。

图 8-5　水下核爆炸的情景

6. 高空核爆炸的外观景象

由于大气密度随高度上升基本上成指数规律衰减，30 km 以上的大气稀薄，核爆炸外观景象与在稠密大气层空中爆炸有较大差异。高空大气密度很小，光子的平均自由程很长，故火球的膨胀速度快，而且火球上部发展速度大于下部，火球呈倒梨形，如图 8-6 所示。1958 年美国在 77 km 的高空，爆炸了一枚当量为 4000 kt 的核弹，爆后 0.3 s，火球半径即达 9 km，爆后 3.5 s 时，即扩大到

14.5 km，而且火球以极快的速度上升，最快的上升速率为 1600 m/s。由于冲击波在穿过稀远空气产生电子激化的氧原子，所以在火球周围形成了半径达几百千米的巨大的红色球形波。由于冲击波阵面的温度不高，不能把火球屏蔽住，故在爆后 1～2 s 内，在火球的底部可以看见一种辉煌的极光，这种美丽而明亮的“人造极光”有许多非常美丽飘带般的闪光，向北方扩散。这种极光是由放射性裂变碎片所发射出的粒子（电子）沿地球磁场磁力线运动而产生的，因此在有的地方尽管看不到火球，也能看到这种极光。在这么高的空中爆炸产生的烟云颜色十分浅淡，而且很快消失，地面上也没有尘柱出现。

图 8－6　我国第一颗氢弹爆炸的情景

当核爆炸高度在 30 km 以上时，空气密度只有不足低层大气的十万分之一，软 X 射线的平均自由程也会增大约十万倍以上，因此武器碎片与大气的相互作用成为形成火球的主要机制。由于武器碎片是高度电离的，因此地磁场将影响后期火球的位置和分布。碎片形成的早期火球则放出软 X 射线，向上发射的 X 射线实际上不会被吸收，而是射向宇宙空间；向下运动的 X 射线大部分将被80 km高度附近的空气层所吸收。因而在 80 km 附近的空气被剧烈升温，形成一个厚 10～15 km 的圆盘状发光的空气层，称之为“X 射线饼”，其半径为爆高减去 80 km。

8.3 不同爆炸方式的杀伤破坏作用

不同的爆炸方式，对目标的杀伤破坏作用也不同。在核袭击时，通常根据被袭目标的性质和坚固程度、双方态势与彼此距离、气象条件以及是否允许地面形成放射性沾染等因素来选择爆炸方式。核袭击对目标的杀伤破坏作用最大。

8.3.1 空中爆炸杀伤破坏的特点

空中爆炸时，光辐射、冲击波、早期核辐射、核电磁脉冲的作用都比较强，其能量主要是在空气中传播，可以比较均匀地传播到较远的距离，作用范围较大，而放射性沾染除小比高爆炸较严重外，其他空爆都很轻。随着核爆炸比高的减小，光辐射、冲击波、早期核辐射的能量逐渐向近区集中，对近区的杀伤破坏作用逐渐增强，而对远区的作用则相应减弱，因此，作用范围也逐渐减小，而地面放射性沾染逐渐加重。

(1)高空核爆炸主要用于摧毁飞行中的导弹、火箭和集群飞机，以及造成相当大范围内的无线电通信严重干扰，使一些没有抗核加固的电机、电子系统，尤其是使电子计算机系统遭到核电磁脉冲的干扰或损坏。高空核爆炸对地面上的人员和一般武器装备、房屋建筑物等不会造成杀伤破坏，有时城镇居民点门窗玻璃可能被震碎，人的眼睛可能会产生一定程度的闪光盲，在夜间更为严重。

(2)大比高空中爆炸主要用于大面积杀伤地面上的暴露人员和破坏不坚固、脆弱的物体(如民房等)，放射性沾染很轻，对部队行动不会有影响。

(3)中比高空中爆炸主要用于杀伤地面上的暴露人员和破坏不太坚固的地面目标，如工业厂房、城市建筑、汽车、飞机等，地面的放射性沾染较轻，对部队行动影响不大。

(4)小比高空中爆炸主要用于杀伤野战工事内的人员，破坏战场地面目标，如工事、坦克、火炮，以及交通枢纽、城市较坚固的地面建筑物等。小比高爆炸的地面放射性沾染，随着比高的降低而加重，特别是比高接近 $60\ \mathrm{m/kt^{1/3}}$ 的核爆炸，地面放射性沾染会给部队行动带来一定的影响。

8.3.2 地(水)面爆炸杀伤破坏的特点

地(水)面爆炸时，由于爆炸的高度较低，光辐射、冲击波的能量更加集中于爆心或爆心投影点附近，因而对近区的杀伤破坏作用比空爆强，远区的杀伤破坏则比空爆弱。

对暴露、脆弱目标的杀伤破坏范围一般会比空爆时小，早期核辐射、核电磁脉冲对爆区地面目标的作用比空爆强，地面放射性沾染严重，范围大，持续时间长，对军队行动有较大的影响。地(水)面爆炸的比高为 0～60 $m/kt^{1/3}$。

(1)地面爆炸主要用于破坏地面或浅层地下的坚固目标，如地下指挥部、导弹发射井、地面上坚固的永久工事等；杀伤地下工事内的人员，造成严重的放射性沾染，迟滞敌方的行动。在触地爆炸和比高小于 20 $m/kt^{1/3}$ 的地面爆炸时，还会形成相当大的弹坑，影响军队行动。由于地面核爆炸会形成相当大的范围内严重的放射性沾染，而且这种沾染受气象条件影响很大，不易控制，所以在使用上受到一定的限制。

(2)水面爆炸主要用于破坏水面舰艇、海军基地、港口等设施，并能在爆区和下风方向一定范围内的水域或地面造成严重的放射性沾染。

8.3.3　地(水)下爆炸杀伤破坏的特点

地下或水下爆炸，主要指爆心在地面或水面以下的核爆炸。其杀伤破坏的特点是：光辐射能量基本上被介质吸收，杀伤破坏作用极小，冲击波能量增大，主要以地下冲击波(地震波)或水中冲击波的形式传播，对爆心周围的地下建筑破坏十分严重。早期核辐射和核电磁脉冲的作用，由于土壤和水层的屏蔽和吸收，被局限于爆心周围的小范围内。如果地下核爆炸冒顶(核爆炸冲破了地面的覆盖)，则放射性沾染在爆区附近极为严重，持续时间长，但范围比地(水)面爆炸要小些。如果地下核爆炸是封闭式的(没有冒顶)，最多也只有少量放射性气态产物泄漏，地面不会沾染。

(1)地下核爆炸主要用于破坏地下重要的工程设施，如重要的坑道工事、地下永备工事、导弹地下发射基地、地下铁道，以及堵塞关卡、隘路等。地下核爆炸，如是埋深较浅的爆炸，能形成很大的弹坑，并使爆区和下风方向产生极为严重的地面放射性沾染，能较长时间地影响部队行动。

(2)水下爆炸主要用于破坏水面和水下舰艇、港口码头等水面建筑和水中障碍物等，也会在爆区和下风方向上一定范围的水域和地面造成严重的放射性沾染。

8.4　光辐射的杀伤破坏与防护

核爆炸的重要特征之一是核爆炸瞬间产生温度极高的火球。在火球整个发光过程中，不断发射由紫外、可见光和红外波段组成的辐射能流，构成核爆炸的主要杀伤破坏因素——光辐射，有时也称之为热辐射。

8.4.1 光辐射的杀伤破坏作用

1. 光辐射的热效应

光辐射照射在物体上时，一部分被物体表面反射，一部分被物体吸收，如果是透明或半透明物体，还有一部分会透过并最终照射在其他物体上。光辐射能量被物体吸收后，光能转变为热能，物体温度升高，这就是光辐射的热效应。物体的温升超过某一个限值，物体便可能被灼焦、熔化或燃烧，造成杀伤和破坏。由于光辐射作用于物体的时间很短，只有少量的热消耗于传导(金属等良导体除外)，物体吸收的能量大多数仅集中于较浅的深度内，因此一般表现为表面烧焦、炭化或燃烧。薄的或多孔的材料，如轻织物、报纸、干草、木屑和腐朽干木材，受光辐射直接照射时，可以燃烧。

2. 对人员的杀伤作用

光辐射可以通过多种方式(直接的、间接的)在短时间内造成大批人员烧伤。

(1)皮肤烧伤。人体朝向爆心一侧的脸、手、颈等暴露部位皮肤表面层吸收光辐射能量后，引起的皮肤烧伤，称为皮肤的光辐射烧伤。烧伤的程度，根据吸收光辐射能量多少和皮肤的状况而定，轻者皮肤产生红斑，重者会起泡，甚至灼焦。

光辐射烧伤并非仅发生在暴露部位，有些部位虽有遮盖，但如果传导足够的光辐射能量，也能造成皮肤的光辐射烧伤。衣下烧伤一般发生在穿着深色、较薄又易导热衣服的部位，深色涤纶衬衣下的皮肤很容易被烧伤。当光冲量值小于衣服毁坏值时，衣服具有一定的保护作用，若衣服受光辐射作用时被熔化或燃烧，则会加重皮肤烧伤程度。

光辐射是直线传播的，只有照到的部位才被烧伤，未直接照到或有阴影的地方就不会烧伤或伤情减轻。在日本广岛核爆时，戴帽子的人，不但被帽子保护了头部，而且由于帽檐阴影还保护了前额未被烧伤，而直接照射的面部受到了严重烧伤。在大多数情况下，光辐射烧伤深度较浅，这是因为核爆炸时，光冲量虽然很大，但作用时间很短，热应集中在浅层，不易伤及皮肤深层。所以，除在近距离内可出现大面积的深度烧伤外，大多数烧伤以二度为主。大当量核爆炸时，因光辐射作用时间较长，深度烧伤会有增加，但从整体看，仍以二度烧伤多见。皮肤光辐射烧伤中，头面部和手的烧伤发生率很高。头面部皮下组织松弛，神经、血管丰富，烧伤后渗出较多，水肿严重。严重者造成暂时睁眼和张口困难，如烧伤较深，水肿可向内迁延，压迫颈内静脉而引起脑水肿，或向下蔓延，压迫呼吸道引起呼吸困难以至窒息，但这样的伤员很少，如处理得当，愈后多恢复良好。外耳因是暴露的凸出部分，故较易发生三度烧伤。手经常暴露，烧伤发生率较高，烧伤愈合形成瘢痪后引起弯缩，会造成功能障碍，所以在治疗上，早期就应注意保持和恢复手的功能。光辐射烧伤面和普通烧伤面的区别：①光辐射烧伤，有方向性，边缘比较清楚，普通烧伤无此特点；②光辐射烧伤，烧伤程度较一致，一般不会出现个别部位烧伤特别严重，普通烧伤有重有轻，各部分烧伤深度可能相差很大；③光辐射烧伤创面较干燥，水肿也较轻，普通烧伤有较严重的水肿。

(2)呼吸道烧伤。呼吸道烧伤不是光辐射直接照射的结果，而是由吸入热气流、火焰或炽热的泥沙所致。我国多次核试验动物效应的结果表明，开阔地面上发生呼吸道烧伤的动物，均同时伴有较严重的皮肤烧伤。在 200 万吨级氢弹试验中，鼻前庭烧伤边界接近于皮肤重度烧伤边界，而气管烧伤边界与皮肤极重度烧伤边界接近，肺烧伤则发生在皮肤极重度烧伤半径 1/3 以内。

工事内动物发生呼吸道烧伤时，皮肤烧伤常很轻，但崖孔内动物发生呼吸道烧伤时，常较地面动物的呼吸道烧伤得更深。这可能与崖孔内散热较慢，高温空气持续作用时间较长有关。在一次百万吨级氢弹试验中，距爆心投影点 2.7 km 处热电偶的测量结果表明，崖孔内温度上升比地面慢，下降则更慢。

近距离装甲车辆内人员也可能发生呼吸道烧伤，其发生条件是装甲车辆内部易燃物品燃烧，在冲击波作用下密封性能被破坏，致使热气流进入车内炽热的甲板使内部温度急剧升高，但散热却很慢。

(3)眼烧伤。眼睑烧伤实际上是脸部烧伤的一部分，发生率相当高。由于眼睑较薄，内层血管丰富，烧伤后眼睑结合膜多发生明显的炎症，因此伤后短时间内出现显著的红肿，并有大量渗出，致使眼睑闭合，从而影响战斗力。如眼睑烧伤合并严重感染，可能发生组织坏死和形成瘢痪。眼睑的感染往往引起角膜感染化脓，如处理不当，可严重影响视力，甚至引起失明。

值得注意的是，核爆时用炮队镜、坦克潜望镜等光学观测仪观测的人员，造成角膜烧伤的光冲量值降低，致伤半径增大。

视网膜烧伤平时烧伤中不易发生，是核爆炸时发生的特殊损伤。它是由于光辐射进入眼内，经过屈光系统聚焦于视网膜上，使其单位面积上所受的实际光冲量较聚焦前增加 $10^3 \sim 10^4$ 倍，也就是说不足以造成皮肤烧伤的光冲量，经过眼球的聚焦作用，可使视网膜烧伤。光辐射是否会造成视网膜烧伤，最主要的是核爆炸时人员是否睁眼直视火球。只有直视火球，才易造成视网膜烧伤，而散射光进入眼球后在整个眼底均匀分布，故不易造成眼底烧伤。另一个重要因素就是瞳孔的大小，瞳孔散大时，发生率较高，损伤也较重，故视网膜烧伤常发生于夜间户外人员。另外，这与大气能见度也有密切关系，能见度越大致伤外界越远。

(4)闪光盲。闪光盲是指核爆炸时因强光刺激而引起的暂时性视力下降。由于它发生范围很广，对部队，特别对指挥、飞行和观测人员的作战行动会产生一定的影响，甚至会影响到飞行人员的安全，因此要引起充分的注意和重视。

人眼在长期生物进化过程中已适应了地球上夜间的微光和白昼的太阳光，超过了这个范围，正常的视觉功能就会受到影响或破坏。核爆炸闪光与火球的亮度比太阳亮十几或几十倍。强光作用于人眼后，使视网膜上感光的化学物质漂白分解，从而造成视力下降或暂时性失明。闪光盲通常以恢复时间的长短来确定其轻重程度，恢复愈早，程度愈轻，反之则愈重。闪光盲的发生情况与爆前眼睛所处的背景光有密切关系。如处于强光(太阳光)背景下，造成闪光盲所需的值较高，如处于弱背景光(阴暗处)时则值较低，两者相比，相差约3～5倍。

闪光盲的特点：①发生边界远，万吨级空爆试验时，皮肤一度烧伤边界约5 km，在34 km处发现有视网膜烧伤，82 km处发现闪光盲；②症状持续时间很短，主要出现视力下降，并有眼发黑、眼花、视物模糊等症状，较严重者可伴有色觉机能异常，空间视幻觉和植物神经功能紊乱(如头晕、头痛、恶心、呕吐)等症状，但一般在几秒到三四小时，恢复后不留任何后遗症；③影响因素较多，即使核爆炸时同在一处，有人闪光盲轻，有人重，有人没有。影响因素除了前述的之外，每个人对光的适应能力、有无防护措施和健康状况等都有影响。

光辐射能对武器、技术装备、通信、雷达器材、后勤物资和工程设施中的易燃(木、棉、草、油料)、易熔(塑料制品)、易炭化(橡胶)等部位产生破坏作用。在森林地、城市居民地等处，由于光辐射引燃了纸张、垃圾、家具、干树枝等易燃物而导致大火灾。火灾又能使更多的物体被烧毁，这属于光辐射对物体的间接破坏。光辐射对武器、技术装备的钢铁部分，只有在光冲量很高的情况下，表面才有可能被熔融、烧坏；木质部分则对光辐射抗力很小，受照后轻则被灼焦，重则会引起燃烧；橡胶部分易在受光辐射作用时被炭化、烧蚀。

8.4.2 影响光辐射杀伤破坏作用的因素

1. 核爆炸当量的影响

光辐射对人员、物体的杀伤、破坏程度，主要取决于光冲量的大小，而光辐射作用时间的长短也有影响。光冲量与核爆炸当量成正比，在其他条件相同时，当量越大，光辐射的杀伤破坏越严重，但是，当量增大，光辐射作用时间也相应地会增长。光辐射作用时间加长，对于不同情况的人员、物体会产生不同的影响。

不同当量的触地爆，对目标照射相同光冲量是在不同的作用时间内完成的，离爆心的距离也不一样。其结果：小当量核爆炸，光冲量在较短的时间内作用于物体表面，使其热能来不及传导入深部，故光辐射的毁伤仅在其极薄一层表面，使物体表面遭到严重的毁伤，而保护了内部；大当量核爆炸，同样的光冲量有足够的时间传导入其深部，故光辐射的毁伤在物体表面比小当量核爆炸受同样光冲量时要轻（注意：两者离爆心距离是不同的），而物体内部的温升则较大。

2. 爆炸方式的影响

爆炸方式对光辐射的杀伤破坏作用影响极大。地下爆炸，圆心低于地面，大量热能消耗在对弹坑土壤、岩石的熔化、气化上，能使爆心处相当数量的土壤被熔化、气化和抛掷，因此光辐射的作用范围一般不会超过弹坑。

地面爆炸、火球触地，使爆心附近地面土壤熔化、烧蚀，近距离内人员、物体会遭到极高温度的杀伤破坏。但是，由于爆高很低或触地，掀起大量尘土，对火球有很大的遮蔽作用，光辐射易受地形、地物的遮蔽，所以光辐射杀伤破坏作用范围受到一定的限制。

空中爆炸时，由于爆高较高，火球不触地，激起尘土较少，光辐射受大气、地形、地物的影响较小，因此杀伤破坏较大。

高空爆炸，尤其是 80 km 以上的高空爆炸，由于空气密度极小，形成不了足够强度的冲击波，因此光辐射能是可占总爆炸能量的 80%左右，光辐射中软 X 射线占了 70%以上，对于拦截入侵导弹核武器有重要作用。高空核爆炸由于爆高过高，而且 X 射线不能透过下层稠密大气，对地面人、物不会造成杀伤破坏作用，但引起闪光盲和视网膜烧伤的范围大大扩大了。

3. 地形、地物影响

任何能遮光的地形、地物，如丘陵地、山地、土堆、房屋、深沟、大弹坑等，都能影响光辐射的传播，从而影响光辐射的杀伤破坏作用。

4. 大气状况和气象条件的影响

(1)大气能见度的影响。大气能见度直接影响到光辐射的透射率。能见度大，透射率高，光辐射的衰减就小，反之，光辐射衰减就大。

(2)云层的影响。云层能反射光辐射。发生在云层下面的核爆炸，光辐射对地面的杀伤破坏作用会增大。阴天，在中等厚度云层下发生的核爆炸，会使地面所受的光冲量增大约 50% 。发生在云层上的核爆炸，由于光辐射通过云层会受到削弱，故地面上的杀伤破坏作用会大大减弱。

(3)冰雪的影响。覆盖有冰、雪的地面能反射光辐射，光辐射的杀伤破坏作用会有所加强。增强的程度与冰雪表面是否光滑、清洁有关。表面越光滑、清洁，反射系数越大；反之，反射系数就越小。

5. 物体性质的影响

物体本身的性质对光辐射的破坏作用有很大的影响。例如物体吸收光能的能力、导热的性能、热容量大小，熔点和燃点的高低等，对物体能否被光辐射毁伤有重大的影响。另外，核爆炸时，物体本身的湿度、温度状况，对物体能否被毁伤影响也很大。湿度大、温度低的物体，比湿度小、温度高的物体较难被毁伤。

浅色、表面光滑、透明的物体，吸收光辐射能量很少；反之，光辐射能量被吸收较多。在核试验场离爆心投影点的不同距离上放置多种颜色布条，氢弹爆炸后，效应物受到光辐射的作用，深色的被完全烧毁，白色的完好，而介于两者之间的布条，按照颜色深浅受到了不同程度的破坏，对比非常明显。

8.4.3 对光辐射的防护措施

光辐射对人员、物体的杀伤破坏作用，主要是由它们吸收光能后的热效应造成的。防光辐射的基本出发点就是尽一切可能不使物质的温度升得太高。通常采用的措施有：遮、避、埋、消等。

1. 遮

遮，就是利用任何物体对光辐射进行遮蔽，这是利用光直线传播的原理。核爆炸时，在掩盖工事内或地下室中的人员、物体，可以完全避免光辐射的危害，建筑物内，人、物只要离开窗口免受光辐射直照，就不会遭受直接毁伤，任何物体的阴影，都能保护在其遮蔽区内的人员免受损害。在某次核试验中，在桥洞内、外各放置狗做试验。爆后桥洞外的狗受重度烧伤和冲击伤，一天后死亡；桥洞内的狗，因桥洞的阴影防护，仅受轻度烧伤。人员穿着宽大、厚实、浅色、白色的服装对光辐射遮蔽，可以起到防护作用，但是，紧贴皮肤、单薄、深色、黑色的服装防护效果不佳，如果化纤衣料熔化、粘连皮肤时还能加重损伤。

身体的自然突起部分，鼻、眼眶、下颌等在脸部产生的阴影区，也可起到一定的防护作用。

2. 避

避，就是发现核爆炸闪光后，立即采取避开光辐射的直接照射。

(1)对眼睛的防护。对眼睛的防护最简单、最根本的一条，是在发现耀眼的闪光时，迅速闭眼，严禁观看火球。对于核爆炸时不能闭眼的核观测人员、飞机驾驶人员则要配发能自动保护眼睛的偏振光护目镜。

通常情况下，人受强光刺激后，本能闭眼大约需要 0.15 s。大当量核爆炸时，靠条件反射闭眼，可以部分地保护人员不受或减轻光辐射对眼睛的伤害。没有经过训练的人，往往在本能闭眼之后，又会重新睁眼去看火球，这样眼睛仍会受到伤害。应该牢记，发现核爆炸闪光后应该立即闭眼、背对闪光方向卧倒或隐蔽，千万不要看火球。通过人眼的保护性闭眼，不要有意去看火球，一般视网膜烧伤的发生率是不大的。

我国核试验中曾发生过一例未戴防护镜偷看火球造成视网膜烧伤的实例。某次万吨级空爆，大气能见度 28 km，正午离爆心投影点 34 km 处有一年轻汽车司机私自不戴防护镜偷看火球。他发现闪光后，便直视火球，持续看到火球熄灭和蘑菇状烟云消散，他的感觉是：出现闪光后，突然感到眼前发黑，片刻即恢复；等看完火球，继续看蘑菇状烟云时，已感觉边缘不清，然后觉得周围一切物体都变得灰暗、模糊不清。爆后 30 min 驾驶汽车，一路看景物均感灰暗、不清、变形，并有波动感，当晚睡前双眼发红、失明、辛酸、剧痛，不能入睡，次晨两眼疼痛，仍有视物不清、视物变大，羞明。经住医院治疗 89 天后出院，自述左眼有异物刺痒感外，其余症状消失，但视力有较大下降。

(2)对呼吸道的保护。对呼吸道保护，主要是防止吸入热空气，发现核爆炸后应闭嘴，发现热空气袭来时最好能及时闭气，暂时停止呼吸，但不应闭气太早，否则有可能闭不住时，刚好热空气袭来，大大地呼吸了一口，这样反而会造成呼吸道烧伤。戴上面具和口罩是有防护作用的，但是看见闪光后，首要的任务不是戴面具，而是迅速掩蔽、卧倒。

(3)对皮肤的保护。对皮肤的保护，主要是在发现闪光后，及时卧倒或掩蔽在地形、地物之后，并将暴露的皮肤遮蔽起来。

3. 埋

埋，就是采取措施使物体表面受到覆盖物的保护，免受光辐射直接照射。光辐射作用时间很短，通常对物体直接照射时，物体受热深度不大，所以如果在物体表面涂敷吸收光能少、导热系数小、本身不易熔化、燃烧和被破坏的材料，如黄泥、白石灰或防火漆等，能保护被覆盖的表面不受光辐射破坏。

埋土并不要求厚，但必须掩埋严密，不使线和管暴露，否则暴露部分会被破坏，如果是输油管破裂、引燃，会使整个掩埋措施失效。

4. 消

消，是落实消防措施，在爆前重视清除易燃物等防火措施，在爆后及时消灭隐燃，全力扑灭明火。

城市居民地、部队集中居住的驻地营房，在受到核袭击时发生火灾对人员、物资的威胁最大。森林地受核袭击影响时，火灾威胁也是十分严重的，枯草、落叶、树枝都可能被引燃，并酿成森林火灾。因此，在核战争条件下，必须对防火措施予以足够的重视。

8.5 冲击波杀伤破坏与防护

核爆炸的冲击波是核武器的主要杀伤因素，它所带走的能量约占核爆炸总能量的一半，因此，在军事上衡量核爆炸的杀伤破坏效果，通常以冲击波的杀伤破坏半径为标准。核爆炸冲击波在本质上与梯恩梯炸药爆炸的冲击波相类似，并不是核武器特有的杀伤破坏因素。

8.5.1 冲击波的形成

核武器在大气层中爆炸时，反应区的温度瞬间可达几千万摄氏度，在这样的高温下，构成弹体的物质骤然变成了高温等离子体。在核爆炸后瞬间，高温等离子体被局限在很小的体积(约弹体大小)内，因而具有极高的压强(约几百亿个标准大气压①)。高温高压等离子体向外迅速扩张，猛烈地压缩四周临近的空气层，使之成为压强和密度都远远大于正常大气的压缩空气层，称压缩区。

压缩区随着火球的扩张而不断扩大，迅速向外传播，由于火球的不断扩大和发展，其内部的温度和压强也在不断下降，当火球半径发展到最大值后，便停止膨胀。但由于惯性的作用，压缩区仍然向外运动，并与火球脱离。在压缩区向外运动的同时，在它的后面就必然会出现一个气体压强和密度都小于正常大气的压强和密度的空气层，称稀疏区。这样就形成了一个外层为压缩区、内层为稀疏区的球体，在大气中以超声速迅速向更大的空间传播，这就是核爆炸的冲击波。冲击波在传播过程中不断地消耗自身的能量，最后衰减为声波，并逐渐消失在大气之中。

如图 8-7 所示，冲击波压缩区(即正相区)内的压强，在不同时刻其大小是不同的，波阵面上的压强最高，波阵面后压强逐渐降低，直至等于正常大气压强。在压缩区内超过正常大气压那部分气体压强，称为冲击波超压 p_S^+。在冲击波稀疏区中，其中部的压强最低，两端的压强均等于正常大气压强，在稀疏区中低于正常大气压那部分气体压强称为负压(负相区)。冲击波的动压是指冲击波内高速运动的气流在其运动方向上产生的冲击压强。冲击波在大气中是以超声速传

① 1 标准大气压＝101.325 kPa。

播的，并与超压大小有关，超压越大，传播速度越快。

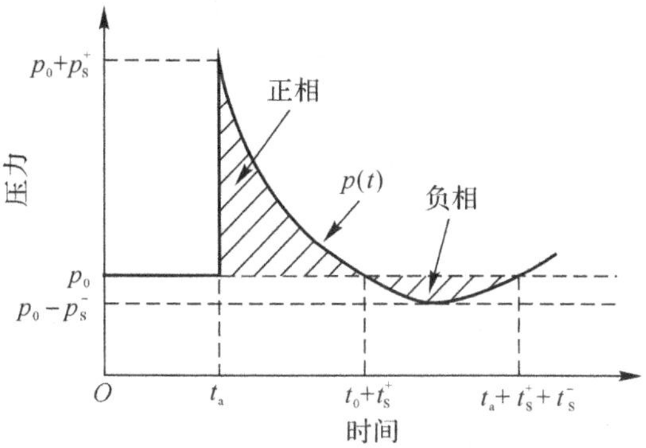

图 8－7　不同时刻冲击波超压曲线

8.5.2　冲击波的杀伤破坏作用

1. 冲击波对人员、物体的作用过程

冲击波对人员的杀伤和对物体的破坏，主要是由冲击波的超压和动压造成的，负压也起到一定的作用。①冲击波到达之前，一切正常；②冲击波到达时，物体朝向冲击波传播方向的一面，受到冲击波波阵面的猛烈冲击，冲击波波阵面像一堵高速运动的“高压、高密度空气墙”突然撞到物体上，使物体受到超压的挤压和高速气流的冲击，同时物体还会受到由高速气流携带的石头、瓦片、砂土、树枝等的撞击，这些碎片都具有相当大的动能，会加重物体的破坏；③压缩区过去后，暂时平静，但物体已受到破坏；④稀疏区接着来到，物体便再一次地受到反向气流的冲击相负压的作用，使破坏加重；⑤稀疏区过去后，冲击波的杀伤破坏作用基本结束，但仍可能受到飞起的石头、瓦片等砸伤和倒塌建筑物的压伤。

2. 冲击波对人员的杀伤作用

冲击波对人体的杀伤作用，可区分为两个相连续的作用过程：第一过程是人员遭到冲击波波阵面的突然冲击，此时冲击波迅速传入体内，主要是超压的作用而使人致伤，这个过程时间极短，约为十分之几毫秒；接着为第二个过程，基本上是压缩区通过的过程，人员遭受动压的损伤，这个过程的持续时间较长，相当于第一个过程的数百倍至数千倍以上。

(1)冲击波超压和负压对人体的直接作用。单纯的超压和负压作用，一般不会造成体表损伤，主要是伤及心、肺、胃肠道、膀胱、听觉器官(鼓膜)等含气体或液体的脏器，以及密度不同的组织之间的连接部分。在这些脏器或部位中，肺和听觉器官最易发生损伤。

(2)冲击波动压的抛掷和撞击作用。人体在受到冲击波作用时，朝向爆心一侧的体表承受的压力相当于超压和动压的总和，两侧所受到的压力相当于冲击波波阵面的超压，而反方向的一侧所受的压力就更小。由于人体四周出现的这种压力差，因而产生与地面平行而离开爆心的位移力。在人体被“吹动”的过程中，其上方空气的稀疏性较下方为高，因而形成了一股向上举起的力量。向上举和向前方推两个力的复合作用，引起了人体被抛掷。在冲击波波阵面超压为 5×10^4 Pa时，空气的运动速度可达 100 m/s，此时冲击波动压能将地面上的人，抛出数十米之远。

人体被动压抛掷(离开地面)或发生位移(不离开地面)而致伤，主要是在人体落地或撞击到物体时突然减速造成的软组织伤、内脏出血和破裂、骨折等。这种损伤与自然跌落或交通事故时发生的损伤类似。

动压较小时，人体可能被“吹”倒，多数情况下“吹”倒所造成的损伤比抛掷或位移所致的损伤要轻得多，但发生的机会却多得多。在动压很高的地方，人员如处于特殊的位置，致使身体各部位受力不均匀时，就可能因动压的直接撞击作用而造成体表撕裂(特别是下颚等处比较突出的部位)，以致肢体离散，类似烈性炸药爆炸时，近距离人员被炸得肢体离散那样。

(3)冲击波对人员的间接杀伤作用。冲击波对人员的间接杀伤，主要有两个方面的情况：一是在冲击波作用下，引起的石块、瓦片、碎玻璃等的飞射，击中人体而致伤；二是建筑物、工事等被冲击波破坏、倒塌，使人体受到打击或压、砸而致伤。

3.冲击波对物体的破坏作用

如图 8-8 所示，冲击波开始作用于物体时，由于前、后出现的暂时压力差，会使物体倾倒或挪位而遭到破坏；冲击波超压所产生的挤压作用，能使物体塌陷变形而遭到破坏；动压能使物体变形、发生平移、抛掷而遭到破坏；稀疏区负压的抽吸作用，能使那些耐压而不耐拉的物体，如工事的防护门、防护盖板等遭到破坏，但由于负压值比超压值小得多，所以稀疏区的破坏作用是次要的。

物体还可能受到冲击波的间接破坏，例如存放在掩蔽工事和建筑物内的物体，在工事和建筑物倒塌或损坏时被砸或被压而引起的损坏。装甲车辆冲击波动压达 1×10^4 Pa，超压达 $4\times10^4\sim5\times10^4$ Pa 以上时，安装在车外的翼子板、天线、照明装置及高射机枪等就会被破坏。同时，通过车辆各孔口和缝隙进入车内的冲击波，还可使发动机隔板和油箱移位、变形，以至开裂。冲击波还可携带大量砂土进入装甲车的炮口，影响射击。

图 8-8　核爆炸冲击波对建筑物的毁伤过程

8.5.3　影响冲击波杀伤破坏作用的因素

1. 核爆当量的影响

冲击波的杀伤破坏作用主要取决于超压、动压和超压作用时间三个参数。核爆炸当量越大，在离爆心同一距离上的超压、动压值越大，超压作用时间也越长，因此冲击波的杀伤破坏作用越大。在冲击波超压相同的情况下，超压作用时间与核爆炸当量的立方根成正比。因此，即使超压相同，当量大的核爆炸造成的杀伤破坏更严重。要造成同样程度的杀伤破坏作用，核爆炸当量大的，所需的超压、动压值可以小些；反之，如果当量较小则需要用较大的超压、动压才能达到。

2. 爆炸方式的影响

地爆或低空爆，由于爆高较低，核爆炸释放的能量集中在较小的范围内，能在爆心周围一定距离上造成较大的超压值，但超压随距离的增大，衰减得较快。根据这个特点，地爆、小比高核爆适用于对方的地下掩蔽或坚固的野战工事，使核爆炸能量相对集中于较小的范围内。当然这种爆炸方式要求命中目标的精度要高，否则偏离太远就可能起不到破坏作用了。

中比高空爆、大比高空爆，由于爆高较高或当量较小，核爆炸释放的能量能较均匀地分布在较大的面积上或释放的能量较小，这些爆炸方式不能造成局部范围内极高的超压值，但随距离增大，超压衰减得较慢。根据这个特点，这些爆炸方式通常用于对不坚固物体（如民房等）和暴露人员、车辆，造成大面积的杀伤破坏作用；但对抗力较高的物体、武器、工事等的破坏力就较小，对于抗力较高的地下工事，即使命中目标，也不能使它破坏。

3.地形地物的影响

（1）独立地物对冲击波的影响。冲击波对独立地物的作用：在空中爆炸时，独立地物在爆心投影点处，会受到冲击波自上向下的冲击，建筑物的屋顶会被压得塌陷，在规则反射区内，独立地物除受到平移引起的变形外，还可能使顶部受压而变形，地面核爆炸时，独立地物同样也会受到沿地面传播的冲击波作用。沿地面传播的冲击波波阵面像一堵高速移动的气墙，撞击在地物表面上。

（2）建筑群对冲击波的影响。冲击波在通过城市、居民地的建筑群时，能大量摧毁建筑物和抛掷瓦砾碎片，因而冲击波在这些过程中消耗了能量。

然而，建筑群内房屋密集，对在建筑群中冲击波的传播有很大的影响，主要表现在前面较高的建筑物会削弱冲击波对其后面较低建筑物的作用。这就是建筑群中房屋的“屏蔽”作用。由于屏蔽作用，处于建筑群中间的每一房屋所受的超压就可能不同，尤其是所受的动压更不会一样。同一条街上，有的房屋被摧毁了，而有的却可能仍基本完好。建筑群对冲击波破坏效应的影响程度，取决于建筑物的密度、高度和它与冲击波传播方向的相对位置。

（3）地形对冲击波的影响。高山对冲击波传播的影响较大，而小山丘或起伏不大的其他地形对冲击波的影响不大。只有坡度大于10°的地形才会对冲击波传播及其参数有较大的影响。空中爆炸时，在规则反射区内，波阵面超压值取决于离爆心距离及冲击波对地面的入射角，而反射波波阵面超压值与入射角的关系不大。因此，即使在近区内，地形（即使坡度很大）的影响也比较小。

地面核爆炸和空中核爆炸，在不规则反射区内，冲击波基本上沿地面传播，具有垂直于地面的波阵面。在这种情况下，冲击波在传播中，碰到高地的正斜面（朝向爆心的一面）会被反射而加强，在高地上面和侧面产生环流，以及流入山谷和凹地中。因此其超压和动压与开阔地面上距爆心相同距离处的超压和动压的差别较大。

（4）森林对冲击波的影响。树木对气团运动能产生很大的阻力，森林对空气冲击波的影响，取决于树木对空气运动的阻力。由于树木的高度一般都不大，所以森林内部的空气最大超压与在森林上面传播的冲击波波阵面差别不大，即使是大片森林，两者之差也不超过10%～15%。但是，由于树木对气流运动的阻力很大，在森林的几十米至几百米的纵深内，气流速度和动压便大大地降低了，从而使冲击波的直接杀伤作用大大减少。如果冲击波超压大于 $3\times10^3\sim5\times10^3$ Pa，能使树木折断、倾倒，并吹落大量的树枝，对暴露人员的间接杀伤会大大增加。

8.5.4　防冲击波的措施

对于万吨级以上的中型、大型核武器来说，冲击波是主要的杀伤破坏因素。根据冲击波可能的杀伤破坏方式（直接的和间接的）和冲击波的性质，可以采取下述具体防护措施。

1. 尽量避开冲击波的直接冲击和间接的杀伤破坏

冲击波的直接冲击，是引起杀伤破坏作用的最主要破坏因素，冲击波的间接杀伤破坏作用也比较大，防冲击波的措施对这两方面都应该照顾到。

在冲击波的杀伤破坏范围内，除了离爆心投影点很近的地方，通常冲击波的直接冲击和它携带的土块、石子、瓦片、树枝都是沿水平方向通过地面的，因此地下掩蔽和卧倒（低下）对防冲击波的直接冲击和间接杀伤的破坏都有非常显著的效果。加强掩蔽工事的结构强度，能减少由于工事被破坏、倒塌所造成的间接杀伤、破坏。

(1)掩蔽。利用地形、天然的掩蔽地、工事和地下掩蔽所进行掩蔽，是防冲击波的主要手段，也是比较可靠的手段。

(2)卧倒。当发现核爆炸闪光，如果事先没有准备好防护工事，则应毫不犹豫地迅速背向爆心就地卧倒，可以减少或避免冲击波的伤害。如果在当时，还无目的地乱跑去找掩蔽地，或者想跑到较远的地下工事，那么很可能还没有找到或还没跑到地下工事的时候，冲击波就到了，那时就会受到更加严重的杀伤。

人员卧倒时的受风面积约为站立时的 1/5，而要使卧倒的人移动，所需的风力要比站着的人移动时大 8 倍，而在活动时比站着更易倾倒和位移。人卧倒后，还能减少飞散石块、瓦片等造成的间接伤害。

人员在开阔地卧倒，并不能减轻超压的作用，但人体对超压的耐力较强，所以由于卧倒能避免或减轻动压的作用和间接伤害，防护效果是明显的。通常，卧倒能使暴露人员的杀伤半径缩小 1/3～1/4。

2. 分散

“分散”是在核战争条件下，减少部队遭受核武器杀伤破坏的主要方法之一。

核爆炸冲击波所能造成的实际杀伤破坏效果，不仅取决于武器的威力，还与核爆炸区内人员、武器、装备、物资配置的密度有关。当然，为了防核武器袭击，军队需适当分散，但分散必须适当。过度分散，将削弱部队的战斗力。因此，在核条件下作战，军队的分散程度应当在保障军队战斗力的前提下，根据预测的核武器威力半径，结合本部队当前的战斗任务、部队机动能力、地形特点全面考虑。

3.提高武器、技术装备、工事和建筑物对冲击波的抗力

为了提高武器、技术装备对冲击波的抗力，应该加强坦克、运输车辆等的结构强度，缩小其体积，并尽量采用流线型的外形。目前各国已注意到应将装备做成各个部分都具有同样强度和体积，且应矮小、重心低，使其不易倾覆。

对于工事，在核条件下作战，堑壕要加深，并要将墙壁被覆起来，增加掩盖地段，消除锐角。地下掩蔽部的出入口要曲折，并要增加掩盖地段和消除锐角，骨架要加强，墙壁和掩盖要加厚，并采用多层结构加强孔口和防护门的强度，争取尽可能地深入地下。

城市房屋、建筑物也应提高坚固性，如窗户玻璃采用钢化玻璃，窗外加上防护盖，至少也要在玻璃上贴纸条，有条件的都应当构筑地下室。在战时，要用支框（支柱）进一步加强地下室顶盖和出入口，半地下室的窗户要用砂袋堵塞，并准备一个以上的预备出入口。

城市地下铁道和地下坑道通常都有很大的空间，冲击波通过比较小的开口进入很窄的空间时，压力上升比较缓慢，超压也会降低，因此这些是防冲击波的理想掩蔽所。苏联特别强调利用城市中的地铁作为防冲击波的掩蔽所，他们在地铁站的进出口都设计了冲击波防护门。

4.在森林地、城市居民地组织力量以备爆后及时开辟通路

森林地、城市居民地遭到核袭击后，冲击波能将大批树木、房屋、建筑物摧毁，引起树林、瓦砾碎片堵塞通路，使得爆后救护、灭火及抢险工作都由于车辆无法通行而受阻。为此，部队指挥员和人防部门领导应事先规划并组织好清除交通堵塞、开辟通路的车辆、机械和人力、物力，以便在爆后组织灭火、抢救伤员之前先把道路开辟出来。

由于冲击波的作用力具有很强的方向性，房屋、树木的倒塌、摧毁都倒离爆心，因此与冲击波传播方向垂直的街道一般不会堵塞；建筑群密度大的街道堵塞严重，街道开阔、建筑群密度低的街道不易堵塞，应在平时做好爆后抢险车辆通行路线的方案。

8.6　早期核辐射的杀伤与防护

早期核辐射是指在核爆炸后 15 s 内放出的中子和 γ 射线。关于 15 s 的时间界限的确定，各国不尽一致，根据我国核试验的经验，爆后 15 s 之后的核辐射，其瞬时杀伤破坏特征已不明显，所以我们把 15 s 之后的核辐射列入剩余辐射之中。早期核辐射是核武器特有的杀伤破坏因素。

8.6.1　早期核辐射的来源

核爆炸时，在重核裂变链式反应过程中，会放出大量的中子和 γ 射线。重核裂变后形成的裂变产物中，绝大多数都是具有放射性的，它们存在于火球和烟云之中，不断发射 β 和 γ 射线。少数核裂变产物还能发射中子，剩余核装料，也能发射 α 和 γ 射线。

由于 α 射线、β 射线在空气中射程很短，一般穿不出火球和烟云的范围。中子和 γ 射线在空气中可以穿透很远的距离，所以早期核辐射的杀伤破坏作用是爆后 15 s 之内的中子和 γ 射线造成的。

8.6.2　早期核辐射的主要特性

1. 早期核辐射在大气中的传播

（1）发生散射。从爆心向外发射的早期核辐射，基本上是直线传播的。但是，中子、γ 射线在通过大气时会与空气发生作用而被吸收或发生散射，经过一定厚度的空气层后，散射中子和 γ 射线便占有一定的份额，使得早期核辐射成为具有一定角分布的辐射。因此，不仅在朝向爆心的方向上会受到早期核辐射的照射，而且在其他方向上，甚至在掩蔽物的背后、地下工事的孔口都会有一定量的照射。散射造成了中子和 γ 射线在各个方向上的分布，中子和 γ 射线经过空气的多次散射，在目标的各个方向上都能发生作用。当然，不同方向上所造成的剂量是不相同的，暴露物体所受的朝向爆心方向的剂量，一般要比相反方向来的剂量大 4 倍。

（2）在大气中的传播速度。γ 射线在大气中的传播速度为光速。中子在大气中的传播速度与中子的能量有关，高能中子速度快，低能中子速度慢，但也基本在 30 000 km/s 以上。

2. 早期核辐射能引起电离

中子与 γ 射线都不带电，它们不能像 α 射线、β 射线那样通过物质时，直接以库仑力使原子发生激发和电离，而是首先要在物质中产生带电粒子，然后这些带电粒子使更多的原子发生激发和电离。电离作用，在人体中能引起一系列的生物效应，由此产生对人体的伤害。它也能使某些物体发生一系列的化学变化和物理变化，造成对这些物体的破坏。

3. 早期核辐射有很强的贯穿能力

中子和 γ 射线都不带电，在空气中的平均自由程很长，它具有很强的贯穿能力。它们在贯穿几百米、几千米的空气层，甚至贯穿工事防护层后，仍具有一定的强度，还能够对暴露人员或物体起到杀伤破坏作用。所以，有时又把早期核辐射称为贯穿辐射。

4. 早期核辐射的作用时间

早期核辐射的作用时间一般认为只有十几秒(通常可定为 0～5 s)。瞬发中子是在核武器的弹体还没有炸开前释放出来的，而且占了中子剂量的大部分，因此可以认为当人们发现核爆炸闪光时，暴露在开阔地面上的人员，就已经受到了绝大部分中子流和 γ 射线的照射了。

5. 早期核辐射的中子流能产生感生放射性

早期核辐射的中子，除了被大气分子俘获，使其具有放射性外，还将被土壤以及地面上的某些物体，如兵器、含盐食品和某些药品等的原子吸收，使之活化，从而产生 β 和 γ 放射性。这种放射性叫感生放射性。

8.6.3 早期核辐射的杀伤破坏作用

1. 对人员的杀伤作用

早期核辐射对人员的杀伤作用主要是中子、γ 射线照射到人体组织，人体组织细胞受到它们所产生的电离作用后，直接破坏了机体组织细胞的蛋白质、核蛋白及酶等具有生命功能的物质，导致细胞的变异和死亡，使机体中的水分子产生许多有强氧化性、高毒性的自由基或过氧化合物，破坏了人体组织的分子。当受到早期核辐射剂量很大时，机体组织的大量细胞遭到破坏，就会导致机体生理机能改变和失调(例如造血功能发生障碍，肠胃功能紊乱，以至中枢神经系统紊乱等)，发生一种全身性的特殊的疾病——急性放射病。

核辐射引起人体损伤，需要一定的剂量。通常认为只有人员短期内受到超过 1Gy 的吸收剂量后，才可能发生急性放射病，如果受照射后，吸收剂量低于 1Gy 时，一般不会发生明显的病变，个别对核辐射敏感的人可能有轻微的血象变化。早期核辐射对人员的伤害程度，决定于人员受照时的吸收剂量，并与受照射者的健康状况有关。急性放射病区分为轻度、中度、重度和极重度四级。在极重度放射病中又可分为极重度骨髓型、肠型和脑型放射病。

2. 对物体的破坏作用

早期核辐射对物体的破坏作用，是由于中子和 γ 射线对物体产生电离作用所造成某些物体中的一些核素，俘获了中子之后形成感生放射性物质而造成破坏。

(1)能使照相感光器材感光。

(2)破坏武器装备、器材。

试验表明，中子对金属材料的化学成分、金相组织均无明显的影响。当中子注量达到某个值以上时，金属材料的强度有明显提高，而韧性却相应下降。在通常情况下，早期核辐射对大多数物体无破坏作用，但在以下两方面是会产生破坏的：

(1)能使武器装备上的光学玻璃变色。

(2)使武器、装备产生感生放射性。

某些武器、装备含有较易产生感生放射性的核素时，会产生感生放射性。如果感生放射性不强，一般不会对使用人员造成伤害。装甲车辆由于含锰较多，能产生较强的感生放射性，尤其是履带部位最强。

3. 主、副食品

早期核辐射能使一些主、副食品产生感生放射性，但一般不会引起所含蛋白质、糖、脂肪、维生素等主要营养成分变化。大米、面粉等粮食、蔬菜、新鲜肉类、食用油、糖类等食品，主要由碳、氢、氧、氮等不易产生放射性的元素组成，因此它们即使受照也不会产生明显的感生放射性。而含食盐、碱类的各种加工炖制过的食品，特别是含钠、钾、磷等元素的食品，如干粮、腌鱼、腌肉、酱菜等的感生放射性较强。

4. 药品

含有钠、钾、磷、硫、铜等元素的药品的感生放射性较强，应推迟或限量使用。

5. 对电子设备的作用

早期核辐射对电子元、器件能产生辐照效应，晶体管、集成电路对核辐射尤其敏感。由于电子设备中广泛使用了这些敏感的元器件，许多电子设备如无线电台、雷达、电子指挥仪、电子计算机、陀螺仪等的工作性能都能在早期核辐射作用下受到干扰或破坏，从而使作战、指挥受到严重影响。

(1)永久损伤是指电子设备中的电子元器件在受早期核辐射作用后，工作性能受到破坏，这是到早期核辐射过去后也不能恢复的。

核爆炸中子是造成电子元器件永久损伤的主要因素，损伤程度取决于快中子注量。中子造成电子元器件永久损伤的机制，是中子与原子核作用会形成反冲核，造成了不同的效应。γ射线造成电子元器件永久损伤的机制，是使组成元器件材料的分子化学键断裂。

(2)瞬时效应是指在早期核辐射作用过去后，工作性能便会恢复，只是在早期核辐射作用时才受到影响的效应。瞬时效应的主要原因是物质原子的受激和退激，主要表现为出现感生光电流效应，影响电子设备电路的正常工作。

8.6.4 影响早期核辐射杀伤破坏作用的因素

1. 核武器类型和爆炸当量的影响

(1)核武器类型的影响。核武器类型不同，对于早期核辐射的杀伤破坏作用影响是很大的。不同类型的核武器，爆炸时产生的中子、γ射线的能量不同。不同类型核武器爆炸，中子和γ射线的产额不同。

(2)核爆炸当量的影响。当量越大，产生的中子、γ数量越多，在距爆心一定距离上的中子、γ射线剂量也就越大，因此早期核辐射的杀伤破坏作用越严重。

2. 离爆心距离的影响

离爆心越远，早期核辐射的辐射强度越小。因此，在远离爆心的位置上，受到的中子、γ射线剂量也就越小。

3. 空气密度的影响

早期核辐射在大气中传播，空气密度对中子、γ射线的衰减影响极大。空气密度越大，中子、γ射线在大气中传播时，与空气分子的作用概率越大，因此中子、γ射线的削弱越严重。

4. 地形地物的影响

中子和γ射线通过任何物体后，都会受到不同程度的削弱，因而山地、高地、土坎、涵洞、桥墩等地形地物对早期核辐射都有很大的影响。另外，由于中子、γ射线会被空气分子所散射，所以即使躲在高地的反斜面也会受到一定剂量的照射。

8.6.5 对早期核辐射的防护

对早期核辐射的防护是比较困难的，其原因不仅在于它有很强的穿透本领以及空气的散射效应，而且还在于当人们发现核爆炸闪光后，瞬发中子和部分γ射线就已经发射完毕，即使立即采取防护动作进行掩蔽，也没有用。当然，如果发现闪光后，掩蔽得快，能够减轻缓发中子和γ射线的照射，同时及时采取防护动作进行掩蔽，对防光辐射和冲击波是十分有效的。对于防御早期核辐射，最有效的措施是在核爆炸前进入具有足够防护层的掩体里面。具体的防护原则如下。

1. 构筑工事

(1)随时随地构筑工事。在核战争条件下作战,不论是防御还是进攻,每个指战员应该在思想上明确,只要有可能,就应及时构筑工事,有工事就能“保存自己、消灭敌人”。如果时间紧迫,例如在进攻出发地域,即使时间不长,也应该构筑适当的工事。个人构筑单人掩体,可以先浅后深,逐步加强,以备敌人突然实施核袭击时,有掩体可以保护自己。在预有设防的地域,构筑大批永备工事的地方,由于工事坚固覆土层厚,能够有效地削弱早期核辐射。人员在永备工事里面,一般都可避免早期核辐射的杀伤。

(2)构筑工事时的防早期核辐射措施。

1)工事应避免或缩小各种孔口。由于早期核辐射在大气中传播时会发生散射,因此有敞口的堑壕、交通壕、单人掩体、机枪工事、观察工事的防早期核辐射的效果较差。

2)加强孔口的防护。地下工事要完全避免孔口是不可能的,人在里面总需要通风口和进出口,对于这些必要的孔口,关键是加强对散射的早期核辐射的防护。具体的措施是进入掩蔽部的远道要尽可能地小,要有 2～3 个直角拐弯和 1～2个填满 10 cm 厚湿草或泥土的门,防止散射中子进入工事内部造成高剂量辐射。

3)工事上部覆盖的防护层应尽可能厚。每 14 cm 厚的土壤层大约能削弱早期核辐射剂量的 50%,每 10 cm 厚的混凝土层,也能达到同样效果。

2. 装甲防护

坦克、舰艇等装甲,能够有效地削弱早期核辐射中的 γ 射线,对中子也有削弱作用。

3. 药物防护

许多抗放射性药物,假如恰好在受照前或急性照射后注射或服用,可使核辐射引起伤害的严重程度降低大约一半。

4. 估算、测定并登记人员的吸收剂量

在核战争条件下,了解、确定人员实际的受照剂量,对于判断指战员是否受到核辐射损伤、估计部队战斗力具有很重要的意义。由于早期核辐射剂量随着离爆心投影点距离的变化十分明显,加上人员在核爆炸瞬间所处的地形、掩体对早期核辐射的防护能力不同,各人所受的剂量可能相差很大,因此最好每人能有一支专用的个人剂量计(如热释光剂量计、玻璃剂量计、化学剂量计或电离室型的剂量笔等),以便具体测定每个人所受的剂量。

8.7 核爆炸对无线电通信和雷达观测的影响

核爆炸会产生两种性质完全不同的电磁效应：一种是附加电离层效应，它能使无线电短波通信和雷达观测受到严重影响，但通信机和雷达机本身并没有受到破坏；另一种是伴随核爆炸产生的、持续时间很短的电磁脉冲，即所谓核电磁脉冲。核电磁脉冲不但能够使电子、电气系统的工作受到干扰，而且还能使这些系统的某些器件遭到破坏，它是核爆炸的一种破坏因素。

8.7.1 核爆炸产生的附加电离层

核爆炸能产生大量的软 X 射线、γ 射线、中子流和其他核辐射，它们可以使空气分子发生电离，形成附加电离层。附加电离层对无线电波传播的影响，可以用三个空间区域来描述：火球电离层，大气电离层 D 层附加电离层，大气电离层 E、F 层的附加电离层。

1. 火球电离层

核爆炸所形成的炽热火球，以及受到火球辐射周围的大气层会发生强烈电离，形成一个比火球范围要大得多的火球电离层。100 kt 级的地爆核试验中，火球电离层对无线电通信影响时间很短，对通过火球电离层的地波通信影响时间大约是 15 s，对通过火球电离层的超短波无线电通信的影响时间是 23 s，1000 kt 级大当量核爆炸形成的火球电离层，对无线电通信和雷达观测的影响时间，一般不会越过 1 min。

2. 大气电离层 D 层的附加电离

国内外核试验表明，低层大气中的核爆炸，无线电通信若在爆后 10 min 内不遭受中断的话，此后一般都不会产生通信中断现象。

3. 大气电离层 E、F 层的附加电离

在大气电离层 E、F 层，空气密度是相当低的，电子与中性粒子碰撞的机会非常小，电子的平均生存时间比 D 层还要长。当核爆炸或裂变产物的高度高到足以使早期核辐射或剩余核辐射能到达 E 层或 F 层时，这些区域就可能产生附加电离层，对无线电波产生干扰。

8.7.2 核爆炸附加电离层对短波通信的影响

国内外核试验表明，短波天波通信及电离层探测受影响的初始时间，一般发生在核爆炸 1 min 之后，此时放射性烟云上升至 15 km 左右高度，γ 射线对 D 层产生的附加电离较明显地影响短波天波通信。当放射性烟云上升至 20 km 左右高度时，附加电离层的电子浓度能增大至足以使信号中断的程度。

核爆炸对短波天线通信影响的持续时间通常为 0.5～3 h，严重时可达5 h。对通信影响的持续时间长短与以下 3 种因素有关：①电波路径位置和电台所处的位置；②核爆炸当量；③气象条件。

8.7.3　保障无线电通信联络的措施

核爆炸对短波天波通信影响较大，但对中、长波通信和短波地波、超短波、微波等通信只有在电波传播路径上爆炸时才产生短时间影响。因此，可根据具体情况灵活地选用通信设备，必要时还可采用多种无线电通信工具和各种传播方式结合并用的方法，以保证无线电通信不间断。当无线电短波天波通信受到影响时，可采取下列措施。

1. 组织转信

为了避开附加电离层对短波天波通信的干扰和影响，应利用既设的转信站、专设的转信台或其他联络对象实施转信。在附加电离层覆盖地域内，还可利用超短波电台或接力通信实施转信。

2. 短波电台实施地波通信

核爆炸对短波地波通信影响的时间较短，一般不超过 1 min。因此，在附加电离层覆盖地域内天波通信中断时，可利用短波电台实施地波通信。在实施地波通信时，要尽量降低通信频率，选用地波天线，如鞭状、T 形及斜天线等，其中 T 形天线效果较好。

3. 使用大功率发信机和高灵敏度收信机

大功率的发信机和高灵敏度收信机，在一定程度上可减轻附加电离层对通信的影响。因此，在条件允许时，可使用大功率的发信机和高灵敏度的收信机实施通信。此外，通信方式不同，受影响的程度也不一样，一般采用人工移频报收影响较轻。

此外，在无线电通信中断时，可利用有线电通信插入接力，以代替一段无线电通信恢复联络。

8.8　核电磁脉冲杀伤与防护

核电磁脉冲是核武器爆炸时产生的强脉冲瞬发 γ 射线与周围空气物质相互作用而形成的辐射瞬变电磁场。它是核爆炸的瞬时破坏因素，当它作用于适当的接收体时，可在瞬间产生很高的电压和很强的电流，损坏电子元器件，使指挥、控制系统以及通信联络失灵。目前我军已经装备并将装备更多的现代化电子设备，如司令部广泛使用了指挥、控制、通信系统，电子计算机已经逐渐普及到各个部门，各种大型武器装备也都实现了现代化。而这些设备、系统对核电磁脉冲是特别敏感的，如果忽视对核电磁脉冲的防护，在未来的核战争中，其后果不堪设想。试想运行中的洲际弹道导弹由于受到核电磁脉冲的作用而失去控制，储存在高级司令部的指挥控制系统电子计算机中的重要信息被核电磁脉冲作用后而流失，从而使指挥员和司令部机关无法实施正确的指挥，这将造成何等巨大的损失！

8.8.1 核电磁脉冲的形成

核电磁脉冲是核爆炸瞬发 γ 射线与周围物质（主要是大气）作用产生的一种特殊辐射环境，有时称它为环境电磁脉冲，如图 8－9 所示。由于爆炸的空间环境不同，产生的物理过程也有些差别，核电磁脉冲的形成主要有康普顿电流机制、电子与地磁场相互作用机制以及地磁场的排斥机制。

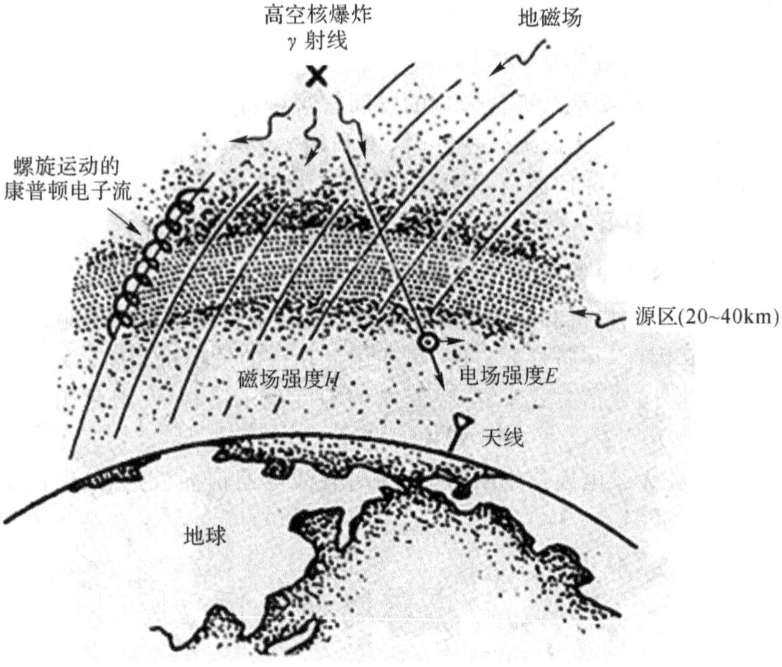

图 8－9 高空核爆炸产生的电磁脉冲示意图

1. 低层大气中核电磁脉冲的形成

低层大气中核爆炸电磁脉冲的形成，主要是康普顿电流机制。核爆炸产生的极强的瞬发 γ 射线，平均能量在 1 MeV 左右。射线与空气分子作用的主要形式是康普顿效应，其结果是打出大量的康普顿电子。康普顿电子向远离爆心方向快速运动，与此同时在爆点附近产生大量的正离子，形成电荷分离，建立起突然增加的径向电场。康普顿电子具有很大的动能，会在它运动的路径上继续使大量空气分子电离，产生更多的电子，并向远离爆心方向运动。于是，形成在爆心附近存在多余正电荷、在远离爆心方向存在多余负电荷的区域，这个区域称作源区，它具有很强的径向电场。在这个电场作用下，一些电子会向返回爆心方向运动形成回电流，阻止径向电场继续增加，而趋向于一个稳定值，称之为饱和场。饱和场的电场强度可高达 10^5 V/m 的数量级。由于周围大气的密度随高度而变化，且由于核武器本身结构等原因，康普顿电流和回电流不是球对称的，并随时间而变化，这样就会向四周广大空间辐射出极强的电磁脉冲。

2. 高空核爆炸电磁脉冲的形成

高空核爆炸产生的核电磁脉冲，主要是电子与地磁场相互作用机制。核爆炸发生在几十千米直至几百千米的高空时，由于高空的空气密度很小，γ 射线在如此低密度的介质中传播时，平均自由程极大，能传播相当远的距离。而向下发射的 γ 射线则会遇到密度越来越大的空气层，与空气分子作用产生大量电离，形成电磁脉冲电离沉积区，即源区。在源区内，γ 射线与空气相互作用打出康普顿电子。高速运动的康普顿电子，受到地球磁场的偏转，围绕磁力线作旋转运动，形成极强的环形电流，外辐射出很强的电磁脉冲，其横向分量较垂直分量大得多。从空中面积极大的源区发射的电磁脉冲覆盖的地区极广。

3. 地磁场排斥机制

在核爆炸瞬间，中心区域是高度电离的物质。高温和高压使其快速膨胀，但由于外面的地磁场不能穿透到等离子体内，于是周围的地磁场受到压缩，产生磁流体力学波向外传播。这就是所谓等离子体排斥地磁力线机制。这种电磁脉冲信号的频率低，出现时间较晚。在高空核爆炸时，由于高空的空气稀薄，等离子体膨胀速度极快，影响范围大，而在地下核爆炸，地磁场又较密集，因此，这种机制产生的低频电磁脉冲在高空核爆炸和地下核爆炸中比低层大气中爆炸和地面爆炸更为显著。

4. 系统内电磁脉冲的形成

当 γ 射线直接作用于电子系统、传输线或封闭的金属腔体时，由于存在瞬时康普顿电流，导致瞬时电荷分离，从而在系统内部激励起电磁讯号——系统内电磁脉冲。

8.8.2 核电磁脉冲的主要特性

核电磁脉冲具有一系列特殊的性质，既不同于一般持续发射的电磁波，也不同于闪电的集中放电。核电磁脉冲的上升时间很陡(10^{-8} s)、场强很高，可以在很大范围内干扰或破坏那些没有经过抗核加固、设计不正确的军用、民用电气和电子设备。

1. 核电磁脉冲场强很高

核电磁脉冲的场强很高，源区内场强可达 10^5 V/m 数量级，这比能使人失明或绝育损伤的大功率雷达波束强 10^3 倍，比典型的大城市上空电源所产生的场强大 10^7 倍。核电磁脉冲的场强，取决于核爆炸当量、核爆炸高度、离爆心距离等。

2. 核电磁脉冲的影响范围很大

距地面几公里内进行的低层大气核爆炸，由于源区范围不大，辐射场在源区外急剧衰减，能引起电气、电子设备干扰或破坏的范围不超过几十公里，但在离爆点几千公里以外仍能测到核电磁脉冲信号。

可以设想：如果敌人在我国兰州地区上空 400 km 的高度上进行一次百万吨级的核袭击，强大的核电磁脉冲几乎可以使整个中国受到影响，这就是说，在这次核袭击下，全国范围内设计不合理的电气、电子系统都可遭到干扰或破坏。所以，国外有人提出，在实施大规模核袭击前，首先实施大当量高空核爆炸，可使对方指挥、控制、通信系统等处于失灵或瘫痪状态，变成了“瞎子”“聋子”，使现代化战争无法指挥、军队无法行动。

3. 核电磁脉冲频谱很宽

在离爆心不远的源区，核电磁脉冲的频谱非常宽，从极低频(ELF)直到甚高频(VHF)，频率的上限约为 100 MHz。

总的来说，核电磁脉冲的频谱几乎可覆盖整个无线电频段，它能够影响许多军用、民用的电气、电子系统。

4. 核电磁脉冲的作用时间很短

核电磁脉冲作用的特点是在极短时间内(微妙量级)达到最大值后，电场强度在几十微秒内下降，并变得非常小。显然核电磁脉冲的作用时间很短，但由于携带着相当大的能量，集中于这么短的时间内冲击电气、电子系统，便会转变成强大的电流和很高的电压，给设备造成严重的损坏。由于核电磁脉冲的能量是集中在极短时间内进入电气、电子设备的，因而能感应出很大的电流或很高的电压。

8.8.3　核电磁脉冲的杀伤破坏作用

1. 对人员的杀伤作用

美国曾利用能产生强大电磁脉冲的模拟设备，模拟核爆炸的电磁脉冲，对猴子和狗做了大量的试验，无论是单次还是多次重复地对动物施加瞬时强电磁脉冲，都没有发现可以觉察的有害影响。他们认为除了靠近地面爆炸的地方（在离爆心很近处，其他效应总是主要的）以外，来自核电磁脉冲对人的伤害作用不会比一定距离上雷电的作用更大，然而如果这个人与某种核电磁脉冲能量的有效收集器（如长的导线、水管或其他管路系统，大的金属物体）相接触，他就有可能受到一次猛烈的电击。试验说明核电磁脉冲对于人员和动物没有直接的杀伤作用。

2. 物体对核电磁脉冲能量的收集

(1)核电磁脉冲能量的"聚焦效应"。不论是地面爆炸、空中爆炸，还是高空核爆炸，对于既不在源区内又不靠近源区的地方来说，接收到的电磁脉冲能量一般总是不大的，但由于一些电气、电子系统是和长的导线或大面积的金属体相连的，从而使在相当大面积上收集到的这种电磁能量，集中起来作用在某个敏感的易损的元器件上，就能引起这些设备的干扰或损坏。

(2)核电磁脉冲能量的耦合和收集器。一个系统对核电磁脉冲能量耦合的基本方式有电感应、磁感应和电阻耦合等 3 种。电感应耦合是指入射电磁脉冲的电场在导体长度方向上的切线分量，它使导体表面产生感生电流。磁感应耦合是指磁感应耦合发生在形成闭合回路的导体内。入射电磁脉冲的磁场垂直于回路平面的分量，在该回路中引起电流的流动，该回路的形式可以是无形的或任意连接的导体，甚至在混凝土中的钢筋也能构成回路。当导体沉浸在一种导电介质（例如电离了的空气、盐水或土地）中时，能够发生电阻耦合。如果上述两种耦合方式之一，在介质中感生了电流，那么导体形成了另一条通路，并与该介质一起共同分配这个电流。例如有一根导线（裸线）埋在离地表一定深度的地下，入射电磁脉冲场照射地表面，使地下有传导电流流动，此时裸导线上也会出现相应的电流。

从上述 3 种耦合方式可以看出，凡是导体都能够在核电磁脉冲场中耦合到能量。导体面积越大、导线越长，收集到的能量就可能越多。

3. 核电磁脉冲对电气、电子系统的损害

(1)电气、电子系统受损类型。核电磁脉冲在不接地的电气、电子设备外壳上引起的电流,会耦合到壳内敏感的电路上,或通过电缆感应传输到内部电路,改变电路的工作状态。

永久性损坏是指电气、电子系统受到核电磁脉冲引起的强电瞬变后,永久性地损坏了,不经过修理便不能正常工作。这是因为电气、电子系统在核电磁脉冲作用下,引入的能量超过了系统中某些敏感元器件所能承受的极限,如半导体结被击穿、保险丝被熔断等不经修理,系统便不能正常工作。

(2)瞬时工作干扰是指电气、电子系统受到核电磁脉冲作用时,遭受较弱的电瞬变冲击,引入的能量尚不能使某些敏感元器件损坏,但已能使系统的工作状态有暂时性的改变,导致错误动作,引入干扰信号或操作失灵等,使系统在短时间内不正常或不能使用。

8.8.4 对核电磁脉冲的防护措施

对核电磁脉冲的防护是个系统工程问题。首先,思想上应重视,并在任何工程的各个环节中都要遵守对核电磁脉冲的防护规定,稍有疏忽、马虎,都能使防核电磁脉冲的努力毁于一旦。对核电磁脉冲防护的困难,除了核电磁脉冲本身具有场强高、频谱宽、作用范围大等特性以外,还在于它能通过“聚焦效应”吸收能量和防护措施的易破坏性。即使对一个经过核加固设计,对于抗核电磁脉冲措施考虑得比较全面,甚至通过了核电磁脉冲模拟试验考验的电气、电子系统,也可能由于安装和维护时的漫不经心,把防核电磁脉冲的努力全部破坏。最常见的错误是,在安装设备时不注意,无意中出现了“环形天线”,增加了对核电磁脉冲磁场的耦合;有时,一个系统的完整屏蔽体,却被使用者无意中引入一根导线而遭到破坏;完整屏蔽体的屏蔽门上镀锡的接触片,被“热心”的维护人员刷上了油漆,从而使整个屏蔽体的性能大大降低。

1. 降低核电磁脉冲的环境水平

降低核电磁脉冲环境水平的有效办法是“屏蔽”。屏蔽能使电气、电子系统工作间的核电磁脉冲水平大大降低。

(1)静电屏蔽。用高电导率的金属材料制成容器,将给定空间屏蔽起来,使屏蔽空间内的电力线终止于屏蔽体的外表面,也使外部空间的电力线终止于屏蔽体的外表面。静电屏蔽体的主要作用是隔断电力线,关键问题是必须将屏蔽体接地,使屏蔽体维持地(零)电位。当屏蔽体外电荷分布发生变化时,屏蔽体外表面上电荷分布随之发生变化,在接地线上将有瞬时电流流通(稳定后消失),以保证隐蔽体内电场分布不变。为了提高对变化电场的屏蔽效果，屏蔽体的电导率应大，接地线要短，接地电阻越小越好。

(2)静磁屏蔽。用高磁导率材料制成的屏蔽体，可将磁力线“压缩”在屏蔽体厚度范围内，从而起到静磁屏蔽作用。静磁屏蔽体的磁导率和厚度越大，屏蔽效果越好；而被屏蔽的空间越小，屏蔽效果越好。静磁屏蔽体的缝隙或开口不能切断磁力线，否则将降低屏蔽效果。为提高屏蔽性能，有时使用多层组合体或很厚的壁。静磁屏蔽体如接地，则能同时起到静电屏蔽体的作用。

(3)电磁屏蔽。静电、静磁屏蔽只有在直流或低频时才有效果。在频率升高后，屏蔽体中的涡流作用加大，磁场由屏蔽体中被“排挤”出来，这样屏蔽体的高导磁性立即失去意义。所以，在高频范围内需采用电磁屏蔽体。

电磁屏蔽主要用于高频。屏蔽是依靠高频电磁波在屏蔽体表面上的能量反射，以及在屏蔽体厚度内高频能量的损耗(涡流损耗)。频率越高，屏蔽体越厚，则在屏蔽体内的涡流损耗越大，高频能量的损耗也越大。能量反射是由于介质与金属的波阻抗不强引起的，两者彼此相差越大，由反射引起的屏蔽衰减也越大。同时，反射还与频率有关，频率越低，反射越严重。电磁屏蔽体如接地，则可同时起到静电屏蔽作用；如不接地，对防止磁漏也有效，但是会增加静电耦合干扰，故一般要求接地。

电磁屏蔽体依靠屏蔽体内流过高频电流(电流必须在抵消干扰磁通的方向上)而起屏蔽作用，如果在电流流通方向上有横切缝，则此缝将具有天线效应(产生辐射)，从而大大降低屏蔽体的屏蔽作用。多层屏蔽体能够提高屏蔽性能。

屏蔽的具体措施：对于一个较小的独立电子设备，可用金属板把它完整地包起来；对于一个比较大的电气、电子系统，则要求屏蔽体把整个系统完全地封闭起来。土壤能屏蔽、衰减核电磁脉冲的强度。把工事建在很深的地下，把电缆深埋入地下，可以大大降低核电磁脉冲的环境水平。

2. 降低对核电磁脉冲能量的收集效率

任何长的导线都能较多地吸收核电磁脉冲的能量，因此应尽量缩短系统连接的导线和天线，设备之间也要尽量靠近，避免用长线连接。因为潜在的“环形天线”能够很有效地通过磁耦合吸收能量，一个系统若干设备间的电缆布局或一台仪器内部的电路布局，应尽量避免形成“环形”。

尽量避免与可能成为能量收集器的金属壳、金属管道等接触或靠近。

对核电磁脉冲的防护来说，不良的接地可能比不接地更坏。一般的接地，如连接仪器的机壳、天线系统的下端，或用一根金属棍打入地下等，这些，都可以认为是“接地”了，但对核电磁脉冲的防护来说，这还不行。不好的“接地”反而能引进干扰，防核电磁脉冲必须要有接地电阻很小、极为良好的接地点。

3.减少加到敏感元件上的能量份额

除了采取前述的两个措施之外，为了能使电气、电子系统可靠地工作，还可以在一些设备上增加保护装置，以减少加到敏感元件上的份额。这种装置应能制止或吸收无用及错误的信号，而让有用信号顺利通过。具体的措施一般是采用限幅技术和滤波技术。

4.改进电路设计和选用加固元器件

改进电路设计，使之不易受核电磁脉冲的干扰，例如增加或选用那些具有较高电压与开关阀的数字逻辑电路。

使用为抗核电磁脉冲加固过的电缆，采用平衡馈电、差动信号等技术，或用光缆代替电缆。

5.对系统内电磁脉冲的防护

电磁屏蔽只对大气中传播的核电磁脉冲有效，而受γ射线辐照的电子系统，在空腔内产生空腔电磁脉冲，在电缆内产生注入电流，一般系统中称为位移电流。因此，为减弱系统内电磁脉冲，必须设法降低γ射线通量和材料的电子发射率。这些方法有：①利用铅或钢筋混凝土等密度大的物质屏蔽γ射线；②采用原子序数低的材料作系统构件或在系统构件的表面上涂覆一层足够厚的低原子序数物质，以降低电子发射率；③减小系统内部的自由空间体积，方法有高密度线路封装、减小机壳容积和内部充填等；④采用抗辐射电缆，如选用低原子序数的材料制作的电缆。

8.9 放射性沾染杀伤与防护

放射性沾染是核爆炸产生的放射性物质对地面、水域、空气和各种物体的污染。放射性沾染是核武器特有的杀伤因素之一，从其放射性物质放出的β辐射和γ辐射作用于人体而产生杀伤效应。由于放射性沾染放出的核辐射作用的时间较晚，为与早期核辐射相区别，又称之为剩余核辐射。

8.9.1 放射性沾染的来源和落下灰的基本性质

1.放射性沾染的来源

核爆炸放射性沾染的来源一是放射性烟云沉降下来的落下灰；二是核爆炸中子流作用于地面（或物体）产生的感生放射性物质。落下灰粒子中的放射性物，绝大部分来自重核裂变形成的裂变产物，有的落下灰粒子中还含有弹体物质被中子激活形成的感生放射性和来不及裂变的核装料，但这两种放射性物质在落下灰中的活性可以忽略不计。地面核爆炸爆区、云迹区和空中核爆炸云迹区的沾染大部分或绝大部分是由落下灰沉降所致，而空中核爆炸爆区的沾染则主要来源于感生放射性物质。

2. 地面核爆炸的地面放射性沾染

地面核爆炸时，混入火球中的大量来不及气化的地面物质会携带着裂变产物迅速沉降在爆心附近，接着沉降下来的便是气化后最先凝聚的大颗粒，它们使爆区造成严重沾染；凝结较晚、颗粒较小的落下灰，受风的影响，会飘到更远的地方，使广大地面受到沾染。地爆时，上述几种近区沉降，落到地面的裂变产物占总量的 60％～80％。地面核爆炸有如此多的裂变产物沉降于近区，所以放射性沾染特别重，影响军队行动的区域也特别大，持续时间也长。

3. 空爆爆区的地面放射性沾染

空爆时，火球不触地，爆区不会有大量裂变产物混入地面熔渣中而形成严重沾染。中比高以上的空爆，由于尘柱与烟云相接时，烟云中气态的裂变产物已经凝结成微小的放射性微粒，不会和尘柱中的地面物质相粘连。这样微小的颗粒，不会很快沉降在爆区地面形成爆区沾染。所以，爆区地面的沾染，基本上是由核爆中子流照射地面，使土壤产生感生放射性核素造成的。

小比高空爆，由于尘柱与烟云相接较早，此时烟云温度尚高，尘土就可能与裂变产物混合或粘连成较大颗粒，仍能在爆区地面沉降下来形成落下灰沾染。小比高空爆的比高越小，爆区沾染中落下灰沉降所占份额就越大，但地面沾染的主要贡献仍来自感生放射性核素沾染。爆区感生放射性的强弱与核爆中子流注量以及土壤中铝、锰、钠、铁的含量有密切的关系。中子流注量越大，土壤中这四种元素的含量越高，地面感生放射性越强。

8.9.2　影响地面放射性沾染的因素

1. 核武器类型和威力的影响

核武器类型对地面放射性沾染有重大影响。原子弹主要靠重核裂变释放能量，而氢弹是靠“裂变—聚变—裂变”的方式释放能量，由于聚变反应基本上不产生放射性，故比同当量的原子弹产生的放射性物质要少，但通常氢弹的当量很大，实际产生放射性物质总量则比原子弹要大得多，中子弹由于其当量很小，而且裂变份额也小，产生的放射性很弱，因此国外有称中子弹为“干净”核武器的。对于同类型核武器来说，爆炸威力越大，产生的放射性活度越强，地面沾染就越严重。

2. 爆炸方式的影响

爆炸方式不同，地面放射性沾染的差别非常大。对于地爆、浅层地下爆，由于大量环境物质混入能产生大颗粒的放射性粒子，因此近区沉降份额能高达30%～90%；而对于空中爆炸，尤其是比高为120 $km/kt^{1/3}$以上的空爆，早期沉降的份额很小，不能形成对部队行动有较大影响的沾染区。同样的爆炸方式，比高较低的近区沾染要较重些；比高较高时，近区沾染相对较轻。

核爆炸发生在地面或海面具有不同特点。

(1)地面环境。在地面上爆炸时，落下灰粒子主要由土壤矿物质组成，裂变产物蒸气凝结在固体或熔融的土壤颗粒以及混入的其他物质颗粒上，裂变产物的蒸气也可与其他物质的蒸气混合后一起凝结成颗粒很小的固体粒子。在凝结过程中会出现分凝现象，使得不同大小的颗粒具有不同的放射性核素，而且大颗粒首先沉降在离爆心较近的地方，而较小的颗粒落在较远的地方，造成了不同距离处地面辐射水平的衰减规律不完全相同等。由于形成的颗粒较大，近区沉降的份额也较大。

(2)海面环境。在海面或近海面上发生大当量核爆炸时，凝结的颗粒均由海水中的盐和水组成，落下灰的分凝很小。原因是气态水只有等到火球冷却到100℃以下时才能凝结，由于冷却时间长，并且有许多非常小的水滴，这便消除了裂变产物中的气态氪和氙的子体。在这种情况下，在距爆心投影点不同距离上的放射性沉降(或降雨)的成分不会有多大变化。海面爆炸，天气干燥时形成的粒子通常比地面核爆炸要更小、更轻，故近区沉降的份额一般只约有20%～30%，比地面爆炸时的近区沉降份额要少得多。如果爆炸时空气湿度较高，海盐粒子吸湿的性质可以起催化云雾凝结的作用，结果导致放射性雨，使得近区沉降的份额大大增加。

落下灰沉降到海面后，由于水流的稀释和向海水下沉降，放射性的衰减比地面快得多。但是，这种液体性的沾染，沉降在舰船的甲板上，倘若不立即清洗，干后很难清除。

(3)地形。落下灰在降落过程中和落至地面以后，都还会受到地形的影响。在爆区，由于携带放射性颗粒的冲击波，在传播过程中，遇到山丘、谷地时，会发生反射、涡旋等现象，使得低凹的地方能集中较多的放射性物质而沾染较重。山的朝向不同，积聚的落下灰也有较大的区别，因而使得地面的沾染分布很不均匀，严重时，在相距不远的地方，辐射水平可相差几倍甚至十几倍。在云迹区，由于地形能影响局部地区的风向、风速，因而也会影响落下灰的分布。

(4)沉降环境的地面粗糙度。用公式计算出来的地面辐射水平，都是假定沾染地面是光滑的，而实际上被沾染的地面不可能是光滑的，通常，地面是砾石、青草、沙土或者是耕作过的土壤。这些粗糙的地面对落下灰沉降至地面后发射的 γ 射线有局部屏蔽作用和散射作用，射线会受到一定程度的削弱，而且还影响到一定高度上辐射的能量分布和角分布，这一效应叫做地面的粗糙度效应。

3. 风情的影响

核爆炸时，气象条件，尤其是烟云、尘柱各高度上的风向、风速，对地面放射性沾染的形成会产生重大的影响。

高空合成风的风向决定放射性沾染区的方向，风向改变可以使放射性沉降从一个地区转移到另一地区。根据地面到稳定烟云底高的合成风向可以概略确定热线方向。

风速大小会影响地面沾染分布。在爆区，风速越大，烟云、尘柱中的放射性物质越是吹向下风方向，使得上风、侧上风的沾染半径相应地缩小。在云迹区，平均合成风速对沾染的影响更大。

4. 降水的影响

降水影响地面沾染的一个必要条件是核爆炸烟云必须在雨云中或雨云之下，如果在雨云之上，降水对烟云就不会产生明显的加速沉降作用。

如果核爆炸在下大雨(雪)时进行，或核烟云稳定的时间在爆炸地域开始下大雨，则放射性物质会被雨水立即携带沉降下来，使得地面沾染面积大大缩小，而且地面辐射水平要比烟云在后期遇到雨云的情况高得多。但是，甚至对于这样早的遇到降雨的情况，爆心投影点处的辐射水平也将比地面爆炸的低。如果雨不大，净化作用的效率是不高的。如果核烟云在雨云中随风飘移，地面放射性沾染分布图将被拉长。

烟云中的放射性粒子被雨、雪带到地面以后，可能留在原地，也可能受水流的冲刷而流动。地面落下灰受雨水的冲泻，有可能集中在低洼处而形成热点，而其他地方，则由于落下灰被雨水冲走而沾染减轻。有些落下灰中的成分可能被雨水溶解并渗进土壤中去，这样就能减少地面沾染，降低地面辐射水平。

8.9.3　粮、菜、水、物体和人员的放射性沾染

在沾染区内暴露的和未掩盖好的粮食、蔬菜都可能受到落下灰的沾染。在爆区受到中子流照射的含盐食品还可能产生感生放射性核素形成的感生沾染。

在多数情况下，包装完好的粮食、饲料、食品(如罐头、瓶装饮料等)，只是容器或包装表面被落下灰所沾染，一般只要对容器外表进行消除沾染或去掉包装后，就可食用。无包装的堆放储存的粮食，放射性落下灰一般只能沾染其表面层 5～7 cm，通常除去沾染表层并经沾染检查合格后即可食用。

粮食、蔬菜等受到沾染，一般发生在露天存放而遇到地爆或因小比高空核爆烟云经过，遭到落下灰沉降的情况。中、外核试验中曾对此做过不少试验，试验结果表明即使受到沾染，也只不过影响表层粮食，或只是包装受到沾染，略加处理即可食用。中比高以上的空爆，一般不能引起粮食、蔬菜的沾染，即使沾染也是比较轻微的。

人员在落下灰沉降结束后，携带进入沾染区的粮食、蔬菜，一般只受到扬尘沾染。

粮食、蔬菜的沾染水平取决于沾染区地面的土质、沾染程度、气象条件，以及暴露于扬尘中的时间等因素。一般只是表面沾染，经过清洗后可以食用。

有盖的水源和地下水，通常不易受到放射性沾染。而在沾染区内的露天水源（河、湖、井、泉等），以及暴露的、未掩盖好的储存的水将受到落下灰的沾染。水的沾染浓度，主要取决于落入水中的落下灰量或进入水中的感生放射性土壤的量。其次还与水的深浅、流动性，以及落入水中放射性粒子的密度、溶解度等有关。

通常水的沾染一般比地面沾染轻，也比物体表面沾染轻，这是因为落下灰在水中的溶解度很小，而且密度较大，能沉入水底。由于水对 γ 射线的削弱作用，在水面上的辐射水平也不会高。少量落下灰溶解于水，分配到较大体积的水中后，水的沾染浓度是很低的。如果是活水，已沾染了的水还能流走，水的沾染就更轻了。

若是烟云经过时发生降水（下雨、下雪），水的沾染浓度便增大。尤其是下大雨，雨水能把空气中、地面上的放射性落下灰溶解或冲刷进入水源，水的沾染浓度就会增大许多倍。在这种情况下，地下水也可能受到一定量的沾染。

若想饮用沾染区的水，首先应考虑的是井水，尤其是有盖子的井，泉水和河水若是活水也是较好的。饮用前，应对水进行必要的处理，如用絮凝剂沉淀或离子交换树脂过滤等都能取得较好的效果，并进行沾染检查，低于战时饮水限值时才能饮用。

8.9.4 生活用品的放射性沾染

生活用品是指军人和居民都要使用的吃、穿、用物品，包括炊具、做好的米饭、衣服、床上用品以及随身携带的水壶、挎包等。这些生活用品有的放在室内，有的放置于室外，有的随身携带，在核爆炸的下风方向都可能受到沾染，但沾染情况是不同的。放置在室内的生活用品，如衣服、炊具等，是由于放射性落下灰透过不密闭的房屋而引起的沾染，沾染程度一般较轻，放置在室外的生活用品，如衣服之类，是由于烟云过境时落下灰直接沉降在上面造成的，沾染程度要比室内的高两个数量级,随身携带的用品是随着人员进入沾染区受到扬尘降落在身上而引起的,或者是接触了沾染物体所造成的,沾染水平一般比放置在室外受到直接沉降的要轻得多。

中、外核试验表明,民房内的物品如家具、衣物、炊具和食品,受到的沾染都不重,均不会超过战时物体表面沾染水平限值;而民房外的物品如晾晒在外的衣服,露天存放的粮食、蔬菜等,由于受到直接的落下灰沉降,沾染较重,可能超过战时物体表面沾染水平限值。若是衣服之类生活用品被落下灰沉降,沾染较重,采用拍打、洗涤后仍是能够使沾染降低到可以重新使用的程度的。

8.9.5 武器、装备的放射性沾染

暴露配置在爆区、云迹区的武器、装备、车辆等在受到放射性落下灰直接沉降时,会受到较严重的沾染,沾染水平可能大大超过战时限值。

8.9.6 人员的放射性沾染

人员暴露于核烟云之下,能受到落下灰沉降沾染,在沾染地域活动,会受到扬尘沾染和接触沾染。落下灰沉降时造成的沉降沾染比人在沾染地域活动时受到的扬尘沾染、接触沾染要严重得多。

沾染后的处理情况不同后果不同。1946年至1958年间,美国在马绍尔群岛及其上空和海底进行了67次核试验,核爆炸释放出了大量放射性粉尘,马绍尔群岛的居民们由于缺乏防护知识,在落下灰沉降时,他们基本上没有躲避,全身受到了严重的沾染。当地居民头发上涂有很厚的椰子油,因此落下灰黏上后,很难清洗。在太平洋公海上捕鱼的渔民,也由于缺乏防护知识,加上船中缺乏足够的淡水,所以头发上、暴露的皮肤上沾染的落下灰没及时洗掉,受到了严重的损伤。落下灰从脖子里落到身上,并积累在腹部皮带处,因此,头、面、手、腹腰部都出现了急性放射性皮炎,接着水泡破裂呈糜烂和溃疡,症状十分严重。

同样处于严重沾染地域的美国军事人员,由于处理得及时,损伤大为减轻。他们在发现落下灰沉降时,迅速地穿上了附加的衣服以保护皮肤,只要他们在工作上许可,就躲到了铝屋中,而大多数居民则仍然留在户外,所以同处一岛的美国军事人员所受到的损伤比当地居民要轻得多。在落下灰沉降时,有许多小孩在涉水,他们皮肤上的许多落下灰无意中被洗去,损害也就大大减轻了。

人员在沾染区活动,沾染水平的高低与人员的活动方式内容有关。地面无扬尘时,人员沾染水平很低,受到车辆掀起的扬尘污染时,沾染水平就会很高。接触沾染地面的部位(如鞋底),其沾染水平就比别的部位要高。

8.9.7 感生放射性沾染

在爆区，某些物体在核爆炸中子流的作用下会产生放射性沾染，其感生放射性的活度取决于热中子的注量、物体材料的成分及其含量。而热中子注量与核爆炸当量、爆高、离爆心投影点距离等有关。

1.食物的感生放射性

大米、面粉、蔬菜、鲜肉、食用油、糖类的主要成分是碳、氢、氧、氮等元素，这些元素不易被中子激活，所以受中子照射后不易产生感生放射性。但各种干粮和鱼、肉、菜的腌制品中含钠、氯等元素较多，能产生较强的感生放射性。

2.水的感生放射性

水的感生放射性沾染浓度取决于水的成分和含量。淡水感生放射性很弱，海水的感生放射性则较强。

3.武器、装备的感生放射性

一般武器、装备是用钢或铝合金制成的，感生放射性很弱。装甲车的合金钢，在核爆炸中子流作用下，铁质部分感生放射性较弱，含锰量高的部位(如坦克履带)的感生放射性则较强。

8.9.8 海面和水下核爆炸感生放射性的特点

海面和水下核爆炸时，放射性沉降物由含有固体粒子和海盐结晶溶液的水滴所组成。这种沉降物沾染物体后，能够渗入物体的细孔和缝隙，干后能与表面紧紧地粘在一起。倘若物体受到这种水滴沾染后，不立即洗消，干后就很难除尽。如果舰船甲板受到这种沉降物沾染后，不进行洗消，在甲板上活动的人，会受到大剂量的辐照。为此，对于沾染海水所引起的沾染，必须及时用大量水流冲刷。美国在比基尼“面包师”试验中，当沉降物停止降落时即开始不断地用水冲刷船只暴露表面，以便及时将沉降物冲刷掉。

8.9.9 放射性沾染对人员杀伤的途径

放射性沾染对人员杀伤主要有以下三种途径：

1.体外照射

人员在沾染区活动或者接近严重沾染的物体时，人体即使没有直接与放射性物质接触，也会受到放射性物质放出的射线作用于人体而引起损伤，这就是放射性沾染对人员体外照射的伤害。放射性沾染通过体外照射途径引起伤害，主要是放射性物质放出的 γ 射线造成的，β 射线虽也有一定的伤害作用，但份额不大。

2. 皮肤 β 射线灼伤

人员在沾染地面上活动时，放射性尘土或落下灰沉积于体表或皮肤，受到 β 射线的直接作用所造成的皮肤辐射损伤，称为皮肤 β 射线灼伤。

3. 体内照射

人员在沾染环境中活动时，由于没有采取必要的防护措施，吸入了沾染的空气、食用了沾染的食物和水都能使放射性物质侵入人体内部，有时大量放射性物质落在皮肤的伤口内，放射性物质中的某些核素被溶解、吸收进入血液，也可进入人体。这种放射性物质通过不同途径进入人体，沉积到特定器官或分布全身，在体内发出射线对人员造成损伤，这就是放射性沾染的体内照射途径的杀伤。

8.9.10　对放射性沾染的防护措施

1. γ 射线体外照射伤害的防护措施

从放射性沾染对人体伤害的几种途径分析，可知人员辐射致伤的主要因素是 γ 射线对人体体外照射。如果 γ 射线体外照射不足以引起人员损伤的话，体内照射和皮肤 β 射线灼伤的因素也不致产生明显损伤，所以人员在沾染区活动，最重要的是防止人员受到 γ 射线体外照射的伤害。

(1)实施辐射侦察，做到心中有数。核爆炸后，部队司令部首先可根据核观测哨所得的参数，结合当时的气象条件估算、预测放射性沾染的情况组织防护。但放射性沾染的预测受气象条件影响极大，具有较大的不确定性，所以要真正掌握核爆后的放射性沾染，必须进行实地的辐射侦察。辐射侦察的任务是及时发现放射性沉降，查明地面、水域、空间和重要军事目标的沾染水平和范围，为指挥员组织部队防护和在沾染区的行动提供依据。

(2)控制吸收剂量，避免严重的辐射损伤。根据辐射侦察结果，对进入沾染区的部队明确每次任务的控制剂量。控制剂量是对进入沾染区执行任务的目的和重要性，被派入沾染区执行任务的部队或个人过去受照的情况(已经受过多少照射)，后继任务是否会受到照射，部队当前的健康、休整情况等综合考虑后提出的。控制剂量是每次任务所容许接受剂量的限额，一般不得大于战时核辐射剂量限值，若需超过此限值，则需按规定程序上报审批。

(3)避开高辐射水平地区，推迟进入沾染区的时间。

(4)尽量缩短在沾染区停留的时间。

(5)屏蔽、削弱 γ 射线。任何物质的屏蔽，都能在不同程度上削弱 γ 射线。由于地面放射性沾染放出的 γ 射线，平均能量低于早期核辐射的 γ 射线，所以屏蔽效果会更好。

(6)铲去人员停留地点周围的表层土壤。

(7)外照射损伤的药物预防。

如因军事任务急需，人员必须接受超过战时核辐射剂量限值才有可能完成任务时，应该在进入沾染区前服用核辐射损伤预防药。从目前已有的研究成果看，核辐射损伤预防药通常只能减轻核辐射损伤，还不能完全防止核辐射损伤的发生。

2. 皮肤 β 射线灼伤的防护措施

要防止皮肤受到 β 射线灼伤，关键是：一要尽量防止落下灰粒子直接粘在裸露的皮肤上，二是发现皮肤被沾染后，尽可能快地进行局部洗消。

3. 体内照射伤的防护措施

要防止体内照射伤害的发生，关键是切断放射性落下灰或感生放射性核素进入体内的途径。

(1)防止吃入。对在沾染区停留的人员，应该禁止其在沾染区吃东西或喝水。如果在沾染区停留时间较长，必须饮食的话，最好吃沾染区外带入的食品。食品包装要密封，外面要用塑料袋包好，在食用时，应不让包装外的尘土沾染食品，在食用前应漱口、洗手，防止口内的尘土带入。对于原先存放在沾染区的食物，应进行沾染检查，经检查没有发现沾染，才可食用。经检查已被沾染，就应该消除沾染后再食用。在 2～5Gy/h 地区，对地面采取铲土法消除沾染后，在帐篷内允许做饭和吃饭。任何活动都必须在没有扬尘条件下进行。离开沾染区后，尽可能进行人员全面洗消，重视用干净水漱口，把阻留在鼻咽部的尘土清除掉。

(2)防止吸入。人员在空气沾染的环境中活动时，应该采取呼吸道防护，防止吸入沾染空气。另外，应在人员经常活动的沾染地面上洒水，以防尘土飞扬，通过沾染区时，队形应疏散、侧风行进。车队开进时，车与车之间要加大距离，尽可能梯次、侧风行驶，防止前车扬起的尘土落在后车上。一般的口罩，只要戴得合适，口罩与面部紧密贴合，对防止污染物被吸入是有较好效果的。

(3)防止从伤口和皮肤吸收的关键是不让放射性粒子落到伤口和皮肤上。为此，应该及时包扎伤口，披雨衣等以防尘土落在身上；脖子上也可围以毛巾等防止尘土沾污内衣和皮肤；发现伤口或皮肤沾有尘土时，迅速清洗。

(4)服用碘化物阻断放射性碘在甲状腺体中沉积。碘-131 是铀的一种裂变产物，具有放射性，半衰期为 8.3 天，进入人体后，几乎全部被甲状腺吸收，因此，受核辐射污染者很多会出现甲状腺损伤，甚至甲状腺癌。碘片则是一种稳定的碘，在这种情况下，让受灾者吃碘片起封闭作用，保护甲状腺免于受损。

8.9.11　放射性沾染的消除

(1)对人员全身洗消。对人员全身洗消前，应先实施沾染检查，弄清沾染较重和超过沾染限值标准的部位，以便重点洗消。洗消时先用净水淋浴全身，再用肥皂或流涤剂擦洗 1～2 遍，对手、脸颊、颈、指甲、毛发处要仔细洗刷，还应注意漱口、洗鼻腔和耳窝，随后用净水冲洗全身。洗完后，应进行沾染检查，如仍有未洗净部位，应再次重点洗消，直至合格。人员全身洗消通常在洗消站内进行，也可在浴室内，夏季可在河流里洗消。

(2)对服装、装具沾染的消除。

1)干法消除沾染。人员背风或侧风而立，提起受沾染的服装，用力向下甩抖。上提要轻，下甩要重，先轻后重的甩几遍，可将大部分沾染物消除掉。如果有条件，可把衣服等挂在树杈或绳子上，用树枝、细棍等一件件拍打。拍打法比抖拂法效果更好。穿在身上的衣服可自行扫、刷、拍打，可两人一组互相帮助。扫、刷、拍打时，应注意风向，并按照先上后下、先外后里的顺序进行。

2)湿法消除沾染。就是用水来清洗受染服装，可以手洗也可用洗衣机洗。为了防止操作人员受到沾染，应戴带袖的橡胶手套、塑料围裙和口罩进行。为了提高清洗效果，可在干式消除沾染后进行。

(3)对车辆、武器、装备沾染的消除。

1)扫除、擦拭法。用扫帚、毛刷、布团、草把、树枝等就便器材对沾染车辆、武器、装备进行扫除、擦拭，以降低其沾染程度。如有条件可用水或其他溶剂擦拭表面，效果更好。扫除、擦拭应按从上到下，从上风到下风的顺序进行，并要及时更换擦拭工具。不要用太粗、太硬的树枝来扫，以免损伤装备表面和影响消除效果。

2)水射流冲洗法。利用自动喷洒车或民用水泵，经喷枪喷出具有一定压力的水柱冲洗沾染表面。此法的优点是省时、省力，消除效果较好，污水污物容易控制、处理。缺点是耗水量大，冬季喷枪管道易冻结影响操作，被冲洗的金属部件如不及时擦油保养容易生锈。对于怕水浸的器材(如电器设备)等不能用此法消除沾染。

3)压缩空气吹尘法。利用空气压缩机产生的具有一定压力的空气流，经胶管喷枪喷出，清除物体表面的放射性灰尘。此法的优点是消除对象广泛，适用于缺水地区和寒区冬季。缺点是当降水或气候潮湿时，消除效果显著降低，而且吹尘会造成洗消场空气和作业人员的沾染。

4)气液射流冲洗法。用淋浴车蒸气的作动力抽水，再混以蒸气，从喷枪喷出蒸气和水的混合射流对物体洗洁。优点是对油垢表面的清除效果较好，比水射流冲洗省水，可在严寒冬季实施洗消。缺点是对金属表面冲洗后，如不及时擦拭保养，极易生锈，在冬季易造成蒸气弥漫，暴露目标。

5)吸尘器消除法。对于武器、装备中的精密仪表可以用吸尘器来清除放射性灰尘。

(4)对粮食、蔬菜、水沾染的消除。

1)对粮食沾染的消除。可以采用过筛的办法把粮食过筛除去沾染尘粒，加工脱壳的办法适用于受沾染的原粮，如在加工脱壳前过筛，消除率可达 99%；用风车吹尘或用簸箕簸等消除效果也很好；将粮食在食用前过筛再用水洗，消除率可达 98%；对于面粉之类，可采用丢掉包装、铲去表层的办法。

2)对蔬菜、水果、副食等沾染的消除。可用水洗、削皮等方法对蔬菜、水果消除沾染。

3)对肉类可用水冲洗，用热水洗效率更高，对沾污部分可采取切除表层后再冲洗，消除率很高。

4)对水沾染的消除。饮水受到沾染后的消除沾染与通常净水的方法类似，可以采用混凝沉淀法，用净水剂和絮凝剂促使水中悬浮、飘浮的放射性灰尘沉淀到水底，经澄清后，除去沉淀物，便可大大减轻水的沾染。为了提高消除率，可在絮凝沉淀之后，用过滤法除去沉淀，消除率可达 85%以上；如用野战医院装备的离子交换纯水器对水处理，消除沾染率可达 100%，但由于作业量有限，主要用于制取注射用水；“三防”净水袋是一种较好的净化饮水的器材，其过滤速度为 10～20 L/min，净化率达 80%～90%。

不论是粮食、蔬菜、水果、副食和饮水等，在食用前必须进行沾染检查，低于限值后，才能食用。如无沾染检查仪器，为了保证安全，应多次反复洗消，以提高消除率，并控制食用量。

(5)对地面、工事沾染的消除。一般只对重要目标才进行地面沾染消除。对没有铺路面的，可用铲土或扫除表层土的方法，对水泥或沥青路面则可用喷洒车或其他器材冲洗。工事的沾染消除一般由使用工事的人员实施；如作业量太大，时间紧迫，可以只对出入口、人员长期接触处等个别部位消除沾染。对于空爆爆区，由于沾染是由中子流形成感生放射性所致，不能采用铲土法使地面消除沾染。如果取得到净土，可用覆盖一层净土的办法来屏蔽射线和隔开沾染物，但作业量太大。鉴于感生放射性沾染的面积不会很大，沾染程度也不会很高，对于空爆爆区地面可以不进行地面消除沾染作业。

习　　题

8-1. 光辐射对物体有什么破坏作用？

8-2. 冲击波对人员的杀伤作用体现在哪几个方面？

8-3. 早期核辐射的主要特征是什么？

8-4. 如何防护早期核辐射？

8-5. 核弹爆炸后核电磁脉冲是如何形成的？

8-6. 对放射性沾染的防护措施有哪些？

参考文献

[1] 卢希庭. 原子核物理[M]. 修订版. 北京:原子能出版社,2000.

[2] 王炎森，史福庭. 原子核物理学[M]. 北京:原子能出版社,1998.

[3] 郭江. 原子及原子核物理[M]. 北京:科学出版社,2014.

[4] 杨福家. 原子核物理[M]. 2 版. 上海:复旦大学出版社,2002.

[5] 朱晓东. 热学[M]. 合肥:中国科学技术大学出版社,2014.

[6] 王坚，李路翔. 核武器效应及防护[M]. 北京:北京理工大学出版社,1993.

[7] 春雷. 核武器概论[M]. 北京:原子能出版社,2000.

[8] DRAKE R P. High-Energy-Density Physics[M]. Berlin:Springer, 2006.